日本驱逐舰全史

The complete history of Japanese Destroyers

潘越 著

中国长安出版社

图书在版编目（CIP）数据

日本驱逐舰全史 / 潘越著. -- 北京 : 中国长安出版社, 2014.5
ISBN 978-7-5107-0728-5

Ⅰ. ①日… Ⅱ. ①潘… Ⅲ. ①驱逐舰 - 军事史 - 日本
Ⅳ. ①E925.6-093.13

中国版本图书馆CIP数据核字(2014)第115346号

日本驱逐舰全史
潘越 著

出　版：中国长安出版社
社　址：北京市东城区北池子大街 14 号（100006）
网　址：http://www.ccapress.com
邮　箱 : capress@163.com
发　行：中国长安出版社
电　话：（010）85099947 85099948
印　刷：重庆市蜀之星包装彩印有限责任公司
开　本：787mm × 1092mm 16 开
印　张：26.5
字　数：300 千字
版　本：2020 年 1 月第 4 版 2020 年 1 月第 1 次印刷

书　号：ISBN 978-7-5107-0728-5
定　价：189.80 元

序

放眼亚洲，日本海上自卫队俨然已成为亚洲地区实力强劲的海军力量。为了有效应对周边地区“潜在事端”，日本打造了一支以现代化驱逐舰为主的精锐海军编队，即从著名的八八舰队发展而来的十十舰队。这支以十艘驱逐舰搭载十架反潜直升机组成的水面舰艇编队无论是在日本近海还是远洋海域都具备独立作战的能力。

当今日本海上自卫队驱逐舰共拥有 11 级舰近 50 艘。日本拥有如此强大的驱逐舰力量绝非一日之功，这是与日本一个多世纪以来紧随世界海军发展思想的脚步并形成乃至独立发展具有自身特色的驱逐舰力量分不开的。尽管早年驱逐舰作为一支新颖的舰种出现时日本海军的实力还处在萌发期，但从 19 世纪末起，日本很快看到了驱逐舰这一先进武器的潜力，并加以发展。经历了日俄战争洗礼的日本驱逐舰虽然还只能是鱼雷艇的“放大版”，在作战角色上尚无法独当一面，但一战前夕的日本驱逐舰却在悄无声息地伴随着无畏舰的发展而随之壮大。一战时日本海军已经拥有多艘 1000 吨以上的新式驱逐舰，俨然已加入世界海军驱逐舰强国之列。精明的日本人一方面着力吸收英国等先进海军国家的水面舰艇技术，一方面加快了自行发展的步伐，并成功建造了日本海军史上第一种真正意义上的舰队级远洋驱逐舰——峰风型，人们一般认为这是日本海军真正摆脱模仿风格，开始建造纯日式驱逐舰的开端。二战中，以速度快、排水量大和火力猛著称的日本海军驱逐舰随着大舰巨炮时代的垮掉而宣告彻底失败，设计思想和建造数量的不足成为其败局注定的主因。不过，战后日本很快通过租借美军舰艇重整了水面作战力量，在“护卫舰”的基础上重点发展反潜作战能力，后又通过引进“宙斯盾”系统发展舰队区域防空能力。

百余年来，日本驱逐舰的发展历史可谓一面镜子，折射出这支不容忽视的海军力量的变革之道。本书作者潘越以其对日本海军深刻的了解和对大量史料的深入分析研究，为读者展现了一幅生动而详实的日本驱逐舰发展路线。文中不但清晰展现了日本驱逐舰从诞生到壮大的每个发展阶段，对每个舰型的介绍也是丰富而具体的。对于不同时代和不同型号的驱逐舰出现的背后深意以及日本海军发展的思路变迁，文中亦有独到的剖析。《日本驱逐舰全史》一书的问世令人欣慰，是值得一读的优秀作品。特别是近年来中日摩擦呈加剧之势的局面下，深入了解和研究日本的防务思维沿革和发展态势更颇具现实意义。

是为序。愿与广大读者共进、共勉！

刘杨

目录 Contents

前言 日本驱逐舰百年历史简介

驱逐舰作为世界海军中的新兴战斗舰种，与近代许多海军发明一样诞生于19世纪的海上霸权国——大英帝国。1868年，并不效力于英国皇家海军的英国工程师罗伯特·怀特黑德（正在为奥匈海军服务）成功研发了原始的自航鱼雷。作为鱼雷的发明者，罗伯特·怀特黑德的姓氏意译“白头”（Whitehead）成了这种新式大威力攻击武器的早期代名词。1877年，英国海军中第一艘专门以发射鱼雷作为主要进攻手段的作战舰艇终于服役，这就是标志着鱼雷艇诞生的闪电号（TB1 Lighting）鱼雷艇，它可以发射得到改进的406mm白头鱼雷。闪电号由索尼克罗夫特船厂建造，该厂也就成为早期鱼雷艇建造的大户，其后亚罗船厂等也纷纷跟进。在使用早期鱼雷艇的过程中，英国海军感觉鱼雷艇只使用鱼雷而没有火炮武器，执行作战任务的手段未免过于单一，仅是冲锋发射鱼雷然后转身就逃，便提出了还应拥有一种兼顾鱼雷发射、火炮作战的小型军舰的建议。于是1883年亚罗船厂拿出了一个鱼雷作战舰方案：安装4个鱼雷发射管，舰长达到约166英尺，发动机为1200马力，最大航速达20节，拥有一定的装甲防护。很可惜这个方案没有得到英国海军的认可，于是亚罗船厂将该方案兜售给了日本海军。

19世纪80年代的日本刚踏上明治维新的道路不久，为了在东亚扩张侵略利益，与推行洋务运动的中国之间关系已经闹得很僵。1882年，日本借朝鲜国内发生“壬午兵变”的机会，强迫朝鲜签订《济物浦条约》。由于随后察觉不妙的清政府也开始加强对朝鲜的掌控，日本便针锋相对地将中国列为头号军事假想敌。维新大佬山县有朋向天皇提交了《对清意见书》，特别提到清政府水师所拥有西洋式军舰数量远多于日本海军，必须大举扩军才能应对。日本海军很快获得了一笔2400万日元（在当时堪称巨资）的首期扩张费，购买了在日后甲午战争中表现杰出的许多军舰，包括筑紫、千代田（取代神秘失踪的亩傍）、浪速、高千穗等，而刚诞生不久的鱼雷作战舰也进入了其购买名单。亚罗船厂的鱼雷、火炮兼顾之鱼雷艇方案得到了日本海军的青睐。这条鱼雷艇在英国制造部件，运至日本横须贺造船厂完成组装，它被命名为“小鹰号”，是日本海军的第一艘鱼雷作战舰艇，排水量达到了203吨，显著高于当时其他鱼雷艇，武器包括4管25mm火炮、6个360mm鱼雷发射管。小鹰号虽然名义上还是鱼雷艇，但实际上却是驱逐舰的

▲ 世界海军史上第一艘真正意义上的驱逐舰——英国皇家海军哈沃克号。从它开始使用的“Torpedo Boat Destroyer”这个名称，翻译成日文并引入中文后，就是我们所熟知的“驱逐舰”。

雏形，这也使得驱逐舰这种新型舰种在诞生之前便与日本海军结下了深厚的渊源。

出口到日本的小鹰号给英国海军带来了有益启发，他们认识到吨位更大、雷与炮兼顾的新型鱼雷作战舰可以将鱼雷艇、近海炮艇、巡逻艇等各种舰型的作战能力集于一身。但是，英国海军在随后的数年间内摇摆于“鱼雷巡洋舰”、“鱼雷捕捉舰”、“鱼雷炮舰”等各种设计方案，而在此过程中索尼克罗夫特船厂已经为海外订单（如西班牙海军订购的公羊号鱼雷舰）开发出使用水管锅炉、三缸往复式蒸汽机的大马力、高航速的“舰队型鱼雷舰”，终于促使费舍尔海军少将提出“高速公海鱼雷舰”的设计建造要求。1893 年 10 月，世界上第一艘真正意义上的“鱼雷艇驱逐舰”——哈沃克号，诞生于亚罗船厂，在试航中航速成功达到 26 节。根据同年英国通过的新型军舰建造之五年计划，与哈沃克号类似的驱逐舰开始进行量产，并根据其航速命名为“27 节型”，或称为“A 型”。与此同时，远东局势已剑拔弩张。1894 年甲午战争爆发，很快在大东沟海战败北的清朝北洋水师被迫逃入旅顺，随后逃入威海卫躲藏，闭守不出。1895 年 2 月，日本联合舰队的鱼雷艇部队对困于威海卫港内的北洋水师残部实施暗夜突袭，击沉了三艘军舰，包括当时在远东号称“头等巨舰”的定远舰（后被日军打捞后拆解）。这次成功的突袭行动是迫使北洋水师屈辱投降的最后一根稻草。尽管从清政府身上狠狠地榨取了两亿三千万两白银的巨额赔款，但由于俄国、法国和德国的直接干涉，日本被迫放弃已经到手的辽东半岛。以当时日本的实力，根本无法同这三个列强相抗衡，其中俄国由于是日本对亚洲大陆实施扩张的最大障碍，成了日本眼中的头号强敌。

与俄国在欧亚范围内存在大量殖民利益冲突的英国，于 1902 年与日本签署《英日同盟条约》，进一步提升了日本的国际地位，同时也让日本下定决心以战争手段解决日俄之间的利益冲突。日本早在 1895 年便开始拟定第一期对俄海军扩张计划，1897 年又拟定了第二期对俄海军扩张计划，并且注意到英国皇家海军中的新型舰种 TBD（鱼雷艇驱逐舰）开始服役。鉴于同样从英国引进技术的鱼雷艇在甲午海战中立下了不错的战功，日本海军立刻着手要将 TBD 也引入进来。日本海军计划到 1905 年要装备 37 艘驱逐舰，不过因为这一时期日本海军的扩张重点放在了所谓的“六六舰队”（6 艘一等战列舰和 6 艘装甲巡洋舰作为联合舰队的主力战队）的建设上，日俄战争爆发前日本驱逐舰并未达到预想的数量。总之，随着扩张计划的推进，日本最早的两型驱逐舰诞生了，这就是从英国亚罗和索尼克罗夫特船厂订购的雷型、东云型。不过此时日本海军对驱逐舰的特性并没有搞清楚，也只以为这种诞生于英国的 TBD 仅是放大版的鱼雷艇。既然只是大型鱼雷艇，日本自然也就不屑将其编入联合舰队之中。因此，这些最早的日本驱逐舰计划被配置在佐世保、舞鹤等海军基地中，承担军港警戒的简单任务。在 1898 年日本海军制定的军舰类别规范中，TBD 被称为“驱逐艇”（当时还不配称“舰”，只能叫作“艇”），只是作为鱼雷艇的一个分支，由此可见其地位并不高。

但是有一件事情稍稍改变了海军高层的看法。东云型和雷型驱逐舰都是在英国订购的，制造完成之后，这些驱逐舰都依靠自身的动力从英国一路劈风斩浪开回了日本。日本海军当时完全不能设想其鱼雷艇战队能够完成跨越大洋的航行任务，显而易见，驱逐舰的动力和舰体适航性能是远胜于鱼雷艇的。于是在得到这些驱逐舰之后，日本又进行了海上长距离航行试验，试航成功之后对其性能指标有了更深刻的了解。到了 1900 年，日本已经引进了若干艘雷型和东云型驱逐舰，可以使其经常与联合舰队的主力编队进行海上协同行动了。同样是在 1900 年，所谓“驱逐艇”（别名“雷击舰”）终于从鱼雷艇分支中独立出来，得到了“驱逐舰”这个名称。顺便说一句，“驱逐舰”这三个汉字对于中国人来说是外来语，它是日本海军发明的词，在中国沿海和长江之中进行了野蛮血腥的实物展示之后，才进入到中文之中。二战战败前，日本小学生经常玩一种类似官兵捉强盗的“水雷驱逐”游戏，其中，一个孩子充当大将（大型军舰），几个孩子充当水雷（鱼雷艇）和驱逐（驱逐舰）。大将克制驱逐，驱逐克制水雷，而水雷则克制大将。发明了驱逐舰的英国人将其称为“Torpedo Boat Destroyer”即 TBD，这个名称最早是在 1885 年由英国海军部提出。虽然驱逐舰所承担的任务多种多样，但当时认为其最为重要的任务是克制鱼雷艇，防止在各国海军中迅猛发展的鱼雷艇攻击部队对本方主力舰队造成重大损伤。根据“Torpedo Boat Destroyer”的翻译，日本人赋予其正式称谓“水雷艇驱逐舰”，简称“驱逐舰”。如果日本海军当年追随法国海军的话，那么我们今天有可能要把这种军舰称为“反击舰”了，因为法国人当时给予其的名称是“Contre-torpilleur，”即“鱼雷艇反击舰”。

1900 ~ 1903年，日本海军又追加了2艘晓型、2艘白云型、7艘春雨型驱逐舰进入部队服役。晓型、白云型仍然向英国订购，但是经过几年学习后，日本造船工业从春雨型开始便走上了自制道路，其自产的驱逐舰性能优异，绝对不是山寨货。而日本鱼雷艇到1904年最后完成9艘之后，便停止了后续建造，于是驱逐舰便从此时开始取代过去鱼雷艇的地位。在这一段时间内，日本与沙俄在中国东北和朝鲜争夺得越来越激烈，为了有效配合联合舰队主力对俄作战，日本海军的驱逐舰必须要满足在黄海和日本海上航行的适航性能要求，因此无论是购买的还是自造的，都要以英国的B型至D型驱逐舰设计为基础，其排水量一般达到300吨以上，这也是驱逐舰航行在黄海和日本海上不被海浪打翻掉的最低标准。从东云型到春雨型，日本海军驱逐舰完成了从无到有，从买到造的历程，为日后的大发展打下了基础。尽管如此，以上所有早期驱逐舰，以军舰的标准来看都显得排水量不足、空间狭小，舰上还谈不上有什么指挥系统、侦察设备的存在，其动力系统的技术性也存在相当大的差距，造成其舰龄比一般的军舰要短不少。事实上，尽管获得驱逐舰这个名称已经有几年工夫了，但是这些驱逐舰从内部构造、舾装、船型设计等技术水准来看，也还不过是放大了的鱼雷艇而已。从装备数量上来讲，1903年时日本海军装备了16艘驱逐舰，而正在与德国进行狂热军备竞赛的英国这一年已经装备了大约120艘驱逐舰，这个数字日本海军就算在以后的最辉煌年代也从来没有达到过。就是在这样的状态下，日俄战争打响了。

1904年2月8日，编成5个驱逐队的21艘日本驱逐舰，首次正式出现在了战场上。联合舰队所属的第1、第2、第3驱逐队，共10艘驱逐舰，向旅顺港的俄国舰队发起了暗夜袭击，以其装备的鱼雷向着毫无防备、正在搞庆典活动的俄军军舰猛然发射，正式打响了日俄战争。尽管命中俄舰三雷，但并没有给对方造成太大的损害。偷袭行动之后，各驱逐队还参与了对旅顺的漫长封锁，实施布雷行动，对相当失败的沉船堵港计划进行支援，对试图逃跑的俄舰进行追击，但同样没有什么值得一提的战果。此时这些驱逐队无论从其装备数量，还是从战术、训练等各方面来看，只能说还处在草创阶段，因此直到旅顺港最后被极为血腥的陆地战斗所攻克，它们都没有很活跃的表现。但是创造辉煌的机会终于在1905年5月到来，俄第二太平洋舰队从遥远的波罗的海环绕大半个地球来到了日本门口，两个对手决定国运荣衰的世纪大战在对马海峡展开，结果却让全世界大跌眼镜——日本海军完胜！在5月27日白天的主力舰队决战结束之后，日本海的夜晚成为驱逐队和鱼雷艇队的天下，它们向逃奔海参崴的俄舰奋勇展开近身攻击。首先，鱼雷艇队围攻俄军旗舰苏沃洛夫公爵号（先前战斗中已经重伤），致其沉没。20:15分，各驱逐队的第一波强攻首先造成老式战舰纳瓦林号重伤，随后由赶上的鱼雷艇队将其收拾掉。接着驱逐队又追上伟大的西索亚号将其击成重伤，迫使其于第二天上午自沉。纳西莫夫海军上将号被辅助巡洋舰佐渡丸和不知火号驱逐舰联手拦截，在投降后沉没。最后的荣耀也落入驱逐队手中：5月28日下午，俄军大胆号驱逐舰被日军链号、阳炎号拦截，只得投降，而负伤的舰队司令罗杰斯特温斯基就在大胆号上。如果说对马海峡的白天是日本海军史上最辉煌的一日，那对马海峡的夜晚就是日本海军驱逐舰史上最值得铭记的一晚。

在日俄战争爆发前几日，心急火燎的日本海军紧急追加了第三期对俄海军扩张计划，其中需

▲对马海战中被日本鱼雷战部队击沉的纳瓦林号（Наварин）战列舰。同级舰仅此一艘，曾参与八国联军侵华。

▲ 日本海军联合舰队的真正大脑——秋山真之，他早年留学美国，师从马汉，曾现场观摩过美西战争海战，回国后担任海军大学校教官，后辅佐东乡平八郎指挥日俄海战。其著作《海军基本战术》等对日本海军理论有很大影响。

▲ 英国皇家海军远海型驱逐的开端——部族级（Tribal Class），又被称作“第一代部族级”。图为其中的祖鲁人号（HMS Zulu）。

要新造驱逐舰25艘，全部是神风型，即春雨型的放大改进版，因为这个原因也有人直接称其为“春雨改型”。1905～1906年，日本又追加了7艘同型舰以应对可能长期化的战争所需补充。神风型驱逐舰并没有能够赶上战争，但是其以32艘的数量规模在战后成了驱逐战队的中坚力量。在一至三期扩张计划全部完成后，日本一共建造了48艘驱逐舰。按照联合舰队的真正大脑——秋山真之在其所著的《海中基本战术》所提及的那样，在联合舰队主力编队中应该混编三个“水雷战队”，每个战队拥有4个驱逐队，而每个驱逐队拥有4艘驱逐舰，这样正好是48艘驱逐舰。日俄战争的经验使得日本海军对这些海上暗夜杀手寄予了极高的期望，它们的主要假想对手不再是小小的鱼雷艇，而是敌方庞大的主力战舰！正是从这种作战思想出发，日本驱逐舰走上了高速、强炮、重雷，并且极度强调夜间突袭作战的道路，使其与世界各国的驱逐舰之间产生了明显的差别。任何一种关于战争武备的理论，必须要在实际战争中检验其正确与否，日本驱逐舰的问题是，其在日俄战争时无论是装备水准还是编组方法，仍处于摸索阶段，而从《朴茨茅斯和约》签订后直到珍珠港的炸弹落下这三十余年的时间中，日本海军没有进行任何大规模的海上战争，也就是说没有机会去将理论付诸实际战争检验。唯一能够明确的是，在下一场战争中日本的对手很可能是大洋彼岸的美利坚合众国，日本驱逐舰在接下来几十年中的发展势必要围绕着“怎样克制美国太平洋舰队”这个中心问题。

日俄战争后，日本尽管夺取了中国东北的大部分殖民利益，并很快吞并了朝鲜，但是并没有能够从沙俄身上榨取到大量赔款，沙俄再如何落魄也是一头高傲的北极熊，不似大清这般软弱，任人宰割。日本尽管陷入了“军事上辉煌胜利，财政上濒临破产”的尴尬境地，但是对于投资建设一支更强大的海军仍然是不惜余力的，继续将国家预算的三至四成投入到军费开销中。此时世界大战的阴云笼罩着欧洲，而以驱逐舰为主的鱼雷战舰艇则发展得相当迅猛。1904年，时任英国第一海务大臣的费舍尔提出研发惊人的“36节型”高速驱逐舰，1907年起首舰雨燕号诞生，试航航速突破35节，试航排水量更达到2131吨！1908年，怀特黑德公司研制的新型533mm鱼雷开始进入英国海军服役，30节航速下其射程可达6800米左右，这就使得高速、大型化驱逐舰与远程、大口径鱼雷配合后，其威力提高到了一个崭新的层次。更加实用化一些的部族级驱逐舰早于1905～1908年开始建造，1909年后续的小猎犬级驱逐舰也开始建造，这也成为英国海军最后一型采用燃煤锅炉的驱逐舰，其后便转为使用重油锅炉。这些最新潮流立刻吸引了日本海军的注意，他们很快研制并装备了自己的第一代“远洋”驱逐舰——海风型，由于带有试验性质，因此只建造了2艘。

海风型驱逐舰使用了蒸汽涡轮机以及重油锅炉，这使日本驱逐舰就此开始走出煤炭时代。由于使用了重油燃料，在同等单位体积内其产生的功率值自然比过去大得多，再加上蒸汽涡轮机改良了功率输出效率，新型驱逐舰的续航能力有了很大改善，这也是海风型可以号称“日本首型远航驱逐舰”的资本。此外，其最高航速达到了33节，基本赶上了同时期的英国驱逐舰。不过海军高层还是谨慎了一些，与海风型同年开始制造的拥有530吨排水量的樱型驱逐舰，仍然只采用了煤炭锅炉，相比海风型而言技术上的可看点不多。这多半也是受到当时日本财政窘迫状况的影响，显然新式重油锅炉花费的资金比极为成熟的煤炭锅炉要多得多，因此尽管重油锅炉从海风型开始就在大型远洋驱逐舰上占据了主导地位，但在那些对性能要求不高的中型驱逐舰仍然只使用煤炭锅炉，这种情况一直持续到大正时代末期。对远航、高速的性能追求，与对建造、维持费效比的追求相结合，使得日本海军在1911年向英国订购了2艘新型驱逐舰，命名为“浦风型”。事实上，英国海军是在同年年初才提出建造更大排水量、更远航程的驱逐舰计划的，并于1913年将其命名为“K级”，而且其中一艘首次采用了柴油内燃机动力。

借鉴英国K级驱逐舰技术特点建造的浦风型服役，标志着第一次世界大战爆发时，日本海军在驱逐舰技术标准上已经真正跟上了世界先锋的脚步。浦风型在主机之外又另外搭载了柴油内燃机，形成了混合动力系统，而柴油机是用于非战时巡航的，以此达成在巡航时节油、战时开足马力高速攻击的作战设想。不过日本海军没有想到的是，当时世界上有关柴油机的技术几乎都控制在德国人手里，如高精密度的液力连轴阀这样的装置，只有德国能生产，一战爆发后日本对德宣战，于是这些高级部件的进口就都断绝了，花费了大笔外汇的浦风号于是沦为一款性能只能说普普通通的驱逐舰。1912年明治天皇的去世标志着旧时代的结束，进入大正时代的日本加紧干涉辛亥革命之后混乱的中国政局，并在对德宣战之后迅速攻克德国占据的青岛港。可是日本海军夺取德国在南太平洋上的岛屿，却是对驱逐战队远洋性能的挑战，此时各驱逐队的主力仍然是已经显得有些老旧的神风型。日本政府在开战后立即提出了临时扩军案，其中新增驱逐舰就包括以樱型为基础进行改进的中型驱逐舰——桦型。为了尽快将桦型投入装备，日本海军造船厂与民间造船会社进行了一场大会战，10艘桦型驱逐舰的建造周期平均才3～5个月，不过制造过程这么顺利也要得益于其还是采用了老式的燃煤锅炉。

1917年，在日德兰海战中“战术取胜、战略失败”的德国海军无奈发动了无限制潜艇战，焦头烂额的协约国一致要求日本政府派出海军舰艇到欧洲参与护航。于是日本海军派遣刚造出来的8艘桦型、4艘桃型驱逐舰，在明石号巡洋舰（第2特务舰队领舰）的率领下前往地中海为协约国运输船队护航。这些驱逐舰尽管并没有经历真正的战斗（只有一艘驱逐舰被奥匈帝国的潜水艇击伤），但是在协约国看来，总共阵亡78人的日本驱逐舰护航行动对这场战争的贡献显然要高于派出14万农民工吃尽苦头的中国，因此在战后将中国当成战败国来对待，以迎合日本的扩张要求。除了为应付战争而紧急建造驱逐舰之外，日本海军在战时也继续大力推进驱逐舰的技术升级。1915年，在八八舰队案前身的八四舰队案中，4艘由海风型改进而成的大型驱逐舰矶风型、4艘由矶风型缩小后得到的桃型被列入了建造计划。1916年第二次八四舰队案中，日本又将大型驱逐舰江风型列入建造计划。1917年，作为派遣到欧洲作战的桦型的替代驱逐舰，6艘改进版——楢型也被列入建造计划。在这些驱逐舰的设计建造过程中，日本对重油锅炉的技术把握程度逐渐提高。江风型驱逐舰的最高航速甚至达到了37.5节，同时江风型也是日本海军中首型完全使用重油锅炉、取消煤炭锅

▲ 日本海军明石号防护巡洋舰，一战后期曾率领日本驱逐舰队远赴地中海针对同盟国潜艇作战。它是须磨型2号舰。

炉的驱逐舰，自此以后煤炭便从日本驱逐舰上逐渐绝迹了。

伴随着动力系统的进步，驱逐舰的武力自然得到了加强：英国海军在战前便已实现的533mm口径鱼雷终于在江风型驱逐舰上得到了装备。这种大型、高速、装备重型鱼雷的驱逐舰已经逐渐逼近了日本海军理想的舰型，但是毕竟技术改进得太多太快，导致其涡轮机的叶片故障频发，这显然是因为当时日本制造的大型部件质量仍然不过关造成的。因此江风型驱逐舰无法充分发挥发动机性能，其14节航速下的续航能力只有3000海里而已，并没有达到日本海军的预期。比续航能力更成问题的是适航性（实际上这个问题贯穿了日本二战前军用舰船的整个历史），因为太平洋上的狂风巨浪不是黄海、日本海那种程度可比的，而在大浪中船身剧烈的起伏晃动，显然会使鱼雷的命中率大减，更不用说大浪对驱逐舰千吨级的单薄舰体本身就造成了巨大威胁。在1919年的海军演习中，矶风型中的一艘滨风号，在房总湾附近海域高速航行时，被一个大浪扑进舰桥，导致其舰长当场毙命。显而易见，这些船首低矮，却又要在大风浪间高速冲刺的驱逐舰，在太平洋上作战的基本适航性都是非常值得怀疑的，更不用说还要发射鱼雷去命中敌方军舰了。

日本以第一次世界大战五大胜利国之一的身份参加了巴黎和会，夺取了中国山东权益及太平洋上原德属群岛的统治权。这场世界大战使得日本出口大增，产业升级，财政拮据状况一举扭转。从明治维新到此时历经了半个世纪，日本无论是自行发动战争还是参与别国的战争，都获得了胜利，国势步步昌盛，日本国民已将战争胜利视为理所应当，将建设强大舰队去争夺海外利益看成头等赚钱的买卖。而日本的扩张行动与美国在中国奉行的“门户开放”政策背道而驰，两国矛盾越来越深，新一轮的军备竞赛迫在眉睫。1919年，美国海军太平洋舰队成为一支独立作战部队，其头号作战假想敌就是日本海军联合舰队，美国国会还将海军建设军费成倍增加，并且开始制造克莱蒙森级驱逐舰。克莱蒙森级最高航速达到35节，充足的燃料储备量使其航程远达5000海里，并拥有4门102mm炮和4座三联装（即12个）533mm鱼雷发射管，实际建成数量更是令人瞠目结舌——150艘！美国独步世界的超强工业能力显示出甩开一切对手的霸气，而日本海军显然不服输，于1920年7月通过了八八舰队计划案，要以崭新的8艘战列舰和8艘战列巡洋舰组成海军的主力阵容，准备对美作战。为完成八八舰队计划案，日本需要新造的驱逐舰数量达到102艘！

其实还未等一战结束，日本海军扩展驱逐队实力的行动便已经开始了。在1917 ~ 1918年的八四舰队和八六舰队案中，9艘大型驱逐舰峰风型与18艘中型驱逐舰枞型被列入建造计划，最终分别建成了12艘和21艘。新一代的驱逐舰为了改善适航性能而将一直以来模仿英国的舰型进行了更改，其艏楼部分在舰桥之前的一段被截去一部分，形成一个井形凹部，使越过前甲板的海水落入这个凹井之中，舰桥位置则尽可能后推，以避免舰桥直接被大浪击中。如此舰型倒是与一战中的德国水雷艇有异曲同工之处，都是为了尽量提高小型战舰在恶劣海况下的生存能力。峰风型驱逐舰最高航速达到了创纪录的39节，从而使其成为大正末期水雷战队的主要战力。在1918年的八六舰队案中，除了继续生产峰风型与枞型之外（就是各追加的那3艘），又将3艘改进了武力配置的野风型、3艘（最终建成9艘）神风型（2代）和8艘对枞型进行改善的若竹型列入建造计划。1920年，这一系列的舰队案计划几经折冲，终于在八八舰队案中得到了最终确定。到此时为止，这一系列的驱逐舰建造数量达到了53艘，如果没有后来《华盛顿海军条约》的限制，那么最终建造数量很可

▲ 停泊在美国波士顿港的一群克莱蒙森级驱逐舰。这一型号的驱逐舰没能赶上一战，却在战后的和平时期仍然达到日本望尘莫及的生产数量。

▲ 在平贺让1923年卸任直至1934年“友鹤事件”发生的这段时间内，藤本喜久雄是当仁不让的日本造舰第一人。他挖空心思、频出怪招以满足日本海军某些不切实际的需求，到头来却背负骂名，在郁闷中离世。

能真会达到预定的上百艘。

八八舰队方案将16艘主力战列舰和战列巡洋舰作为核心，这势必将促使包括驱逐舰在内的各辅助型舰艇的实力大幅度提升。海军高层最初的考虑是，在实现重雷、高速又改进了适航性的峰风型驱逐舰基础上做进一步改善，设计新一代驱逐队主力舰，但是峰风型驱逐舰的续航能力太差，只能在14节航速下航行3000～3600海里，远不及对手美国海军的驱逐舰。日本此时已经占据了德国在太平洋上的重要岛屿基地如特鲁克等，于是便将这些岛屿变成迎击美军舰队进攻的前沿，视其为日本海军“渐减邀击”作战方案的一个重要环节，而峰风型驱逐舰要从奄美大岛附近的待机点到特鲁克以外海域进行迎击的话，一个来回的航程都跑不下来。即使其进行了舰型改善以提高适航性，并在1923年第二舰队（以重巡搭配水雷战队的突袭舰队）在加罗林、马绍尔群岛举行的长期巡航演习中一定程度地证明了自身的能力，但是海军高层仍然没有十足的把握，迫切希望发展全新的、更高性能的驱逐舰。

经历了一战结束后的“二十年休战”与二战腥风血雨的人们会说，如果日本能够利用一战后的有利条件，放弃扩张政策，认真履行裁军条约，努力改善民生并发展“大正民主”，那么将会避免后来多少生灵涂炭啊！只是这个近一千年来都由武士掌控实权，视蛮勇尚武为头号美德，将侵略和掠夺当成荣耀的国家，不将脑袋结结实实地撞到墙壁上弄得头破血流，又怎会回头？1922年《华盛顿海军条约》的签署，给日本驱逐舰的设计与建造进程带来了巨大冲击。由于日本海军主力军舰的吨位保有量被限定为英、美海军的60%，而日英同盟的解除使得英国海军有可能与他们的大西洋表兄弟站在一起作战，这让日本在未来的太平洋大海战中通过主力舰队堂堂正正决战而获取胜利的机率，变得非常渺茫。但是《华盛顿海军条约》对于辅助舰船并没有进行限制，于是一向被视为对主力舰队作战起辅助作用的驱逐舰，一跃成为日本海军扭转与美国海军之间实力差距的希望所在，丑小鸭变天鹅，它们要担当渐减作战的主力了！如果没有更强大的驱逐舰，那么水雷战队就不能完成在决战之初先以鱼雷突击战重创美国舰队的任务，而这个任务无法完成的话，也就注定日本联合舰队将在主力舰队决战中失败！研制和装备世界上最强悍的拥有卓越适航性能、大续航力与强力雷装的驱逐舰，已经是摆在日本海军面前的重要课题，必须立即着手推进。相对而言，美国海军倒是随着条约的签署而觉得高枕无忧了，克莱蒙森级的后续型法拉古特级，竟然是在1930年进一步加强军控的《伦敦海军条约》签署之后的1932才宣告诞生，其5座127mm高平两用炮、2座四联装鱼雷发射管的火力，也不过与1928年便在日本下水服役的吹雪型大致打个平手而已。

1923年，大型驱逐舰——12艘属于峰风型系列的睦月型与5艘全新设计的吹雪型，开始进行设计研制。首先说睦月型，由于受到美国海军对其主力战舰加装水下防鱼雷突出部的影响，日本海军很直白地做出了进一步加强武力的反应——在睦月型上首次使用了610mm口径的重装鱼雷，不夸张地说其雷头装药就有早期整个鱼雷那么重，破坏力显著增加。而吹雪型，也被称为“特型驱逐舰”，则成了日本驱逐舰史上划时代的一款强力装备。吹雪型从任何方面来讲都凌驾于过去所有的驱逐舰之上，拥有排水量1680吨的大船体与3座610mm三连装鱼雷发射管、3座127mm双连装主炮，最高航速达38节。由于船前部高耸的干舷与强化艏楼结构，吹雪型被认为拥有相当优秀的高海况航行能力，能够和5500吨级的轻型巡洋舰相媲美（如长良型、川内型等充当水雷战队旗舰的轻巡），尽管后来的事实证明并非如此。从当

▼ 日本造舰设计大师平贺让，他在世界军舰史上也占有一席之地。

年的海风型发展到吹雪型，日本海军追求远洋型驱逐舰的努力终于结成了正果，从此以后以吹雪型为基础的日本大型驱逐舰继续发展前进，占据了海军水雷战队的主导地位。此时美国海军驱逐舰的发展仍然处于休眠状态，日本海军终于可以宣称手中拥有世界最强驱逐舰了。

1926年，大正时代的最后一年，关东大地震余波未平，日本海军又追加建造了4艘吹雪型，连同两年以后建造的改进型晓型驱逐舰（一般将晓型称为“特三型”，与特一、特二型一起归入吹雪型），合计24艘的特型驱逐舰在日本进入黑暗沉沦的昭和时代之初成了水雷战队的武力基础。对美渐减作战在这一时期已经基本上敲定了内容。为了适应作战需要，驱逐舰船型必须更加大型化，而桦型、枞型等中型驱逐舰当然不可能担当在太平洋上“邀击”美主力舰队的任务，于是和过去的水雷艇一样，它们都失去了存在意义，被淘汰出局。日本海军将注意力完全放在了大型远洋型驱逐舰上。然而，沉重的军备竞赛负担压弯了每一个列强的身躯，更何况是日本这么一个地狭民弱、刚刚经过大灾的国家。进入昭和的第二年即1927年，日本便爆发了金融恐慌。1928年，日本通过紧急敕令将治安维持法的最高刑罚升为死刑，以应对越来越不稳定的国内局势。1929年世界性的经济危机又迅速波及日本。伴随着日本国内的动荡，日本军部决定加紧对外干涉，出兵中国山东阻碍国民政府北伐。日本在东北炸死了张作霖，却反而促成了东北易帜。日本关东军中一群实为投机阴谋家的参谋干脆一不做二不休地在1931年发动了“九·一八事变”，全境占领东北后建立伪满洲国，更进一步将势力深入中国内蒙古与华北内陆，使得以美国为首的西方列强开始强烈关注日本在远东的扩张野心。这一连串的事变使得还远未做好全面战争准备的日本被迫采取措施缓和矛盾，其中一个重要步骤就是参加伦敦海军会议。1930年达成的《伦敦海军条约》对驱逐舰的保有量也做出了限定，日本驱逐舰只能拥有美国、英国的70%吨位，即105500吨，并且1500吨以上的大型驱逐舰只能占总体吨位的16%。如此一来，在1680吨的吹雪型诞生之后，眼看着就要向着2000以上吨位猛进的日本驱逐舰，被迫停下步伐，要过几年“军缩期”的苦日子了。

1930年签署的《伦敦海军条约》规定，驱逐舰的排水量必须在1850吨以下，主炮口径不得超过130mm。1931年，日本海军据此制定了新军备补充计划，试图在驱逐舰的吨位上满足条约限制要求，但对单舰的战斗力本身则进行强化。怎么做到这一点呢？日本人的一根筋思维方式此时开始发扬光大了：那就是在小舰体里面塞大量武器。如果有喜欢日式游戏（如最终幻想）的朋友，应该可以经常看到游戏中纤小娇弱的MM扛着一把体积颇为庞大的重剑或重炮凌空挥舞，那就是典型日本人的思维方式，把“天地无用”（日语中的请勿倒置）造成的眩晕感当成一种美学来搞。1931～1932年诞生的千鸟型和鸿型水雷艇，其特点就是在小型舰体上装入史无前例的大量重型武备。尽管名义上这是日本海军自大正时代废止所有水雷艇后再次制造该舰种，但其实是挂羊头卖狗肉，其600吨的排水量尽管不在《伦敦海军条约》的限制范围内，但其实际武力之强大可以和1000吨级的驱逐舰相媲美了。如此乱搞“天地无用”当然要付出代价，1934年千鸟型的一艘友鹤号便因为重心不稳在海中倾覆。同样在1931年诞生的初春型驱逐舰，也是在勉强满足1500吨排水量限制要求的条件下塞进了大量武备，后来却被迫实施取消一小部分武备以调低全舰重心的改进设计，由此使得初春型5～6号舰变成了有明型，7号舰以后的6艘则变成了白露型。

接着在1934年制定的第二次军备补充计划（丸二计划）中，

▲停泊在舞鹤军港的千鸟号鱼雷艇，它是千鸟型鱼雷艇的首艇。其特点就是小型舰体上装入了史无前例的大量重型武备，尽管只有600吨排水量，但其火力相当于1000吨排水量以上的中型舰艇。对日本海军发展影响深远的“友鹤事件”主角友鹤号就是该型艇。

▼1937年时的鸿型水雷艇雉号，又是一款典型的“小牛拉大车”的水雷艇。

新设计的10艘朝潮型作为白露型的后续舰被列入建造计划，同时还计划要造8艘鸿型水雷艇。然而在此计划推进的过程中，1935年又发生了比“友鹤事件”还要严重的“第4舰队事件”：在大浪中行进的吹雪型驱逐舰被硬生生打断了船体！还未动工的朝潮型被迫将图纸进行全面修改，而已建造或者正在建造的驱逐舰则要进行船体强度改善。总之，这些重大海上事故使得日本海军一直以来轻视驱逐舰舰体强度以及复原性的错误得到集中暴露，以致这以后的几年时间都用在了将长期积累的技术漏洞彻底补上。在海军军令部的要求下，为应对《伦敦海军条约》限制排水量而造出的许多强武备、小舰体的驱逐舰和水雷艇，到头来被证明只是付出了惨痛代价的空想。当初以在单舰上实现极端化的强大武力为目标而制造出来的各舰，服役之后接连暴露出了各种各样的缺陷，被迫送回造船厂进行修正，浪费人力物力不说，从船厂再出来时其性能指标就只能用普普通通来形容了。

《华盛顿海军条约》和《伦敦海军条约》本是为了限制各海军强国无限制扩张军备，为实现世界和平与繁荣而缔结的，但是在当时的日本军人与绝大部分冲昏头脑的日本国民看来，却是恨之入骨的一对枷锁，是美、英等国耍弄阴谋而强加于日本海军身上的“屈辱条约”。此时的美国被认为因骄奢淫逸而使国力濒临崩溃，其国民精神也已经堕落，而美国兵则都是怕死鬼。总之在日本看来，不跟美国打仗日本就没有前途，而跟美国打仗则必然取得胜利，因为日本军人有天皇护佑，战无不胜攻无不克。当然，前提条件是要重新扩张军备，将“海军假日”损失的时间迅速追回来，只要让日本海军做好准备，打不赢是没有天理的。从1933年开始，日本海军中试图维护《华盛顿海军条约》和《伦敦海军条约》的将领纷纷被逼下台，1934年时任日本外相的广田弘毅还向美国提出要废除条约。在此背景之下，日本海军内部已经认定1936年末到期的《伦敦海军条约》无论如何是不

▲1934年，广田弘毅提出要废除《华盛顿海军条约》和《伦敦海军条约》。此人在战后作为罪大恶极的战犯被绞死。

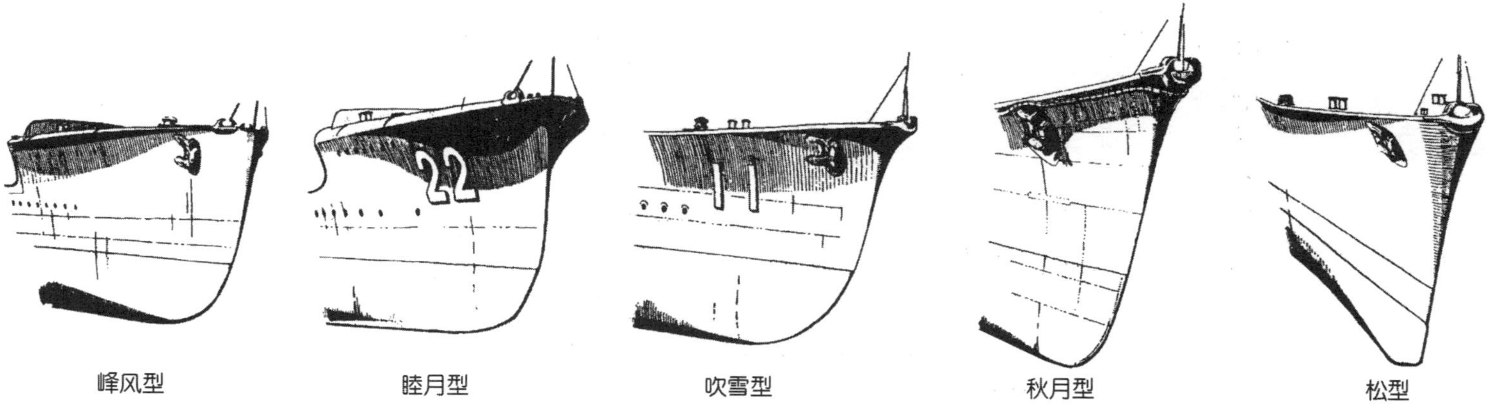

▲旧日本海军历代驱逐舰舰艏对比。

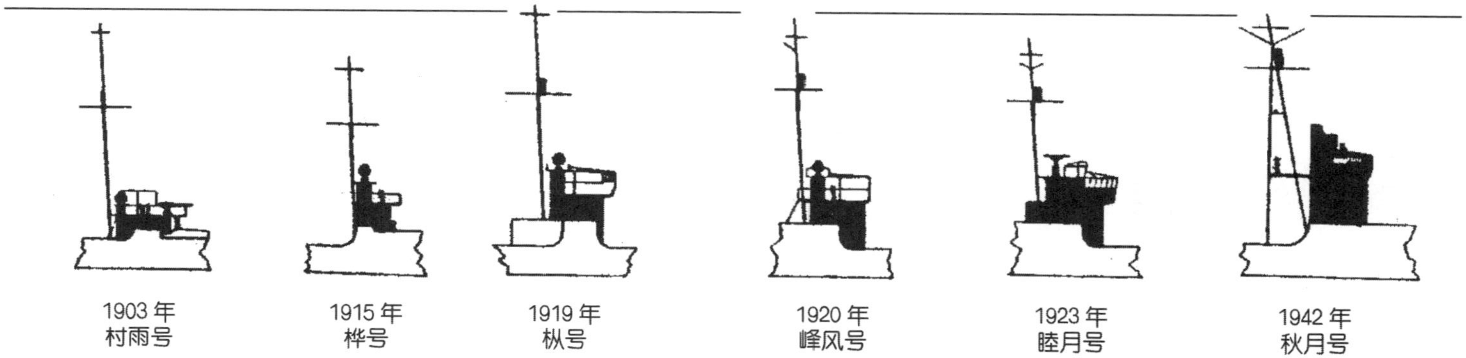

▲旧日本海军历代驱逐舰舰桥对比。

可能再进行续约了，因此提前便开始明目张胆地违反条约，反正只要让超出吨位的舰船在条约失效后下水就行了。从 1934 年丸二计划中诞生的朝潮型驱逐舰就是以上阴招的结果，其排水量达到了 2000 吨，完全超出了条约限制的上限，并且也使日本海军在特性驱逐舰之后终于又达到了一个新的标杆。

海军限制条约其实给日本带来一项优势，即条约限制美国在西太平洋扩建海军基地设施，如此一来太平洋舰队便很难在西太平洋地区常驻以防备日军进攻，只能依靠美国本土西海岸港口以及夏威夷群岛上的珍珠港，以致太平洋战争爆发后不得不远涉数千海里前来交战，这给了日本海军充分的时间与空间实施“渐减邀击”战略。整个 20 世纪 30 年代，日本都在着力加强建设其控制的南太平洋各岛屿上的军事设施，将迎击美军的决战区域不断扩大，而这就对驱逐舰的续航能力提出了更高的要求，因此将丸二计划中的各驱逐舰的基础巡航速度从 14 节提升到了 18 节。要实现这样的目标，其中一个对策就是进一步提升初春号以来的锅炉设备高温、高压化，朝潮型便是明证，达到了 300℃高温、$22kg/cm^2$ 强压。这样做是为了让燃料消耗率下降、动力系统整体效率提升，从而使同等容量的燃料能够行驶更远的距离。自然，鉴于当时日本的整体工业水平，制造这样高效率的锅炉并不是一件容易的事情（关键是必须研制出高性能过热器），在战时要进行量产更是极端的困难。事实上，日本在太平洋战争中制造的远洋型驱逐舰只及美国的一个零头，先进动力系统无法在保证质量的前提下进行量产就是受限主因。

1936 年 2 月 26 日，一群所谓的“爱国”青年军官袭击了日本政府各要害部门与首相、大臣的宅邸，试图发动军事政变以彻底建立“陆军皇道派”掌控的军部独裁政权。兵变尽管以失败告终，但是这些无法无天的军人竟然被狂热的日本国民普遍尊为忧国忧君的英雄人物，日本政府只得屈服于军部淫威之下。如果不立即对外动武，则日俄战争三十余年来未有大规模战争的状况，已使日本有意培养出来的畸形军事怪兽无法在国内继续安分下去，不放它出去吃人，则必定要在国内吃人。而此时日本武力扩张的最重要目标——中国，则刚刚达成国共停战协定，抗日思潮不断高涨，且国民政府已开始大量购买德国军火。1937 年“卢沟桥事变”爆发，随后中日双方于 8 月在上海大打出手。第 1、第 3、第 5 水雷战队的各驱逐舰队都参加了入侵上海的行动，接下来的一年内其侵略步伐踏遍了中国沿海，甚至溯河来到以武汉为中心的长江中游地区。1937 年初，《华盛顿海军条约》和《伦敦海军条约》正式失效，在中日战争的隆隆炮声中，倾日本之全部国力大举扩张海军的第三次扩军补充计划（丸三计划）诞生了，新增舰艇包括日后鼎鼎有名的“联合舰队豪华旅馆”大和级战列舰和翔鹤级大型舰队航母。对于驱逐舰的发展，日本海军自然不敢轻视，在丸三计划中，他们计划建造 15 艘在朝潮型基础上强化远洋航行性能的大型驱逐舰，强调采用 350℃高温、$30kg/cm^2$ 强压的锅炉，以使其在 18 节巡航速度下可以航行 6000 海里。

如此巡航距离意味着这种划时代的新型驱逐舰可以在太平洋上任意驰骋，圆满完成其在“渐减邀击”作战中担负的鱼雷突击任务，从海风型以来日本海军一直苦苦追寻的大型远洋驱逐舰可以说就此诞生了。这 15 艘崭新的驱逐舰，就是日本驱逐舰中可能最为知名的型号——阳炎型。在 1939 年的丸四计划中，日本海军又追加了 3 艘阳炎型以及 12 艘在阳炎型基础上进行了一些改进的夕云型。阳炎和夕云型被统称为“甲型驱逐舰”，成为日本海军在太平洋战争中水雷战队的驱逐舰主力。除此之外，在丸四计划中还诞生了一艘比较特异的驱逐舰岛风号（2 代），因为日本驱逐舰自吹雪型以来在速度上便一直没有什么进步，而美国新型战舰的航速倒一直在提升，因此这艘岛风号（2 代）将最高航速提升到了 40 节以上（公试航行数据），610mm 鱼雷发射管的数量增加到了骇人的 15 个，相当于甲型驱逐舰的两倍了。此舰带有试验性质，或者说只是为了在和美国驱逐舰进行比较的时候争一个虚荣的面子，所以只造了一艘。这一时期日本海军已经开始普遍使用九三式氧气鱼雷，从阳炎型开始，之后制造的驱逐舰都搭载这种高性能鱼雷。九三式鱼雷拥有高速度、远射程且尾迹难以被发现的特性，显然是水雷战队的利器，用于在日本海军所设想的主力舰队决战前夜进行大规模鱼雷突击战。而且即使是在白天，其远射程也可以使驱逐舰做到在未进入敌舰火炮射程之内，就大量发射鱼雷以达到至少搅乱敌舰队阵型之目的。

在丸四计划中还有一款新型驱逐舰秋月型诞生，相对于阳炎型与夕云型因用于舰队决战而被称为甲型驱逐舰，秋月型是以防空火力护卫主力战舰为主要任务而被称为乙型驱逐舰。这表明在大造航空母舰的同时，日本海军中也有清醒人士意识到美国的舰载航空兵同样会对日本舰队构成重大威胁。事实上在设计之初，设定秋月型只装备新型的九八式100mm双联高射炮，而没有任何鱼雷。如果按照这样的设计，那么其排水量应该和甲型驱逐舰区别不大。可是在日本海军中那些天天晚上做梦要用几百个鱼雷发射管将美国舰队重创的参谋军官看来，一艘驱逐舰上居然没有鱼雷简直荒唐，因此到头来还是给秋月型装上了鱼雷发射管。显然，此时的日本海军已经忘记了，当年TBD驱逐舰诞生最主要的目的就是排除鱼雷艇威胁、护卫主力战舰，而军控条约时代以来日本驱逐舰速度越来越快、兵装越来越强大，其本身的生存能力却被忽略，更谈不上如何帮助主力舰提高防护能力的问题。当然，在日本海军拟定的作战计划中，夺取战场上的制空权是首要关键，如果真能做到这一点，那么将驱逐舰编队作为一支强大迅猛的突击力量去攻击美舰队确实也存在着成功的可能。日本军队是抱着“我必胜、敌必败”的自欺欺人的态度悍然发动战争的，对于其战争计划上的每一个环节，完全没考虑过“万一失败了怎么办”这个问题（即使有人考虑过也不敢吱声）。因此他们坚定地认为：空母部队夺取战场制空权的行动必然成功，驱逐舰队和潜艇部队向敌发起突袭也必然成功，最后的主力舰队决战自然也要以日本海军大胜而完美谢幕。

再来谈谈秋月型，因为既要有防空火力又要有鱼雷兵装，因此其公试排水量竟然膨胀到了3470吨，比已经够庞大的阳炎型还要多1000吨左右！其全长也创造134.2米的纪录。尽管其设计颇有巧妙之处，只是如此接近轻型巡洋舰的舰体，大规模量产是无指望了。最具讽刺意味的是，强加到秋月型驱逐舰上的那些鱼雷发射管在战争中基本就没派上用场。美国海军这边，受日本驱逐舰自吹雪型以来一直领先的性能所刺激，在法拉古特级之后又让更为大型化的“驱逐领舰”（Destroyer Leader）——波特级于1935年下水服役，其排水量达1850吨（即军控条约规定上限），航速为35节，装备有4座带全封闭装甲保护的127mm双联装高平两用主炮和2座四联装鱼雷发射管。1938年开始建造的本森级驱逐舰，各项数据也有了进一步的提升，其战斗能力与刚刚服役的日本阳炎型几乎等同了。此时可明显看到，日本驱逐舰的杀手锏是610mm远程大威力鱼雷，而美国驱逐舰的长处是优秀的高平两用主炮性能和先进的火控系统。太平洋战争爆发后的实际情况表明，日本驱逐舰配合鱼雷突击战术确实威力巨大，然而美国驱逐舰的防空、反潜能力对获得战争胜利的帮助更大。当然，也不能忘记两国国力差距导致的装备数量差距。偷袭珍珠港前，日本海军又制定了军备紧急补充和追加补充计划，预计再建16艘造夕云型和10艘秋月型，然而在战争中分别只完成了8艘和6艘，与美国动辄百艘的量产数字相比，少得可怜。

就这样，日本海军在战前一路狂飙地大造了一番世界上最大、最强的各型军舰之后，便于1941年12月的一个温暖祥和的早晨将炸弹、鱼雷一股脑扔进了珍珠港。正如史学家们已经无

◀二战时期陈列在华盛顿美国海军总部外的日本九三式氧气鱼雷。

数遍指出的那样：全世界海军的大舰巨炮时代也在那个清晨彻底结束了，只不过亲手制造了这一结果的日本海军本身对这个事实的认识，反而不如受害者美国海军那么深刻。在中途岛战役中航母机动舰队的全灭，注定日本海军最终将走向失败。到这时候日本海军才发觉按照先前的甲型、乙型驱逐舰的制造计划来推进的话，驱逐舰的数量实在太过不足，于是在 1942 年下半年紧急制定了驱逐舰追加计划。因为那艘只为争面子存在的岛风（2 代）把丙型驱逐舰的名号给占据了，新诞生的紧急制造驱逐舰便被称为“丁型”，也就是在 1944 年 4 月——日本本土即将被战火笼罩的时候——诞生的松型驱逐舰。为了在战争的最后阶段有尽可能多的驱逐舰应对反美军登陆任务，松型的武备进行了简化，并采用当年鸿型水雷艇（也可称为“小型驱逐舰”）的主机，其速度慢到只有区区 27.8 节。松型的船型也进行了简化，尽量不使用特种钢材。而且随着战争的演变，其制造工艺也越来越向着粗制滥造的方向发展，不但材料强度越来越低，且大幅度使用焊接构造，拼了命地压缩制造周期，本来制造一艘驱逐舰需要 6 个月，到后来便只需要一半的时间。不过即使这样，计划生产的 62 艘最后也只生产出了 32 艘，在千船竞发的美军庞大舰队面前自然是螳臂挡车。

日本驱逐舰在太平洋战争中的表现，不可谓不惨烈，从瓜岛一路打到冲绳，比之偷袭珍珠港时捞到了首轮攻击战果后便立即打道回府的南云机动编队，或者在莱特大海战中坐镇大和号巨舰却被美军驱逐舰吓跑的栗田舰队，简直有云泥之别。不过历史的潮流已经注定这个邪恶东方帝国的毁灭，日本驱逐舰在太平洋战争中事实上没有进行过一次设想中的大规模鱼雷突击作战，有限的几次小规模胜利对于战争进程几乎毫无影响，同时它们在马里亚纳海战等决定性战役中也没有能够完成对主力舰队进行水下与空中护卫的任务。最终日本驱逐舰大多被美军的空中或海下武装力量击沉，只有少数几艘迎来了战争结束，被胜利的同盟国瓜分或干脆解体。

日本驱逐舰从诞生之日起便充当着日本四处侵略扩张的先锋，当面对中国这样自甲午战争之后便基本丧失海防能力的国家时，驱逐队便从沿海开进内河四处逞凶。长期行恶不受惩戒，思想上的骄傲自满与偏激狂热，导致日本海军在驱逐舰的设计上完全背离了其诞生的初衷，成为想象中“太平洋版对马决战”的决胜突击兵器。由于片面强调其攻击力而忽视防御系统的改善，片面强调单舰战斗力而忽视数量需求，日本驱逐舰最终无法完成海空立体化战争中背负的使命，而注定沦为日本战败的陪葬炮灰。

第一章

扩张中的崛起(上):诞生至日俄战争时期

雷（いかづち）型

根据日本海军制定的第 1 期对俄海军扩张计划，雷型是与东云型一起作为日本驱逐舰最初的驱逐舰而诞生的。甲午战争让日本意识到小型快速鱼雷艇对大型军舰的杀伤力，因此在 1896 年度财政预算中列入 4 艘雷型小型驱逐舰，并在 1897 年度财政预算中增加 2 艘。该型在当时是设计最好的小型驱逐舰。1900 年左右，在驱逐舰的故乡英国所大量制造的航速 30 节（The Tirty-Knotters）、拥有 4 根烟囱的 B 型驱逐舰（C 型和 D 型驱逐舰同样航速 30 节，最大区别只是分别采用 3 根烟囱和 2 根烟囱）被选为日本驱逐舰的最初原型，采用平甲板设计，但是在舰艏放置凸起的龟甲板，这个设计虽然能减小高速航行时的海浪，但在高海况条件下效果却很差。露天的舰桥和前主炮塔使得舰员经常会被海水淋湿全身。由于船体太小，大部分空间用来放置机器、燃料和武器，导致舰员的居住空间极为狭小。该型舰采用三段膨胀式蒸汽机配合燃煤锅炉的动力设计，在船首的指挥台上安装一门有护盾的 80mm 炮，另外在舰桥、烟囱的两侧和后甲板上各安装一门 57mm 炮，另外配有两座单装 450mm 鱼雷发射管。这项订单由英国知名的小型舰艇造船商亚罗（Yarrow）造船有限公司承接，6 艘舰船制造完成后于 1899 ~ 1900 年先后行驶到日本加入海军阵容，被划分为水雷艇（驱逐艇）类，1900 年 6 月 22 日变更为军舰（驱逐舰）类，1905 年 12 月 12 日正式变更为驱逐舰。由于当时驱逐舰被划分在水雷艇的类别中作为一种小型艇来使用，而小型艇独自完成跨越大洋航行万里的任务，在日本航海史上都还没有先例，因此原本计划要将其先拆分开来，装载到大舰上运回日本然后再组装。鉴于当时对俄战争准备的急迫性，最终决定令其自行航运回日本，从此以后到白云型为止，外购的驱逐舰都是独立航行回日本的。6 艘雷型驱逐舰抵达日本的时候正好赶上镇压中国义和团运动，它们被用来封锁中国海岸线并掩护陆军登陆。当时的中国在甲午海战后丧失了几乎所有海上力量，因此雷型并没有参加海上战斗，只有霓号于 1900 年 8 月 3 日在中国山东半岛附近触礁沉没。剩余的 5 艘雷型驱逐舰随后参加了日俄战争，没有遭到任何损失，平安进入了战后时代。但是在这型始祖级驱逐舰退役之前，却有电、雷两艘先后遭遇事故而沉没。电号于 1909 年 12 月 16 日在北海道的函馆附近与商船相撞沉没。剩余的 4 艘在 1912 年 8 月 28 日被划为三等驱逐舰（未满 600 吨的驱逐舰。1931 年 5 月 30 日，该等级被废除），并逐渐远离前线战事。曙号和胧号参加了一战中日本进攻青岛的战役和日本夺取德国所属的南太平洋诸岛屿战役。此后，该级舰虽然仍在日本海军中服役，但是发挥的作用越来越小，首舰雷号由于发动机缺乏保养于 1913 年 10 月 9 日驶入大凑港时锅炉爆炸而沉没，涟号 1913 年 4 月 1 日退役后于次年解体，胧号和曙号一直使用到 1921 年，之后曾被短暂用作扫雷艇，但均在 1925 年解体。

雷型总共 6 艘驱逐舰因为事故损失了 3 艘，只有剩下 3 艘能够全身而退。这也反映了日本海军驱逐部队在其初期的装备水准和操舰水平，实在都是很低下的。

雷型技术参数

排水量： 345 吨
舰长： 67.2 米
舰宽： 6.3 米
平均吃水： 1.5 米
主机： 四汽缸三胀式直立往复蒸汽机 2 台 2 轴，总功率为 6000 马力
主锅炉： 亚罗式水管锅炉 4 台
燃料搭载量： 煤炭 110 吨
最大航速： 31 节
武器：
80mm 单管炮 1 座
57mm 速射炮 5 座
450mm 单管鱼雷发射管 2 座
乘员： 60 名

刚刚建造完毕的雷型驱逐舰线图。

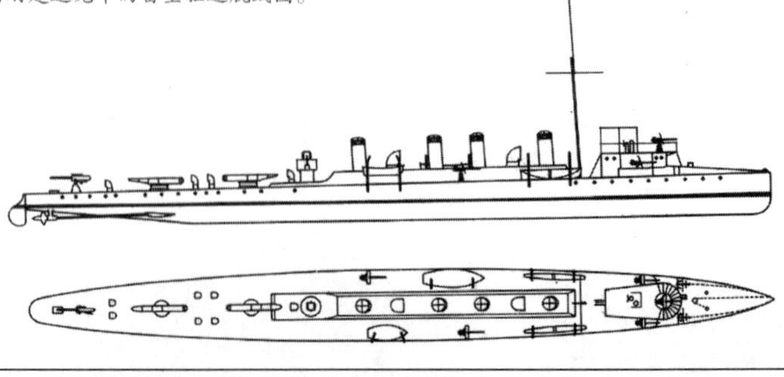

(1)
雷
（いかづち）

1896 年列入计划，1897 年 9 月 1 日由英国亚罗公司开工制造，雷型首舰。1898 年 11 月 15 日下水，1899 年 2 月 23 日竣工。1913 年 10 月 10 日发生了蒸汽锅炉爆炸事故，沉没，后打捞出水。1913 年 11 月 5 日除去军籍。1914 年 4 月 29 日被出售。

▲ 1899 年 5 月 29 日 ~ 6 月 1 日，从英国开回日本九州佐世保之后，继续向横须贺航行，途中在神户港停靠的雷号。其在印度洋上航行时一度在波浪中倾斜达 35 度，轮机房温度上升至 71 度。

(2)
电
（いなづま）

1896 年列入计划，1897 年 11 月 1 日由英国亚罗公司开工制造，雷型 2 号舰。1899 年 1 月 28 日下水，1899 年 4 月 25 日竣工。1909 年 12 月 16 日在北海道的函馆附近与商船相撞沉没，后打捞出水。1910 年 9 月 15 日除籍，同年 9 月 16 日被出售。

▲ 1900 年抵达神户港的电号。此舰于 1899 年 6 月抵达横须贺，经过长时期的整备工作后，于 1900 年中前往佐世保港驻扎。舰船在从英国航行到日本的途中是不安装武器的，以防止产生航行安全问题。而此时其武器装备都已安装完毕。

(3) 曙 （あけぼの）

1896 年列入计划，1898 年 2 月 1 日由英国亚罗公司制造，雷型 3 号舰。1899 年 4 月 25 日下水，1899 年 7 月 3 日竣工。1921 年 4 月 30 日变更为特务艇（二等扫雷艇）。1921 年 6 月 21 日变更为杂役船。1925 年 5 月 2 日报废。

▲1918 年左右的雷型 3 号舰曙号，其当时的身份是三等驱逐舰，事实上已经被作为扫海舰（扫雷舰）使用。可以看到其舰尾设置有扫雷作业台。原先设置的 2 座鱼雷发射管已被拆除。

(4) 漣 （さざなみ）

1896 年列入计划，1897 年 6 月 1 日由英国亚罗公司制造，雷型 4 号舰。1899 年 8 月 8 日下水，1899 年 8 月 28 日竣工。1912 年 8 月 28 日被划为三等驱逐舰。1913 年 4 月 1 日除籍。1914 年 8 月 23 日变更为杂役船。1916 年 10 月 18 日报废。1917 年 1 月 9 日被出售。

▲1900 年进入神户港的涟号，摄于其驶往佐世保的途中。该舰在日俄对马海战中，于 1905 年 5 月 28 日，在郁陵岛西南方约 75 千米处拦截到俄军驱逐舰大胆号，俘虏了俄舰队司令罗捷斯特文斯基中将。

▲ 1901年在东京湾内的涟号。可以看到它没有舰桥，只有一个露天指挥台，而此指挥台上的舰员可直接操纵前方的一门57mm速射炮。

(5)
胧
（おぼろ）

1897年列入计划，1899年1月1日由英国亚罗公司制造，雷型5号舰。1899年10月5日下水，1899年11月1日竣工。1912年8月28日被划为三等驱逐舰。1921年4月30日变更为特务艇，同年6月21日变更为杂役船。最终在1925年报废。

▲ 胧号于1900年1月16日从英国出发，5月3日到达神户。可以清楚地看到舰艏用英文小字写着“OBORO”，这是制造商——亚罗公司的习惯标识方式，到了日本以后将被抹去，并按照日本习惯用大字假名将舰名涂在舰身中部。乘坐剧烈摇晃的小型舰船与海洋搏斗了数月的水兵，正站在甲板上晒太阳。

(6)
霓
（にじ）

1897年列入计划，1899年1月1日由英国亚罗公司制造，雷型6号舰。1899年6月22日下水，1900年1月1日竣工。1900年7月29日，也就是说其下水一年时间还不到，就在中国山东附近海域触礁沉没。1901年4月8日除籍。

晓（あかつき）型

晓型驱逐舰是日本海军制定的第二期对俄海军扩张计划中所要装备的 4 艘驱逐舰中的 2 艘，即晓号和霞号，使用的是 1897 年度的财政预算。晓型事实上与雷型是同级军舰，同样由亚罗造船有限公司承接制造，1901 ~ 1902 年相继建成服役。晓型除了载炭量稍微少一点之外基本与雷型相同，最大的区别在舵上：雷型采用一种半平衡舵，有部分露于水线之上，这使其很容易被敌舰的炮火摧毁；晓型则改善后将舵全部置于水线之下，采用平衡舵。日本海军想学习造船工艺来改进他们的雷型驱逐舰，因此晓型驱逐舰只造了 2 艘，设计上以英国 4 根烟囱的 B 级驱逐舰为基础，具备 30 节的航速。

两艘晓型驱逐舰都赶在日俄战争之前抵达日本，晓号在 1904 年 5 月 17 日封锁旅顺港作战中触水雷爆炸沉没。2 号舰霞号转属第 3 驱逐队，参加了对马海峡决战。在成为杂役船之后霞号改名为霞丸号，但在其生涯晚期又改回了霞号这一名称并一直沿用到 1920 年。

晓型技术参数

排水量： 363 吨
舰长： 67.3 米
舰宽： 6.3 米
平均吃水： 1.7 米
主机： 四汽缸三胀式倾斜往复蒸汽机 2 台 2 轴，总功率为 6000 马力
主锅炉： 亚罗式水管锅炉 4 台
燃料搭载量： 煤炭 89 吨
最大航速： 31 节
武器：
80mm 单管炮 1 座
57mm 速射炮 5 座
450mm 单管鱼雷发射管 2 座
乘员： 62 名

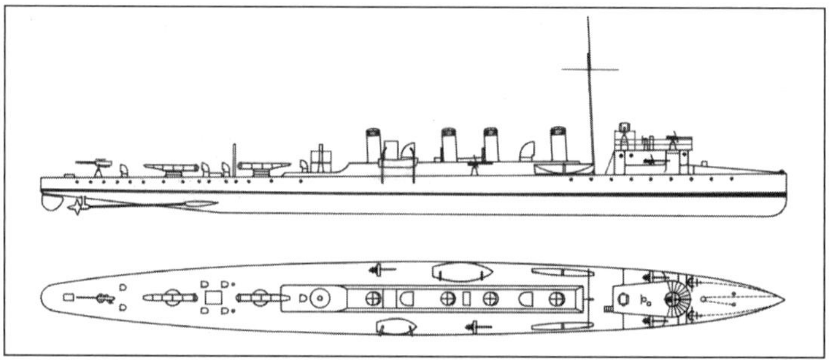

◀刚刚建造完毕的晓型驱逐舰线图。

▼1902 年初，在英国格拉斯哥做航行准备的晓号还处于几乎没有舰上装备的状态。其舰艄处用英文写有舰名“AKATSUKI”。

(1) 晓（あかつき）

1900 年列入计划，由英国亚罗公司制造，于 1901 年 2 月 13 日竣工，划分为军舰（驱逐舰）类。1904 年 5 月 20 日在旅顺封锁作战中触水雷沉没。但是，日本海军却想了个花招，将“晓”这个名称转给了被俘获的俄罗斯驱逐舰坚决号，给人一种晓号驱逐舰直到日俄战争结束时仍然健在的假象——事实上在封锁旅顺作战中沉没多艘日舰的消息，都是在很长时间以后才在日本国内发表出来的。假称晓号的坚决号以后在日本海军中正式得到的名称是“山彦号”。晓号于 1905 年 10 月 19 日正式除籍。

(2)
霞
（かすみ）

1900 年列入计划，由英国亚罗公司制造，晓型 2 号舰。1902 年 2 月 13 日竣工，划分为军舰（驱逐舰）类。1912 年 8 月 28 日被划为三等驱逐舰。1913 年 4 月 1 日除籍。1914 年 8 月 23 日被变更为杂役船。

▲ 1903 年完成改装工程的霞号。霞号竣工时装备的带防盾 57mm 炮被换成了无防盾的阿姆斯特朗式 76mm 炮，其他的带防盾 57mm 炮也都被换成了无防盾的山内式 57mm 炮。本来字体很小的舰名现在已经放大了。

▲ 另一张霞号的照片，应该是回到日本之后拍摄的，可以看到日本海军水兵已经在舰上操作了。当时海军水雷学校还没有成立，但“水雷术练习所”已能提供一些专业训练。

东云（しののめ）型

根据日本海军制订的第一期对俄海军扩张计划诞生的东云型，以英国海军当时装备的D型驱逐舰为原型，由英国索尼克罗福德公司在1898～1900年间制造了6艘。相对于亚罗公司制造的4根烟囱的船型，索尼克罗福德公司制造的东云型驱逐舰则只有2根烟囱，其排水量、动力、速度及载炭量都劣于雷型，但是武器装备却与雷型是相同的。与雷型同样的半平衡舵因为舵面暴露在舰尾海面上，容易被弹损伤，是其缺点之一。东云型驱逐舰在日俄战争中分属于第3、第5驱逐舰，最光辉的战绩就是阳炎号与另一艘雷型驱逐舰涟号，于5月27日午夜俘虏了俄罗斯驱逐舰大胆号。而俄舰队司令罗捷斯特文斯基在白天被日舰炮击身负重伤后，正搭乘在大胆号上，当然也一并被俘获了。正是因为阳炎号驱逐舰俘获俄舰队司令而名声大振，所以30多年后日本海军才会将最强悍的甲型驱逐舰命名为“阳炎型”。东云型驱逐舰无一沉没，迎来了日俄战争的结束。除了在1913年东云号触礁沉没之外，其余各舰都一直服役到了1926年。

东云型技术参数

排水量： 322吨
舰长： 63.6米
舰宽： 6米
平均吃水： 1.7米
主机： 四汽缸三胀式倾斜往复蒸汽机2台2轴，总功率为5475马力
主锅炉： 索尼克罗福德式水管锅炉3座
燃料搭载量： 煤炭80吨
最大航速： 30节
武器：
80mm单管炮1座
57mm速射炮5座
450mm单管鱼雷发射管2座（后来前部舰桥上57mm炮换装为76mm炮，其余更换为无防盾山内式57mm炮）
乘员： 62名

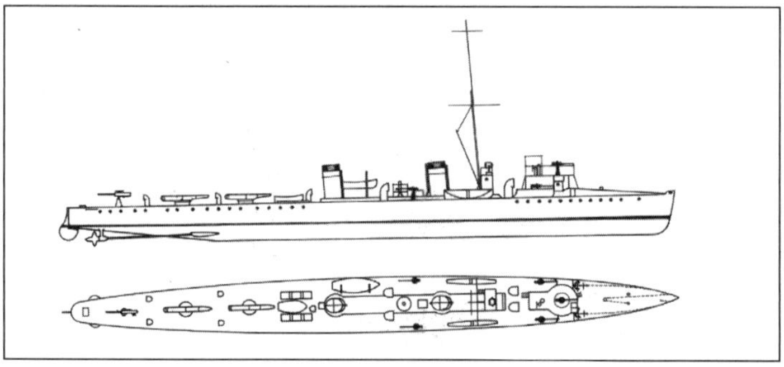

◀ 刚刚建造完毕的东云型驱逐舰线图。

▲ 在俄国舰队中服役的大胆号。其指挥台比日本驱逐舰还要简单，但是火力还是比较强悍的。

(1)
东云
（しののめ）

1896年列入计划，由英国索尼克罗福德公司制造，于1899年2月1日竣工，划分为水雷艇（驱逐艇）类。1900年6月22日变更类别为军舰（驱逐舰）类。1905年12月12日变更为驱逐舰。1912年8月28日变更为三等驱逐舰。1913年7月20日触礁沉没。1913年8月6日除籍，同年11月29日被出售。

▲1899～1900年间，在横须贺港完成整备工作后的东云号，正在沿海航行以熟悉惯用航道。2根较粗的烟囱给人以精悍的感觉。

(2)
丛云
（むらくも）

1896年列入计划，由英国索尼克罗福德公司制造，东云型2号舰。1898年12月29日竣工，划分为水雷艇（驱逐艇）类。由于其竣工时间还在东云号之前，因此也有部分资料将丛云号作为该型首舰。1900年6月22日变更类别为军舰（驱逐舰）类。1905年12月12日变更为驱逐舰。1912年8月28日变更为三等驱逐舰。1919年4月1日变更为杂役船。1920年7月1日变更为特务艇。1922年4月1日再度变更为杂役船。1923年8月1日报废。1925年6月24日作为靶舰被击沉。

(3)
夕雾
（ゆうぎり）

1896年列入计划，由英国索尼克罗福德公司制造，东云型3号舰。1899年3月10日竣工，划分为水雷艇（驱逐艇）类。1900年6月22日变更类别为军舰（驱逐舰）类。1905年12月12日变更为驱逐舰。1912年8月28日变更为三等驱逐舰。1919年4月1日变更为杂役船。1920年7月1日变更为特务艇。1922年4月1日除籍。1924年3月14日报废。

▲夕雾号在维修干船坞中。在1905年5月27日的夜间突袭战中，夕雾与春雨号驱逐舰相撞，舰艏撞伤，于次日返回佐世保修理。

(4)
不知火
（しらぬい）

1896年列入计划，由英国索尼克罗福德公司制造，东云型4号舰。1899年5月13日竣工，划分为水雷艇（驱逐艇）类。1900年6月22日变更类别为军舰（驱逐舰）类。1905年12月12日变更为驱逐舰。1912年8月28日变更为三等驱逐舰。1919年4月1日变更为特务艇。1923年8月1日变更为杂役船。1925年2月25日报废。

▲1899年6月，正在英国做出发准备的不知火号。它与其他在英国制造的驱逐舰一样并未安装武器，但吃水看上去比较深，这可能是因为该舰6月在英国停靠朴茨茅斯装载了弹药、鱼雷和煤炭的缘故。可以看到舰尾的舵头露出水面，容易在战斗中被击伤，这个缺点从晓型开始得到了改善。

(5)
阳炎
（かげろ）

1897年列入计划，由英国索尼克罗福德公司制造，东云型5号舰。1899年10月31日竣工，划分为水雷艇（驱逐艇）类。1900年6月22日变更类别为军舰（驱逐舰）类。1905年12月12日变更为驱逐舰。1912年8月28日变更为三等驱逐舰。1919年4月1日变更为杂役船。1925年2月25日报废。

▲1920年左右停靠在吴港的功勋舰阳炎号，背景是隆冬季节的中国地区山地，一片白雪皑皑。当时阳炎号属于吴镇守府的第11驱逐队。这张照片显示了东云型驱逐舰在其服役末期的姿态，为了增强无线电通讯能力，重新设置了风帆时代结束后便被取消的后桅杆。其武器装备自日俄战争以来没有任何变化。

(6)
薄云
（うすぐも）

1897年列入计划，由英国索尼克罗福德公司制造，东云型6号舰。1900年2月1日竣工，划分为水雷艇（驱逐艇）类。1900年6月22日变更类别为军舰（驱逐舰）类。1905年12月12日变更为驱逐舰。1912年8月28日变更为三等驱逐舰。1919年4月1日变更为特务艇。1923年8月1日变更为杂役船。1925年2月25日报废，同年4月29日作为靶舰击沉。

▲ 于1900年2月下旬准备向日本航行的薄云号，可能正在朴茨茅斯港内进行准备工作，舰桥和舟艇上都覆盖着很厚的防水布并用粗绳固定。

▲ 经过3个月海上航行后，于1900年5月18日抵达横须贺的薄云号。临时设置的后桅仍然可以张帆以利用风力，达到节省燃料的目的。背景处的军舰是三等巡洋舰和泉号，正在为参加镇压义和团的行动进行准备。

白云（しらくも）型

白云型驱逐舰是日本海军制定的第二期对俄海军扩张计划中所要装备的 4 艘驱逐舰中的另 2 艘，由英国索尼克罗福德公司建造。这一次索尼克罗福德公司模仿了亚罗公司，也制造了一款拥有 4 根烟囱的驱逐舰。相比东云型而言，白云型的马力和排水量增大，公试运转时其最高航速达到了 31.819 节，而其 2 号舰也曾经达到 31.058 节。白云型和晓型同样采用了平衡舵。2 艘白云型都是在 1902 年竣工的，日本向英国购买驱逐舰也就到此为止，以后从春雨型开始便尝试自行制造。白云型驱逐舰两舰在日俄战争前配属第 1 驱逐队，在对马海战时则改属于第 4 驱逐队。第 4 驱逐队在 1905 年 5 月 27 日午夜的突袭中取得了辉煌战果，它们攻击了俄舰队旗舰斯瓦罗夫号，又向逃跑的俄舰队发起冲锋，到 300 ~ 600 米距离时发射了多枚鱼雷，击沉了纳瓦林号，击伤维里奇号等舰。鉴于其卓越功勋，1934 年诞生的新型驱逐舰以白云型的 2 号舰“朝潮”来命名。

白云型技术参数

排水量： 322 吨
舰长： 65.9 米
舰宽： 6.3 米
平均吃水： 1.9 米
主机： 四汽缸三胀式直立往复蒸汽机 2 座 2 轴，总功率为 7000 马力
主锅炉： 桑尼克罗夫特式水管锅炉 3 座
燃料搭载量： 煤炭 95 吨
最大航速： 31 节
武器：
80mm 单管炮 1 座
57mm 速射炮 5 座
450mm 单管鱼雷发射管 2 座
乘员： 62 名

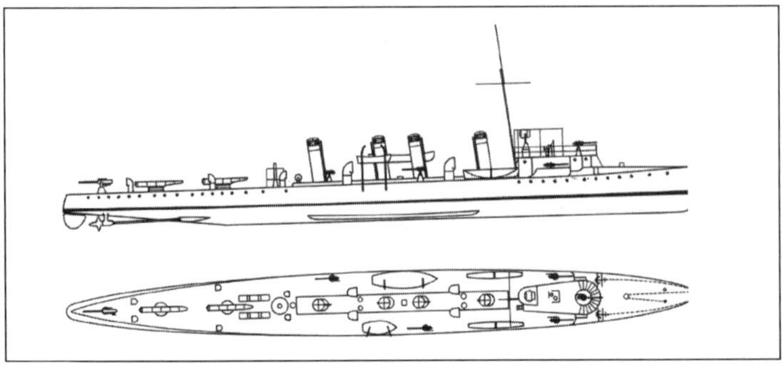

◀ 刚刚建造完毕的白云型驱逐舰线图。

▼ 1919 年 2 月 19 日停泊于佐世保的白云号。该舰从大正初年起长期配属于马公港，1918 年 7 月转属第 27 驱逐队。舰桥两侧及中部两舷仍然装备 57mm 炮，还没有换装 80mm 炮。

(1) 白云（しらくも）

1900 年列入计划，由英国索尼克罗福德公司制造，于 1902 年 2 月 13 日竣工，划分为军舰（驱逐舰）类。1905 年 12 月 12 日变更为驱逐舰。1922 年 4 月 1 日变更为特务艇。1923 年 4 月 1 日变更为杂役船。1925 年 7 月 21 日作为靶舰被击沉。

▲ 在英国进行舾装接近完成的白云号。可以看到它的后半部舰身上有不少从轮机舱中伸出的排气筒：因为是自然排气，所以只能设置如此多的排气筒。

(2)
朝潮
（あさしお）

1900年列入计划，由英国索尼克罗福德公司制造，白云型2号舰。1902年5月4日竣工，划分为军舰（驱逐舰）类。1905年12月12日变更为驱逐舰。1912年8月28日变更为三等驱逐舰。1922年4月1日变更为特务艇。1923年4月1日变更为杂役船。1925年5月2日废船。1926年4月5日被出售。

▲ 1902年在英国正准备踏上跨海旅程的朝潮号。正值盛夏，后甲板设有防日晒的临时顶篷。从后面的大型舰只桅杆来看，这张照片很可能是在朴茨矛斯港内拍摄的。

春雨（はるさめ）型

在第二期对俄海军扩张计划中，如前所述只有晓型和白云型共 4 艘驱逐舰列入计划。1900 年时，因为所谓的“鱼雷艇母舰”研制计划被证明是脱离实际而被取消后，相关预算被用于追加建造 4 艘驱逐舰。到 1903 年，又有 6 艘杂用船的预算被挪用来追加建造 3 艘驱逐舰。这总共 7 艘用东拼西凑的预算造出来的新型驱逐舰，就是日本第一代国产驱逐舰——春雨型，前 4 艘在横须贺造船厂建造，后 3 艘则在吴造船厂建造。

春雨型是日本海军通过高度模仿来获得技术进步的典型，其舰身前半部参照亚罗公司的设计制造，而后半部则是参照索尼克罗福德公司的设计制造。其武器装备从 6 号舰吹雪开始就进行了改进，将前甲板 1 门 57mm 炮换成 80mm 单管炮，而已经建成的 1 ~ 5 号舰也照此改装。由于当时日本国内造船技术所限，这首款国造驱逐舰在最容易出麻烦的核心部件上出了问题：由亚罗公司的锅炉模仿而来的舰本式水管锅炉，计划达到6000马力，但实际上远远达不到这个数字，且故障频发。

在日俄战争中获得最大功勋的驱逐舰当属其 4 号舰朝雾号，当时这艘驱逐舰是 1905 年 5 月 27 日夜间突袭中表现最为英勇的第 4 驱逐队旗舰（归属于联合舰队第 2 舰队）。第 4 驱逐队司令官就是铃木贯太郎中佐，当时有一个如雷贯耳的威猛外号“鬼贯”，正是他率领第 4 驱逐队袭击斯瓦罗夫号，并在夜间击沉了纳瓦林号。铃木贯太郎这位日俄战争中的凶猛海军军官在几十年后的垂暮之年成了“终战首相”，亲自迎来太平洋战争的结束，倒颇有象征意味。下文中将以当事人回忆录，对早期日本驱逐舰采用的鱼雷、夜间训练情况进行描述。除了在日俄战争中损失了 3 号舰速鸟号以及在战后触礁沉没的春雨号以外，其他 5 艘春雨型均服役到了 1926 年。

春雨型技术参数

排水量： 375 吨
舰长： 69.2 米
舰宽： 6.6 米
平均吃水： 1.8 米
主机： 四汽缸三胀式直立往复蒸汽机 2 座 2 轴，总功率为 6000 马力
主锅炉： 舰本式水管锅炉 4 座
燃料搭载量： 煤炭 100 吨
最大航速： 29 节
续航力： 10 节 /1200 海里
武器：
80mm 单管炮 2 门
57mm 速射炮 4 门
450mm 单管鱼雷发射管 2 具
乘员： 62 名

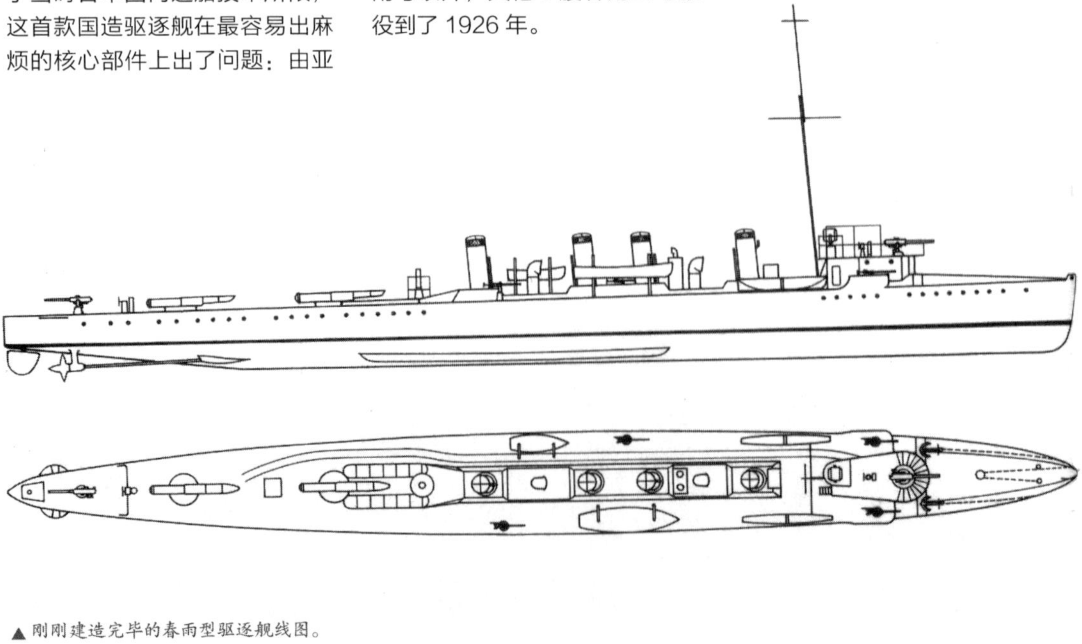

▲刚刚建造完毕的春雨型驱逐舰线图。

(1)
春雨
（はるさめ）

1900 年列入计划，由横须贺造船厂制造，于 1903 年 6 月 26 日竣工，划分为军舰（驱逐舰）类。1905 年 12 月 12 日变更为驱逐舰。1911 年 11 月 24 日触礁沉没。1911 年 12 月 28 日除籍。1912 年 8 月 1 日在仍沉于水底的状态下被出售。

(2)
村雨
（むらさめ）

1900 年列入计划，由横须贺造船厂制造，于 1903 年 7 月 7 日竣工，划分为军舰（驱逐舰）类。1905 年 12 月 12 日变更为驱逐舰。1912 年 8 月 28 日变更为三等驱逐舰。1922 年 4 月 1 日变更为特务艇。1923 年 4 月 1 日变更为杂役船。1925 年 2 月 14 日报废。

▲1919 年停泊于佐世保港的村雨号。可见 4 个烟囱中 2 个的顶部被装了盖，显示出在长期执行巡航任务中并没有全速航行的必要。

(3)
速鸟
（はやとり）

1900 年列入计划，由横须贺造船厂制造，于 1903 年 8 月 24 日竣工，划分为军舰（驱逐舰）类。1904 年 9 月 3 日在作战中沉没。1905 年 6 月 15 日除籍。

(4)
朝雾
（あさぎり）

1900 年列入计划，由横须贺造船厂制造，于 1903 年 9 月 18 日竣工，划分为军舰（驱逐舰）类。1905 年 12 月 12 日变更为驱逐舰。1912 年 8 月 28 日变更为三等驱逐舰。1922 年 4 月 1 日变更为特务艇。1923 年 4 月 1 日变更为杂役船。1925 年 2 月 14 日废船后解体。

1905 年，作为第 4 驱逐队旗舰正在参加日俄战争后期作战的朝雾号。可以看到最后一个烟囱上涂着白漆识别线。尽管如此，在夜间作战中进行个舰有效识别仍然非常困难。因此在 1908 年各驱逐舰都安装了无线电后桅杆，通过更现代化的方式来进行指挥联络。

(5)
有明
（ありあけ）

1903年列入计划，由吴海军造船厂制造，于1905年3月24日竣工，划分为军舰（驱逐舰）类。1905年12月12日变更为驱逐舰。1912年8月28日变更为三等驱逐舰。1924年12月1日除籍。1925年4月10日正式废船，同年11月12日被转交给了内务省，作为警视厅东京港的巡逻船使用。

▲明治时代后期的有明号，已经加装有安装无线电报天线的后桅。照片背景完全被抹去，可能是因为该舰当时停泊在横须贺港内。

(6)
吹雪
（ふぶき）

1903年列入计划，由吴海军造船厂制造，于1905年2月28日竣工，划分为军舰（驱逐舰）类。1905年12月12日变更为驱逐舰。1912年8月28日变更为三等驱逐舰。1924年12月1日除籍。1926年5月5日被出售。

(7)
霰
（あられ）

1903年列入计划，由吴海军造船厂制造，于1905年5月10日竣工，划分为军舰（驱逐舰）类。1905年12月12日变更为驱逐舰。1912年8月28日变更为三等驱逐舰。1924年4月1日除籍。

山彦型　皋月型　敷波型

在日俄战争中被俘获的俄罗斯军舰中，有5艘被划分为驱逐舰，进入日本海军阵容中服役了一段时间。这5艘驱逐舰分为3个型号，其中山彦型2艘是俄海军雄鹰级驱逐舰坚决号和暴怒号，其性能相当于英国最初的A型驱逐舰，皋月型只有1艘，原为俄海军模仿英国雷阿德公司设计制造的大胆号，其性能相当于英国D型驱逐舰，也就是说与东云型相当，而敷波型原先只是鱼雷炮艇，和日本海军驱逐舰完全不合。这3型驱逐舰尽管换装了日本海军制式武器系统，但在性能上与水雷战队中的其他舰只毕竟有很大差异，混杂在一起使用带来了不少麻烦。因此几乎都没有获得编入舰队的机会，它们的存在只是为了炫耀日本海军曾经取得的辉煌，服役时间均不长。

山彦（やまびこ）型

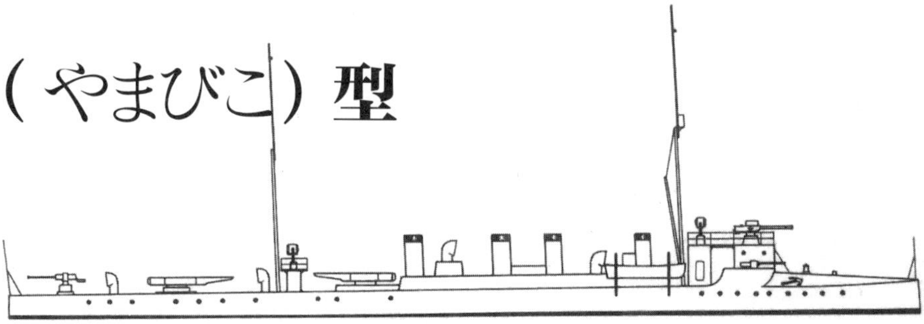

▲刚刚加入日本海军的山彦号驱逐舰线图。

山彦型技术参数（加入日本海军后数值）

排水量： 240 吨
舰长： 69.2 米
舰宽： 6.6 米
平均吃水： 1.8 米
主机： 三汽缸三胀式直立往复蒸汽机 2 座 2 轴，总功率为 3800 马力
主锅炉： 在俄海军中服役时采用亚罗式水管锅炉，进入日本海军服役后换装宫原式水管锅炉 4 座
燃料搭载量： 煤炭 60 吨
最大航速： 26 节
续航力： 10 节 /1200 海里
武器：
80mm 单管炮 1 门
47mm 速射炮 3 门
450mm 单管鱼雷发射管 2 具
乘员： 56 名

(1) 山彦（やまびこ）

原俄罗斯海军雄鹰级坚决号驱逐舰，于 1900 年竣工，被解体运送到旅顺后加入俄远东舰队，参加旅顺保卫战。1904 年 8 月 12 日被日本海军俘获。1905 年 1 月 17 日假借已经沉没的晓号驱逐舰之名加入联合舰队，曾打算伪装成俄舰在俄远东舰队的前进路线上布雷，但是因为天气恶劣而终止作战。1905 年 10 月 19 日被正式命名为“山彦号”，划分为驱逐舰类。1912 年 8 月 28 日变更为三等驱逐舰。1917 年 4 月 1 日变更为杂役船。1919 年废船，后被作为造船材料处置。

(2) 文月（ふみつき）

原俄罗斯海军雄鹰级暴怒号驱逐舰，于 1903 年竣工，被解体运送到旅顺后加入俄远东舰队，参加旅顺保卫战。1905 年 1 月被日本海军俘获，同年 9 月 2 日被正式命名为“文月号”，划分为驱逐舰类。1908 年整备完成。1912 年 8 月 28 日变更为三等驱逐舰。1913 年 4 月 1 日除籍。1914 年 8 月 23 日变更为杂役船。1915 年 6 月 28 日废船。

▲1908 年完成整备工作后的文月号，作为第 3 水雷战队第 3 驱逐队的一员准备参加当年秋天的大演习。最后一个烟囱上画有一条倾斜度很大的白色识别线。

皋月（さつき）型

皋月
（さつき）

原俄罗斯海军350吨级驱逐舰大胆号，1903年竣工，是俄海军新锐驱逐舰，速度较低，但是拥有3具450mm单管鱼雷发射管的强大火力。在对马海战中，大胆号接收了负伤的俄舰队司令罗捷斯特文斯基。试图逃跑的大胆号，被阳炎号与涟号驱逐舰追击俘获，于1905年6月6日被日本命名为“皋月号”，划分为驱逐舰类。1906年整备完成。1912年8月28日变更为三等驱逐舰。1913年4月1日除籍。1914年8月23日变更为杂役船。1921年废船。

皋月型技术参数（加入日本海军后数值）

排水量： 350吨
舰长： 64米
舰宽： 6.4米
平均吃水： 1.8米
主机： 三汽缸三胀式直立往复蒸汽机2座2轴，总功率为5700马力
主锅炉： 宫原式水管锅炉4座
燃料搭载量： 煤炭80吨
最大航速： 27节
续航力： 10节/1200海里
武器：
80mm单管炮1门
47mm速射炮5门
450mm单管鱼雷发射管2具
乘员： 62名

▲刚刚加入日本海军的皋月号驱逐舰线图。

1905年6月3日，被俘获不久的大胆号，这时仍由俄罗斯舰员操纵，在一旁的日本军舰的监视下（在其左舷航行的是日本巡洋舰常磐号），前往佐世保港。舰型上来说与日本驱逐舰一样遵照英国式的设计，不过固定式的舰艏显得比较坚固，且比日本驱逐舰多出一具鱼雷发射管。注意仍然设置有很高的后桅。

敷波（しきなみ）型

敷波型技术参数（加入日本海军后数值）	
排水量： 400 吨	**燃料搭载量：** 煤炭 90 吨
舰长： 58 米	**最大航速：** 22 节
舰宽： 7.4 米	**续航力：** 10 节 /1200 海里
平均吃水： 3.4 米	**武器：**
主机： 三汽缸三胀式直立往复蒸汽机 2 座 2 轴，总功率为 3000 马力	47mm 单管炮 6 门 37mm 速射炮 3 门 450mm 单管鱼雷发射管 2 具
主锅炉： 宫原式水管锅炉 4 座	**乘员：** 64 名

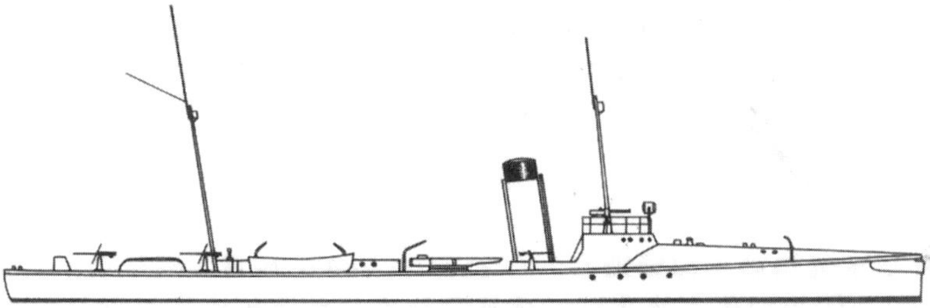

▲ 刚加入日本海军时的敷波号驱逐舰线图。

(1) 敷波（しきなみ）

原俄罗斯海军盖德梅克号鱼雷炮舰，1894 年竣工。1905 年 1 月在沉没状态下被日本海军捞起，同年 10 月 31 日被日本命名为“敷波号”，划分为驱逐舰。1907 年整备完成。1912 年 8 月 28 日变更为三等驱逐舰。1913 年 4 月 1 日除籍。1914 年 8 月 23 日变更为杂役船。1915 年 6 月 28 日报废，于同年 10 月 27 日被出售。

▲ 在日本海军中服役的敷波号，其武器装备与同期日本驱逐舰相比稍逊一筹。

(2) 卷云（まきくも）

原俄罗斯海军福萨德尼克号鱼雷炮舰，1894 年竣工。1905 年 1 月在沉没状态下被日本海军捞起，同年 10 月 31 日被日本命名为“卷云号”，划分为驱逐舰。1907 年整备完成。1912 年 8 月 28 日变更为三等驱逐舰。1913 年 4 月 1 日除籍。1914 年 8 月 23 日变更为杂役船。1915 年 6 月 28 日报废，于同年 10 月 27 日被出售。

甲种水雷采用之经纬

——摘自《铃木贯太郎自传》

明治33年（1900年）年初，军令部发出计划案，要修正被称为“甲种鱼雷”的1000米航行鱼雷的调整阀，使其航速显著降低，由此将其航行距离延长至3000米，从而试图使其能够打击远距离敌舰。军令部长将此策划案提交给了海军大臣。这个方案是受俄国的鱼雷战术专家马卡洛夫海军大将所著战术书籍的启发而产生。

但是，这个问题由于归属我主管（当时我担任军务局军务课课僚），我立即表示了反对。反对的理由是，像这样只有12.3节航速的缓慢鱼雷，如果在白昼对航行中的敌舰进行袭击，恐怕会被对方立即躲闪掉，而且即使命中了，现在这个引爆装置也很可能会失效。也就是说，为了攻击成功，本方鱼雷舰航速必须比敌舰航速要高出5节以上。即使是袭击夜间停泊的敌舰，从2000米或3000米的远距离也是没办法看清楚敌舰的，至少要接近到500米距离以内，才可期待有成功的把握。

总而言之，像这样的调整计划是有害无益的，只不过让勇敢的军人变成懦夫而已。虽然马卡洛夫将军是备受尊敬的海军战术专家，但对于这个问题其见解恐怕只是纸上空谈，我们在日清（甲午）战争中拥有实战经验，对此实在不敢予以苟同。我就这么说，然后就从军令部跑来一个我的朋友，高岛万太郎少佐，说你这家伙别瞎搞了，赶快盖个章让计划案通过。但我说不行，这事今后绝对会累及我们的海军，所以军令部送来的这份文件，无论如何我是不能同意的。

之后从军令部来了瓜生大佐和外波中佐，与军事课长加藤大佐交涉。课长说铃木说得很对嘛，就不给同意，然后军务局长诸冈少将也是同样态度，军令部就大感头痛了。终于伊集院军令部长与海军大臣直接交涉，这下山本大臣也头痛了，命令斋藤次官处理此事。

斋藤次官把我给叫去，说理由先放一边，现在军令部长已经大章一盖，把文件送到海军大臣这边来了，你就老老实实地把章给盖了怎么样？

我说：“平生一直注意在工作中不犯错误，不给大臣造成困扰，此问题他日必然波及大臣责任，所以我才加以反对。明知此事是错的还给盖章，我的良心是过不去的。”

次官又说：“你要不盖章的话，你上头的课长、局长也不会盖呀。”

我答：“应该是这样吧。”

次官又问：“那么由大臣裁决此事的话，你怎么想？”

我说：“这是另外一个问题。

▲铃木贯太郎。

对此我没有任何意见。原本来说，这个问题就是军令部和军务局之间的意见对立，是对是错将来总归有一天会见分晓的吧。大臣负起责任裁决出结果来，这也是理所当然的事情，我一点点不满的想法也没有。”

次官于是说：“那么赶快将文件移交官房吧。”

得到命令，我回到军务局就立即向课长、局长进行了报告，文件交给官房，由大臣予以裁决。其后果然军务局估摸着向相关各部进行了通告，此事告一段落，不过没有军务局相关者的盖章就予以实施的文件，我想这也算空前绝后了。

铃木贯太郎：1868 年出生，1884 年入学海军兵学校，1894 年甲午战争时作为鱼雷艇第三队 6 号艇长参与突袭威海卫行动。1898 年从海军大学毕业，之后作为海军少佐进入军务局工作，主管鱼雷相关事务。1905 年日俄战争期间担任第 4 驱逐队司令，因突袭勇猛，得外号“鬼贯”。战后，他在担任海军大学教官时，奠定了日本海军鱼雷战术的基础，即以“高速接敌、近身攻击”为核心。1924 年，他成为联合舰队司令，次年担任军令部长。1929 年，他退出现役担任皇室侍从长，深得天皇裕仁信任，却被青年军官视为“君侧奸臣”。1936 年，他在“二・二六兵变”中被击数弹，但仍旧活了下来。其后，他几乎一直处于隐居状态，直到日本二战快战败了，才被推举出来收拾东条英机的烂摊子。1945 年 4 月，由他带头组阁，之后让天皇裕仁亲自裁断，终于使得日本宣告正式投降，免去灭国之灾。1948 年铃木去世，享年 81 岁。

伊集院五郎：1852 年出生，萨摩藩人，早期日本海军重要将领之一，甲午战争期间担任大本营参谋官，1900 年担任军令部次长（上文铃木回忆时错将他记为军令部长官，实际当时的长官是伊东祐亨），1909 年出任军令部长，1921 年去世。

山本权兵卫：1852 年出生，萨摩藩人，号称“日本明治海军之父”，历任三届海军大臣、两届内阁总理，1933 年去世。

斋藤实：1858 年出生，仙台藩人，历任秋津洲、严岛号舰长。1898 年，他受山本权兵卫推荐任海军次官，1906 年改任海军大臣，但在 1914 年他因任上发生著名的“西门子事件”而退役。1932 年“五・一五事变”后，作为条约派海军将领，他出任内阁总理，但仍无法改变内外交困的局面致使内阁在 1934 年倒台。1936 年，他在“二・二六事变”中被杀害。

马卡洛夫：1848 年出生，俄国海军著名将领、海军学者、鱼雷战术研究先驱，被认为于 1877 年实施了世界上第一次鱼雷对舰攻击作战，其《海军战术论》一书被许多日本海军将领深入研究。1904 年 2 月日俄战争爆发后，时任海军中将的马卡洛夫临危受命前往旅顺，指挥俄远东舰队，但不幸的是他在 4 月 13 日乘坐旗舰彼得巴甫洛夫斯克号追击日舰时触到水雷，引发大爆炸，最终与舰同沉。有观点认为，马卡洛夫虽然很有军事创新力，但也有偏重纸上谈兵之嫌。他在前往旅顺前竟然要求将自己《海军战术论》一书给旅顺所有俄海军军官每人发一本，要求进行学习，可是他并没有想到对面的日本海军将领也读过这本书了，所以知道如何引他上钩。

▲ 1936 年“二・二六事变”遇害之前数日，斋藤实（右）与高桥是清在一起。

铃木贯太郎大将之故事

——摘自《西川速水回忆录》

我记得那是大正2年（1913年）春天，4月份的事情，但具体日期已经不记得了。

那天舞鹤镇守府管辖下的第13及第14驱逐队正在栗田湾进行夜间发射（鱼雷）训练。当时驱逐队全部都归属于舞鹤防备队，防备队司令是当时刚刚得到升迁的铃木贯太郎少将。两驱逐队的发射训练在栗田湾持续进行了一夜。射击目标是亮着灯火的木船，而木船本身由千岁号进行拖曳。我作为第13驱逐队村雨号的先任将校，担当发射指挥官，进行袭击演习。在发出“准备袭击”的命令时，我站在后甲板发射管旁边的位置上，担任指挥。当天的号令是“袭击用意”（“用意”在日文中是准备的意思），完成准备后得到命令：“照准来了就发射！”（即作为目标舰的木船航行到经过观测的发射瞄准线上）

随后没过多长时间，由千岁号拖曳的木船上的灯火，进入了照准线。但是其航路多少有些奇怪的样子，发射管射手询问：“照准已入，可以发射了吗？”我立即下令：“进入了就打！”于是就发射鱼雷了。过了一小会，千岁号为了占位到正常的位置上而转舵了，结果木船的灯火和千岁号变成在一条直线上，千岁立即急转舵以规避鱼雷，总算是没发生意外。

第二天，在镇守府会议室中举办了研究会。终于要审议到村雨号了。中村正寿参谋长因为嘴巴不饶人，当下就忍不住了。他高声诘问：“指挥官到底在搞什么！是谁啊？”我胆战心惊地回答：“是我，西川。”铃木司令站起来说如论怎样，请不要大吵大嚷。铃木司令接着又说：“开始袭击航行之后，因为军舰是慢慢转舵的，所以即使人站在舰桥上，对于方位角也会看不清。站在后部发射管旁边的话，那方位角就完全不明了。我在日清（甲午）之战中，于威海卫战斗时，在水雷艇上清楚地体会到了这一点。”于是决定将水雷指挥官的位置改在舰桥里面。

铃木司令进一步从其担任的水雷学校教官的视角出发，询问：“从袭击用意的命令到发射之间的号令词是什么？”我回答：“照准来了就发射！”铃木司令将其改为：“开始发射！”他还要求从舰桥发出这个命令。

多亏了铃木司令，我免去了一顿挨“精神棒”的责罚。

西川速水：1886年出生，山形县人，海军兵学校34期毕业生，后在多艘水雷艇上服役。1919年，他成为海军水雷学校教官，后历任驱逐舰舰长、特务舰青岛号舰长、第17驱逐舰队司令，之后退役。太平洋战争爆发后，他再次入役，成为巡逻舰艇指挥官，直到1943年退役。战后，他成为民间会社社长，后又于1952年成为海上自卫队军官组织水交会的初代事务局长。水交会前身是旧海军士官进行社交、亲睦活动的“水交社”，现在会员已超过8000人，也组织过参拜靖国神社、自卫队殉职队员慰灵碑等活动。西川于1982年去世。

千岁号巡洋舰：作为对俄备战的外购舰，千岁号巡洋舰1899年竣工于美国旧金山，曾参加镇压义和团行动和日俄战争。1907年，千岁号前往美国参加北美殖民开拓300周年纪念阅舰式，之后又参加了一战中的青岛攻略行动。1921年，千岁号被划为二等海防舰，1931年作为海军航空兵靶舰，被俯冲投弹击沉于土佐湾。

▲千岁号装甲巡洋舰。

第二章
扩张中的崛起（下）：
第一次世界大战时期及条约时代

1925年2月11日在旅顺港内，常驻中国的日本舰队正在庆祝纪元节，其中包括装饰华丽的第21驱逐队各舰。从左到右分别是桐、樱、橘。

神风（かみかぜ）型

根据日本海军在1904年3月为应对日俄战争爆发而制定的紧急追加计划，日本决定建造25艘春雨改型，其正式名称为“神风型”。1905年追加4艘，1906年追加3艘，神风型产量达到了32艘的空前规模。因此它不但在各个海军造船工厂内建造，同时也与多个民间造船公司合约建造。在日俄两国签订和约之前只有2艘神风型完工，但没有赶上战争，其余各舰均在日俄战争后完成制造。因日本国产主机（即舰本式）的性能不断改善，其后期舰如时雨号已经可以达到6416马力，最高航速达到29.727节。神风型驱逐舰服役了很长时间，是大正时代的水雷战队主力，但由于日本海军的主要作战方向转向太平洋，无法作为远洋型驱逐舰存在的神风型渐渐失去了战术价值，于昭和时代初年纷纷退役。

由于缺乏战历，神风型驱逐舰给日本留下印象最深的恐怕就是其极其唯美的舰名了——风、雪、春、波，再加上日本式的月份古称，这32个舰名就犹如在咏唱一首华丽的和歌。由于这些舰名实在引人向往，其中多个名字延续到了以后各级驱逐舰上。

神风型技术参数

排水量：381吨
舰长：69.2米
舰宽：6.6米
平均吃水：1.8米
主机：四汽缸三胀式直立往复蒸汽机2座2轴，总功率为6000马力
主锅炉：舰本式煤炭（其中浦波、绫波、矶波号为重油\煤炭混烧）水管锅炉4座
燃料搭载量：煤炭90吨（其中浦波号搭载煤90吨、重油15吨，绫波、矶波号搭载煤90吨、重油19.5吨）
最大航速：29节
续航能力：11节/850海里
武器：
80mm单管炮2门
57mm单管炮4门
450mm单管鱼雷发射管2具
乘员：62名

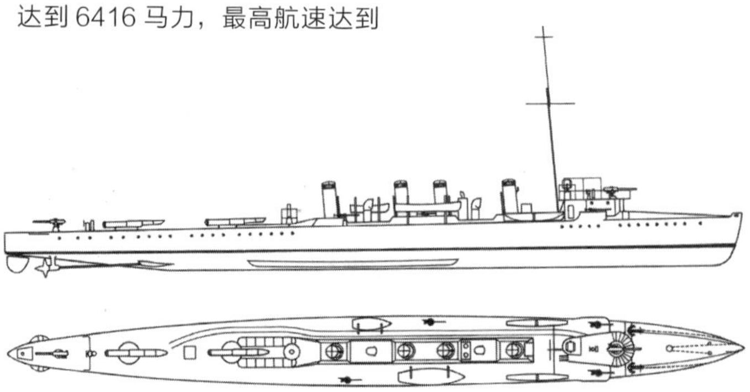

◀刚刚建造完毕的神风型驱逐舰线图。

(1) 神风（かみかぜ）

1904年列入计划，由横须贺造船厂制造，于1905年8月16日竣工，划分为军舰（驱逐舰）类。1905年12月12日变更为驱逐舰。1912年8月28日变更为三等驱逐舰。1924年12月1日变更为扫雷艇。1928年4月1日除籍。

(2)
初霜 （はつしも）

1904 年列入计划，由横须贺造船厂制造，于 1905 年 8 月 18 日竣工，划分为军舰（驱逐舰）类。1905 年 12 月 12 日变更为驱逐舰。1912 年 8 月 28 日变更为三等驱逐舰。1924 年 12 月 1 日变更为扫雷艇。1928 年 4 月 1 日除籍。

▲ 1905 年，竣工不久的初霜号停泊在横须贺港内。作为神风型的 2 号舰，尽管在竣工时日俄战争还未结束，但终究没来得及参加实战。其舰体上书写的舰名给人以幼稚拙劣的感觉，1915 年后这种“不良笔迹”都被纠正了过来。

(3)
弥生 （やよい）

1904 年列入计划，由横须贺造船厂制造，于 1905 年 9 月 23 日竣工，划分为军舰（驱逐舰）类。1905 年 12 月 12 日变更为驱逐舰。1912 年 8 月 28 日变更为三等驱逐舰。1924 年 4 月 1 日除籍。1926 年 8 月 10 日作为靶舰被击沉。

(4)
如月 （きさらぎ）

1904 年列入计划，由横须贺造船厂制造，于 1905 年 10 月 19 日竣工，划分为军舰（驱逐舰）类。1905 年 12 月 12 日变更为驱逐舰。1912 年 8 月 28 日变更为三等驱逐舰。1928 年 4 月 1 日除籍。1929 年 8 月 20 日被出售。

▲ 1906 ~ 1907 年间的弥生号，其舰名复归和平时期较小的假名状态，可以想象如此之小的舰名在大洋上是很难识别的。由于还没有追加后桅，因此这张照片可能拍摄于 1906 ~ 1907 年间的吴港。

(5) 白露（しらつゆ）	1904年列入计划，由三菱长崎造船厂制造，于1906年6月6日竣工，划分为驱逐舰。1912年8月28日变更为三等驱逐舰。1928年4月1日除籍，同年8月1日成为杂役船。1930年2月12日废船后被出售。
(6) 白雪（しらゆき）	1904年列入计划，由三菱长崎造船厂制造，于1906年8月6日竣工，划分为驱逐舰。1912年8月28日变更为三等驱逐舰。1928年4月1日除籍。
(7) 松风（まつかぜ）	1904年列入计划，由三菱长崎造船厂制造，于1907年2月16日竣工，划分为驱逐舰。1912年8月28日变更为三等驱逐舰。1928年4月1日除籍。
(8) 朝风（あさかぜ）	1904年列入计划，由三菱长崎造船厂制造，于1906年4月1日竣工，划分为驱逐舰。1912年8月28日变更为三等驱逐舰。1924年12月1日变更为扫雷艇。1928年4月1日除籍。1929年1月31日废船，同年8月1日作为靶舰被击沉。
(9) 春风（はるかぜ）	1904年列入计划，由川崎造船厂制造，于1906年5月14日竣工，划分为驱逐舰。1912年8月28日变更为三等驱逐舰。1924年12月1日变更为扫雷艇。1928年4月1日除籍。1929年1月31日废船。

1924年正在驶入横须贺港的白露号。当时该舰与夕暮、三日月号一同编成的第6驱逐队一直在北方俄罗斯沿岸海域活动。

(10)
时雨
（しぐれ）

1904年列入计划，由川崎造船厂制造，于1906年7月11日竣工，划分为驱逐舰。1912年8月28日变更为三等驱逐舰。1924年12月1日除籍。1926年5月5日被出售。

(11)
朝露
（あさつゆ）

1904年列入计划，由大阪铁工所制造，于1906年10月16日竣工，划分为驱逐舰。1912年8月28日变更为三等驱逐舰。1913年11月9日触礁沉没。1914年4月15日除籍。

(12)
疾风
（はやて）

1904年列入计划，由大阪铁工所制造，于1907年3月25日竣工，划分为驱逐舰。1912年8月28日变更为三等驱逐舰。1924年12月1日除籍。1926年6月16日废船。1930年1月13日被出售。

(13)
追风
（おいて）

1904年列入计划，由海军舞鹤工厂制造，于1906年8月21日竣工，划分为驱逐舰。1912年8月28日变更为三等驱逐舰。1924年12月1日除籍。1925年11月18日变更为杂役船。

(14)
夕凪
（ゆなぎ）

1904年列入计划，由海军舞鹤工厂制造，于1906年12月25日竣工，划分为驱逐舰。1912年8月28日变更为三等驱逐舰。1925年4月1日废船。1926年5月5日被出售。

(15)
夕暮
（ゆぐれ）

1904年列入计划，由海军佐世保工厂制造，于1906年5月26日竣工，划分为驱逐舰。1912年8月28日变更为三等驱逐舰。1924年12月1日变更为扫雷艇。1928年4月1日除籍。1929年11月12日被出售。1930年1月23日沉于千叶县君津湾。

(16)
夕立
（ゆだち）

1904年列入计划，由海军佐世保工厂制造，于1906年7月16日竣工，划分为驱逐舰。1912年8月28日变更为三等驱逐舰。1924年12月1日变更为扫雷艇。1928年4月1日除籍。

(17)
三日月
（みかづき）

1904年列入计划，由海军佐世保工厂制造，于1906年9月12日竣工，划分为驱逐舰。1912年8月28日变更为三等驱逐舰。1924年12月1日变更为扫雷艇。1928年4月1日除籍。1930年7月21日沉于海中。

(18)
野分
（のわき）

1904年列入计划，由海军佐世保工厂制造，于1906年11月1日竣工，划分为驱逐舰。1912年8月28日变更为三等驱逐舰。1924年12月1日变更为扫雷艇。1928年4月1日除籍。

拍摄于1908～1909年之间的白雪号，该舰当时隶属于佐世保水雷队，可以看到它已经加装上后桅。其舰名用日文假名书写，第一个字“し”（发音为"xi"）用汉字“志”代替，这是日本明治时期舰名书写的一个习惯，不知火、白云号舰名中的“し”同样用汉字“志”代替。神风型为强化炮战能力，采用一门短80mm炮（改型）作为舰艏炮，通过照片也可以看出这一点。

(19)
潮 （うしお）

1904年列入计划，由海军吴工厂制造，于1905年7月15日竣工，划分为驱逐舰。1912年8月28日变更为三等驱逐舰。1924年12月1日变更为扫雷艇。1928年4月1日除籍。1929年1月31日废船。

▲进入俄罗斯远东第一港——海参崴（符拉迪沃斯托克）的潮号。

▲ 1924年10月下旬从俄罗斯海域返回横须贺港的夕暮号，在其左舷是三日月号。

1920年，正在进入海参崴港的潮号。当时此舰属于第31驱逐队，跟随第3舰队在俄罗斯远东沿岸巡逻。2具鱼雷发射管仍然保留，但是舰尾的80mm单管炮已经被撤去，换上了作业台，无线电后桅杆则相应前移。俄国十月革命爆发以后，日本出兵西伯利亚进行武装干涉以失败告终，而对于参战的驱逐舰来说，也没有得到任何值得一提的战训。

(20)
子日
（ねのひ）

1904年列入计划，由海军吴工厂制造，于1905年10月1日竣工，划分为驱逐舰。1912年8月28日变更为三等驱逐舰。1924年12月1日变更为扫雷艇。1928年4月1日除籍。1929年1月31日废船。

(21)
响
（ひびき）

1904年列入计划，由海军吴工厂制造，于1906年9月6日竣工，划分为驱逐舰。1912年8月28日变更为三等驱逐舰。1924年12月1日变更为扫雷艇。1928年4月1日除籍，同年10月12日废船。

▲1920年停泊于海参崴的子日号，其后是潮号。画面右边只看见船体后半部的是中国巡洋舰海容号——中国当时的北洋政府曾经跟随西方列强派兵进驻俄远东地区。

(22)
白妙
（しろたえ）

1904年列入计划，由三菱长崎造船厂制造，于1906年11月20日竣工，划分为驱逐舰。1912年8月28日变更为三等驱逐舰。1914年8月31日触礁被迫弃舰，同年10月29日除籍。

(23)
初春
（はつはる）

1904年列入计划，由川崎造船厂制造，于1907年3月1日竣工，划分为驱逐舰。1912年8月28日变更为三等驱逐舰。1924年12月1日除籍。1926年6月16日废船。1928年8月13日作为靶舰被击沉。

(24)
若叶
（わかば）

1904年列入计划，由横须贺造船厂制造，于1906年2月28日竣工，划分为驱逐舰。1912年8月28日变更为三等驱逐舰。1924年12月1日变更为扫雷艇。1928年4月1日除籍。1929年1月31日废船。

▲1906年2月，竣工不久的若叶号，其舰身光洁崭新。舰尾并没有海军旗，反倒是1号烟囱上插着一旗，为什么这么做意义不明。在燃料、弹药、消耗品并没有满载的情况下，可见其吃水很浅。背景应该是海军横须贺造船厂，但在照片发表时被全部抹去了。

1907年初，正在淡路岛进行公试航行的初春号。有4个民间造船厂参与了初春型的制造，这是日本造船业整体水平进步的明显标志。

(25) 初雪（はつゆき）

1904 年列入计划，由横须贺造船厂制造，于 1906 年 5 月 17 日竣工，划分为驱逐舰。1912 年 8 月 28 日变更为三等驱逐舰。1924 年 12 月 1 日变更为扫雷艇。1928 年 4 月 1 日除籍。1929 年 1 月 31 日废船。

(26) 卯月（うつき）

1904 年列入计划，由横须贺造船厂制造，于 1907 年 3 月 6 日竣工，划分为驱逐舰。1912 年 8 月 28 日变更为三等驱逐舰。1924 年 12 月 1 日除籍。1925 年 6 月 16 日废船。

(27) 水无月（みなつき）

1905 年列入计划，由三菱长崎造船厂制造，于 1907 年 2 月 14 日竣工，划分为驱逐舰。1912 年 8 月 28 日变更为三等驱逐舰。1924 年 12 月 1 日变更为扫雷艇。1928 年 8 月 1 日改名为“第 10 号扫雷艇”。1930 年 6 月 1 日除籍。1933 年 5 月 28 日被出售，后沉于高知县海岸。

(28) 长月（ながつき）

1905 年列入计划，由海军浦贺船渠制造，于 1907 年 7 月 31 日竣工，划分为驱逐舰。1912 年 8 月 28 日变更为三等驱逐舰。1924 年 12 月 1 日变更为扫海艇。1928 年 8 月 1 日改名为“第 11 号扫雷艇”。1930 年 6 月 1 日除籍。1933 年 5 月 28 日被出售。

(29) 菊月（きくつき）

1905 年列入计划，由海军浦贺船渠制造，于 1907 年 9 月 20 日竣工，划分为驱逐舰。1912 年 8 月 28 日变更为三等驱逐舰。1924 年 12 月 1 日变更为扫雷艇。1928 年 8 月 1 日改名为“第 12 号扫雷艇”。1930 年 6 月 1 日除籍。

(30) 浦波（うらなみ）

1906 年列入计划，由海军舞鹤工厂制造，于 1908 年 10 月 2 日竣工，划分为驱逐舰。1912 年 8 月 28 日变更为三等驱逐舰。1924 年 12 月 1 日变更为扫雷艇。1928 年 8 月 1 日改名为“第 8 号扫雷艇”。1930 年 6 月 1 日变更为杂役船。1935 年 10 月 25 日废船。1936 年 2 月 27 日被出售。

(31) 矶波（いそなみ）

1906 年列入计划，由海军舞鹤工厂制造，于 1909 年 4 月 2 日竣工，划分为驱逐舰。1912 年 8 月 28 日变更为三等驱逐舰。1924 年 12 月 1 日变更为扫雷艇。1928 年 8 月 1 日改名为“第 7 号扫雷艇”。1930 年 6 月 1 日变更为杂役船。1935 年 4 月 9 日废船。

(32) 绫波（あやなみ）

1906 年列入计划，由海军舞鹤工厂制造，于 1909 年 6 月 26 日竣工，划分为驱逐舰。1912 年 8 月 28 日变更为三等驱逐舰。1924 年 12 月 1 日变更为扫雷艇。1928 年 8 月 1 日改名为“第 9 号扫雷艇”。1930 年 6 月 1 日变更为杂役船。1933 年 4 月 29 日废船。

1907 年的菊月号，它在该年 9 月 20 日竣工后被编入第 7 驱逐队。照片中的菊月号后桅还没有加装，外舷的涂装仍然很新。该舰行动机会较少，烟囱上装上了盖子。

海风（うみかぜ）型

日俄战争结束后，为了将水雷战队的作战区域扩展到辽阔的太平洋，日本海军需要大型远洋驱逐舰，海风型2艘是对这种驱逐舰进行方向探索而诞生的。其模仿原型是英国的部族型驱逐舰，首次使用了蒸汽涡轮机（简称汽轮机）作为主动力，由此令其实现了20500马力和33节高航速。在研制之初，曾有意见认为全部安装重油专烧锅炉更有利于其性能提高，但是出于对待试验舰的技术升级必须谨慎的考虑，还是采用了一部分油煤混烧锅炉。武器方面，采用了和英国原型舰一样的120mm单管炮2门，以便在进行突击时首先用快速火炮射击突破敌方警戒线，然后再用鱼雷对主要目标实施攻击。海风型在建成之初装有450mm单管鱼雷发射管3具，在服役之后很快改装为双联装鱼雷发射管2具。

从任何方面来说，海风型的性能都远远凌驾于日本海军早期的驱逐舰，仅从吨位上说，它是首型突破了千吨大关的驱逐舰，比以往的驱逐舰翻了不止一倍。海风型在计划阶段就被称为“大驱逐舰”而与一般驱逐舰区分开来。它是日本驱逐舰朝大型化远洋型发展的鼻祖。

海风型技术参数

排水量： 1030吨
舰长： 98.5米
舰宽： 8.6米
平均吃水： 2.7米
主机： 帕森斯式直联汽轮机1组3轴，总功率为20500马力
主锅炉： 伊号舰本式水管锅炉8座（重油锅炉2座、重油/煤炭混合锅炉6座）
燃料搭载量： 煤炭165吨、重油218吨
最大航速： 33节
续航能力： 15节/2700海里
武器：
120mm单管炮2门
80mm单管炮5门
450mm单管鱼雷发射管3具（后换装为双联装鱼雷发射管2具）
乘员： 141名

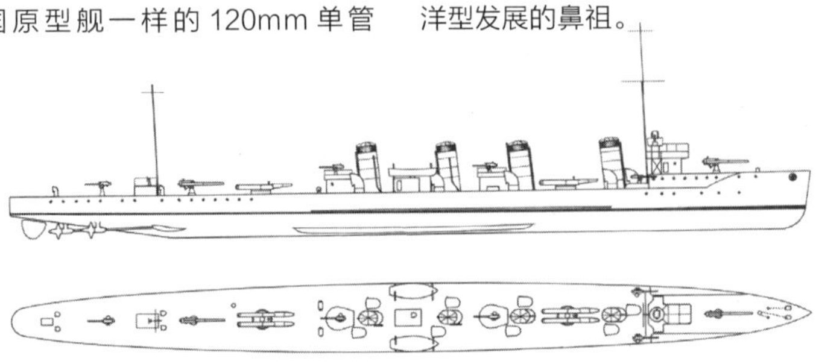

▲海风型驱逐舰线图。

(1) 海风（うみかぜ）

1907年列入计划，由海军舞鹤造船厂制造，于1911年9月28日竣工，划分为驱逐舰类。1912年8月28日变更为一等驱逐舰。1930年6月1日变更为扫雷艇，改名为“扫雷艇7号”。1936年4月1日除籍。

海风号，可能拍摄于1917年。与竣工时相比，其1号烟囱的高度增加了，前桅上设置了观察所，鱼雷发射管改为2座联装发射管。可以看到海风号的舰名已经从竣工时的平假名，改成用片假名来书写。

(2)
山风
（やまかぜ）

1907年列入计划，由三菱长崎造船厂制造，于1911年10月21日竣工，划分为驱逐舰类。1912年8月28日变更为一等驱逐舰。1930年6月1日变更为扫雷艇，改名为“扫雷艇8号”。1936年4月1日除籍。

▲1926年，停泊在大湊军港的山风号。甲板上站满舰员，远处还有许多军舰的舰影，可能是在为举行阅舰式作准备。

▲1924～1925年间在舞鹤湾航行的山风号。随着更新锐的驱逐舰服役，此时的山风号已转属舞鹤港。因当时日本海军强调水雷战，可以看到后部的80mm炮被撤去，安装了1号水雷投放用的轨道。

▲全力进行公试航行的山风号。其排水量一跃达到了1000吨以上，可以说日本驱逐舰完全摆脱“大型鱼雷艇”的范畴是从此刻开始的。

▲1911年1月21日，长崎三菱船厂内的山风号正在做进水前的准备工作。为了庆祝进水，从舰艏到舰尾已布置满舰饰，并在一旁设置有观众席，舰艏可见菊花纹章。和过往的日本驱逐舰只有一个简易的舰艏瞭望操纵台不同，海风型终于拥有了封闭式的舰桥，外观上总算是有了一点军舰的样子。4根烟囱占据了海风型舰长的大部分，可见其舰身中大部分容积都是用于设置锅炉和主机的，否则无法满足高速远航的要求，但是对于141名搭乘舰员来说生活条件就非常之差。

樱（さくら）型

与海风型一起在 1907 年列入计划的樱型有 2 艘，它实际上是神风型驱逐舰的后续舰。建造樱型的原因正如前文所言，日本在日俄战争中尽管军事上获胜，经济上却没有捞到实利，财政窘迫使日本海军不能全部订购如意的大型驱逐舰，只能拿樱型聊以自慰。当然，樱型的存在还是有一定的意义的，当第一次世界大战爆发后，日本海军需要大量建造新式轻型驱逐舰时，樱型已经为此打好了技术基础。尽管樱型的马力和速度均远不及海风型，可是也采用了 120mm 单管炮（只有 1 门），可以看出日本海军早就有在小舰上装大炮的设计思路存在。

樱型技术参数

排水量：530 吨
舰长：83.5 米
舰宽：7.3 米
平均吃水：2.2 米
主机：四汽缸三胀式直立往复蒸汽机 3 座 3 轴，总功率为 9500 马力
主锅炉：伊号舰本式煤炭重油混合锅炉 5 座
燃料搭载量：煤炭 128 吨、重油 30 吨
最大航速：30 节
续航能力：15 节 /2400 海里
武器：
120mm 单管炮 1 门
80mm 单管炮 4 门
450mm 单管鱼雷发射管 2 具
乘员：141 名

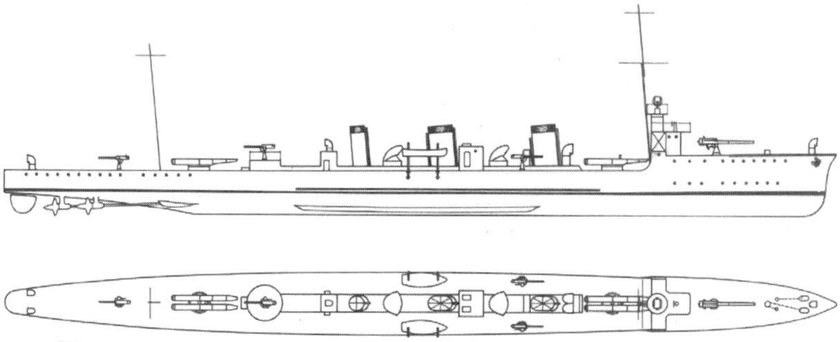

▲ 刚刚建造完成的樱型驱逐舰线图。

(1)
樱
（さくら）

1907 年列入计划，由海军舞鹤造船厂制造，于 1912 年 5 月 21 日竣工，划分为驱逐舰类。1912 年 8 月 28 日变更为二等驱逐舰。1932 年 4 月 1 日除籍。

▲ 1918 年停泊在佐世保军港的樱号，舰艏的 120mm 主炮最为引人注目。

(2) 橘（たちばな）

1907年列入计划，由海军舞鹤造船厂制造，于1912年6月25日竣工，划分为驱逐舰类。1912年8月28日变更为二等驱逐舰。1932年4月1日除籍。

▲ 正在参加1912年海军大演习阅舰式的橘号，乘员都在甲板上为登舷礼做准备。背景中的驱逐舰是朝风号。

▲ 据推测，这张展示了橘号驱逐舰海上航行姿态的照片拍摄于1923年12月，拍摄地点在大连港附近海湾。当时此舰属于所谓的“旅顺防备队”，频繁往来于中国黄海及渤海沿岸，为日本在中国的殖民利益做后盾。照片中的橘号正在向左舷转弯，可见舰尾高浪。拍摄者站在第21驱逐队的桐号驱逐舰后甲板上，照片下方可以看到非战备状态的80mm单管炮以及水雷投放轨道。

浦风（うらかぜ）型

日本海军于1911年列入计划的大型驱逐舰浦风型有2艘，决定向英国购买，制造商是老相识——亚罗造船有限公司。这也是日本海军最后一型向英国购买的驱逐舰，此后的日本驱逐舰全部为国产。海风型所采用的帕森斯式汽轮机尽管在功率上是达到设计要求的，但由于其采用与推进轴直接连接的方式，在低速运转时的效率不高，对续航能力有所影响。日本海军正在探讨是不是要并用高功率煤炭锅炉时，听说英国K型驱逐舰中的一艘采用了新颖的混合动力系统，即搭载有巡航用柴油机，于是事隔多年之后又向亚罗公司发出订单。一开始的计划是用重油锅炉实现22000马力、28节航速，而在使用柴油机驱动巡航时则是1000马力、13节航速。然而第一次世界大战爆发后，日本向德国宣战，无法再购买到德国制造的精密部件，而日本国内又无法进行国产，因此舰上的柴油机只能弃之不用，剩余容积都用于装载重油，而其最大航程则只能停留在1800海里，无法满足日本海军要派舰前往赤道以南太平洋岛屿的要求。

浦风型只有首舰服役于日本海军，2号舰江风号在英国建造完成后就直接卖给了受困于驱逐舰数量不足的意大利海军。浦风号因为没有同型舰服役而组队困难，从大正时代末期到1934年一直在中国长江进行警备巡航。浦风号也是日本驱逐舰中首型装备533mm（21英寸）重型鱼雷的驱逐舰。如前所述，英国皇家海军采用533mm白头鱼雷也不过是1908年的事情。在浦风型驱逐舰列入预算计划的1911年，日本引进外国技术后实现国产的第一型实用量产鱼雷——四四式鱼雷也研发成功，正式采用。其一号型和二号型的口径分别是533mm和450mm。其关键部件如汽缸等仍然要靠进口，质量也很难说过关，据说经常发生发动机和加热装置烧毁的故障。浦风型所搭载的533mm口径鱼雷仍然是进口和国产货都有。

浦风型技术参数

排水量： 810吨
舰长： 87.6米
舰宽： 8.4米
平均吃水： 2.4米
主机： 布朗寇蒂斯单级减速齿轮汽轮机2座2轴，总功率为22000马力
主锅炉： 亚罗式重油水管锅炉3座
燃料搭载量： 重油170吨
最大航速： 30节
续航能力： 15节/1800海里
武器：
120mm单管炮1门
80mm单管炮4门
533mm双联装鱼雷发射管2具
乘员： 115名

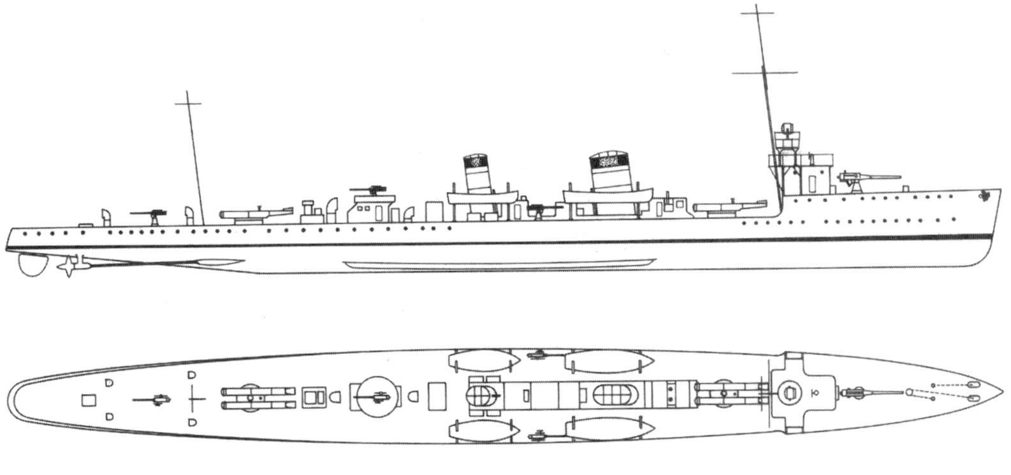

▲刚刚建造完毕的浦风型驱逐舰线图。

(1) 浦风（うらかぜ）

1911年列入计划，由英国亚罗公司制造，于1915年9月14日竣工，划分为一等驱逐舰类。1936年7月1日除籍。1945年7月18日，并未参加过太平洋战争的浦风号在其停泊地遭美军战机攻击而搁浅，战后解体。

▲ 1915年正在横须贺进行整备作业的浦风号。该舰于1915年的10月27日在海上躲过德国潜水艇的攻击，抵达横须贺。舰艄的工程人员可能正在测试刚刚安装好的120mm主炮。舰尾远景可以看到一等炮舰龙田号。

▲ 没有实现设计指标的浦风号。日本造舰工业在明治末年实际上还停留在大型板材制造与组装的低级阶段，动力系统等核心设备仍需依靠外来技术。浦风型所采用的柴油机技术遭遇引进尴尬即为一例。

(2) 江风（かわかぜ）

1911年列入计划，由英国亚罗公司制造，于1914年9月12日命名。1916年8月7日除籍，被出售给了意大利，同年12月23日竣工，改名为“奥达切号”，后又改名为“圣马可号”。1943年9月12日它被转交给了德国海军，又改名为“T20驱逐舰”，最后于1944年11月1日战沉。

成为意大利驱逐舰奥达切（Audace）号前的江风号。与其姐妹舰浦风号不同，如图可见其鱼雷发射管是分割在两舷布置的。

桦（かば）型

在1914年第一次世界大战爆发时，日本海军仍然处于内海型驱逐舰向远洋型驱逐舰的过渡时期，投入服役的新型驱逐舰仅有海风型与樱型各2艘，性能上的差异使这两型舰甚至无法组成一个能够协调配合的驱逐队，而数量较多的神风型也已不堪使用。因此1914年8月日本追加临时军费，决定紧急制造10艘驱逐舰。和神风型一样，该型驱逐舰动员官方与民间的造船力量共同在1915年春全部完成制造，这就是桦型驱逐舰。由于没有时间进行崭新的设计，桦型实际上沿用了樱型的基本设计图纸，只是在建造过程中稍加改进而已。它与樱型最大的不同之处在于将主锅炉更换为吕号舰本式，减少了锅炉数量，节约出来的舰内容积可以多载60吨重油，从而提高了一些续航力。

除去桦号、桐号2艘之外，其余8艘桦型驱逐舰在第一次世界大战中都被编入了第2特混舰队，主要在地中海执行对协约国运输船队的护送任务，其战时基地是地中海战略要冲马耳他岛。至今岛上仍有阵亡的日本海军官兵墓地。

桦型性能参数

排水量： 595吨
舰长： 82.9米
舰宽： 7.3米
平均吃水： 2.4米
主机： 四汽缸三胀式直立往复蒸汽机3座3轴，总功率为9500马力
主锅炉： 吕号舰本式煤炭/重油混烧水管锅炉4座（重油专烧2座，煤油混烧2座）
燃料搭载量： 煤炭100吨、重油137吨
最大航速： 30节
续航能力： 15节/1600海里
武器：
120mm单管炮1门
80mm单管炮4门
450mm双联装鱼雷发射管2具
乘员： 94名

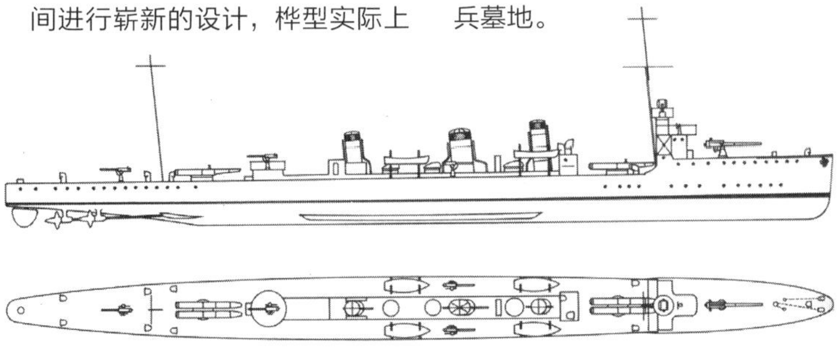

▲ 刚刚建造完毕的桦型驱逐舰线图。

(1) 桦（かば）

1914年列入计划，由横须贺造船厂制造，于1915年3月5日竣工，划分为二等驱逐舰。1932年4月1日除籍。

▲ 1918年12月10日在佐世保做出港准备的桦号。该舰当时所属的第21驱逐队于当月1日转属马公港，这一天该驱逐队出港向着马公港出发。背景可见同行的橘号、桐号等驱逐舰。

▲1924年或1925年的夏季，与橘号一起进入旅顺港干船坞的桦号。这两艘驱逐舰当时都在中国北方水域进行警备巡航，在任务间隙到旅顺进行一些维护工作。这个规模相当大的干船坞是沙俄占领旅顺期间建造的，日俄战争以后就一直由日本海军使用。注意两舰舰尾甲板上都有2条水雷投放导轨，其舰上都搭载了1921年研制出来的连体式1号水雷乙型。

1925年停泊在旅顺口外的桦号。其后桅上加装了无线通信天线。

(2) 榊（さかき）

1914年列入计划，由佐世保造船厂制造，1915年3月26日竣工，划分为二等驱逐舰。1917年6月11日，该舰在地中海执行护航任务时被奥匈帝国海军SM U-27号潜水艇发射的鱼雷命中，包括舰长上原太一中佐在内的59名乘员阵亡，所幸舰船没有沉没。这也是第2特务舰队在整个护航任务中所遭遇的最大伤亡。该舰在1918年于马耳他被修复后归队。1932年4月1日除籍。

1915年3月，竣工前正在全力进行公试航行的榊号。1号烟囱是重油锅炉排烟口，而2号、3号烟囱是混烧锅炉，这个区别在照片上显示得很清楚。

1915年5月7日的榊号，该舰于当月1日被编入第11驱逐队。前甲板上的40倍口径120mm炮特别引人注目，这是重视前方火力，试图以此压制敌方直卫驱逐舰的体现。

(3) 枫（かえで）

1914年列入计划，由舞鹤造船厂制造，于1915年3月25日竣工，划分为二等驱逐舰。1932年4月1日除籍。

(4) 桂（かつら）

1914年列入计划，由吴海军造船厂制造，于1915年3月31日竣工，划分为二等驱逐舰。1932年4月1日除籍。

(5) 梅（うめ）

1914年列入计划，由川崎造船厂制造，于1915年3月31日竣工，划分为二等驱逐舰。1932年4月1日除籍。

1915年3月18日，正在淡路岛海域附近进行公测试航行的梅号。如图可见它已经搭载有武器装备，而桦型之前的驱逐舰在进行测试航行时是没有武器的。由此可见桦型驱逐舰之制造紧迫，日本海军急切希望其尽快投入使用。无论是烟囱出烟浓度还是舰尾桨叶激起的高浪都说明该舰正在全力高速航行中，但是舰艏浪却非常低。

(6)
楠
（かすのき）

1914年列入计划，由川崎造船厂制造，于1915年3月31日竣工，划分为二等驱逐舰。1932年4月1日除籍。

(7)
柏
（かしわ）

1914年列入计划，由三菱长崎造船厂制造，于1915年4月4日竣工，划分为二等驱逐舰。1932年4月1日除籍。

(8)
松
（まつ）

1914年列入计划，由三菱长崎造船厂制造，于1915年4月6日竣工，划分为二等驱逐舰。1932年4月1日除籍。

(9)
杉
（すぎ）

1914年列入计划，由大阪铁工所制造，于1915年4月7日竣工，划分为二等驱逐舰。1932年4月1日除籍。

(10)
桐
（きり）

1914年列入计划，由浦贺船渠制造，于1915年4月22日竣工，划分为二等驱逐舰。1932年4月1日除籍。1937年3月30日被出售。

▲1915年2月14日下水后的柏号（左）与松号，两舰正在向实施舾装工程的场所移动。柏号与松号的舾装工程进度也很快，分别在1915年4月4日和4月6日完成。

▲ 1915 年 2 月 14 日，在三菱长崎造船厂进水的柏号（左）与松号。2 艘驱逐舰在同一个船坞内同时建造，并在同一天下水，这是以前从未采用过的建造方法。

▲ 1915 年正在淡路岛附近海域进行公试航行的楠号，连同主炮和鱼雷发射管都已搭载完毕。桦型驱逐舰在公试航行时已经搭载了武器装备，这是出于应对第一次世界大战、希望驱逐舰尽快服役的考虑。

矶风（いそかぜ）型

随着山城级、伊势级战列舰纷纷诞生，日本海军急需在海风型、浦风型之后探索研制真正的远洋大型驱逐舰，这就是1915年列入计划的矶风型驱逐舰4艘。作为海风型的后续型号，矶风型将主炮口径统一为120mm，而将过去的80mm炮全部淘汰了。450mm双联装鱼雷发射管也增加到了3座。从武器装备上看，矶风型比海风型强出50%还不止。在动力系统方面，矶风型仍然带有试验性质，1、2号舰与3、4号舰采用了不同类型的锅炉，其功率达到了27000马力，最高航速上升到了34节，续航能力延伸至3000海里。但这只是测试中的最高值，在实际使用过程中矶风型主锅炉的制造质量仍然很成问题，长时间运行时只有7000马力可用。矶风型的适航能力也很不足，日本海军此前对军舰舰艏抗波性的认识一直是这样的：只要将固定式舰桥设置地尽量靠前，就能够依靠舰桥将扑入舰艏的大浪挡掉。这个不要命的想法终于在1919年房总半岛附近的演习中成了真，2号舰滨风号被一个舰艏大浪击中，舰桥顿时被严重击破，舰长当场毙命。1918年，4号舰时津风则在宫崎湾中因天气恶劣而触礁，被迫弃船，但船上的武器装备等被拆了下来，后来又装到再造的替代舰上，这新造的替代舰仍然以时津风为名。

矶风型性能参数

排水量： 1105吨
舰长： 99.5米
舰宽： 8.5米
平均吃水： 2.8米
主机： 帕森斯式直联汽轮机（天津风、时津风号为布朗寇蒂斯式直联汽轮机）1组3轴，总功率为27000马力
主锅炉： 吕号舰本式水管锅炉5座（重油锅炉3座、煤油混烧锅炉2座）
燃料搭载量： 煤炭147吨、重油297吨
最大航速： 34节
续航能力： 14节/3360海里
武器：
120mm单管炮4门
6.5mm机枪2座
450mm双联装鱼雷发射管3具

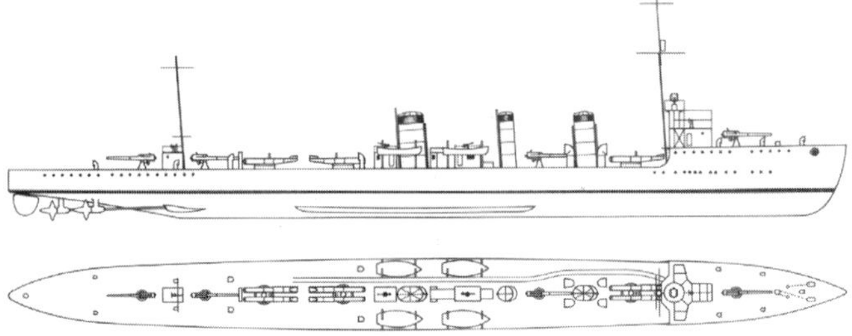

◀刚刚建造完毕的矶风型驱逐舰线图。

(1) 矶风（いそかぜ）

1915年列入计划，由吴海军造船厂制造，于1917年2月28日竣工，划分为一等驱逐舰。1935年4月1日除籍。

1917年2月，正在全力进行公试航行的矶风号。

(2)
滨风
（はまかぜ）

1915 年列入计划，由三菱长崎造船厂制造，于 1917 年 3 月 28 日竣工，划分为一等驱逐舰。1935 年 4 月 1 日除籍。

▲ 1916 年 10 月 30 日，在长崎三菱造船厂下水的滨风号。舰上彩旗翻飞，汽笛齐鸣，一派欢庆景象。滨风号于当年 4 月以长崎三菱造船第 259 号舰的名义开工建造，下水 5 个月后（即 1917 年 3 月）竣工，工期比桦型要长得多，这是因为采用新型动力装置后必须谨慎从事。

▲ 正在甑岛试验海域进行公试航行中的滨风号，照片拍摄于 1917 年 2 月 22 日。其全部换装的 4 门 120mm 炮统一配置在舰体中心线上，位置分别是前甲板和 1 号烟囱的后方、后桅的前后。由于配置位置较低，在海况条件不佳的情况下很容易受到大浪的影响。

(3)
天津风
（あまつかぜ）

1914年列入计划，由吴海军造船厂制造，于1915年4月14日竣工，划分为一等驱逐舰。1932年4月1日除籍。

▲ 1927年，正在参加海军特别大演习的天津风号。此时正值中国北伐战争，长期在长江流域执行警备巡航任务的天津风号回到日本加入了第3水雷战队，充当演习中的红军。可以看到其舰艏的120mm炮已经装上了炮盾。烟囱上并没有涂白色识别线，这是因为天津风号是演习中唯一有3根烟囱的驱逐舰，易于识别。

(4)
时津风
（ときつかぜ）

1914年列入计划，由川崎造船厂制造，于1915年5月31日竣工，划分为一等驱逐舰。1918年3月30日触礁弃船。由舞鹤造船厂制造的替代舰于1920年2月17日竣工。1932年4月1日除籍。1948年解体。

桃（もも）型

日本桃型驱逐舰是与矶风型一起于1915年列入计划的中型驱逐舰，其火炮和动力装置均不及矶风型，可以说是矶风型的缩小版。不过在鱼雷装备上桃型却是和矶风型一样，都有6个发射管。桃型的动力装置同样也在进行试验，前2舰与后2舰采用了不同的锅炉，功率上达到了16700马力的最高值，是战时紧急制造的桦型的1.6倍，其最高航速提升到了31.5节。与平均下来不到4个月就制造出来的桦型相比，桃型的平均制造周期在2年左右，主要是为了改善到此时为止一直不如人意的中型驱逐舰适航性不佳的问题。其舰艏一目了然，大大提高了艏甲板干舷高度，侧面向外倾斜，以尽可能使舰桥不受到海浪影响。桃型的另一个特点是推进效率较高，舰尾波浪较小，有利于在夜间行动时隐藏形迹。4艘桃型经过改善之后，实用性比桦型有所上升，竣工后很快被编成为第15驱逐队，隶属于第2特务舰队，派往地中海负责反潜护航任务。从欧洲归国以后，桃型驱逐舰便长期服役于日本海军。

桃型性能参数

排水量： 755吨
舰长： 88.4米
舰宽： 7.7米
平均吃水： 2.4米
主机： 舰本式直联汽轮机（桧、柳号为布朗寇蒂斯式直联汽轮机）2座2轴，总功率为16700马力
主锅炉： 吕号舰水管锅炉4座（重油锅炉2座、煤油混烧锅炉2座）
燃料搭载量： 煤炭92吨、重油212吨
最大航速： 31.5节
续航能力： 15节/2400海里
武器：
120mm单管炮3门
80mm单管炮2座
6.5mm机枪2挺
450mm三联装鱼雷发射管2具
乘员： 109人

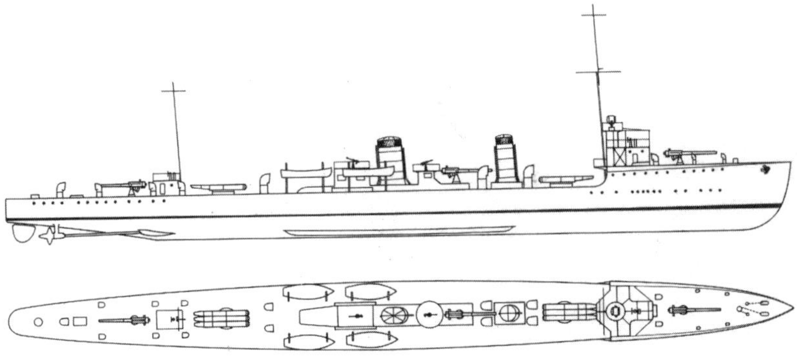

▲刚刚建造完毕的桃型驱逐舰线图。

(1) 桃（もも）

1915年列入计划，由佐世保造船厂制造，于1916年12月23日竣工，划分为二等驱逐舰。1940年4月1日除籍。

(2) 樫（かし）

1915年列入计划，由海军舞鹤造船厂制造，于1917年3月31日竣工，划分为二等驱逐舰。1937年5月1日除籍，被交给了伪满洲国海岸警察队，改名为“海威号”继续服役。1944年10月10日被击沉。

(3) 桧（ひのき）

1915年列入计划，由海军舞鹤造船厂制造，于1917年3月31日竣工，划分为二等驱逐舰。1940年4月1日除籍。

(4) 柳（やなぎ）

1915年列入计划，由佐世保造船厂制造，于1917年5月5日竣工，划分为二等驱逐舰。1940年4月1日除籍。战后解体，残件被用于修筑若松港的防波堤。

▲1923年8月，停泊于武汉长江江面的桧号。当时此舰归属第1遣外舰队，直到该年11月为止一直在长江流域执行警备巡航任务。当时的中国局势还算平稳，可以看到其舰上武器装备都用帆布包裹着。

▲1917年4月17日正准备前往地中海的桃号。注意其前甲板的边缘较为圆滑，这是为了迅速将海水排出甲板而设计的。

楢（なら）型

从 1917 年起，加入协约国阵营的日本派出了大部分桦型和全部桃型驱逐舰前往地中海或南非，执行保护运输船队或反潜等任务，这就造成了留在日本国内的驱逐舰兵力不足。而日本为了干涉东亚地区特别是中国内陆沿江省份的政军形势，是离不开驱逐舰作为威慑工具的，因此临时追加军费，计划建造中型驱逐舰，并要求在动工后半年之内就能下水使用，这就是 6 艘楢型中型驱逐舰，其设计图纸基本上沿用于桃型。由于桃型驱逐舰赶赴地中海之后很快遭遇恶劣海况，造成了船体局部损伤，因此楢型在舰桥下方的舰底追加了强化板材，使其增加了约 15 吨的排水量。尽管其锅炉功率有所上升，但在航速方面与桃型还是持平的。楢型也是日本海军驱逐舰中最后一型采用煤油混烧锅炉的，从此以后就一概只用重油专烧锅炉了。烧煤总会产生大量的烟雾，很容易被对手发现，对于一贯以偷袭为看家本领的日本海军来说当然是无法容忍的，从军舰上尽快淘汰煤炭可以说是必然选择。不过在 1917 年，日本制造重油锅炉的技术水准还并不理想，有待进一步改进。令军舰全部采用重油锅炉，也使得本身几乎不产石油的日本，注定一旦遭到石油禁运，就会很快失去海军动力之源。

楢型性能参数

排水量： 770 吨
舰长： 85.9 米
舰宽： 7.7 米
平均吃水： 2.4 米
主机： 布朗寇蒂斯式直联汽轮机 2 座 2 轴，总功率为 17500 马力
主锅炉： 吕号舰本式水管锅炉 4 座（重油锅炉 2 座、煤油混烧锅炉 2 座）
燃料搭载量： 煤炭 98 吨、重油 212 吨
最大航速： 31.5 节
续航能力： 14 节 /3000 海里
武器：
120mm 单管炮 3 门
6.5mm 机枪 2 挺
450mm 双联装鱼雷发射管 2 具
乘员： 112 人

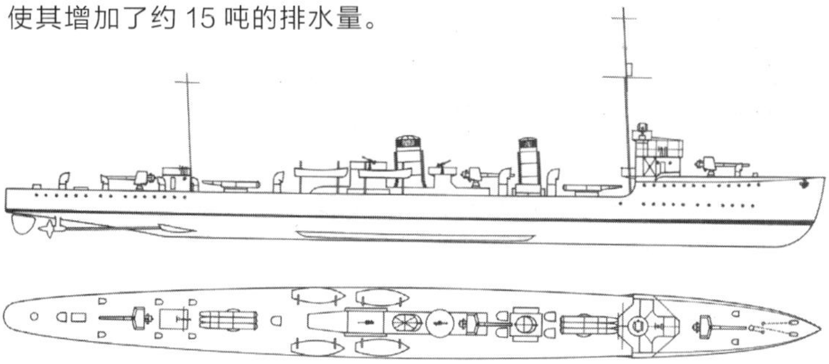

◀刚刚建造完毕的楢型驱逐舰线图。

(1) 楢（なら）

1917 年列入计划，由横须贺造船厂制造，于 1918 年 4 月 30 日竣工，划分为二等驱逐舰。1930 年 6 月 1 日变更为扫雷艇。1936 年 7 月 1 日变更为杂役船。1940 年 11 月 15 日废船，解体于二战中。

1918 年 11 月 14 日停泊在舞鹤港的楢号，当时该舰属于第 32 驱逐队。后方露出舰艏的是同型的榎号，远方还可以看到战舰鹿岛号与香取号。

(2)
桑
（くわ）

1917年列入计划，由吴海军造船厂制造，于1918年3月31日竣工，划分为二等驱逐舰。1934年4月1日除籍。1936年8月15日在台风中沉没。1937年4月1日解体。

1918年2月左右，正在进行公试航行的桑号，它没有装载武器，烟囱的涂装也没有完成。其舰桥顶部站着指挥官，由于舰艏结构整个抬高，至少指挥官被巨浪砸死的可能性是大为降低了。1号烟囱之下仍然是煤油混烧锅炉，此时处于全速运转中，其排烟量惊人，将舰尾整个笼罩其中，不过这样的景象将渐渐消失。

(3)
椿
（つばき）

1917年列入计划，由横须贺造船厂制造，于1918年4月30日竣工，划分为二等驱逐舰。1935年1月1日除籍。

▲ 1918年4月，正在广岛湾内进行公试航行的椿号。烟囱的烟雾笼罩着整个后部舰体，信号旗与海军旗被风拉直。鱼雷发射管已经搭载，涂装也是崭新的状态。原则上来说，军舰旗是在正式竣工时才交付的，此时可能只是因为给公试照片留个好形象而临时使用。

(4)
槙
（まき）

1917年列入计划，由佐世保造船厂制造，于1918年4月7日竣工，划分为二等驱逐舰。1934年1月1日除籍。1936年5月6日成为海军工机学校的教材。

(5)
榉
（けやき）

1917年列入计划，由佐世保造船厂制造，于1918年4月20日竣工，划分为二等驱逐舰。1935年1月1日除籍。

(6)
榎
（えのき）

1917年列入计划，由海军舞鹤造船厂制造，于1918年4月30日竣工，划分为二等驱逐舰。1930年6月1日变更为扫雷艇。1936年4月1日变更为杂役船，被赋予一个可爱的外号，叫作“丽女”。1941年，拆毁后的船体被用作吴海军工厂鱼雷试验部的防波堤。

江风（かわかぜ）型

在日本海军所设想的太平洋主力决战前所实施的大规模鱼雷突袭战中，要由高速重炮战列舰实施火炮掩护，然后由高速轻巡率领大型重雷驱逐舰组成的水雷战队实施鱼雷突击，同时还要潜艇分队配合进行进一步打击。这些设想在1916年的八四舰队扩军方案中得到了初步体现，长门级战列舰、天龙级轻型巡洋舰与新式潜艇纷纷诞生，而与之对应的大型驱逐舰却只诞生了1艘，这就是江风型。由于完全采用当时日本技术条件并不完善的重油专烧锅炉，江风型仍然只能带有试验舰性质。在火炮装备上，江风型向天龙级轻巡看齐，舰型也有些类似。吸取了过去的驱逐舰上火炮位置太低易受波浪影响的教训，江风型的火炮安装在舰体结构较高处，不过也因为这项设置调整的原因，火炮数量从4座减少为3座。同时其鱼雷装备也进一步强化，采用了3座533mm双联装鱼雷发射管。江风型所面对的最大问题仍然在动力系统方面，尽管拥有了34000马力，并达到最高航速37.5节，但是汽轮机叶片却经常发生断裂故障，想要长时间维持高航速是不可能的。本来江风型驱逐舰只计划建造1艘（谷风号），后来因为浦风型的2号舰江风号（1代）被出售给了意大利，而所得到的资金就用于建造江风号（2代）。在日本海军追求远洋大型驱逐舰的道路上，江风型驱逐舰的技术探索意义是很重要的。

江风型性能参数

排水量： 1180吨
舰长： 99.6米
舰宽： 8.8米
平均吃水： 2.8米
主机： 帕森斯减速齿轮汽轮机（谷风号为布朗寇蒂斯式减速齿轮汽轮机）2座2轴，总功率为34000马力
主锅炉： 舰本式重油水管锅炉4座
最大航速： 37.5节
续航能力： 14节/3400海里
武器：
120mm单管炮3门
6.5mm机枪2挺
533mm双联装鱼雷发射管3具
乘员： 128人

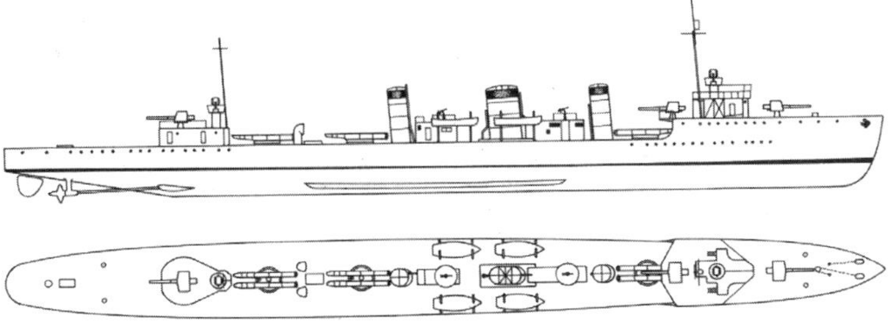

◀刚刚建造完毕的江风型驱逐舰线图。

(1) 江风（Ⅱ）（かわかぜ）

1917 年列入计划，由横须贺造船厂制造，于 1918 年 11 月 11 日竣工，划分为一等驱逐舰。1934 年 4 月 1 日除籍。

▲1918 年 10 月，在馆山湾进行公试航行的江风号（2 代）。它在公试中最高马力达到 40000，最高航速为 39 节。可以看到后桅旁已增设有一座探照灯，这是为了强化其夜战能力。

(2) 谷风（たにかぜ）

1916 年列入计划，由海军舞鹤造船厂制造，于 1919 年 1 月 30 日竣工，划分为一等驱逐舰。1935 年 4 月 1 日除籍。太平洋战争后，该舰解体。

▲1919 年 5 月 29 日在吴港停泊的谷风号，该舰当时属于第 2 水雷战队第 3 驱逐队。

▲1924 年，正在濑户内海中航行的谷风号。当时此舰从吴港出发前往广岛湾，1 号烟囱上涂有 3 条白色识别线，示意谷风号配属于第 1 水雷战队。第 1 水雷战队和第 2 水雷战队一样，属于驱逐舰部队中的主力兵团。

峰风（みねかぜ）型

1917 ~ 1918 年的八四舰队和八六舰队案中，要求在吸取浦风、矶风、江风等各型远洋驱逐舰建造、使用的经验教训的基础上（以上这些舰型的建造数量都不足），建造新一代大型远洋驱逐舰，这就是 9 艘峰风型，连同追加的 3 艘，一共建造了 12 艘。峰风型为了改善适航性能，不再模仿英国的舰型，而是进行了一些很有独创性的尝试。峰风型将艏楼前甲板截去一部分，形成一个凹井，并在这个凹井里面设置前甲板联装鱼雷发射管。舰桥位置则被移动到相对靠后的位置。峰风型还采用了勺型舰艏，并装备了连体式 1 号水雷，准备进行洋上布雷作战，当然历史会证明所谓大洋布雷战只是纯粹的空想。

1917 年，日本海军还开始建造天城级战列巡洋舰（当时谁都没能想到其 1 号舰会被大地震摧毁，2 号舰赤城号则改造成了航空母舰），而美国海军则在建造同级别的列克星顿号战列巡航舰（后来同样改造为航空母舰），这些新型军舰的航速都超过了 30 节，而峰风型未来的任务无论是配合天城级战列巡洋舰作战，还是要对付美军新锐的列克星顿级战列巡洋舰，都有必要大幅度提高航速。因此，峰风型的锅炉功率提高到了史无前例的 38500 马力，最高航速达到惊人的 39 节！但如此大功率使得汽轮机照旧故障频发，给峰风型的服役带来了不少的麻烦。以海上适航性来说，峰风型也仍然没有完全满足军方的要求，且其最大航程仍然只有 3000 海里，这些仍然有待于后续型号继续改善。

在峰风型的基础上，日本陆续产生了野风型、神风型（2 代）、睦月型等后续驱逐舰型号，后世称之为“峰风型系列”，它们构成了昭和时代初期日本海军水雷战队的主力。峰风型也是首型全部参加太平洋战争的日本驱逐舰，而绝大部分都在战争中战沉。因此峰风型的诞生在日本驱逐舰发展史上毫无疑问具有重大意义。

峰风型性能参数

排水量： 1215 吨
舰长： 102.6 米
舰宽： 8.9 米
平均吃水： 2.9 米
主机： 三菱自制帕森斯式减速齿轮汽轮机 2 机 2 轴，总功率为 38500 马力
主锅炉： 吕号舰本式重油水管锅炉 4 座
最大航速： 39 节
续航能力： 14 节 /3600 海里
燃料搭载量： 重油 395 吨
武器：
120mm45 口径单管炮 4 门
6.5mm 机枪 2 挺
533mm 双联装鱼雷发射管 3 具
连体式 1 号水雷 16 枚
乘员： 148 人

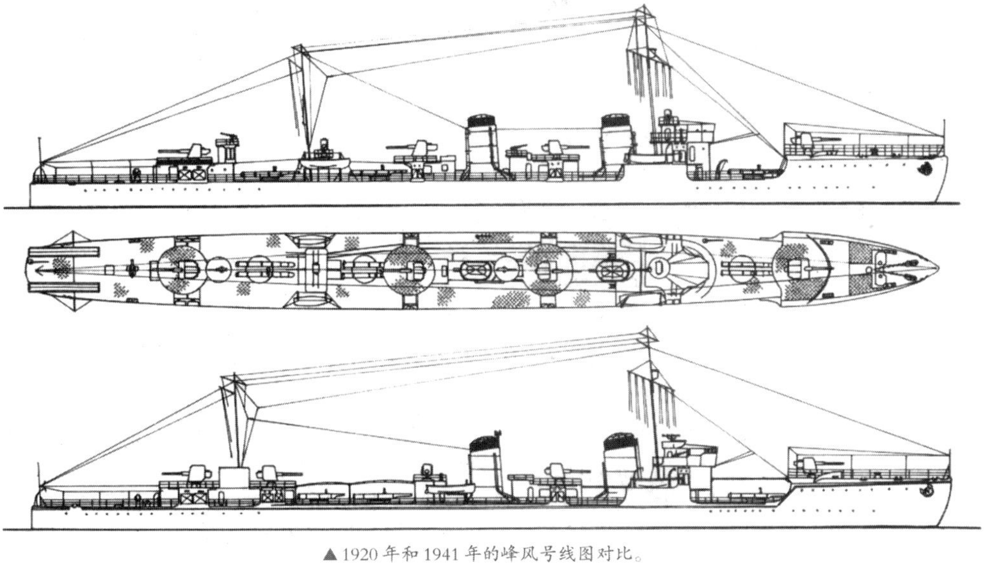

▲ 1920 年和 1941 年的峰风号线图对比。

(1) 峰风（みねかぜ）

1917 年列入计划，由海军舞鹤造船厂制造，于 1920 年 5 月 29 日竣工，划分为一等驱逐舰。1944 年 2 月 1 日被编入第 1 海上护卫队，2 月 10 日在台湾海域被美军潜艇的鱼雷击中而沉没，3 月 31 日除籍。

▲竣工不久的峰风号。作为峰风型的首舰，其舰型一望便知与过去的英国式设计差异很大。

▲ 1939 年 3 月 26 日，停泊在青岛港的峰风号。该舰于 1937 年 3 月～ 12 月间实施了改装工程，其中长时间作为主武器装备的 533mm 鱼雷发射管被撤去了，烟囱也进行了改造，前樯顶桅也明显缩短了。

(2) 泽风（さわかぜ）

1917 年列入计划，由三菱长崎造船厂制造，于 1920 年 3 月 16 日竣工，划分为一等驱逐舰。1945 年 5 月 5 日成为第 1 特攻战队的目标训练舰（也就是令特攻队员驾机朝其俯冲，然后再拉起飞机），这个任务一直持续到战争结束。1945 年 9 月 15 日除籍后解体，船体被用作福岛县小名滨港的防波堤。

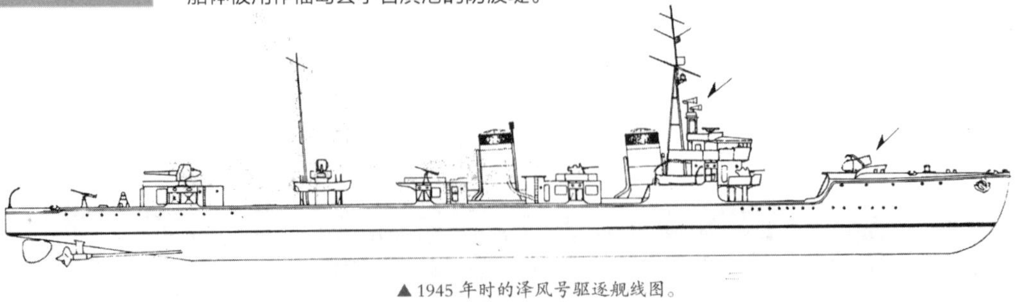

▲ 1945 年时的泽风号驱逐舰线图。

▲ 正准备下水的泽风号。从舰尾方向看，这艘排水量已经达到 1200 吨以上的驱逐舰的舰宽却仍然很窄。自然，狭长的舰身（长宽比为 11.5）有利于减小阻力实现高航速，然而对于复原性来说却是不利的。大功率的动力系统与巨大的推进桨叶相得益彰，显示了峰风型在设计上极度追求高航速。

▲ 1920 年初，正在全力进行公试航行的泽风号。该舰在公试中动力系统多次发生故障，服役时间有所延后。其公试最高航速为38.126 节。

▲ 1931 年初，驶出横须贺港的泽风号。刚竣工时舰桥四周只有帆布包裹，此时已经换成了金属板材。

1945 年时的泽风号，武备已经被拆除了。可看出其舰桥结构明显得到了扩大和加强。

(3) 冲风（おきかぜ）

1917 年列入计划，由海军舞鹤造船厂制造，于 1920 年 8 月 17 日竣工，划分为一等驱逐舰。1942 年 4 月 10 日起从属于横须贺镇守府，在东京湾从事反潜巡逻。1943 年 1 月 10 日被美军潜艇鱼雷击沉，同年 3 月 1 日除籍。

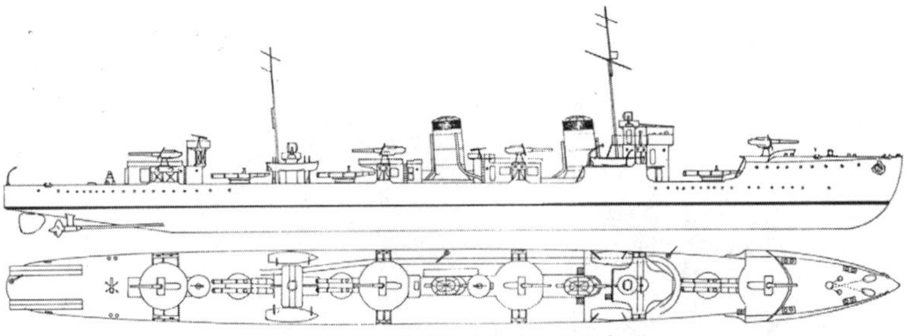

▲ 1920 年新建成的冲风号驱逐舰线图。

1931 年初的冲风号。作为峰风型的 3 号舰，实际诞生于八四舰队计划案。而以日本海军八八舰队的终极目标来说，峰风型还未达到要求。

(4) 岛风（しまかぜ）

1917 年列入计划，由海军舞鹤造船厂制造，于 1920 年 11 月 15 日竣工，划分为一等驱逐舰。岛风号在公试中曾经在常备排水量 1379 吨、功率 40652 马力的情况下达到 40.698 节的航速，在日本驱逐舰中首次突破 40 节的纪录。1940 年 4 月 1 日变更为警戒艇。1943 年 1 月 13 日在卡维恩港附近海域被美军潜艇鱼雷击沉，同年 2 月 10 日除籍。

1922 年的岛风号。作为初代岛风，其高速航行纪录保持了很多年，尽管这种纪录也只具有象征意义。

▲1928 年 10 月 12 日上午，进入横须贺进行修理的岛风号。就在前一天，也就是 10 月 11 日晚上 9 时 20 分，岛风号与夕风号在浦贺水道中相撞，岛风号右舷被撞破。当时两舰都属于第 3 驱逐队，正作为东京湾警备部队（蓝军）参加一次例行演习。可以看到破口处被塞了一些破布和管材，以减少进水——日本海军对于军舰损管措施的研究向来不如美军那样热心。

▲竣工不久的岛风号。作为峰风型的 4 号舰，岛风号被特意挑选出来创造航速纪录，也反映了一战结束后日本海军对自身实力充满自信，需要一些纪录来装点门面。

(5)
滩风
（なだかぜ）

1917年列入计划，由海军舞鹤造船厂制造，于1921年9月30日竣工，划分为一等驱逐舰。1940年4月1日变更为警戒艇。1945年7月25日在爪哇海域被英军潜艇鱼雷击沉，同年9月30日除籍。

▲1921年，正在进行高速公试的滩风号。可以看出其舰身非常细长。

1923年8月，驶出横须贺港的滩风号。舰艏120mm炮上装备的防盾，与其说是为了防弹的需要，不如说是为了保护炮手不被波浪卷走。尽管如此，一块防盾毕竟不能提供全方位的保护，效果有限。

(6) 矢风（やかぜ）

1917年列入计划，由三菱长崎造船厂制造，于1920年7月19日竣工，划分为一等驱逐舰。1942年4月4日在吴海军工厂被改造为训练目标舰，后在东京湾内充当轰炸、雷击的目标。1942年7月20日变更为特务舰。1945年7月18日在横须贺被美军炸弹命中后搁浅，同年9月15日除籍后解体。

▲日本昭和时代初期的矢风号。这张广角拍摄的照片充分体现了峰风型修长的舰体。

▲1932年8月，在横须贺港外伴随航母凤翔号活动的矢风号（左）与泽风号。当时矢风号、泽风号、峰风号、冲风号共同组成的第2驱逐队配属第1航空战队，执行“钓蜻蜓”任务。1932年春天，这些驱逐舰都跟随第1航空战队参与了“第一次上海事变”的军事入侵行动。

▲ 1922 年的矢风号。可以看出 4 门 120mm 炮特意安装在甲板较高位置上，以避海浪影响。

(7) 羽风（はかぜ）

1917 年列入计划，由三菱长崎造船厂制造，于 1920 年 9 月 16 日竣工，划分为一等驱逐舰。开战时（太平洋战争），属于第 11 航空舰队第 34 驱逐队，曾支援巴邻旁登陆作战。南洋作战行动结束后，从新加坡出发前往拉包尔，支援莫尔兹比攻略行动（当然此行动以失败告终）。1942 年下半年参加瓜岛运输行动，随着战局发展一路向后撤退。1943 年 1 月 13 日在护卫秋津洲号水上飞机母舰的航程中被美军潜水艇击沉，同年 3 月 1 日除籍。

1931 年 9 月 11 日的羽风号。它所装备的 45 口径三年式 120mm 主炮，别名为“G 型炮”，俯仰范围为负 5 度～正 30 度，初速为 780 米 / 秒，最大射程 14280 米，完全依靠人力操作。

▲ 正在长崎外海进行公试的羽风号。其大功率军舰动力系统是高航速的最大保障，但在实际战争中高航速并没有为日本驱逐舰的战斗力加分。

(8) 汐风（しおかぜ）

1917 年列入计划，由海军舞鹤造船厂制造，于 1921 年 7 月 29 日竣工，划分为一等驱逐舰。开战时属于第 4 航空战队第 3 驱逐队，曾在帛琉参加南太平洋攻略作战，后转战至巴邻旁、爪哇等海域。1944 年 2 月 1 日编入第 1 海上护卫队。1945 年 1 月 5 日加入联合舰队，但此时日本海军已陷入瘫痪，因此在吴港无所事事地迎来战争结束。1945 年 10 月 5 日除籍，转为特别运输舰，任务完成后随即解体，船体被用作宫城县女川港的防波堤。

▲ 1924 年的汐风号，拍摄于横须贺港内，背景处可见金刚号、山城号战舰。当时日本驱逐舰还没有采用体积较小的陀螺罗盘仪，因此舰桥前的鱼雷发射管在转动时会受到阻碍，这个问题直到特型驱逐舰采用陀螺罗盘仪之后才得到解决。

(9) 秋风（あきかぜ）

1917 年列入计划，由三菱长崎造船厂制造，于 1921 年 4 月 1 日竣工，划分为一等驱逐舰。开战时属于第 11 航空舰队第 34 驱逐队，1942 年 6 月开始驻扎拉包尔，从事运输护航工作。1943 年 12 月 16 日在拉包尔北方被美军战机击伤，进入特鲁克进行修理，后返回拉包尔继续护航。1944 年 5 月 1 日被编入第 3 水雷战队，随着战局进展退回佐世保港，并于 8 月 20 日转编入联合舰队第 31 战队，同年 11 月 3 日在南中国海执行运输船队护航任务时被美军潜艇鱼雷击沉。1945 年 1 月 10 日除籍。

▲ 1923 年驶离横须贺军港的秋风号。从舰上人员身高对比来看，舰桥底甲板比前后甲板要高出 2 米多。

▲ 1931 年 9 月在海上航行训练的秋风号，当时属于第 1 水雷战队第 4 驱逐队。远方是第 5 驱逐队的 2 艘神风型驱逐舰，正加速由纵队展开为横队。

(10) 夕风（ゆかぜ）

1917 年列入计划，由三菱长崎造船厂制造，于 1921 年 8 月 24 日竣工，划分为一等驱逐舰。开战时属于第 1 舰队第 3 航空战队，在日本内海训练待机。1942 年 5 月 29 日随联合舰队一同由柱岛出发参加中途岛战役，惨败归来后于 7 月 14 日编入第 3 舰队，支援凤翔号航空母舰的着舰训练。1945 年 10 月 5 日除籍，转为特别运输舰，任务完成后作为战利品于 1947 年 8 月 14 日在新加坡交给了英国。

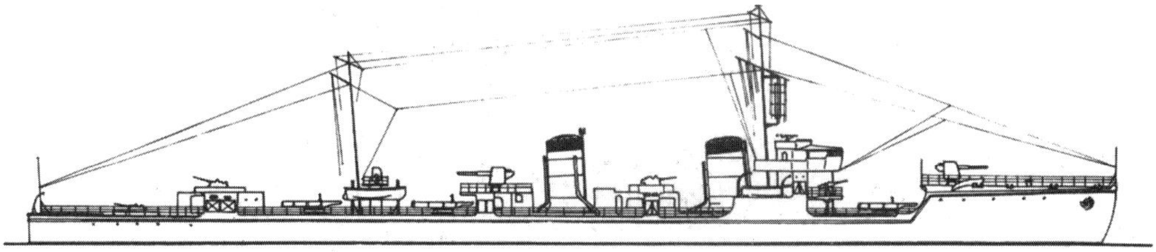

▲ 1940 年的夕风号线图。

▲ 微速航行中的夕风号。该舰在服役后长时间从属于第 3 驱逐队。其烟囱上的防雨装置与标准型制的不同，可能是一个实验品。

▲ 1921 年 8 月 25 日，于前一天竣工的夕风号（峰风型）驶出长崎港，航行在中国东海海面上。可以看到旁边有一条挂着帆的渔船，相映成趣。

(11) 太刀风（たちかぜ）

1917 年列入计划，由海军舞鹤造船厂制造，于 1921 年 12 月 5 日竣工，划分为一等驱逐舰。开战时属于第 11 航空舰队第 34 驱逐队，支援卡拉扬岛登陆作战，后转战至印度洋安达曼群岛。1942 年 12 月 27 日在拉包尔被美军战机击伤，返回舞鹤工厂修理。1943 年 4 月 1 日被编入第 11 航空舰队，返回拉包尔、特鲁克之间执行护航任务。1944 年 2 月 4 日在特鲁克群岛触礁搁浅，2 月 17 日在美军大空袭中被击沉，3 月 31 日除籍。

▲ 1921 年末，正在舞鹤湾中进行公试航行的太刀风号。舰艏锐利地斩开海浪，舰尾波涛奔腾，烟囱中冒出浓烟——它正在以接近 39 节的高航速全力航行中。美国列克星顿级战列巡洋舰计划要达到 33 节的航速，这给日本海军造成了很大的刺激，以致为将驱逐舰的航速进一步提高使尽了一切手段。

▲ 1944 年 2 月 17 日，在特鲁克附近海域正遭受美军舰载轰炸机轮番攻击的太刀风号。可见其舰尾已经着弹冒烟，一架美军的 F6F 战斗机正威风凛凛地飞跃其上空。最后该舰沉没于北纬 7 度 40 分、东经 151 度 55 分的位置。

(12)
帆风
（ほかぜ）

1917 年列入计划，由海军舞鹤造船厂制造，于 1921 年 12 月 12 日竣工，划分为一等驱逐舰。开战时属于第 1 舰队第 4 航空战队。1942 年 2 月 10 日到达特鲁克支援凤翔号航空母舰的着舰训练，4 月 10 日被编入第 5 舰队，5 月 28 日参加为中途岛战役进行佯动的北方攻略。为给基斯卡岛的登陆作战提供支援，又在 1942 年 10 月 1 日被编入第 1 海上护卫队。1943 年 7 月 1 日被鱼雷击伤，进入泗水港进行修理，修复后返回横须贺。1944 年 4 月 5 日被编入第 9 舰队，执行向遭受美军攻击的新几内亚提供紧急输送的任务，7 月 6 日被美军潜艇鱼雷击沉，9 月 10 日除籍。

▲ 1921 年左右，驶进横须贺军港的帆风号。峰风型并没有封闭式钢结构舰桥，这决定它在太平洋战争中肯定是无法适应实战的。

1937 年 1 月，在马公湾航行中的帆风号舰后部特写。可以看到有几条绳索从烟囱顶部向斜下方延伸，这是用来预防大风大浪或船身晃动剧烈的情况下，烟囱结构可能倒塌而设置的。跟随航行的驱逐舰与帆风号同属第 4 驱逐队。

▲ 1931 年 9 月 11 日，在海上微速行驶的帆风号。当时该舰与羽风号、秋风号、太刀风号一起组成了第 1 水雷战队第 4 驱逐队。尽管舰艏看不出浪痕，但前桅的速力标还是显示其在航行之中。

“钓蜻蜓”：日本驱逐舰参与舰载航空兵训练情况介绍

如前所述，在实际参加太平洋战争的日本海军驱逐舰中，峰风型是最老旧的，如果战争不是在 1941 年爆发的话，它们很可能于 40 年代初便宣告退役。然而查看其战时编制情况，却发现峰风型经常被配属于航母机动舰队或者基地航空战队。而航母机动舰队的航行速度显然比主力舰编队要快得多，为什么要在其中编制速度下滑的老舰呢?

1935 年 7 月，日本海军各舰队举行秋季演习，其中第 4 舰队在向演习区域进发途中遭遇了强台风。第 4 舰队司令长官松下元中将为了让手下接受高难度海况条件下的训练，决定继续缓速前进，结果从下午 4 时开始多艘战舰被海浪打坏受损，其中初雪号在 5 时 20 分被一股强大的海浪抬起腾空，脆弱的舰体强度无法承受，舰艏部位被干脆地折断了。其后初雪号被勉强拖回了大凑港。这场台风中还有一艘吹雪型的夕雾号舰艏也被切断，另有多艘驱逐舰的上层建筑遭受损害，总共有 8 艘特型驱逐舰在事故中受损。这个事故日本称为“第 4 舰队事件”。

在“第 4 舰队事件”中，日本海军当成宝贝一样捧在手里大肆吹嘘的特型驱逐舰，被狂风暴浪折腾至大破，其结构强度的弱点震惊了日本全国。然而与此同时，一起经历了恶劣海况的峰风型驱逐舰，尽管其排水量只有 1200 吨，大大小于特型驱逐舰，却泰然自若地度过危机，没有遭到任何损伤。其设计的成功性，可以说成为了日本军舰结构的理想目标。这是峰风型能够在服役近 20 后又投入太平洋大战的重要原因。

峰风型在公试航行中基本都达到了 38 节的航速，岛风号更是创造了 40 节以上的纪录，可以说完全不输给未来任何一型日本新锐驱逐舰，不过在服役了 12 年后的 1933 年左右，其最高航速纷纷都下滑到了 32 ~ 33 节左右，如果还要强行向 38 节努力的话，很可能就会导致锅炉管道爆裂，所以不到最危急的时刻，是绝不可能再达到这样的高速了。但是峰风型优秀的舰型设计，让其退出第一线毕竟是很可惜的，那么要怎样使用才好呢? 日本海军想到了一个挺不错的办法。

将训练中因着舰失败而落水的飞机及飞行员搭救上舰的任务，被称为“钓蜻蜓”。1940 年 11 月 15 日，第 34 驱逐队（羽风号、秋风号、太刀风号驱逐舰）被编入第 1 舰队第 3 航空战队（凤翔号、瑞凤号轻型航母开战时属于第 2 舰队），同日第 3 驱逐队（潮风号、帆风号驱逐舰）被编入第 2 舰队第 1 航空战队（赤城号、加贺号重型航母开战时加入南云第一航空舰队）。此时这些航母为了准备对美开战，都在日夜不停地进行疯狂训练。新配属的这些驱逐舰的任务，就是负责“钓蜻蜓”。

这时的日本海军航空兵刚刚将单翼全金属战机更新上舰，要尽快掌握其飞行要领，当然需要拼命训练，而超强度的训练自然也造成飞机落水事故频发。驱逐舰的迅即救援行动为飞行员增添了不少安全感，可以说战争初期那支素质一流的海军航空兵的诞生，也有峰风型的一份功劳。

1941 年 4 月 1 日，南云忠一指挥的第 1 航空舰队（空母机动舰队）正式编成，第 34 驱逐队脱离第 3 航空战队转入第 2 中国派遣舰队，担负对中国沿海的封锁任务。其后又被编入第 11 航空舰队（司令官为冢原二四三中将，主要驻扎在台湾等南方陆地基地，准备开战同时攻击菲律宾美空军部队），还是负责为海军陆基战机提供“钓蜻蜓”服务，因为这些战机同样要执行遥远的跨海攻击任务，不同之处是驱逐舰需要先开到训练海域周围待机，收到飞机坠毁事故发生的通报后，立即赶过去救援。在战争开始时，第 34 驱逐队就被部署在台湾岛与吕宋岛之间的海域，随时准备救援海军战机。随着日军进攻向南方深入，第 34 驱逐队也转战至东南亚各海域。第 3 驱逐队则于开战时被编入第 4 航空战队（由龙骧号小型航母和后称大鹰号航母的春日丸组成），同样在东南亚海域“钓蜻蜓”。

开战 6 个月以后，日本海军的“钓蜻蜓”任务结束。在中途岛战役中被整个歼灭了空母机动舰队之后，日本海军必须将手头所有剩余的空母力量派上前线救急，而不能在后方继续优哉游哉地训练了。直至日本海军在中途岛惨败，随后又在延续至 1943 年中期的瓜岛至所罗门诸岛在内的一系列作战中大量损失战机和飞行员后，为了弥补飞行员的损失，日本才不得不制定紧急培训计划，“钓蜻蜓”活动又恢复起来。然而战争后期日本海军已经培养不出战前那般精锐的飞行员，不过是产出一批又一批很快丧命的炮灰而已了。

野风（のかぜ）型

在1918年追加了3艘峰风型之后，日本海军实际上按照原计划应再追加3艘，但这最后3艘因为武器装备配置的改变等原因，后来被非正式地称为“野风型”或者“峰风改型”。峰风型服役后发现其火炮的安装位置有问题，其3号、4号120mm炮之间相隔很长一段距离，中间配置着2号、3号533mm双联装鱼雷发射管，而在两个鱼雷发射管之间又设置了后桅，这样对于火炮和鱼雷发射管的装弹与统一指挥都较为困难。野风型的改善就是将后桅进一步移向舰尾，使其夹在背对背的3号、4号120mm炮之间，而2号、3号533mm双联装鱼雷发射管则连在了一起，而后部烟囱与后桅之间的距离也加大了。这样的配置方式显然比峰风型要合理得多，所以后续的神风型也沿用了同样的配置。将火炮背对背地进行配置，是日本海军在驱逐舰设计上经常使用的便于集中火炮火力的措施，到日后的特型驱逐舰上因为要装备身管加长且双联装的火炮，因此就不得不采用背负式炮塔配置了。

野风型性能参数

排水量： 1215吨
舰长： 102.6米
舰宽： 8.9米
平均吃水： 2.9米
主机： 三菱自制帕森斯式减速齿轮汽轮机2机2轴，总功率为38500马力
主锅炉： 吕号舰本式重油水管锅炉4座
最大航速： 39节
续航能力： 14节/3600海里
燃料搭载量： 重油395吨
武器：
120mm45口径单管炮4门
6.5mm机枪2挺
533mm双联装鱼雷发射管3具
连体式1号水雷16枚
乘员： 148人

▼野风号驱逐舰后甲板，拍摄时间不明。舰上水兵正在钓鱼。两条水雷投放轨是专门投放连体式1号水雷的，在当时这种水雷是日本海军轻巡及驱逐舰的标准装备。日章旗旁边有一个“H”型头的烟囱，这是通往居住区取暖炉的，从这一点看，此舰当时可能在执行北方巡航任务。

(1) 野风（のかぜ）

1918年列入计划，由海军舞鹤造船厂制造，于1922年3月31日竣工，划分为一等驱逐舰。野风号在太平洋战争中以大量击沉被迫弃船的友舰而广为人知，尽管这个“补枪专家”的名称实在称不上光彩。1945年2月20日在南中国海被美军潜艇鱼雷击沉，同年4月10日除籍。

▲ 1924年，正在通过濑户海峡的野风号（前）与春风号。当时两舰所属的第2水雷战队第5驱逐队正跟随加藤宽治中将指挥的第2舰队前往宫古湾。此处海峡是拍摄往来江田岛军舰的绝佳地点。

▲ 前桅樯顶端已明显缩短后的野风号。1号鱼雷发射管向左舷旋转，鱼雷正在做发射准备。

▲ 1925年，正在进行小规模演习的野风号。当时该舰属于第2水雷战队，扮演蓝军集结于鸟羽湾，为向由红军守卫的东京湾实施决战突击而担任前卫任务。

与神风号并排停泊的野风号。当时该舰与神风号、沼风号、波风号共同编成第 1 驱逐队。通过这张照片比较，可看出野风号与神风号舰桥侧面的板材材质明显不同。

(2) 波风（なみかぜ）

1918 年列入计划，由海军舞鹤造船厂制造，于 1922 年 11 月 11 日竣工，划分为一等驱逐舰。1942 年 5 月 25 日参加北方阿留申攻略作战。1943 年 7 月 1 日支援基斯卡岛撤退作战，11 月 6 日在北海道附近从事运输船护航时在小樽港与万荣丸号相撞，在大湊港修复。1944 年 9 月 18 日又在北方四岛附近海域被美军潜艇鱼雷击中大破，由神风号驱逐舰拖到小樽港紧急修理，随后到舞鹤工厂修复，此时已经是 1945 年 2 月。其后在内海从事训练工作，并在宇部湾监视美军 B-29 投下的水雷。1945 年 10 月 5 日除籍，转而用作特别运输舰，任务完成后作为战利品于 1947 年 10 月 3 日交给了中国，改名为“沈阳号”继续服役。

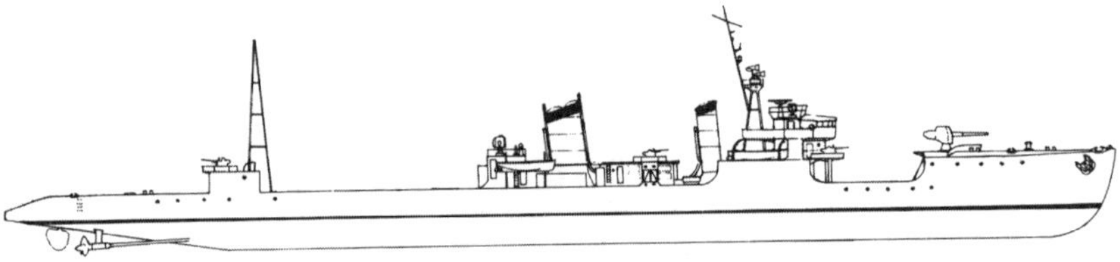

▲ 1945 年时的波风号驱逐舰线图。

▲ 1925 年夏季，停泊在九州或内海某处海域的波风号，当时此舰属于第 2 水雷战队第 1 驱逐队。在照片中可以清楚地看到背对背的 3 号、4 号 120mm 炮之间竖立着后桅。

▲ 太平洋战争中，在北方海域行驶的波风号，该照片发表时其舰名和编队号码都被抹去了。船体漆色是适合北方浓雾天气的淡灰色。该舰于 1943 年 7 月与僚舰野风号一起参加了基斯卡撤退行动。

▲ 半速航行中的波风号，作为峰风型的第 14 号舰，所采用的主炮与 1 ~ 12 号舰的 45 口径三年式 120mm 单管炮相同，但需注意其防盾的形状稍有改变。照片中大部分乘员都集中在舰桥前的凹井甲板上，可能是长官在训话。

波风号于 1944 年 9 月 8 日在护卫船队时被美军潜水艇发射的鱼雷炸至大破，勉强回到舞鹤港后，趁修理的机会将舰后部进行了改造，已搭载两枚回天特攻雷，但并没有付诸战斗。该照片拍摄于 1947 年 9 月下旬，波风号正驶出横须贺前往佐世保，可见其 1 号烟囱与竣工时相比变细了（1 号锅炉撤去），相关改造工程是也是在修理时进行的。

(3) 沼风（ぬまかぜ）

1918 年列入计划，由海军舞鹤造船厂制造，于 1922 年 7 月 24 日竣工，划分为一等驱逐舰。1942 年 5 月 25 日参加北方阿留申攻略作战。1943 年 5 月 15 日被编入第 5 舰队，支援基斯卡岛撤退作战，12 月 5 日被遍入第 1 海上护卫队，在台湾与冲绳海域执行护航任务，12 月 18 日在冲绳以南被美军潜艇鱼雷击沉。1944 年 2 月 5 日除籍。

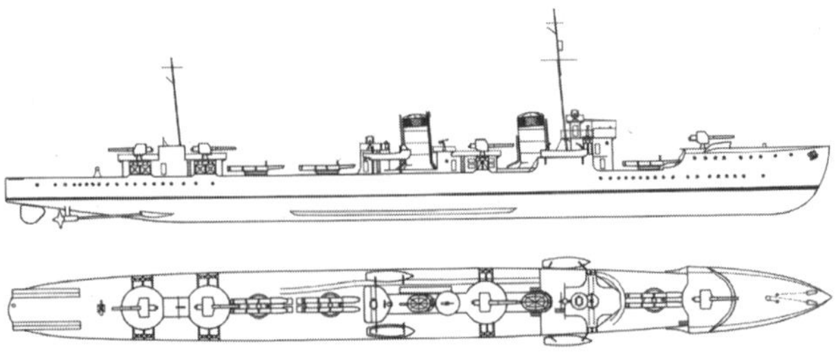
刚刚建造完毕的沼风号驱逐舰线图。

竣工不久的沼风号。前桅上装着一个示数盘，这是用来向后续舰指示射击参数的装置，装在前桅上是比较少见的。

1923 年 8 月，从横须贺驶出的沼风号。示数盘已经不再安装在前桅，而是移到了后桅上。

枞（もみ）型

八四舰队案、八六舰队案时期尽管日本海军在远洋型驱逐舰方面取得了长足进展，然而这些“目标舰”受制于预算，数量仍然太少，所以不得不继续大量制造中型驱逐舰以补足数量上的需求，由此诞生了21艘枞型驱逐舰。当然，枞型也吸取了一些已经取得的驱逐舰设计经验，如将舰桥位置向后移，舰桥前甲板设置凹井，将舰艏甲板干舷加高等等。由于几乎是和峰风型同时设计建造，因此枞型也被认为是峰风型的缩小版。其锅炉功率也达到了中型驱逐舰中创纪录的21500马力，最高航速达到36节，再加上武器装备的进一步强化，其综合作战能力事实上已经超过日本海军的首款远洋型驱逐舰海风型。此时日本海军在明治末年大量制造的神风型（1代）驱逐舰都已经接近退役，大量制造的枞型很完美地填补了这个空缺。相对于大型驱逐舰基本都配属于第2舰队准备实施鱼雷突击作战，枞型驱逐舰基本都配属于第1舰队，在其服役后期则长期在中国执行警戒巡航任务。

枞型性能参数

排水量： 770吨
舰长： 85.3米
舰宽： 7.9米
平均吃水： 2.4米
主机： 舰本式减速齿轮汽轮机（蕨号、蓼号、椰号为布朗柯蒂斯式，菱号、莲号为帕森斯式，堇号、蓬号为谢尔利式）2座2轴，总功率为21500马力
主锅炉： 吕号舰本式重油水管锅炉3座
最大航速： 36节
续航能力： 14节/3000海里
燃料搭载量： 重油250吨
武器：
120mm45口径单管炮3门
6.5mm机枪2挺
533mm双联装鱼雷发射管2具
乘员： 107名

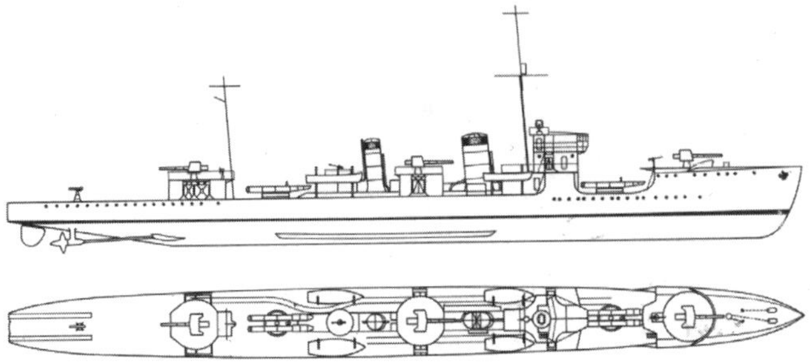

▲ 刚刚建造完毕的枞型驱逐舰线图。

(1) 枞（もみ）

1917年列入计划，由横须贺造船厂制造，于1919年12月27日竣工，划分为二等驱逐舰。1932年4月1日除籍。1936年4月7日被改造为靶舰。

▲ 1919年11月15日，在东京湾外海域全力进行公试航行的枞号。为了追求海上凌波性能，船艏楼后方安装鱼雷发射管，舰桥位置向后移。在甲板较高处设置120mm炮，也是为了在海况不佳的情况下尽量不影响战斗力的设计。

(2)
榧
（かや）

1917年列入计划，由横须贺造船厂制造，于1920年3月28日竣工，划分为二等驱逐舰。1940年2月1日除籍。

▲ 1921年的榧号，正在佐伯湾航海训练中稍事休息，当时属于第1水雷战队。舰体舷侧的舷窗都纷纷打开以通风，显示当时天气很热，后桅上装着一个示数盘。

(3)
榆
（にれ）

1917年列入计划，由海军吴造船厂制造，于1920年3月31日竣工，划分为二等驱逐舰。1940年2月1日除籍，同年10月15日变更为杂役船，战后解体。

(4)
栗
（くり）

1917年列入计划，由海军吴造船厂制造，于1920年4月30日竣工，划分为二等驱逐舰。1945年10月8日触雷沉没，同年10月25日除籍。

1921～1922年间的栗号，当时该舰属于第1水雷战队。这一时期由八八舰队计划案诞生的驱逐舰，枞型基本配属于第1舰队，而大型的峰风型则大多配置于第2舰队。

(5)
梨
（なし）

1917年列入计划，由川崎造船厂制造，于1919年12月10日竣工，划分为二等驱逐舰。1940年2月1日除籍。

▲1921年秋竣工前，正在淡路岛附近海域进行公试巡航的梨号（枞型）。武器与探照灯等设备还没有安装，舰体中部几个长方形的水箱是用来测算锅炉用水量而临时安装的。尽管此舰正在高速航行中，但由于全部采用重油锅炉，排烟量比过去用煤炭时是少很多了。

(6)
竹
（たけ）

1917年列入计划，由川崎造船厂制造，于1919年12月25日竣工，划分为二等驱逐舰。1940年2月1日除籍。1944年2月10日变更为杂役船。1948年解体，船体用作秋田港防波堤。

(7)
柿
（かき）

1917年列入计划，由浦贺船渠制造，于1920年8月2日竣工，划分为二等驱逐舰。1940年2月1日除籍，同年11月15日变更为杂役船。1945年2月25日改名为“大须号”。1948年解体。

▲1930年4月29日停泊在厦门港，为庆祝天长节而进行了装饰的柿号。而同一日有美国军舰进入厦门，美国水兵拍下了这张照片。当时此舰部署于中国澎湖岛马公港，它从1930年4月28日离开马公港到5月8日为止一直在厦门海域进行警戒巡航。在舰艏火炮的后面可以看到装有一挺三年式机枪。显而易见，当日舰在中国海域执行常规警戒威慑任务时，机枪比火炮更有使用的机会。

(8)
栂
（つが）

1917年列入计划，由石川岛造船厂制造，于1920年7月20日竣工，划分为二等驱逐舰。1945年1月15日被击沉。1945年3月10日除籍。

(9)
菊
（きく）

1917年列入计划，由川崎造船厂制造，于1920年12月10日竣工，划分为二等驱逐舰。1940年4月1日变更为哨戒艇。1944年3月30日被击沉，同年5月10日除籍。

▲ 1920年，竣工不久的菊号正为前往所属军港——吴港而进行最后的准备，背景可见神户附近的六甲山及众多的商船。该舰到达吴港后即被编入第14驱逐队。

(10)
葵
（あおい）

1917年列入计划，由川崎造船厂制造，于1920年12月10日竣工，划分为二等驱逐舰。1940年4月1日变更为哨戒艇。1941年12月22日触礁后弃船。1942年1月10日除籍。

▲ 停泊于东京湾内的葵号。尽管是轻量级的二等驱逐舰，但由于采用了重油锅炉和齿汽轮机，实现了36节的高航速。

(11) 萩（はぎ）

1917年列入计划，由浦贺船渠制造，于1921年4月20日竣工，划分为二等驱逐舰。1940年4月1日变更为哨戒艇。1941年12月22日触礁后弃船。1942年1月10日除籍。

(12) 薄（すすき）

1917年列入计划，由石川岛造船厂制造，于1921年5月25日竣工，划分为二等驱逐舰。1940年4月1日变更为哨戒艇。1943年3月6日因撞船事故沉没。1945年1月10日除籍。

(13) 藤（ふじ）

1917年列入计划，由藤永田造船厂制造，于1921年5月31日竣工，划分为二等驱逐舰。1940年4月1日变更为哨戒艇。1946年7月作为战利品被转交给荷兰海军。

▲1935年6月11日，正在停靠天津港的藤号，码头上有不少手持太阳旗的日本侨民欢迎藤号驱逐舰的到来。1935年5月1日夜，天津汉奸胡恩溥、白逾桓（亲日报社社长）被暗杀，日方指责是国民党特务机关蓝衣社、国民党党部和宪兵第3团所为，蛮横无理地向河北省政府索要凶手，当面威逼北平军事代表委员长何应钦，声称蒋介石南京政府是假借统一之名在华北搞殖民主义，要求国民党机关全部撤出华北地区。南京政府此时仍秉持“攘外必先安内”的方针，最后由何应钦与日本天津驻屯军司令梅津美治郎于7月6日签署了丧权辱国的《何梅协定》。驻扎于旅顺的藤号驱逐舰正是在此局势非常紧张之际被派往天津，执行恐吓中方并保护日本利益的任务。

(14) 蔦（つた）

1918年列入计划，由川崎造船厂制造，于1921年6月30日竣工，划分为二等驱逐舰。1940年4月1日变更为哨戒艇。1942年9月2日被击沉。1943年2月20日除籍。

(15)
苇
（あし）

1918年列入计划，由川崎造船厂制造，于1921年10月29日竣工，划分为二等驱逐舰。在1927年8月24日“美保关事件”中，遭遇严重撞船事故，修复后继续服役。1940年2月1日除籍，同年10月15日变更为杂役船，战后解体。

▲ 处于休整状态的苇号。其舰桥四面透风，防护脆弱一目了然。

(16)
菱
（ひし）

1917年列入计划，由浦贺船渠制造，于1922年3月23日竣工，划分为二等驱逐舰。1940年4月1日变更为哨戒艇。1942年1月23日被击沉，同年4月10日除籍。

(17)
莲
（はす）

1917年列入计划，由浦贺船渠制造，于1922年7月31日竣工，划分为二等驱逐舰。1945年10月25日除籍。战后解体，船体用作福井县四崮浦港的防波堤。

▲ 1928年，正在中国北方海域航行的莲号。4月，在日军入侵山东的济南事变中，大量日本驱逐舰前往山东，莲号也在4月27日被编入所谓的第2遣外舰队。这张照片是由美国驻远东舰队的舰载机拍摄的，当时美国也在尽可能地收集日本这个假想敌的海军装备情报。

(18)
堇
（すみれ）

1917 年列入计划，由石川岛造船厂制造，于 1923 年 3 月 31 日竣工，划分为二等驱逐舰。1940 年 2 月 1 日除籍，同年 11 月 15 日变更为杂役船。1945 年 2 月 23 日更名为“三高号”，战后解体。

(19)
蓬
（よもぎ）

1918 年列入计划，由石川岛造船厂制造，于 1922 年 8 月 19 日竣工，划分为二等驱逐舰。1940 年 4 月 1 日变更为哨戒艇。1944 年 11 月 25 日被击沉。1945 年 3 月 10 日除籍。

(20)
蕨
（わらび）

1917 年列入计划，由藤永田造船厂制造，于 1921 年 12 月 19 日竣工，划分为二等驱逐舰。在 1927 年 8 月 24 日的“美保关事件”中，遭遇严重撞船事故（被神通号轻巡拦腰撞成两截）导致沉没，同年 9 月 15 日除籍。

▲ 1922 年的蕨号，当时该舰属于第 1 水雷战队第 27 驱逐队。大量挂晒的衣物表明蕨号正处于休整状态。它的外舷相当脏污，可见当时舰队活动的繁重。

(21)
蓼
（たで）

1917 年列入计划，由藤永田造船厂制造，于 1922 年 7 月 31 日竣工，划分为二等驱逐舰。1940 年 4 月 1 日变更为哨戒艇。1943 年 4 月 23 日被击沉，同年 7 月 1 日除籍。

若竹（わかたけ）型

1918 年，日本海军在改进峰风型的同时，也对枞型进行了改进，由此诞生了 8 艘若竹型驱逐舰。因为在枞型的使用过程中，发现其在高速航行中有船体倾斜角度过大的缺点，于是若竹型将船宽增加了 0.15 米，吃水增加了 0.1 米，以改善其适航性。因为这些改善，若竹型的排水量有所增加，速度却下降了 0.5 节，但在可接受的范围之内。1920 年，日本计划要建造 23 艘若竹型驱逐舰，但是随着《华盛顿海军条约》的签订，日本海军不想把过多的吨位使用在这种中型驱逐舰上，所以只造了 8 艘。和枞型一样，若竹型长期护卫第一舰队的主力舰，在其服役后期则长时间在中国执行警戒巡航任务。除了 4 号舰早蕨号遭遇海难而沉没之外，其余的若竹型均参加了太平洋战争并被击沉。

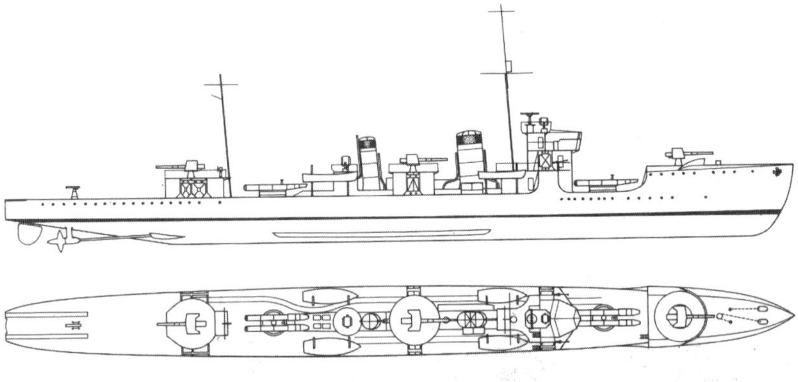

▲ 刚刚建造完成的若竹型驱逐舰线图。

若竹型性能参数

排水量： 820 吨
舰长： 88.4 米
舰宽： 8.1 米
平均吃水： 2.5 米
主机： 舰本式减速齿轮汽轮机（朝颜、早苗、早蕨号为帕森斯式，夕颜号为谢尔利式）2 座 2 轴，总功率为 21500 马力
主锅炉： 吕号舰本式重油水管锅炉 3 座
最大航速： 35.5 节
续航能力： 14 节 /3000 海里
燃料搭载量： 重油 245 吨
武器：
120mm45 口径单管炮 3 门
6.5mm 机枪 2 挺
533mm 双联装鱼雷发射管 2 具
乘员： 110 人

(1) 若竹（わかたけ）

1918 年列入计划，由川崎造船厂制造，于 1922 年 9 月 30 日竣工，划分为二等驱逐舰。1944 年 3 月 30 日被击沉，同年 5 月 10 日除籍。

▲ 1930 年左右的若竹号。当时该舰属于第 1 水雷战队第 13 驱逐队，背景处可见多艘同型舰。在舰上可以看见不少暖气房烟囱，这是其内部设施老旧的表现之一。

▲ 1944 年 3 月 30 日，若竹号在美军战机爆击下的最后姿态。当时此舰停泊于帛琉，美军第 58 特混舰队的大群舰载机已经气势汹汹地杀来。最后该舰在距离港口 3 千米处被击沉。

1931 ~ 1932 年左右，正在进入旅顺港的若竹号。当时此舰属于第 13 驱逐队，而第 13 驱逐队则从属于第 2 遣外舰队，任务是以旅顺港为基地进行警戒巡航活动。受“九一八”事变的影响，这一时期有大量的日本驱逐舰来到中国北方海域频繁活动。近景处是位于当时旅顺港入口处的广濑中佐纪念碑（当然现在不存在了）。此人原名广濑武夫，甲午战争期间从军，后留学于俄罗斯，曾参观过俄罗斯在旅顺的军事设施。1902 年，广濑武夫归国后继续从军，1904 年参加旅顺港封锁作战，指挥第二次沉船封锁作战中的福井丸号。在作战不利撤退时，广濑武夫曾 3 次返回船内寻找失踪的部下，最后在救生艇上被一枚俄军炮弹直接击中，死时 36 岁。

(2) 吴竹（くれたけ）

1918年列入计划，由川崎造船厂制造，于1922年12月21日竣工，划分为二等驱逐舰。1944年12月30日被击沉。1945年2月10日除籍。

▲1924年，在别府湾触礁的第4号驱逐舰（吴竹号）。该舰在8月6日跟随第1水雷战队在丰后水道进行夜战训练时与菊号相撞，慌乱之中触礁。当地民众被征召来，以绳将之固定以免翻覆。

▲1930年，属于第1水雷战队的吴竹号。它与刚竣工时相比变化并不大，但2号烟囱上的厨房排烟口似乎延长了一些。

(3) 早苗（さなえ）

1918年列入计划，由浦贺船渠制造，于1923年11月5日竣工，划分为二等驱逐舰。1943年11月18日被击沉。1944年1月5日除籍。

▲ 1930年初的早苗号。该舰当时跟随第1舰队集结于佐伯湾，随后前往大连、台湾、冲绳进行一番巡航。照片上的外舷涂漆还很鲜艳，显然参加舰队巡航的时间还不长。

(4) 早蕨（さわらび）

1918年列入计划，由浦贺船渠制造，于1924年7月24日竣工，划分为二等驱逐舰。1932年12月5日遭遇海难沉没。1933年4月1日除籍。

▲ 正在进行公试航行的第8号驱逐舰（早蕨号）。其公试状态为常备排水量903吨，航速34.5节。该舰于1932年12月毫无声息地沉没于台湾基隆北方海域。颇为巧合的是，“美保关事件”中被不幸撞沉的驱逐舰就是名称相近的蕨号。

▲属于若竹型的早蕨号，船体宽度比枞型稍有放大，因此排水量增加50吨，速度下降0.5节。

(5)
朝颜
（あさかお）

1918年列入计划，由石川岛造船厂制造，于1923年5月10日竣工，划分为二等驱逐舰。1945年8月22日触雷搁浅，同年11月30日除籍。1948年解体。

(6)
夕颜
（ゆかお）

1918年列入计划，由石川岛造船厂制造，于1924年5月31日竣工，划分为二等驱逐舰。1940年4月1日变更为哨戒艇。1944年11月10日被击沉。1945年1月10日除籍。

▲大正末年的夕颜号。若竹型是出于预算制约考虑而建造的中型驱逐舰，长期担任第1舰队的护卫，并不是水雷战队的主力。

(7)
芙蓉
（ふよ）

1918年列入计划，由藤永田造船厂制造，于1923年3月16日竣工，划分为二等驱逐舰。1943年12月20日被击沉。1944年2月5日除籍。

(8)
刈萱
（かるかや）

1918年列入计划，由藤永田造船厂制造，于1923年8月20日竣工，划分为二等驱逐舰。1944年5月20日被击沉，同年7月10日除籍。

神风型（2 代）

前述峰风型在建造帆风号之后的最后 3 舰中，将火炮和鱼雷发射管的位置进行了改变，改造后的驱逐舰被称为“峰风改型”或“野风型”，事实证明这种武器配置方式比较合理。1918 年，日本海军列入计划的远洋驱逐舰就沿用了野风型的武器配置，同时鉴于峰风型增加了各种舰上装备之后重心提升，不利于适航性的问题，将新舰的船幅加宽、吃水加深，并因此增加了近 50 吨的排水量，航速下降大约 2 节，这就是神风型（2 代）。实质上，它也就是设计相当成功的峰风型的进一步改进型号。从外观上看，其与野风型的不同之处在于 1 号烟囱上加了个盖，后桅左舷侧的救生艇被撤掉，其余的就大致相同了。1936 年，有若干艘神风型（2 代）拆去部分武器，专门去空母机动部队或航空队执行“钓蜻蜓”任务。

神风型（2 代）原本计划要制造 18 艘，但是在华盛顿裁军会议后受限于吨位规定，只陆陆续续造了 9 艘。神风型（2 代）也是最后一款采用 533mm 双鱼雷发射管的驱逐舰，因为日本海军已经研制出了十分夸张的 610mm 口径巨型鱼雷，从下一代远洋驱逐舰睦月型开始就都换装了这种大家伙。

神风型（2 代）性能参数

排水量： 1270 吨
舰长： 102.6 米
舰宽： 9.2 米
平均吃水： 2.9 米
主机： 三菱帕森斯式汽轮机（追风、疾风、朝凪为舰本式减速齿轮汽轮机）2 座 2 轴，总功率为 38500 马力
主锅炉： 吕号舰本式重油水管锅炉 4 座
最大航速： 37.3 节
续航能力： 14 节 /3600 海里
燃料搭载量：重油 422 吨
武器：
120mm/45 口径单管炮 4 门
6.5mm 机关枪 2 座
533mm 双联装鱼雷发射管 3 座
连体式 1 号水雷 16 枚
乘员： 107 名

▼ 1926 年，第 2 水雷战队所属的神风型（2 代）驱逐舰。从左到右分别是疾风号、追风号、夕凪号和朝凪号，但当时它们都还没有正式名称。

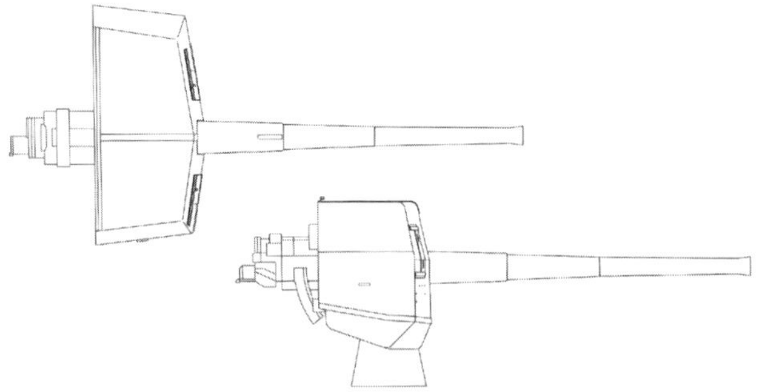

◀神风型（2代）驱逐舰主炮——45倍口径的三年式120mm舰炮，是神风型（2代）的主火力装备，代号为“G炮”。如前所述，从峰风型开始的日本驱逐舰都安装此“G炮”作为主炮，直至以后的睦月型也安装了，当然在太平洋战争中进行改装时纷纷将此落后主炮拆掉。其主要性能参数是：俯仰角度+33至-7度，发射初速845米/秒，发射速度7发/分，最大射程15200米。其整体技术水平实际上还停留在第一次世界大战时期。

(1) 神风(2代)（かみかぜ）

1918年列入计划，由三菱长崎造船厂制造，于1922年12月28日竣工，划分为一等驱逐舰。1942年6月2日参加北方阿留申攻略支援作战，后在日本北方千岛海域从事警戒护航工作。1945年1月10日被编入联合舰队，2月22日进入新加坡，伴随羽黑号巡洋舰一同前往安达曼群岛，5月16日与英国海军舰队相遇，羽黑号被击沉，神风号救援其落水船员后返航，6月8日又救助触雷沉没的足柄号落水船员。在新加坡迎来战争结束，于1945年10月5日变更为复员运输船。1946年6月7日前往静冈县御前崎湾救助触礁搁浅的海防舰国后号，结果神风号自己也搁浅，被迫弃船，同年6月27日除籍。

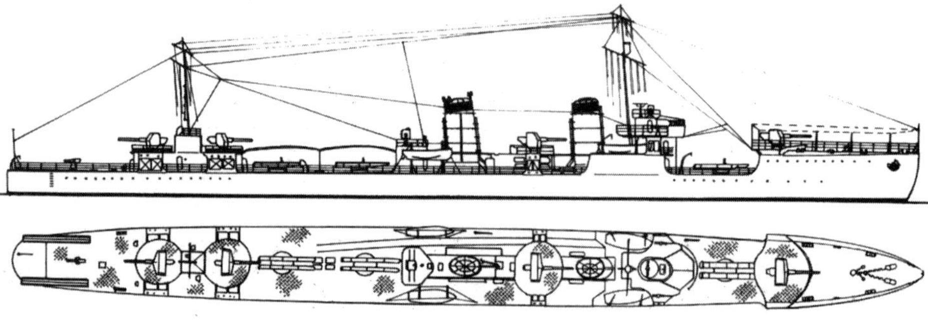

▲1920年的神风号线图。

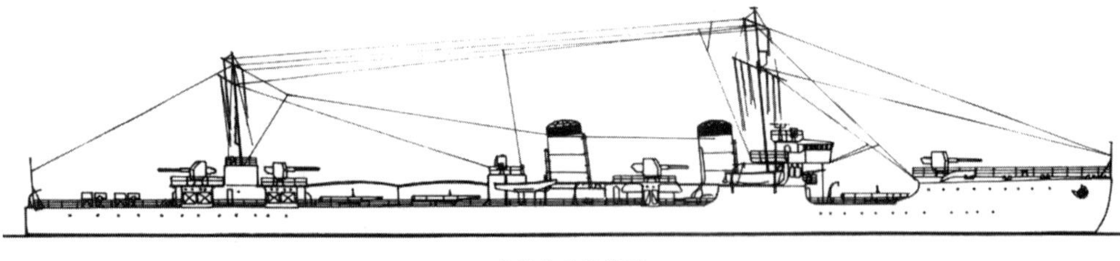

▲1930年的神风号线图。

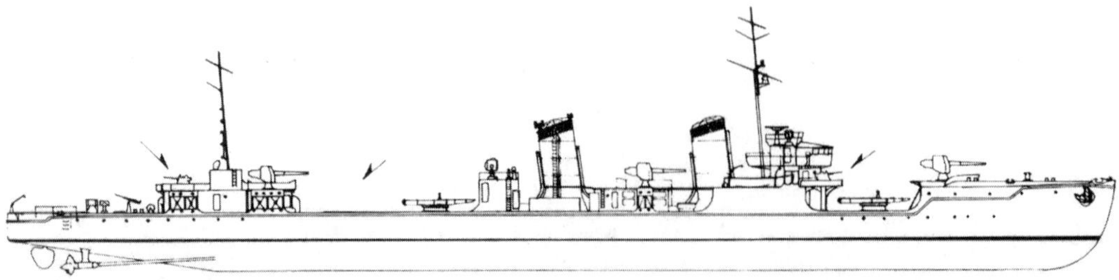

▲1945年的神风号线图。

▲1922 年的神风号。在大正年代神风型（2 代）驱逐舰是最新锐的战舰，象征着那个时代蒸蒸日上的日本国力。

▲获得正式名称不久的神风号（第 1 号驱逐舰）。神风型（2 代）驱逐舰舾次在舰桥周围安装了金属侧板，一定程度上增强了防护力。

(2) 朝风（2 代）（あさかぜ）

1918 年列入计划，由三菱长崎造船厂制造，于 1923 年 6 月 16 日竣工，划分为一等驱逐舰。开战时属于第 5 水雷战队第 5 驱逐队，支援马来半岛登陆作战，后转战于南太平洋各海域。1943 年 2 月 25 日被编入第 1 海上护卫队，继续在高雄、塞班岛、马尼拉之间从事护航任务。1944 年 8 月 24 日在林加泊地被美军潜艇鱼雷击沉，同年 10 月 10 日除籍。

▲1923 年竣工不久的朝风号，此时尚被称为“第 3 号驱逐舰”，其烟囱的倾斜角度是区别于峰风型后续舰的一大特征。直到 1928 年 8 月，朝风号才得到正式名称。

▲1922 年 8 月 12 日，在长崎三菱造船厂举行下水庆祝仪式的朝风号。此时完工的只是船体，加上舰桥下部结构与烟囱，因此吃水极浅。试航时为目测舰艏波而画在舰身上的测量线，完全露出在海面上。整艘驱逐舰打扮一新，沐浴在阳光与海风之中，此时谁都不会预料到葬身海底的悲惨未来。

▲1934 年左右的朝风号，其烟囱顶部已经改造过。当时此舰与春风号、松风号、旗风号共同组成第 1 水雷战队的第 5 驱逐队。朝风号烟囱上加装的防雨装置，是将 1927 年以来的实验成果加以实用化的产物。

(3)
春风（2 代）
（はるかぜ）

1918 年列入计划，由海军舞鹤造船厂制造，于 1923 年 5 月 31 日竣工，划分为一等驱逐舰。开战时属于第 5 水雷战队第 5 驱逐队，支援马来半岛登陆作战，后转战于南太平洋各海域。1943 年 4 月 15 日变更为预备舰。1944 年 4 月 1 日编入第 1 海上护卫队。1945 年 4 月 30 日再次变更为预备舰，同年 11 月 20 日除籍。战后解体，船体被用于京都府竹野港的防波堤。

▲1944 年的春风号线图。

▲1937 年 10 月 30 日，在汕头附近海域执行封锁任务的春风号。侵华战争爆发前该舰属于马公警备府。切断外国对中国国民政府的援助是日本海军当时的首要任务。

▲1934 年夏季，正驶出横须贺的春风号。比较容易让人混淆的是，此时写在舰艏的数字“5”已不代表第 5 号驱逐舰，而是表示该舰属于第 5 驱逐队。

(4) 松风 (2 代) （まつかぜ）

1920 年列入计划，由海军舞鹤造船厂制造，于 1924 年 4 月 5 日竣工，划分为一等驱逐舰。开战时属于第 5 水雷战队第 5 驱逐队，支援马来半岛登陆作战，后转战于南太平洋各海域。1943 年转入拉包尔从事护航工作。1944 年 6 月 6 日护送船队出横滨港，前往形势危急的塞班岛进行支援，9 日在父岛东北方被美军潜艇鱼雷击沉，同年 8 月 10 日除籍。

▲ 正在舞鹤湾进行公试航行的松风号。前桅樯上有一面 A 旗，表示其正在进行航速测试，告知周围海域舰只注意避让。该舰在公试中的最高航速达到 39.2 节，与岛风号的速度纪录差距极小。

(5)

旗风
(はたかぜ)

1920年列入计划，由海军舞鹤造船厂制造，于1924年8月30日竣工，划分为一等驱逐舰。开战时属于第5水雷战队第5驱逐队，支援马来半岛登陆作战。1942年在拉包尔、特鲁克、帛硫之间从事护航工作。1944年12月10日被编入第31战队。1945年1月9日进入高雄港，1月15日被空袭高雄的美军击沉，3月10日除籍。

▲ 竣工不久的旗风号，此时尚被称作"第9号驱逐舰"。神风型驱逐舰相对峰风型来说，汽轮机尽管采用了同样的型制，但细微处有所改进，它通过放大涡轮叶片尺寸，使旋转速度从每分钟3000转下降到2750转。当然这也要得益于船身尺寸的扩大。

▲ 1924年的旗风号，炮盾上包裹着帆布。日本驱逐舰距离装备有全面炮塔保护的主炮还有很多年。

(6)

追风(2代)
(おいて)

1923年列入计划，由浦贺船渠制造，于1925年10月30日竣工，划分为一等驱逐舰。开战时属于第6水雷战队第29驱逐队，参加了拉包尔、萨拉莫亚等地的攻略作战。1942年8月13日参加对瓜岛美军机场的炮击行动，其后又参加了瑙鲁攻略作战。这些行动均以失败告终后，一直在拉包尔、特鲁克、塞班海域从事护航工作。1944年2月18日在美军对特鲁克基地的大空袭中被击沉，同年3月31日除籍。

1928年8～9月，刚得到正式名称不久的追风号。注意其2号烟囱旁的预备鱼雷库盖子已经打开，预备鱼雷已被取出。在舰桥顶端的射击指挥所可见已安装有测距仪。

▲1944 年 2 月 16 日，正在特鲁克拼命躲避美军舰载机攻击的追风号。在其上空有一架美军 TBF 鱼雷攻击机飞过。

(7) 疾风(2 代)（はやて）

1923 年列入计划，由石川岛造船厂制造，于 1925 年 12 月 21 日竣工，划分为一等驱逐舰。开战时属于第 6 水雷战队第 29 驱逐队。1941 年 12 月 11 日炮击太平洋中心的孤岛——威克岛，岛上美军英勇抵抗，L 连以岸防炮准确命中疾风号，导致其爆炸并迅速折断为两截，短短 2 分钟便彻底沉没，舰上 167 人无人生还。如果除去“珍珠港事件”中日军的偷袭用小型潜艇，那么疾风号就是太平洋战争打响后美军所击沉的第一艘日军军舰。1942 年 1 月 10 日除籍。

▲竣工不久的疾风号，此时尚被称作“第 13 号驱逐舰”。可以看出其舰艏形状，与当时诞生于八八舰队计划案的军舰都是一样的。

(8) 朝凪(2 代)（あさなぎ）

1923 年列入计划，由藤永田造船厂制造，于 1924 年 12 月 29 日竣工，划分为一等驱逐舰。开战时属于第 6 水雷战队第 29 驱逐队，参加了马金岛、第二次威克岛、拉包尔、萨拉莫亚等攻略作战，后主要驻扎于拉包尔从事护航工作。1944 年 5 月 17 日护送船队出横滨港，前往塞班岛进行支援，22 日在父岛西北方被美军潜艇鱼雷击沉，同年 7 月 10 日除籍。

▲拍摄于1939～1940年南洋岛屿的朝风号。当时此舰已经转属于第28驱逐队，此驱逐队仅有2艘驱逐舰，另一艘为夕风号。

▲1934年10月的朝风号，正在实施日常清扫工作，可以看到有水兵正在清洗炮身和炮管，船艏楼还晾晒有衣物。

▲竣工不久的朝风号。注意其后方鱼雷发射管与火炮的配置位置，完全照搬野风型驱逐舰。朝风号作为神风型（2代）的6号舰，相对前5艘进行了一些改进。因为前5艘采用的帕森斯式汽轮机故障较多，朝风号改用舰本式汽轮机，并采用设有强压通风炉壁的开放式锅炉，在公试航行时达到了36.88节的航速。

▲新造成的朝风号，旁边是疾风号。两舰同为神风型（2代）后期舰，是最早在开放锅炉房周围采用强压通风围壁的驱逐舰。

(9) 夕凪(2代) （ゆなぎ）

1923年列入计划，由佐世保造船厂制造，于1925年4月24日竣工，划分为一等驱逐舰。开战时属于第6水雷战队第29驱逐队，参加了马金岛、第二次威克岛、拉包尔、萨拉莫亚等攻略作战。由于在战斗中被美机炸伤，被迫返回佐世保修理，后主要在拉包尔、塞班海域从事护航工作。1944年6月6日转战至菲律宾，8月25日在吕宋岛西北岸护送船队时，被美军潜艇鱼雷击沉，10月10日除籍。

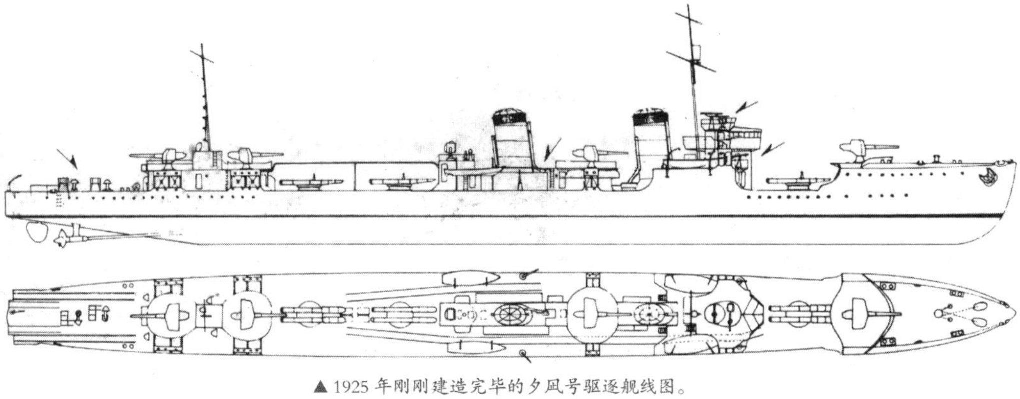

▲1925年刚刚建造完毕的夕凪号驱逐舰线图。

▲1934年10月，在阪神湾航行的夕凪号，其右舷是僚舰追风号。该舰当时属于第1水雷战队第29驱逐队，可以看到其烟囱顶部的改造工程已经完成。

▲停靠在水上飞机母舰神威号舰侧的夕凪号，舰员正在紧张作业。可以看到舰桥两侧甲板上安装的 7.7mm 机枪的枪架。

▲ 1930年12月～1931年11月间的夕风号。这是神风型（2代）的末舰。可以清楚地看到火炮都配置于较高的甲板上，以减小波浪影响。

日本海军鱼雷及其相关装备、思想、组织的早期发展史简述

所谓“日本海军鱼雷早期发展史”，笔者将其时间界定为：从日本引进鱼雷到日本开始开发独特的纯氧气（日文称“酸素”）动力鱼雷。自航动力鱼雷并不是驱逐舰的专用武器，日本海军与世界各国海军基本一致，都是在鱼雷艇上首先使用鱼雷，随后才扩展至驱逐舰、巡洋舰的，甚至在战列舰和战列巡洋舰上也曾装备过鱼雷。一战期间，各国潜艇利用鱼雷获得了丰硕战果，此时航空鱼雷也已经出现。笔者之所以写这篇文章，除了因为驱逐舰作为日本海军水雷战队的主要组成舰种，特别重视鱼雷战，以技术领先世界的鱼雷作为主战兵器以外，也因为至今为止有关日本早期鱼雷发展的中文资料实在罕见，有必要进行简要阐述以便阅读本书的各位读者朋友能够获得大致的概念认知。

如前所述，英国工程师罗伯特·怀特黑德成功研发了原始的自航鱼雷，1877年第一艘鱼雷艇闪电号在英国诞生。英国的鱼雷和鱼雷艇很快便被清政府购买以充实其水师装备，不过清政府更青睐的却是德国伏尔铿造船厂所生产的鱼雷艇。日本海军的做法与之相似，虽然也向英国购买鱼雷艇，但其第一批引进的鱼雷却不是英国的，而是产自德国施瓦兹科普夫（Schwatzkopf）公司的鱼雷。不过说起来，施瓦兹科普夫鱼雷其实也就是英国怀特黑德鱼雷的仿制改进品。日本取“怀特黑德”的首字母发音而将其鱼雷称为“保式鱼雷”（中国称之为“白头鱼雷”），将“施瓦兹科普夫”也取首字母发音而将其鱼雷称为“朱式鱼雷”（中国称之为“黑头鱼雷”），又因为“朱”和“赤”（**あか**）都是红色，于是又将朱式鱼雷俗称为“**あか**（赤）水雷”。除了名称上的原因以外，朱式鱼雷的汽缸及外壳部分是用“青铜”（实际是加入磷青的“磷铜”）制成的，这也是其俗称“赤水雷”的依据。1884年日本海军购买的史上第一批朱式鱼雷数量是200个，其大体性能参数是：直径356毫米（14英寸），全长4.566米，炸药量21千克，航速22节，射程400米，这一批鱼雷被称为“八四式”。1888年，日本又购买了307枚朱式鱼雷，其性能参数改良为：直径356毫米，全长4.62米，炸药量56千克，航速24节，射程400米，这一批鱼雷被称为“八八式”。至于日本海军早期青睐朱式鱼雷胜过保式鱼雷的原因，除了朱式的航行能力一度领先于保式，还可能出于其“青铜”外壳不容易生锈的考虑。

甲午战争爆发前，日本海军拼命扩充军备。1891年，日本向英国阿姆斯特朗兵工厂订购快速巡洋舰吉野号，该舰拥有5个356mm鱼雷发射管，因此日本海军于1893年吉野号建成并准备向日本回航的同时订购了100个保式鱼雷，这也是日本第一次订购保式鱼雷，称其为“二六式”。1891年，日本海军在东京的海军造兵厂（海军技术研究所的前身之一）第一次进行了鱼雷国产化尝试，大概是以引进的朱式鱼雷

▲ 保式（白头）鱼雷最早发射时的情景。日本海军早期引进的鱼雷艇其鱼雷发射装置没有任何可信的资料留存至今，但猜测应该与此图情景相似。

为原型，据说所造出的鱼雷试射成功了，但除此之外没有更多的信息。就在甲午战争爆发前一个月，日本海军发布了第一份鱼雷战术文件——《水雷艇队运动教范》，规定以6艘鱼雷艇编成一个“水雷艇队”，其后又简称其为“艇队”，这多半不过是从方便指挥角度出发的临时编组形式而已。甲午战争第一枪打响于1894年7月25日，尽管当时中日双方还是未宣战的状态。东乡平八郎指挥浪速号巡洋舰在丰岛附近海面拦截清政府雇用的英国商船高升号，因船上清军拒绝投降而悍然将其击沉。在战斗刚打响时，东乡便下令发射朱式鱼雷，当时浪速号的水雷长是海兵11期的小花三吴。尽管他当时感觉高升号还在鱼雷的射程之外，但又想“反正正在向其前进，只要打出去应该会命中吧”，于是便强行发射了鱼雷。这是日本海军史上第一次在实战中使用鱼雷，结果当然是没有命中，小花水雷长只得向东乡报告，东乡于是下令开炮将高升号击沉。9月17日的大东沟海战中，中日双方的军舰都发射了鱼雷，然而可以得到证实的战果一个也没有，向吉野号冲撞的致远舰被命中鱼雷而爆炸沉没之说，只是一个现实性极低的故事。最后便是1895年2月4日、5日夜，日军水雷艇队的鱼雷艇群潜入威海卫袭击在此躲藏的北洋水师军舰，取得令定远重伤搁浅、来远倾覆、威远沉没的重大战果。日本海军的许多将官们由此战胜利而成为狂热的鱼雷突击战术拥护者。

甲午战争结束之后，日本海军从海外购买的鱼雷主要仍然是保式，分为从三零式到三八式二号A的各个型号，其直径从356毫米上升至450毫米，全重从337千克上升至640千克，装药量从52千克上升至95千克，射程从高速状态下600米上升至高速状态下1000米，不过最高航速进步不大，达到30节出头的水平。日俄战争期间，日军所用鱼雷仍然全部是外购洋货。从英国订购的首型驱逐舰东云号于1899年4月抵达日本，如前所述日本海军最初赋予其名称是“水雷艇驱逐舰”，直接作为大型鱼雷艇配属于水雷艇队。1900年6月才正式有了“驱逐舰”这一称呼，同时将驱逐舰编入舰队时令其临时编组驱逐队，以便任命一名驱逐队司令进行统一指挥。1901年5月以后，驱逐队以4艘驱逐舰编组作为统一基准。在此之前的1900年5月，伴随日本海军教育本部的建立，此前多年一直放置在古老的迅鲸号木船上的“海军水雷练习所”，被正式转归教育本部长管理。至于鱼雷战术问题，曾经在威海卫突袭战中担任鱼雷艇第三队6号艇长的铃木贯太郎少佐于1899年成为海军大学校教官，将一直以来作为海军战术一部分进行讲述的“水雷战术”给区分开来以专门的讲义进行授课，这被视为“水雷战术”的发端。当然，日本海军所称“水雷”不仅包括鱼雷，还包括“机雷”（中国称为“水雷”）、爆雷（中国称为“深水炸弹”）等。从铃木授课开始，日本海军“水雷战术”的特点就很明确了，归纳起来为以下六点：

第一，“水雷战术”的课题在于补强鱼雷的固有缺点：水中航行速度相对于炮弹飞行速度十分缓慢；攻击持续性也远不如火炮武器；航行时在水中产生的航迹很容易被敌人发现；搭载数量比较少，再装填则需要花费相当多的时间……

第二，为补强第一条中所列的缺点，鱼雷攻击战术必须不给敌人以躲避的余地，要以“挺身肉迫”、“一击必中”为根本精神。这就要求突击至敌舰近距离内实现一击必中，但由于敌舰主力防卫严密，在白昼实施此种攻击到底是不大可能成功的，因此要以夜间攻击为主要手段。

第三，白昼实施鱼雷攻击并不是完全不能成功，只要能够迫近至敌舰极近距离内，使其完全没有躲避的余地，那么攻击也能成功。因而对此种战法进行研究，是白昼水雷战术的主要课题。

第四，无论昼夜，敌军都会以重重防卫阻碍我方袭击部队。因此在袭击部队行动之前，还要有支援部队打开突击道路。另外在袭击中，袭击部队应极力实施“反航袭击”，即在与保持敌军目标舰队相反航向的状态下进行攻击，如此一来敌军的反击时间被缩短，我方袭击部队所受损失也就能相应减少。

第五，对于同一个目标有两队以上袭击部队进行攻击的时候，要极力从不同方向对其实施齐射。两队的鱼雷射线应以交叉的方式相继抵近目标，使敌舰躲开其中一方的鱼雷就躲不开另一方的鱼雷，从而使其躲避无效化。

第六，在射程距离超长、几乎没有航行轨迹的氧气动力鱼雷开发成功后，要以大量鱼雷实施远距离隐秘性发射，编织一张纵横交织的大鱼雷网，趁敌不备将其一网打尽。

除了最后一条是数十年后氧气鱼雷开发成功后才有可能实现的战术以外，其余五条基本在日俄战争前已经成为日本海军鱼雷战部队的战术共识。就这样，日本海军以大量扩充的驱逐队、水雷艇队、大量购买的外国鱼雷，以及从甲午战争经验中初步拟定的鱼雷突击战术，在1904年爆发的日俄战争中大展拳脚。在仁川冲海战、旅顺港夜袭战、港口闭塞作战、黄海海战，直至最后的

▲ 日俄战争时期的日本战争画作。第四次旅顺攻击战时，霞号驱逐舰（晓型）正在发射 450mm 鱼雷。这幅浮世绘对鱼雷战斗的描绘很细致，但事实上俄舰爆炸沉没在这场战斗中根本没有发生过。

对马大海战中，驱逐队、水雷艇队都参加了战斗，更是在最后一夜的追击扫荡作战中击沉击伤了多艘俄舰，并俘虏了其总司令罗杰斯特文斯基，可谓战果辉煌，但这并不能掩盖其在此前一系列海战中表现出的拙劣，因此在战后进行了深刻反省。日本海军认为表现拙劣的原因在于，其鱼雷兵器、舰艇性能仍然非常落后，鱼雷突击战术的研究极不充分，与实战要求的差距很大，而且威海卫突袭战以来的“肉迫必中”精神，在对马海战前的一系列海战中都表现得极为松懈。这种松懈，是由于在大型军舰上使用“甲种水雷”以低航速（15 节以下）、远距离（3000 米）实施攻击的思想，渗透进驱逐队、艇队之中，造成许多实战中远距离发射的错误。前文有一篇铃木贯太郎本人的回忆，称曾经反对军令部调低“甲种水雷”航速、提高其射程之命令，须注意的是这项命令在没有铃木同意的情况下仍然强行付诸实施了，其恶果显然在日俄战争的前中期表现了出来。1904 年 12 月，日本海军发布命令禁止驱逐队、艇队使用“甲种水雷”，于是对马大海战的丰硕成果接踵而至，这就使得“肉迫必中”精神在鱼雷战部队中越发不可动摇了。

日俄战争后，日本海军又相继外购了三八式二号 B、四二式、四三式鱼雷，这些鱼雷已经装有干式加热装置，部分四三式鱼雷还达到了英国皇家海军新式鱼雷的最大直径——533 毫米。在明治时代即将结束的 1911 年，经过对欧洲最新开发的湿式加热装置进行技术跟踪，日本第一种量产化国产鱼雷——四四式鱼雷诞生并服役，分为 533 毫米的一号与 450 毫米的二号，装药量分别是 160 千克和 110 千克，36 节高速状态下航程分别达到 7000 米和 4000 米。可以说四四式鱼雷的纸面数据基本追赶上了国际上一流水平的鱼雷的性能标准。当时任吴镇守府司令长官的加藤友三郎中将在观看该型鱼雷成功试射后，向负责研发的吴工厂水雷部颁发了奖状。当然，可以将其视为保式鱼雷的仿制品。然而首批国产货到底还是令人失望了，四四式在服役后发现其主机与加热装置烧毁故障多发，且持续航行能力不足。吴工厂水雷部以松下正泰为主对其进行了改进，如气压值从 150atm（标准大气压）提升至 170atm，使用泵水降低燃烧室温度，首次采用纯日本式的湿式加热装置等。1916 年经过横须贺水雷学校的实舰试验，获得了成功，于 1917 年被正式采用，称为“六年式鱼雷”，这才是日本海军第一种真正实用化的国产鱼雷，其性能参数是：直径 533 毫米，全长 6.84 米，炸药量 200 千克，在最高航速 32 节状态射程为 10000 米，在 26 节航速状态射程为 15000 米。六年式鱼雷的生产主要由三菱造船长崎兵器制作所为主，该制作所从此成为日本国产鱼雷的主要生产商，一直到最后的九五式制式鱼雷都由其进行量产，而该工厂也在许多鱼雷技术方面进行了自主研发。举个例子，1941 年 12 月南云机动舰队悄悄出港向北前往单冠湾集结时，加贺号航母上搭载有百枚九一式特制低潜深航空鱼雷（日文称“浅海面鱼雷”），多名三菱重工长崎工厂的技术人员也在加贺号航母上加紧对其进

▲ 在1941年12月的单冠湾，一枚由三菱长崎技术人员调试完毕的特制九一式低潜深航空鱼雷，被摆放在南云机动舰队旗舰赤城号航母的甲板上。

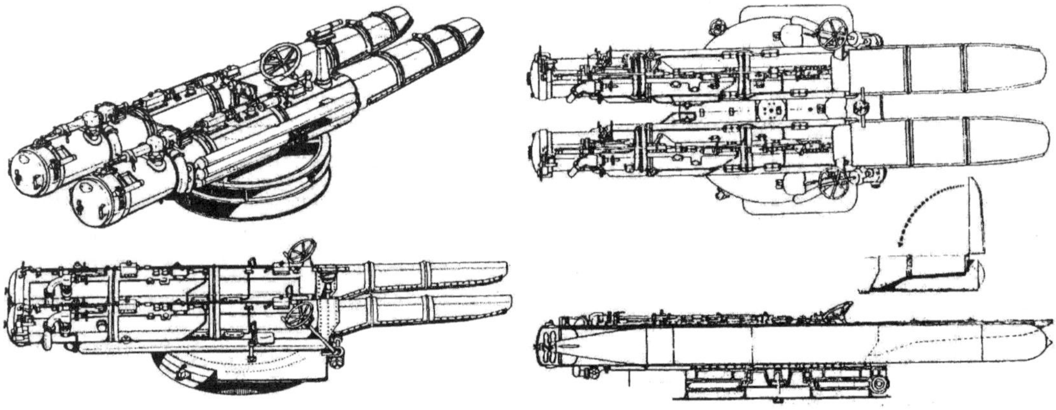

▲ 浦风号所使用的533mm双联装鱼雷发射管，在此英国货的基础上日本海军随后成功研发了六年式双联装鱼雷发射管，实现了鱼雷发射管的国产化。

行最后的调试。直到他们完成工作，才被下放到泽捉岛上去，并且为了对袭击珍珠港行动进行彻底保密，他们被隔离在这座荒岛上，直到袭击行动结束。

1911年日本海军出于尝试新型动力系统的目的，最后一次向英国亚罗船厂购买了驱逐舰——浦风型，但最后只有浦风号前来服役，其舰上的533mm双联鱼雷发射管当然仍是英国制造的。为了与国产六年式鱼雷进行配套，首次国产化的鱼雷发射管也诞生了，即六年式双联装鱼雷发射管，当然也可视其为英国货的仿制品。从浦风型后继的江风型开始，其后峰风型、野风型、枞型，都使用该型鱼雷发射管。1918年松下正泰从吴工厂水雷部转至横须贺工厂造兵部，他在那儿开发出了八年式鱼雷，于1921年服役。八年式鱼雷被认为是六年鱼雷式的放大版，其直径达到610毫米！而《华盛顿海军条约》已规定鱼雷直径不得大于533毫米，因此八年式鱼雷是作为“极秘兵器”存在，虽然以吴工厂为主进行生产，但就连具体生产数字都没有留下来。第一艘采用八年式鱼雷的军舰是长良型巡洋舰，随后川内型、夕张型也有装备。相应地，日本海军开发了八年式双联装鱼雷发射管，但这些都没有安装到驱逐舰上。在神风型、若竹型驱逐舰诞生之后，日本海军在六年式的基础上研发了改进型的十年式双联装鱼雷发射管。该鱼雷发射管全长缩短，并安装有1.5马力的电动机，这使其进行360度转动所需时间从人力操作的1分10秒缩短至50秒左右。以上这些便是大正年代日本海军水雷战队的主要鱼雷战装备。

1907年4月，海军水雷术练习所正式改为海军水雷学校（关于此校下文另有专文讲述）。在此之前的1906年，根据日俄战争的实际战斗经验，4个驱逐队被编入第一舰队，以驱逐连队的名义开始进行训练。这是“水雷战队”教育训练的开始，而正式获得“水雷战队”这个名称要等到1914年。当时日本海军驱逐舰被区分为以峰风型为代表的一等驱逐舰和以枞型为代表的二等驱逐舰。关于水雷战队下辖驱逐队是3队还是4队，驱逐队下辖驱逐舰是3艘还是4艘，都经过了很长时间的反复争论，然而这些都不是关键问题。1918年，海军教育本部提出意见称：“（日本海军）各型驱逐舰的舰体都在不断增大......以夜战为第一要义的驱逐舰舰体增大，将会导致其潜行能力减弱。帝国海军因此将驱逐舰划分为一等与二等两种，考虑出发点是一等驱逐舰因其马力、速度优势而有利于白昼攻击，二等驱逐舰因其体型小而有利于夜间攻击。然而以实际战术演练情况来看，敌我双方认知距离主要是通过（烟囱排放）煤烟的浓淡进行判断，因此与前述预期相反，使用专烧煤炭锅炉的小型驱逐舰反而最不利，即使是在晴朗的暗夜之中也会在5000～6000米的距离内被敌军提前发现。而煤、油混烧锅炉次之，反而是使用重油专烧锅炉的一等驱逐舰最有利于夜间战斗。”这番评论一语中的。直至进入昭和时代，使用煤炭锅炉的过时驱逐舰基本被淘汰出现役队伍，水雷战队以轻型巡洋舰为旗舰、以4艘驱逐舰组成的驱逐队每4队（即总数16艘）进行编组的方式终于稳定下来，日本海军实施夜间大规模鱼雷集群攻击才算有了切实的组织性装备保障。

而日本鱼雷经过大正年间六年式和八年式的国产化努力，但其质量和性能仍与洋货有相当大的差距。于是为了获得参考样品，日本于大正末年的1926年，最后一次以巨款（以英国人规定的最低订购数量——20个进行购买，单价达到3万日元！）向英国购买了最新型的保式鱼雷。它使用横型复动式二汽缸主机，射程3000米，最高航速竟达46节！此前日本购入以及国产化的鱼雷都使用星型四汽缸主机。日本海军为了学习世界最前端的鱼雷制造技术，扔出巨款的同时派遣监督官及助手多人前往英国现场学习，这位监督官便是大八木静雄造兵大尉（日后纯氧气鱼雷的主要研发者之一），由此拉开了昭和时代日本海军鱼雷的研发进程。以新型保式46节鱼雷为蓝本，日本同时开发了直径610毫米和533毫米的两种鱼雷。610mm鱼雷于1928年研发成功，其性能参数是：直径610毫米，全长8.55米，炸药量400千克，在最高航速46节的状态下射程为7000米，在航速35节的状态下射程可达15000米，并采用横型复动式二汽缸主机。610毫米鱼雷被命名为“九零式鱼雷”，正式采用后立刻就取代了八年式鱼雷，在装有610mm鱼雷发射管的各型巡洋舰以及继神风、野风型之后诞生的崭新远洋型驱逐舰——睦月型上全面采用。为与之配套，日本成功研发了排列紧密的十二年式610mm三联装鱼雷发射管，还为其加装了护盾。在睦月型之后，以吹雪号为首的特一型、以绫波号为首的特二型、以晓号为首的特三型，都采用了同样的九零式鱼雷和十二年式三联装鱼雷发射管，真正成为鱼雷战大杀器。

这一时期日本海军还开发了用于潜艇的小型化八九式鱼雷、用于航空雷击作战的九一式航空鱼雷、以电动机推进消除航迹为特色的九二式鱼雷等（由于性能不稳定，直到开战后才以“九二式鱼雷改一”，投入量产），不过这些鱼雷和驱逐舰、水雷战队关系都不大。伴随着白露型等更加大型化驱逐舰的开发进程，日本海军终于开始着手研制震惊全世界同行的纯氧气动力远程鱼雷（九三式、九五式），并将巡洋舰战队、水雷战队组织成为系统化、大规模的“夜战部队”，幻想以此在主力战列舰队决胜之前先取得夜间鱼雷突击战的辉煌胜利，不过这些都已不是本文可以详尽讲述之事，就此打住。

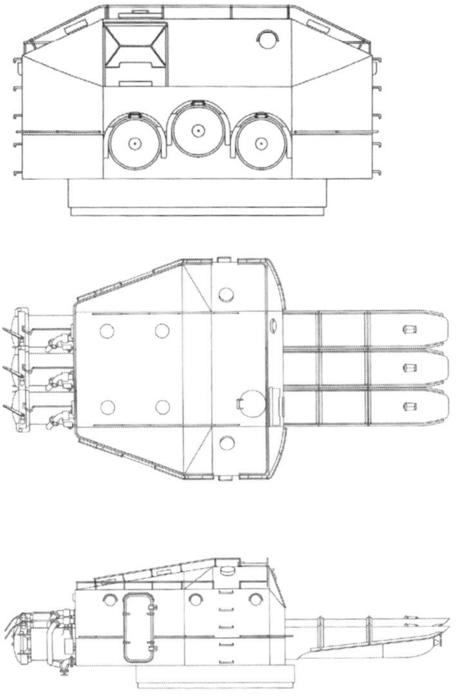

▲十二年式610mm三连装鱼雷发射管三视图。

神风号的最后挣扎

1945 年 5 月上旬，冲绳战役仍在激烈进行中，美军正以惨重伤亡为代价向着日军的坚固防线步步推进。已经服役了 20 余年的神风号驱逐舰此时远离这场厮杀，正在遥远的新加坡港，伴随羽黑号重巡洋舰（妙高型 4 号舰，1929 年服役）执行任务。当时日军在太平洋战争初期所占领的安达曼群岛，因为盟军明显的海空优势而越来越有成为被困孤岛的危险。战争进行到这个地步，想让运输船前往第一线作战岛屿运送物资已经成为了不折不扣的死亡任务，所以曾经参加过爪哇、珊瑚海、中途岛、莱特等战役，只在泗水海战中有过一点小战功的羽黑舰，也被迫拿来当大型运输舰使用了（毕竟有 14000 吨的排水量）。羽黑号和神风号一样，把整个居住区都堆满了各种物资，物资甚至在上甲板上堆得如同小山一般高。更甚者，两舰被命令将鱼雷发射管拆掉，所有鱼雷也全部送到岸上去，以此挤出空间来塞下更多的物资。5 月 14 日，第 5 战队司令官桥本信太朗中将下令羽黑号和神风号由新加坡出发，前往安达曼群岛。

神风号驱逐舰在羽黑号重巡洋舰前方以 18 节的航速行驶，走“之”字形航线以防盟军潜艇的鱼雷攻击。5 月 15 日，阳光明媚，海面上风平浪静，但是这反而让日军水兵暗暗叫苦，因为这让两舰的行踪更容易被发现。11:30，一架 B-24 出现在两舰上空，羽黑舰连忙用八九式 127mm 双联炮（这是 1935 年妙高级重巡进行改装时统一装备的）对空射击，将这架 B-24 赶跑。但是 B-24 阴魂不散，退出安全距离后又开始绕圈子，始终盯着羽黑舰。两舰官兵都心知肚明——大事不妙了！13:30，两舰接到第 10 方面舰队发来的电报：“据本方侦察飞机报告，有敌大巡一艘、驱逐队二队在萨邦岛以南海域向东南方向航行中。”毫无疑问，敌军舰队的实力大大超过日军两舰，更何况日军两舰还满载物资，连鱼雷都没带，这仗根本没法打，于是两舰立即决定调头返航。14:30，日军侦察机打来电报称“敌舰队折返”，似乎敌军放弃了追击，不过两舰还是继续南下。到了傍晚时分，海面上开始刮起强风，视界渐渐地变得模糊起来，很快两舰就要进入马六甲海峡了。危险似乎已经过去，舰桥里的不少军官都松了口气，回舱房休息去了。

夜幕降临，水兵们也大多去睡觉了。16 日 02:10，神风号值班军官报告称：“与羽黑号离得越来越远了。”在舰桥上目视，与羽黑号的距离确实拉大到了 1000 米以外，在夜幕之中羽黑号只有一个模糊的舰影。这时无线电室又来报告称“羽黑好像在说什么”，但是无线电联络不通畅，听不清楚具体内容。难道有情况异常？5 分钟后，羽黑舰突然猛烈转舵，舰尾信号灯示意以 24 节速度行进——鉴于这艘服役已 15 年的重巡洋舰当年最快航速也不过 35 节，因此这肯定证明黑夜之中出事了！但是风浪使得信号识别极为困难，神风号的信号兵正不知所措，又看到羽黑舰打出 26 节前进的信号灯，然后向着左前方打开了探照灯——夜间急速打开探照灯，这显然是因为发现敌情，准备紧急迎战。巨浪滚滚犹如起伏的群狼，光束直直地扫过一排排浪头的顶部。神风号意识到肯定有战斗发生，立即下令：“就位！”神风号动力舱进入全速行驶状态，可是全体官兵此时非常搓火地想道：见鬼！我们没有鱼雷！

英国皇家海军在印度洋上的实力随着缅甸反攻的步伐越来越强大。相比而言，日军在新加坡的所谓第 10 方面舰队，也就只有羽黑、足柄再加上神风号还能动弹，其他如高雄、妙高都像死鱼一般瘫痪在港里。如果在这个晚上羽黑和神风号再完蛋了，新加坡的日本海军就算不上一支可用的部队了，尽管相对于瘫痪在本土的联合舰队来说他们倒还有足够的油可以用。此时出现在风浪之间的英军舰队，是由曼利·劳伦斯（Manley Laurence）上校指挥的第 61 部队第 26 驱逐队，有 5 艘驱逐舰，分别是萨乌马雷兹号、弗兰姆号、维纳斯号、义警号（Vigilant）、泼妇号（Virago）。事实上，日军要派舰支援安达曼群岛早在皇家海军的预料之中，因此部署了潜艇进行监视。日军两舰出发时便被两艘潜艇发现，然后通知了东方（东印度）舰队，舰队司令部迅速制定了“公爵领地”行动计划（Operation Dukedom），准备做个口袋让日舰自己往里钻。通过第 21 护航航母舰队的舰载机侦察，皇家海军一直牢牢把握着日舰行驶路线，并派第 26 驱逐队在日军最疏忽防范的 16 日凌晨，依靠风浪的掩护逼近了羽黑舰。“公爵领地”行动实施地如此完美，当羽黑舰突然发现英舰环绕逼近时，要突围逃出去已是做梦。夜间驱逐舰快速鱼雷突击是日本海军水雷战队的拿手好戏，但现在日军要见识一下英军是如何使用同样的招数来对待他们的巡洋舰了。

羽黑号事实上是带伤作战，

其螺旋推进桨还未修复，一旦高速运转起来就会造成极大震动，这使得羽黑号既不能全速行驶，而振动又造成炮弹发射时产生射击误差。事实上，羽黑号在这样的糟糕状态下，只有撞上大头彩才有可能命中英军驱逐舰。虽然如此，头彩还真上了门，羽黑的头两轮齐射便命中了英军驱逐队先导舰，但此后便再无战绩了。神风号没有鱼雷，但至少还有炮，尽管聊胜于无，但还是跟随着羽黑号开起火来。5艘英舰左右包抄，准备发射鱼雷，同时也以舰炮开火。神风号的右舷后部首先被命中一弹，好在这个时候并没有多少人待在后部水兵居住区里面，也没有造成设备方面的大损伤，只少许有些漏水，战斗仍在继续。英舰终于向羽黑号发射鱼雷左右皆至，羽黑号立即开始猛烈的规避动作，但躲过左舷就躲不过右舷，终于在舰艏被命中一枚MK Ⅸ型鱼雷。神风号舰员清楚地看到羽黑号舰艏附近冲起一个又高又大的水柱。每个人都知道，羽黑舰算是完了。也有鱼雷冲着神风号撞来，舰尾观测到三条白色航迹，连忙急速转舵好歹将这些鱼雷都躲了过去。此时再看羽黑舰，从舰桥直到后甲板都开始冒出火光与浓烟，整艘舰好似一个大火把，极其显眼地在深色波浪间上下起伏。战局已定，曼利·劳伦斯上校和手下的军官们尽管仍然保持着英国的绅士风度，并未山呼万岁然后击掌相庆，但每个人脸上都露出了笑意，快活地看着海面上的“大火把”。而在羽黑舰舰桥上，桥本信太郎中将被火焰包围着，显然逃不出来了，对于曾经担任过水雷战队司令官和水雷兵学校校长的桥本来说，被英军的“水雷战队”给打沉了座舰，就算活下来也会羞愧得自杀。战后，曼利·劳伦斯上校对于羽黑舰的战斗精神还是给予了很高的评价，毕竟羽黑舰在明显已经丧失了抵抗能力，被围起来群殴的情况下，仍然在不停地放炮——尽管毫无效果，但它确实战斗到了最后一分钟。

全速躲避鱼雷的神风号调整方向，朝着英军驱逐舰所组成的战线直直地冲了过去，到了这个时候也只好做最坏的打算了。当然双方的火力对比悬殊是不用说的，炮弹四面交错在神风号周围不断激起水柱。以全速冲刺的神风号，近距离从英舰战线当中反向穿越了过去，竟然没有遭受严重损伤。而英舰似乎也对这艘“逃跑”了的日舰失去了兴趣，继续围攻可怜的羽黑舰。02:50，战斗开始40分钟后，桥本信太郎向神风号发来最后的命令，令其撤退。于是神风号彻底脱离战场，撤往槟城港。英军第26驱逐队很快完成了将羽黑彻底击沉的任务，桥本信太郎中将与羽黑舰长杉浦嘉十大佐和近900名水兵共沉。10:00左右，将物资送回岸上的神风号又返回战场，救起羽黑幸存者300余人。17日，神风号载着幸存者们回到了新加坡。

日本海军南洋舰队的历史结束了。神风号驱逐舰的最后一场战斗也结束了，阵亡27名船员。幸存者们所不知道的是，他们所经历的这场战斗，后世称之为“槟城海战”，是日本海军在战争中最后一次进行的舰对舰之间的海战。至于联合舰队剩下的那些残舰，连开动的油都没有了。如果美军按照原计划在日本九州、本州岛发起人类史上最大规模的登陆战，日本海军还是打算靠着自杀快艇、自杀潜艇、自杀鱼雷之类的东西再去搏一搏，不过往后的形势连这种“海战”都没有允许发生。

神风号在新加坡迎来了战争结束，随后返回日本成为特别运输舰，与幸存的其他军舰一道从事运送复员士兵的工作。1946年6月7日，神风号航行到静冈县御前町附近海面时遭遇狂风大浪，得知三天前国后号海防舰在附近触礁，遂决定前往救援。不料大浪竟将神风号也击成重伤，全体舰员被迫弃舰，无人操控的神风号自行搁浅到距离国后号事故地点不远的沙滩上。

以古代战争史上的奇迹——神风为名的日本驱逐舰，在第二次世界大战结束一年后在这片沙滩上结束了其传奇的一生。

◀ 倾覆于海滩上的神风号，拍摄于1947年10月7日。此时距离搁浅事故过去了一年有余，舰身已经被半埋入泥沙之中，不断被太平洋的海浪冲刷着。

第三章
海上黩武：
第二次世界大战时期（上）

1943 年 2 月 7 日，第三次瓜岛撤退行动中的日军驱逐舰编队，它们都在以最高航速航行，并且展开对空警戒。美军并没有料到日军在瓜岛上奋战半年多之后，会如此干脆地撤出，因此并没有尽全力来阻止撤退行动。当然，美军也并不非常关注一舰一兵的得失，而是着重把握战略全局的主动。

睦月（むつき）型

1922年，《华盛顿海军条约》的签署给日本海军带来了巨大冲击。主力舰的吨位受到了严格控制，但驱逐舰并不在限制范围内，在这种背景下，日本海军就指望着建造更大型的驱逐舰来挽回劣势。因此峰风型系列远洋驱逐舰的生产数量被砍掉不少，纵型系列的中型驱逐舰制造更是到此为止，造船资源被集中起来研制生产新一代更强的远洋驱逐舰。1920年，日本海军根据美国海军为其各级战舰加装防雷突出部的情况，一方面在自身的军舰上也采取同样的措施，另一方面要求尽快为驱逐舰配备300千克以上的炸药装量，并通过加大鱼雷航行速度来提高命中率和射程的新型鱼雷。于是在新一代远洋驱逐舰上出现了惊人的、过去只有在巡洋舰上才能见到的610mm鱼雷发射管，而且双联装加强为三联装。拥有这样的鱼雷装备以后，日本驱逐舰在鱼雷攻击能力上已经毫无疑问地夺取了世界第一的宝座（特别是考虑到美国海军的鱼雷攻击能力在太平洋战争开始时仍然是非常不可靠的）。由此诞生的新舰就是12艘睦月型驱逐舰，它们在初期使用八年式610mm鱼雷，后换装仿制英国最新技术的九零式610mm鱼雷，强大的威力使其在敌主力军舰面前都称得上是个可怕的对手。睦月型的基本舰型仍然沿用自峰风型系列，不过舰艏从过去的勺形改成了双曲线型，以便提高适航性，而排水量增加了四五十吨，尺寸上并没有什么变化，但航速下降了2节左右。

睦月型性能参数

排水量： 1315吨
舰长： 102.7米
舰宽： 9.2米
平均吃水： 3.0米
主机： 舰本式减速齿轮汽轮机（弥生号为拉特式、长月号为石川岛谢尔丽式）2座2轴，总功率为38500马力
主锅炉： 吕号舰本式重油水管锅炉4座
燃料搭载量： 重油422吨
最大航速： 37.3节
续航能力： 14节/4000海里
武器：
120mm/45口径单管炮4门
7.7mm机关枪2座
610mm三联装鱼雷发射管2座
连体式1号水雷16枚
乘员： 154名

▲1937年，在佐世保湾高速编队航行中的第23驱逐队。这张照片从夕月的甲板上拍摄，从前到后分别是菊月号、三日月号、望月号。

一张珍贵的照片：1937年10月抵达上海码头的弥生号。注意烟囱上面的防雨导流盖网格，这个导流盖是为防止雨水流入锅炉内产生腐蚀性化学反应而设置的。900mm探照灯上面裹着沙袋，以防这个明显目标被火力攻击，可见弥生号正处于紧张的战时状态。此时淞沪会战役已临近尾声，被日军首批送到上海的入侵部队伤亡惨重，被迫调遣回国内休整。码头上堆满的文件箱及私人物品箱，应该都是士官的所有物（日军普通士兵服役期间所携带的物品是很少的），这些箱子正待被装到弥生号驱逐舰上，运回日本去。

(1) 睦月（むつき）

1923年列入计划，由佐世保造船厂制造，于1926年3月25日竣工，划分为一等驱逐舰。开战时属于第 6 水雷战队第 30 驱逐队，参加了第一次、第二次威克岛攻略作战。1942 年上半年先后参加了拉包尔、萨拉莫阿、布干维尔岛、莫尔兹比等攻略作战，后转战至瓜岛附近海域。8 月 25 日在参加第二次所罗门海战时，救助被炸沉的金龙丸号运输船的落水人员，不料救援行动还未结束，睦月号自身反被美军 B-17 轰炸机投掷的炸弹命中，沉没于圣伊莎贝拉岛附近海域，同年 10 月 1 日除籍。

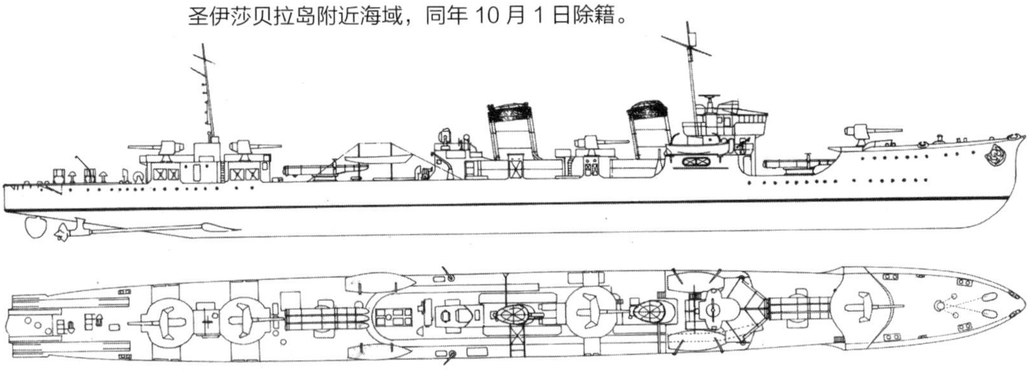

▲ 1926 年刚刚建造完毕的睦月号驱逐舰线图。

▲ 1941 年 7 月，停泊于帛硫群岛的睦月号，当时配属于第 4 舰队的第 30 驱逐队。其舰身上的迷彩实际上还处于试验阶段，在证明效果不错以后，由在北方海域活动的第 5 舰队采用。

▲ 1927 ~ 1928 年间的睦月号驱逐舰，当时它还没有正式舰名，尚被称作“第 19 号驱逐舰”。

1926年时的睦月号舰桥特写。可见其罗经舰桥及射击指挥所中有3台双筒望远镜，这是日本驱逐舰用来寻找敌人踪迹的主要装备。

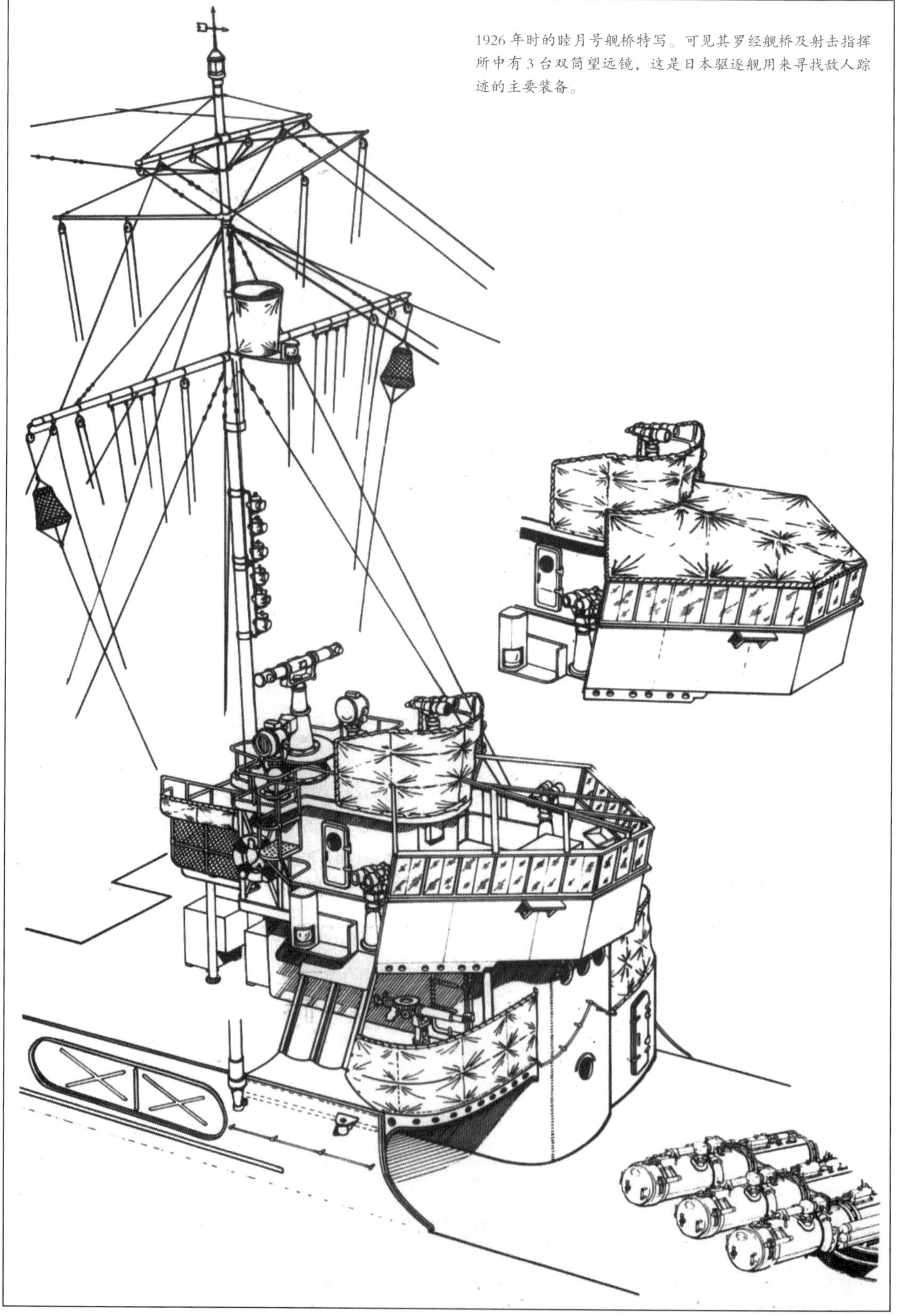

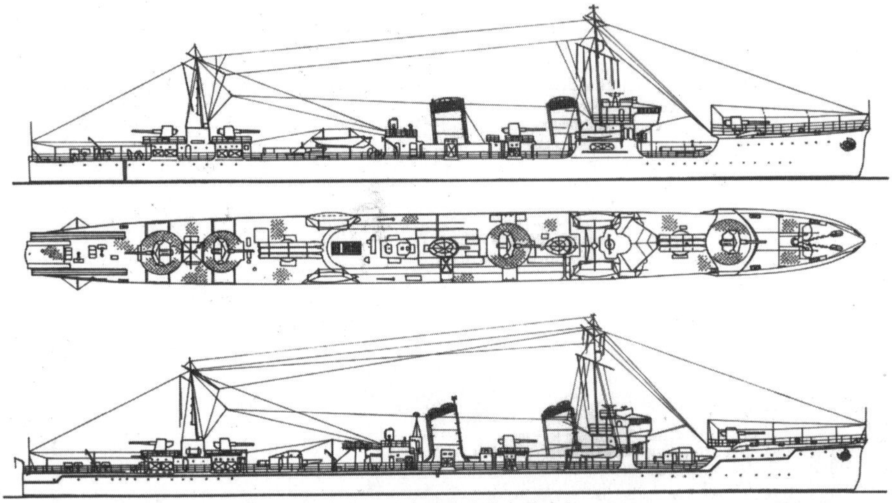

▲ 1926 年和 1941 年的睦月号线图对比。

▲ 沿长江而上的睦月号，当时该舰属于第 30 驱逐队，为第 1 航空战队提供护卫，参加 1938 年 6 月的武汉战役。中国抗日军队在长江中投下了相当多的水雷，并且不时在两岸进行炮击，因此日舰在航行中处于高度警惕状态。睦月号烟囱形状的改造以及鱼雷发射管防盾的装备等已经完成。

▲ 已经得到正式名称的睦月号。该舰当时与如月号、弥生号、卯月号一同编成第 30 驱逐队。

(2)
如月（2代）
（きさらぎ）

1923年列入计划，由海军舞鹤造船厂制造，于1925年12月21日竣工，划分为一等驱逐舰。开战时属于第6水雷战队第30驱逐队，在1941年12月11日首次参加炮轰威克岛的战斗时，便被美军以F4F战机临时挂装炸弹击沉。1942年1月15日除籍。

▲1927年2月的如月号。

▲1937年，从宿毛湾驶出的如月号，可以看到其鱼雷发射管防盾、烟囱顶部的防雨盖格、舰桥顶部的固定顶盖都已安装完毕。

▲1935年左右的如月号。烟囱上没有画上白色识别线，因此推断其当时可能已经成为预备舰，被系留在佐世保港中。在实施了一些诸如撤去短艇甲板、增设机枪等改造工程后，如月号最终还是参加了太平洋战争。

▲ 1928年，停泊在馆山湾中的如月号，可以看到舰桥上站着一名信号兵，他正在向僚舰打手旗信号。实施了不少改装工程的如月号，却在战争爆发后不久就在威克岛被炸弹命中，发生诱爆而沉没，这个教训使日本海军立即着手改进弹药储存的安全性。

▲ 这是如月号在1932年参加"一·二八"事变之后，其舰身中部的着弹情况。可见英勇抵抗的中国军队在其舰身上打出了无数个小孔。烟囱前方堆积着一些木桶，可能是酱菜或酱油桶。

1932年3月，如月号所属的第30驱逐队在上海参加了支援入侵的行动，行动结束后如月号返回佐世保。可以看到此时如月号的舰桥还没有固定顶盖。远方停泊的是金刚型战舰。

(3) 弥生（2代）（やよい）

1923年列入计划，由海军舞鹤造船厂制造，于1926年8月28日竣工，划分为一等驱逐舰。开战时属于第6水雷战队第30驱逐队，参加了第一次、第二次威克岛攻略作战。1942年上半年先后参加了拉包尔、萨拉莫阿、布干维尔岛、莫尔兹比、瓜岛等攻略作战。1942年8月28日参加拉比攻略作战，9月11日在新几内亚海域遭到美军战机攻击而沉没，10月20日除籍。

▲1936年5月25日，航行在丰后水道的弥生号。其烟囱形状与后来的吹雪型很相似。

▲1937年停泊在长江上的弥生号，该舰当时属于第30驱逐队，掩护第一航空战队的龙翔、凤翔号航母进攻上海。远方是僚舰如月号。

(4) 卯月（2代）（うづき）

1923年列入计划，由石川岛造船厂制造，于1926年9月14日竣工，划分为一等驱逐舰。开战时属于第2航空战队第23驱逐队。1942年上半年先后参加了拉包尔、萨拉莫阿、布干维尔岛、莫尔兹比、瓜岛等攻略作战。1942年8月24日参加第二次所罗门海战时，遭到美军舰载机攻击导致负伤，被迫返回佐世保修理。修理完成后，伴随冲鹰号航空母舰返回特鲁克，随后于12月21日参加了科隆班加拉海战。12月25日与南海丸号发生了相撞事故，返回拉包尔修理，结果1943年1月5日又在拉包尔遭到美军战机攻击，不得不于1月21日回到特鲁克修理，直到6月19日才算修理完成。1944年6月参加马里亚纳海战，担任补给部队的护卫，8月12日编入联合舰队第31战队，前往菲律宾从事护航工作。1944年12月12日，在奥尔莫克湾遭到美军鱼雷艇雷击而沉没。1945年1月10日除籍。

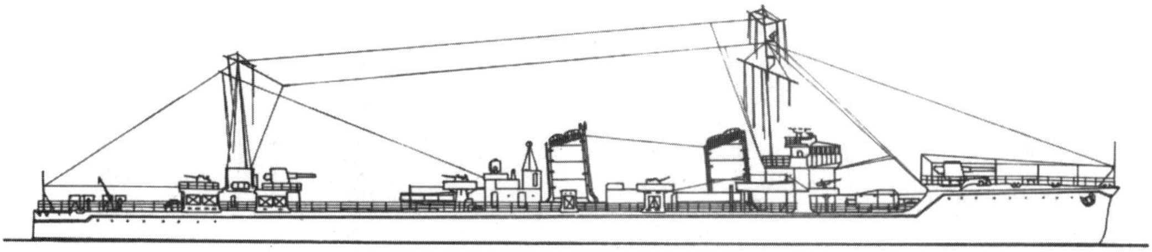

▲ 1944年的卯月号线图。

▲ 1930年左右的卯月号，此时已经获得了正式舰名，而不再被称为“第25号驱逐舰”了。

▲ 拍摄于佐世保的卯月号，舰身上的“25”代表其建造编号。睦月型的双曲线舰艏大大增强了绫波性能与船体强度，这个设计到了后来的特型驱逐舰上不再使用，结果在“第4舰队事件”之后，特性驱逐舰也被迫改造成类似的形状。

(5) 皋月（3代）（さつき）

1923年列入计划，由藤永田造船厂制造，于1925年11月15日竣工，划分为一等驱逐舰。开战时属于第5水雷战队第22驱逐队，参加了林加湾、爪哇等地登陆支援作战。1942年10月12日被编入第1海上护卫队，转往帛琉、拉包尔从事护航工作。1943年2月1日参加瓜岛撤退作战。1943年7月、9月及1944年7月先后三次遭到美军战机攻击而负伤。1944年8月21日被编入联合舰队第31战队第30驱逐队，9月21日在马尼拉遭到美军空袭而沉没，11月10日除籍。

▲ 1928年8月停靠于馆山冲的皋月号，为参加舰队海上集成训练而待机中。

▲ 改造后的皋月号，其改造内容包括装备鱼雷发射管防盾、烟囱加长、舰桥改装等等。可以看到其舰桥转角形状已经如同特型驱逐舰一样呈圆滑状了，并且还加装了舰桥固定顶盖。

▲ 在略有波涛的海面上低速航行的皋月号，其后方可见夕张号轻巡的舰桥，可以推断此照片拍摄于皋月号被编入第1水雷战队后的1932年。

(6) 水无月（2代）（みなづき）

1923年列入计划，由浦贺船渠制造，于1927年3月22日竣工，划分为一等驱逐舰。开战时属于第5水雷战队第22驱逐队，参加了爪哇等地登陆支援作战。1942年转往台湾、帛琉、拉包尔从事护航工作。1944年6月6日在达沃东南方海域护卫运输船队时，遭美军潜艇鱼雷攻击而沉没，同年8月10日除籍。

▲ 1927年3月22日，竣工不久的水无月号，当时尚被称作“第28号驱逐舰”。睦月型所使用的舰炮仍然是自峰风型以来没有什么变化的三年式120mm炮（G炮），除了火力性能一般以外，缺乏最基本的防护是其主要问题。

▲ 1938年9月，于长江中朝日军驻安庆的空军基地航行的水无月号。当时此舰属于第22驱逐队，与长月号一起临时充当日军在安庆基地的水上飞机的母舰，其实就是在长江流域从事“钓蜻蜓”工作，但其本身并没有装备弹射水上飞机的设备。

▲ 正在进行全速公试航行的水无月号，可以看到尽管海况条件不错，但仍有海浪卷上两个烟囱之间2号炮台所在的甲板。将火炮设置在较高甲板上也正是为了防止波浪打击。

(7) 文月（2代）（ふみづき）

1923年列入计划，由藤永田造船厂制造，于1925年7月3日竣工，划分为一等驱逐舰。开战时属于第5水雷战队第22驱逐队，参加了爪哇等地登陆支援作战。1942年3月10日与腾斗丸号运输船发生相撞事故，重伤，修理至年末。1943年1月31日参加瓜岛撤退作战，3月10日遭到美军战机攻击而负伤，返回佐世保修理。修理完成的文月号回到前线不久，又于1944年1月30日在拉包尔被美军战机炸伤，返回特鲁克修理。2月17日又倒霉地撞上了美军大举空袭特鲁克，因直接命中的炸弹和近失弹而大量进水，终于在18日沉没，同年3月31日除籍。

▲ 1928年8月位于馆山湾的文月号，刚刚得到正式舰名后不久。为了避免阳光直射，在鱼雷发射管的上方设置了防晒棚。当时尽管特型驱逐舰已开始研制，但夜战突击队主力第2水雷战队，仍以睦月型作为主要武器。

▲ 参加海上演练的文月号正在高速航行中，右舷有一艘同型舰并驾齐驱。睦月型驱逐舰的攻击力仍然是足够满足战争需要的，而在开战前各驱逐队拼命演练的也正是攻击能力，而非防空、反潜力量。

▲1935年10月，在东京湾的文月号。驱逐队编号与舰名都在照片发表时被抹去了，当时文月号从属于第1水雷战队第22驱逐队第3分队。

▲1927年夏季的佐伯湾中，于酷暑中进行训练间隙小憩的文月号。在舰尾远方隐约有同型驱逐舰及长门型战舰。

(8) 长月（2代）（ながつき）

1923年列入计划，由石川岛造船厂制造，于1927年4月30日竣工，划分为一等驱逐舰。开战时属于第5水雷战队第22驱逐队，参加了菲律宾、爪哇等地的登陆支援作战。1942年4月10日被编入第1海上护卫队。1943年1月31日参加瓜岛撤退作战，7月6日在克拉湾夜战中触礁搁浅，船员弃舰，第二天美军战机将其炸沉。1943年11月1日除籍。

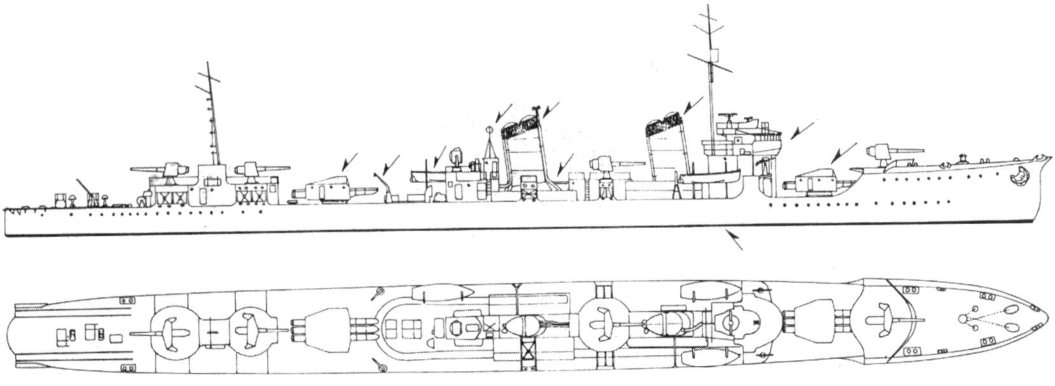

▲1938年时的长月号驱逐舰线图。

▲1927 年 4 月，正在全速公试的长月号。舰艏的双曲线既美观又增强抗波性能，不过同时也增加了制造成本。

▲1928 年 8 月，停泊于馆山港的长月号。该舰和睦月型其他新下水的驱逐舰一样，在 1927 年参加了特别海上演习，因为训练强度大，发现前甲板梁柱被海浪击打至弯曲，大演习后实施了梁柱强度加固工程。此一教训也为后来的驱逐舰设计所吸取。

(9) 菊月（2代）（きくづき）

1923年列入计划，由海军舞鹤造船厂制造，于1926年11月20日竣工，划分为一等驱逐舰。开战时属于第2航空战队第23驱逐队。1942年上半年先后参加了关岛、拉包尔、阿德米拉尔蒂、莫尔兹比、图拉吉等攻略作战，于5月4日遭美军战机攻击而搁浅，第二天美军战机再次攻击将其炸沉。1942年5月25日除籍。

▲ 1937年10月左右，航行在长江上的菊月号。当时此舰属于第23驱逐队，舰上官兵可能正在做军事行动前的准备工作。注意其舰桥被一圈加装的防护板给保护了起来，这些防护板是用来防备中国军队的轻武器的。

▲ 太平洋战争初期属于第22驱逐队的一艘睦月型驱逐舰——菊月号，其左舷是第5水雷战队的旗舰轻巡洋舰——名取号。

▲ 1938 年左右，停泊于上海的菊月号。可以看到舰尾两侧挂着庞大的扫雷具。当时日军尽管已经占领上海，但仍然要防备中国海军以成本低廉的水雷实施反击。

(10) 三日月(2代) (みかづき)

1923 年列入计划，由佐世保造船厂制造，于 1927 年 5 月 7 日竣工，划分为一等驱逐舰。开战时属于第 1 舰队第 3 航空战队，担任凤祥号、瑞凤号航空母舰的护卫。1942 年 5 月 29 日参加中途岛战役，战役失败后在台湾与日本之间从事护航工作，后转往拉包尔。1943 年 7 月 28 日在新不列颠岛附近海域遭美军战机攻击而沉没，同年 10 月 15 日除籍。

▲ 1937 年，航行在长江上的三日月号。信号兵正站在已加装了防弹钢板的舰桥上打手旗信号。

▲ 1927 年 3 月，正在进行全速公试的三日月号。其舰艏形状与峰风型系列明显不同，但其他方面类似。

▲ 竣工不久的第 32 号驱逐舰，日后正式名称为“三日月号”。后方可见第 30 驱逐队的第 25 号驱逐舰（卯月号）。

(11)
望月
（もちづき）

1923 年列入计划，由浦贺船渠制造，于 1927 年 10 月 31 日竣工，划分为一等驱逐舰。开战时属于第 6 水雷战队第 30 驱逐队，参加了威克岛、拉包尔、萨拉莫阿、莫尔兹比、瓜岛等攻略作战。所罗门海战后从事为瓜岛运输物资的工作，1942 年 12 月 19 日完成运输任务归港途中遭到美军战机攻击而负伤，返回佐世保修理。1943 年 7 月 6 日参加克拉湾夜战，再次负伤，10 月 1 日参加科隆邦加拉岛撤退行动，10 月 24 日在新不列颠岛的东方海域遭到美军战机攻击而沉没。1944 年 1 月 5 日除籍。

▲ 1933 年 8 月正准备参加大演习阅舰式的望月号，全舰都已进行了装饰。当时该舰属于第 1 舰队第 1 水雷战队。当年 8 月 25 日在横滨举行的阅舰式有 159 艘总计八十万以上吨位的军舰参加，可谓军容赫赫。

▲1928年12月参加特别大阅舰式的望月号，正准备迎接天皇御召舰比叡号。后方可见已开始投入服役的吹雪型驱逐舰。

▲1932年8月17日的望月号。相对于细长的舰体来说，其装备的鱼雷发射管显得很“巨大”。

(12) 夕月（ゆづき）

1923年列入计划，由藤永田造船厂制造，于1927年7月25日竣工，划分为一等驱逐舰。开战时属于第2航空战队第23驱逐队。1942年上半年先后参加了关岛、拉包尔、萨拉莫阿、图拉吉、基尔伯特等攻略作战，5月4日在图拉吉被美军战机攻击而负伤，返回佐世保修理，后在拉包尔从事船队护航工作。1943年初结束整备后开始在内南洋从事船队护航工作。1944年12月13日在执行奥尔默克湾运输任务时遭到美军战机攻击而沉没。1945年1月20日除籍。

▲1937年10月侵华战争期间，停泊于中国长江江面的夕月号。尽管处于紧张的战时状态，但可以看到舰上仍然设置了防晒棚。

▲ 正在参加“御大礼”特别阅舰式的夕月号。该阅舰式是为庆祝天皇即位而于 1928 年 12 月 4 日在横滨举行的，有 186 艘、总计 779000 吨位的军舰参加。夕月号靠前，其后方可见同属第 23 驱逐队的文月号、长月号，还停泊着峰风型驱逐舰。上空有海军舰载机编队飞过，夕月号上空还有一艘飞艇。

▲ 1928 年 12 月 4 日在横滨参加“御大礼”（天皇登基纪念日）特别阅舰式的夕月号，其后有文月、长月等舰。

夕月号正跟随第 23 驱逐队进行海上训练。罗针舰桥桥下两侧，接近两舷处各有一挺路易斯式 7.7mm 对空机枪，这就是当时夕月号上唯一的防空武器了。

睦月型驱逐舰在战火中的改造

太平洋战争爆发后，日本海军水雷战队中占据头号主力位置的当然是吹雪型、阳炎型为主的大型驱逐舰。而在这些主力驱逐舰之后，处于次等地位的就是睦月型驱逐舰，尽管其服役时间已经相当长，但是性能指标仍可满足日本海军的远洋作战要求。在开战之初，有8艘睦月型配属于各水雷战队，有4艘配属于航空战队，从事航母的护航工作。随着战事的不断扩大，日本海军从四处侵攻到招致惨败后转入防御，驱逐舰也从突击利器变成了护卫舰、运输舰，在这个过程中自然要对舰体和武器装备进行改造，以适应不断变化的任务需要。笔者以为，研究这些改造工程对于后世的海军建设，特别是战时如何紧急增强海军战力的问题，是独具借鉴意义的。所以笔者在此除了重点介绍睦月型驱逐舰参加过的主要海战经历之外，也要论述其战争中的各项改造工程。希望能够向读者朋友展示日本驱逐舰的不同侧面，以吸取其经验教训。

战争初期进攻战

日本空母机动部队空袭珍珠港拉开了太平洋战争的序幕。随后，日本海军策动驻特鲁克的第4舰队，试图占领美国在中太平洋的一个重要据点——威克岛。然而令日军感到意外的是，美军企业号航空母舰（企业号成为了这场战争中功勋最为卓著的航母）在战争前几天将12架F4F-3战斗机（第211战斗机中队VMF-211）送到了威克岛上（也正因为这个行动，企业号幸运地躲过了在珍珠港的毁灭），再加上岛上修筑的坚固炮台，使得美军（主要是海军陆战队第一守备营共450名左右的官兵）充满勇气迎接日军的进攻，而日军进攻部队则还沉浸在珍珠港偷袭成功的骄傲情绪中，轻敌冒进。第4舰队所派出的威克岛进攻部队（指挥官是梶冈定道少将），主要是由第18战队的2艘轻巡洋舰（天龙号、龙田号）及第6水雷战队（旗舰夕张号及6艘驱逐舰）所组成，这其中有睦月号、如月号、弥生号、望月号4艘睦月型驱逐舰（即第30驱逐队），掩护金刚丸号、金龙丸号等运输舰上承载的2个中队的海军陆战队员(后又紧急追加了2个中队)，由驻罗伊岛的第24航空战队提供空中支援。

12月8日，日本在偷袭珍珠港的同时，第24航空战队的34架陆基攻击机于05:10由罗伊岛起飞空袭威克岛，对飞机场和炮台实施了轰炸。驻防的美军猝不及防，损失了8架宝贵的F4F-3型舰载战斗机。同日，日本进攻部队由凯瑟林环礁泊地出发。在9日和10日，日本第24航空战队又分别出动了27架与26架轰炸机实施了两次轰炸，然而美军依靠防空炮火与残存的F4F舰载战斗机继续进行顽强抵抗，甚至击落了一架日机。日军航行途中的进攻部队一直在听航空战队吹嘘说岛上美军防御已经被炸到崩溃，完全放松了警惕，不知美军的岸防火力基本未遭损失，残余的F4F舰载战斗机也紧急加装了炸弹挂架，等待日军进攻部队的到来。10日夜，日本进攻部队到达威克岛附近海域，各舰都开始在适当的地点放下登陆艇，却因为风大浪高，登陆艇很难航行，接着更是开始出现登陆艇相撞乃至翻沉的事故。立即登陆的计划被迫放弃，梶冈司令决定等天亮后波浪稍微平静点再登陆，在此之前先进行一番炮火准备。11日03:25，夕张号轻型巡洋舰首先开炮，随后各驱逐舰也随之开炮，日舰在炮火中逐渐靠近了海岸线。04:00左右，日舰已经接近到距离海岸线约4000米处，此前一直保持静默的美军岸防炮突然一起开火（主要火力是6门5英寸炮和12门3英寸炮），劈头盖脸地向日舰发起了凶猛反击。原来岛上美海军陆战队指挥官詹姆斯·德弗罗少校早已下达军令，一定要日舰完全进入火炮射程内才允许开火。大吃一惊的日舰还没来得及躲避，04:03一发炮弹直接命中了疾风号驱逐舰的弹药库，巨大的爆炸声中只见一个高度约200米的大水柱冲天而起，等到大量水珠犹如一场短暂的豪雨落回海面的时候，疾风号已经彻底从日军官兵的眼前消失了！此时加装了炸弹的4架F4F-3也飞来进行攻击，而日舰刚才得意忘形地对岸炮击时，各舰都离得太近，面对突如其来的炸弹和炮弹，根本无法快速进行躲避，否则就有互相撞上的危险。不要说梶冈司令，此时任何一个新兵蛋子都能看得出来，美军防御崩溃一说完全是胡扯，不赶快撤退大家都要葬送在这里。

当时在望月号驱逐舰上服役的矢田俊郎航海长对战斗情形有这样的回忆："……信号员大声喊叫了起来：'发现敌飞机！右侧！'可真是不得了，居然一下

▲ 如月号在参加了1932年的“一·二八”事变作战以后，返回佐世保港进行修理，用粉笔画出的圈标明被中国军队的轻武器打出的弹孔。可以看出其舰桥底部结构相当脆弱，在日后的“第4舰队事件”中，特型驱逐舰将为此大吃苦头。

子就碰上对空作战了！因为主炮无法仰起那么大的角度去射击，不得不使用13mm机关枪应战了。过了一会儿，有两架美军战机急速俯冲而下，向我舰投掷小型炸弹，机枪手向其持续射击着。夕张号和各驱逐舰为了保护自己，都在拼命开火……美军的炸弹在距离望月号仅数米的海里激起了水柱。信号员突然又大喊：‘疾风号被击沉！’我不禁大吃一惊，向着他手指所指的左舷800米方位看去，只看到一个约200米高的大水柱，等它平复下来的时候，什么也没有了……望月号尽管开动了第一战速，但狭窄的海域里军舰太多了，而且海里还有陆战队乘坐的‘大发’大型登陆艇10艘，实在是难以航行。疾风号沉没之后过了5分钟，这次是如月号要遭遇同样的命运了。”

这位老先生对这场战斗的时间记忆毫无疑问出现了混乱，睦月型2号舰如月号被击沉是在05:37，而在战斗开始10余分钟后，夕张号上的第6水雷战队司令部就已经发出命令：迅速撤退！此时由埃尔罗德上尉率领的3架F4F-3飞到了日军舰队上空，要为被日军炸死的战友报仇。埃尔罗德上尉投下的一枚炸弹直接命中了如月号并击穿其甲板，其爆炸威力瞬间将如月号舰桥与2号烟囱的大半给轰掉了。随即，如月号上装载的深水炸弹也被诱爆，如月号从舰中部一折两半，和疾风号一样迅速沉入了水中。当时在追风号驱逐舰上服役的总务主任冈村治信对此回忆道：“……追风的左后方有一艘驱逐舰，正被敌机猛击而拼命地逃跑。突然，那艘舰被巨大的黑色烟雾整个吞没了。黑烟上下翻腾有好几层，直冲天空而去，那景象就像火山爆发一般……终于，黑烟升离了海面，从下面露出了我方的驱逐舰，只见其舰桥不知道飞哪去了，2号烟囱上半部整个切断，前桅好像也消失了。它就以那幅惨不忍睹的姿态在浪间上下起伏，向前方踉踉跄跄地又走了几步，随后从中间断开，舰艏与舰尾激起巨大海浪，迅速沉入了水中。”（摘自冈村的回忆录《青春之棺》）如月号官兵全体阵亡，无一幸存。损失两舰，惨败而回的第一波进攻部队于13日回到了罗伊岛泊地。

空防能力缺失成为日军总结第一次威克岛进攻部队行动失败的重要原因，日本驱逐舰虽然拥有强大的鱼雷和火炮武装，但其对空防御能力实在是太弱了，战斗过程中出现在日舰队上空的不过是区区3架美军战机，而且并不是专门的攻击机，是美军用F4F-3战斗机临时改造的，居然就敢追着这么多艘日舰往死里打，日舰除了逃命之外别无他法。日本海军对这次失败可谓是痛心疾首，增强空防力量一直影响到当今日本海上自卫队的发展。那么日本海军是怎样解决威克岛这块不屈的海上礁石的呢？第4舰队参谋长矢野志加三大佐向联合舰队司令部请求更多的海军航空兵支援，而当时矢野的顶头上司是井上成美。井上和山本五十六都属于最知名的航空兵派主将，两人私谊甚笃，山本于是很给面子地向正从珍珠港归来的南云航母舰队下令，从中调来了第2航空战队（航母飞龙号、苍龙号）、第8战队（重型巡洋舰利根号、筑摩号、驱逐舰谷风号、浦风号）、第6战队（重型巡洋舰青叶号、衣笠号、加古号、古鹰号）提供支援。在12月15日召开的第二次威克岛进攻作战会议上，梶冈少将提出，遇到不利情况时，即使冒搁浅的危险也要让登陆艇强行登陆（第一次进攻时日军登陆艇还试图先整编队形，然后寻找有利滩头登陆），这个建议得到了一致赞成。鉴于当时日军驱逐舰将鱼雷放在甲板上进行装填准备，遭遇攻击时极容易诱爆，于是决定将预备鱼雷的弹头拆掉，并在鱼雷弹头与炸弹上装防弹片护板。12月17日，第4舰队再度发出进攻威克岛的命令。在第二次进攻部队中，3艘睦月型驱逐舰（睦月号、弥生号、望月号）仍然在列。

第二次进攻部队于21日04:30再次出击，日本山口多闻少将率领的飞龙号、苍龙号航空母舰在威克岛西方300海里的地方起飞战斗机18架、攻击机31架实施空袭，第24航空队也出动39架飞机协同作战。与之对阵的美军战斗机不过是区区2架F4F-3。让日军感到意外的是，美军早在他们空袭前便已升空，第一时间对刚刚飞临的日军机群发起突然袭击，一举击落了2架日机。其中一架的就是日本国内知名的水平轰炸高手，曾在偷袭珍珠港时担任舰攻队领机任务的金井升飞曹（飞曹是日本海军航空兵特有的军衔，相当于军士）的座机。突然而至的袭击让原本猖狂得意的日本第2航空战队官兵们顿时惊慌失措，疲于应付。击落日军金井升的是美军VMF-211的飞行员亨利·埃尔罗德上尉（Henry T.Elrod），也正是他在上一次战斗中投掷炸弹炸沉了如月号驱逐舰。但饿虎架不住群狼，随后这两架英勇的美军F4F-3还是被击落了。威克岛守军则彻底地丧失了空中力量。

此前，美国媒体曾经报道威克岛美军指挥官柯宁汉向国内发电称："给我们送来更多鬼子！"（Send us more Japs！）这句话表达了对日本士兵的不屑，但实际上柯宁汉发出的是一份长长的所需物资列表，远不是美国媒体描述的那样。当时完全处于劣势的美太平洋舰队尽管派出了以萨拉托加航空母舰为核心的第14特混编队，试图进行支援（指挥官为弗莱彻少将），但在了解到日军进攻部队的真实实力后，还是于22日晚下令撤退。没有援手的威克岛的美军只能靠他们自己了。

日本进攻部队继续接近威克岛，于22日下午海上整队准备登陆，这一次日军很小心地先派潜水艇接近威克岛南岸进行了侦察。21:00，日军指挥部下达登陆命令，同时令天龙号、龙田号轻巡洋舰在岛东岸进行佯动。这一天海上波浪仍然很大，依靠大发登陆艇的日军登陆依然不顺利，折腾了半天，终于有2条哨戒艇（32、33号）冲到了海滩上，第一批日本海军陆战队员艰难登陆了。随后，金龙丸、睦月、追风等舰上乘载的部队纷纷开始登陆，双方的机关枪火力在海滩上交织成连片，子弹四处横飞。经过一整夜的激战，美海军陆战队阵亡47人，至少有70名平民被打死，许多人受伤。日军的损失也不小，舞鹤特别陆战队的一个中队长被打死了，另外第6根据地队中的一个小队居然全员阵亡。23日凌晨，日军组织的一个决死队突进至美军战线后方，俘虏了美军指挥官柯宁汉，并胁迫其乘坐吉普车，打着白旗前往仍在抵抗的美军阵地。就这样，美军于07:45投降，日军则在10:40宣布完全占领威克岛。1200余名美军战俘在由新田丸号运往上海的途中，试图抢夺警备兵手枪未果（日军说法），被日军枪杀5人，尸体被丢入海中。战后，美国占领军曾对此事件进行过调查。

1941年12月29日，针对整个威克岛进攻行动所带来的经验教训，第6水雷战队向大海参二部长、军务局长、舰本总务部长发出各舰对空兵装需极力强化的报告请求书。请求书中包括以下要点：

1. 需要加装双联装13mm机枪7座（对于夕张号，可能的话加装25mm机枪），装备如果（生产）时间赶不上，可以先预设装备，补偿重量由本方考虑。

2. 装备140mm对空炮弹90发、120mm对空炮弹360发。

对于此请求书，12月31日由海军大臣向第4舰队司令及横须贺镇守府长官发出以下训令：由第4海军工作部为第6水雷战队各舰尽快实施以下改造工程——夕张的5英寸礼炮相关所有设备拆除，

▲ 侵华战争期间，在长江江面上进行接舷作业的夕月号。烟囱两侧是预备鱼雷库，一些水手直接站在鱼雷库上面，因为剩下的那一点甲板实在是太狭窄了。驱逐舰这种小型军舰不但作战时比较危险，平常的生活训练条件也很艰苦，与装潢豪华的大型战列舰相比简直就是天壤之别。

▲在长江江面上与一艘民用船只接舷的夕月号，可以看到舰上大量临时安装的防弹钢板。民用船只的桅杆上也有军用旗。

在各舰舰桥两舷合适位置先预安装双联装 13mm 机枪 1 座，作为补偿重量将预备鱼雷减少 2 个。（后经舰员证实，预安装的机枪装在了舰桥右舷救生艇甲板上）

3. 机枪由横须贺军备品库调用。另发普通弹药包 1400 发、曳光弹包 600 发、弹药箱 1 个。

在水雷战队与高层就改装工程进行讨价还价的时候（显然只预安装一座双联装机枪是完全不能满足要求的），战事仍然在紧张进行之中，而进攻矛头却转向了拉包尔。睦月号和望月号于 1 月 11 日由特鲁克出发，经塞班于 13 日抵达关岛，14 日加入拉包尔进攻部队护卫队。此时弥生号还留在关岛，15 日从明天丸号上接收了 13mm 机枪及防弹钢板，16 日一大早就前往梅里安港，将睦月号和望月号所需的 13mm 机枪及防弹钢板转移到第二海域丸号上。睦月号和望月号于 17 日 06:00 得到了这些物资，3 小时后出港。弥生号与夕张号在此之前已经出发。各舰在港口停泊中加装了双联装机枪一座与防弹钢板。根据 17 日第 6 水雷战队司令部的命令，各舰都试射了 10 发 13mm 弹。睦月型各舰尽管好不容易才装上了这些机枪，但在拉包尔进攻中得到的教训却是第 6 水雷战队战斗详报中的如下记载：“在拉包尔停泊的过程中，敌大艇（指美军优秀的 PBY 卡特琳娜水上飞机）每天晚上都来夜袭，由于探照射击能力不足且 13mm 机枪的射高也不够（美机飞行高度在 3000 ~ 4000 米左右），对此毫无办法。”显而易见，从仓库或其他舰船上拆几杆机枪下来是解决不了日本驱逐舰对空防护极为贫弱的问题的，这是正在以当时世界上最为强大的航母机动舰队四处侵略的日本海军滑稽的地方。以下摘抄一些当时水雷战队与后方指挥单位的来往电报，可以反映出此种状况。

第 6 水雷战队第 597 号密电（1942 年 4 月 3 日发）：“本队已展开了 10 多次对空战斗，根据战训，对空防御装备必须立刻得到革命性的强化改善。应利用各舰入港修理的机会，再为各驱逐舰加装双联装 13mm 机枪 1 座（达到 3 座），以使舰艏和舰尾方向都可以进行射击，并使射界尽可能开阔。”由上面这份电报可以得知，当时在第 6 水雷战队中服役的睦月型舰——睦月号、望月号、弥生号还只有 2 座双联装 13mm 机枪，也就是先前加装的一座和战前装在后部鱼雷发射管前方的一座。这两座双联装机枪朝向舰艏、舰尾射击时都会遇到很大的射界阻碍，所以需要再加装一座并改变所有机枪的安装位置。除此之外，防护钢板的加装也是很有必要的，对此有一份3月7日海军大臣发给佐世保镇守府长官的电报可资参考：“1. 根据附图要领对90式、89式及六年式鱼雷搭载舰（含特设巡洋舰）的露天甲板发射管中进行装填的鱼雷头部加装防弹用匙形、厚度大约为5mm的DS钢板。2. 根据舰种及发射管数量分配安装基数：神风型——六年式连装发射管，基数十八；峰风型——六年式连装发射管，基数十八；睦月型——十二年式三连装发射管，基数八。送至加姆兰湾的有：神风型——六年式连装发射管，基数二二；峰风型——六年式连装发射管，基数二二；睦月型——十二年式三连装发射管，基数六十。得到命令后必须尽快完成改造工作。”还有一份是官方机密文件第4577号（4月14日）：“驱逐舰朝颜号、芙蓉号、皐月号、水无月号、文月号、长月号，随着弹药数量的增加，其弹药库设备需新设防弹板之训令……”

菊月号、夕月号、卯月号3艘睦月型驱逐舰在开战后归属第4舰队，1941年12月4日护卫船队从小笠原群岛出发前往关岛。关岛登陆行动于10日早上展开，仅仅三个小时以后美军就投降了，13日，日本进攻部队解散。菊月号、夕月号、卯月号在1942年1月作为卡维恩进攻部队的一部分，与第18战队的天龙号、龙田号轻巡洋舰一同在特鲁克集结，20日出发，23日早晨登陆卡维恩并很快将其占领。3月末，三舰又参加了布干维尔岛进攻的支援行动，4月初支援日军在新不列颠岛西北部的登陆。4月10日，三舰都被编入了第6水雷战队，参加莫尔兹比港进攻行动（MO作战），支援对图拉吉岛的进攻。图拉吉进攻部队于4月30日由拉包尔出发，尽管在5月3日圆满完成占领图拉吉的任务，但是在4日早晨，遭到了美军约克城号舰载机的攻击。当时菊月号正横靠在图拉吉冲岛号敷设舰旁边进行补给作业，美军战机突如其来并投下炸弹，右舷轮机房被命中一枚225千克（500磅）炸弹，轮机长与11名水兵丧生。整个锅炉房内大量进水，菊月号是无法动弹了。10:10～10:50，前后共有美军18架俯冲轰炸机和11架鱼雷攻击机前来攻击冲岛号与夕月号。11:15左右有大约4架美军战斗机对日舰反复进行机枪扫射，夕月号被打得发生了小火灾，舰长及其他10名官兵丧生，重伤者20多人，确认其已很难维持战斗力，不得不退向拉包尔。

当时在菊月号上担任航海长的深井浩介在战后有如下回忆：“5月4日早晨，正在图拉吉紧靠着冲岛号进行燃料补给的过程中，突然遭到美国舰载机的鱼雷

在宿毛湾航行的如月号舰艏特写。可以看到粗大的鱼雷发射管上安装了防浪用的护板。舰艏远方是一艘战列舰的高耸塔楼。

▶亨利·埃尔罗德，1905年9月27日生于乔治亚州，1927年加入海军陆战队，1931年成为一名海军少尉。1935年，他成为上尉飞行员，于1941年被派往夏威夷，在"珍珠港偷袭事件"发生前率领VMF-211的12名飞行员来到威克岛，在抗击日本舰队攻击的作战中建立功勋。12月21日，艾尔罗德所驾驶的战机被击落以后，他回到岛上组织空勤人员拿起轻武器前往海滩，继续奋勇抵抗日军侵略，最终在战斗中重伤不治而牺牲，后被追授荣誉勋章。

井上成美海军大将，日本海军航空兵理论的奠基人之一，海军航空化的积极倡导者，战前曾反对陆军挑衅，战败前也曾秘密找寻过停战路径。不过此人在战争中的实际指挥成绩却不佳，属于理论性人才。

攻击（当时日军认为是被鱼雷击中，但美军的记录明确表示是炸弹命中）大破，轮机长战死，轮机房进水，不能航行，全体舰员投入排水作业。队司令、舰长对舰员没有进行通知，而是抛弃了不断下沉的军舰转移到夕月号上去了。我作为被留下来的负责军官，与舰员一起对舰艇进行了防沉处置、对负伤者及遗体进行安置、离舰，最后在图拉吉岛上将战死者遗体火化，放入运输船内运回国。"

5月6日早晨，菊月号由第三利丸号拖曳，试图拉回港口挽救，但由于进水过多，还是搁浅在了沙滩上。摆脱搁浅状态后，菊月号返回拉包尔，彻夜作业进行紧急修理并加装防空兵器。其结果，在后部新设了7.7mm机枪2座，并将原7.7mm机枪替换为13mm机枪。

5月7～8日，日美海军在珊瑚海进行了世界上第一次航母对航母的航空兵海战，战术上不分胜负，但遭受损失的日本海军不得不取消了莫尔兹比进攻行动，战略上被美军挫败了。5月11日，由夕月号和卯月号护卫的冲岛号在布卡岛附近海域遭到美军潜艇的2枚鱼雷攻击，被命中舰身中部，虽然由金龙丸号拖曳，但还是在傍晚搁浅在布卡岛湾口海滩上，只得切断拖绳等待天明。第二天05:00，前来救援的睦月号尽管试图将其拖入港内，但冲岛号还是在06:00左右开始向左舷倾斜，最终于06:47翻沉。MO进攻部队最终解散，大部分军舰返回了特鲁克。夕月号、卯月号两舰于5月28日直接回到了佐世保，开始进行修理作业。由于菊月号仍然在维修不能返回前线，原先由三舰组成的第23驱逐队被解散，卯月号编入第30驱逐队，夕月号编入第29驱逐队。如前所述，第29驱逐队在威克岛进攻行动中损失了疾风号驱逐舰，现在又补足了4艘的数量（其他3艘是追风号、朝凪号、夕凪号）。第30驱逐队则用卯月号替补了如月号的位子。夕月号和卯月号总体来说要修理的地方不多，但也没有实施舰上官兵强烈希望的防空兵装加装作业。夕月号于6月15日修理结束，护卫着第二日新丸号回到特鲁克，随后与第29驱逐队一起编入第二海上护卫队，参加围绕瓜岛的攻防战。当然，这已经是中途岛海战以后的事情，日本海军在战争之初疯狂扩张的时期已经接近尾声。

战争中期攻防战

第30驱逐队的各睦月型驱逐舰几乎没有过共同行动，而是随着1942年年中的战况发展，被派往不同的海域执行不同的任务。比如说，睦月号于5月30日由特鲁克出发救援遭到美军潜艇攻击的生驹丸号，因此临时被编入第2海上护卫队，6月2日完成任务后又从第2海上护卫队中除名。第6水雷战队则在6月1～3日被编入南洋部队主队，

▲1927 年 7 月夕月号舰艏特写。当时此舰刚刚服役，还在佐世保港内进行调试整备。前桅上的瞭望台和舰侧信号灯仍未安装。舰艏甲板的高度显然是全舰最高的，而其后与舰桥之间就是存在明显落差的凹井，在其中可清晰地看到十二年式 610mm 三联装鱼雷发射管。

其中弥生号则被单独编入拉包尔方面防御部队。第 30 驱逐队（不含卯月号）从 6 月 24 日以后在特鲁克、塞班、拉包尔、图拉吉航线上从事护航工作，而卯月号与此同时则与夕张、第 29 驱逐队一起作为南洋部队 SN 作战的第一护卫队，前往瓜岛，船队的任务是在瓜岛上设立日军营地（后来，美海军陆战队登陆夺取日军该营地及飞机场）。而睦月号则作为 SN 作战的第 2 护卫队在瓜岛海域一直航行到 7 月 10 日。7 月 10 日第 6 水雷战队宣告解散，夕张号轻巡与第 29、第 30 驱逐队均被编入第 2 海上护卫队，而第 30 驱逐队在 15 日又被编入刚刚成立的第 8 舰队，负责在外南洋东南海域作战，简单来说就是投入越来越激烈的瓜岛攻防战。其后，越来越多的水雷战队及驱逐队不断被派来加强第 8 舰队，瓜岛周边的海洋犹如一块巨大的磁铁吸引着美日双方的军舰汇集过来，然后在不断的火并中沉入海底。7 月 1 日，弥生号护卫着第二日新丸号回到佐世保，接着就投入了修理改造。

根据战后舰员的回忆有以下内容：舰桥两舷的 7.7mm 单管机枪及在梅里安港安装的预设 13mm 机枪都被拆除，在舰桥前部的机枪座上安装了 25mm 双联装机枪 2 座，在探照灯台与后部鱼雷发射管之间的机枪台上，将 13mm 机枪换成了 25mm 机枪。被拆下的 1 座双联装 13mm 机枪与 2 挺 7.7mm 单管机枪，则作为后部机枪群安装在了 4 号炮后面的甲板上。安装了声呐以提高反潜能力。1 号锅炉被撤去，1 号烟囱直径也被缩小至原来的一半。

通过以上改造内容可以清楚地看到，日本海军已经在半年多的战争中了解到一味追求的驱逐舰高航速，在实际的战斗过程中是没有什么必要的，所以即使撤去一个锅炉也能够接受。然而，对空与对潜防御能力的极端薄弱却是日本驱逐舰的致命伤，这一点能够得到改正吗？还是留待下文继续论述。望月号也于 7 月 13 日在佐世保开始修理改造，但修理内容不明。修理完成之后，望月号于 7 月末返回拉包尔，负责泊地附近海域巡航警戒，并参加了瓜岛补给输送作战 10 多次（来自原望月号舰长宫崎勇的回忆录）。就这样，第 30 驱逐队一直分散各地进行着维修和战斗，到8月25日睦月号被击沉、9月1日弥生号也被击沉之后，第30驱逐队终于在12月1日解散，望月号与卯月号各奔前程。对于早早沉没在瓜岛的睦月和弥生号有必要再多介绍一下其最后的生涯。

第6水雷战队宣告解散以后，睦月号于7月16日回到佐世保展开整修工作，直到8月14日结束，由于第2海上护卫队当时任务太过繁忙，记录不足，所以具体的维修内容已经很难搞清。总之，睦月号于8月14日返回特鲁克，展开最后一段战斗旅程，此时正值山本五十六下令发动瓜岛机场夺回作战之际（命令发布是在8月8日）。陆军秉持着一贯的超乐观精神，只派出了一木支队先遣队（包括两个梯队共2400人）乘坐6艘驱逐舰和3艘运输船登陆瓜岛，试图以这么一点点兵力去压倒美海军陆战队第一师的19000名官兵。可笑的是一木清直大佐比后方陆军大本营的将军们还要乐观，居然就指挥着第一梯队区区1000人向美军发起了冲锋，结果全军覆灭。第二梯队则慑于美军在占据并很快起用亨德森机场（8月20日）后取得的空中优势而不敢立即登陆。随后便发生了第二次所罗门海战，日方损失了龙骧号轻型航母，美军的企业号航母也被炸个大洞，双方损失相当，但此战直接的后果就是南云机动部队撤退了，扔下“勇将”田中赖三率领他的第2水雷战队硬着头皮向瓜岛进发并执行运输任务。在8月24日美日航空母舰的对决还在进行之中时，由阳炎号、矶风号、江风号、睦月号、弥生号5艘驱逐舰组成了一个特遣队，试图对瓜岛的美军舰船进行夜袭。它们的突入行动倒是很成功的，但是没有见到任何美军舰船（第一次所罗门海战美军舰队大败之后，其运输船出于安全考虑都只在瓜岛短暂停留便立即返航），于是在22:00的夜幕之中向着瓜岛机场放了几炮，当然就凭驱逐舰上那些炮弹，对美军造成不了什么值得一提的损失。25日05:40，援助瓜岛的第2水雷战队与夜袭特遣队会合，而在蒙蒙亮的天空中美军战机也找上门来。二水战旗舰神通号首先被炸伤，接着金龙丸号运输舰被炸弹命中后发生了火灾。此时金龙号的位置在瓜岛北方12千米左右的海域，船上大量增援部队官兵落水，睦月号驱逐舰连忙赶过去，横靠在金龙号身旁实施救助，但这样一来它自己也成为了明显的攻击目标。从圣埃斯皮里图岛起飞的美军3架B-17轰炸机很快驾临，08:27，睦月号的轮机房中弹，09:40沉没。当时在睦月上的军医长佐藤醇有如下回忆：“第一枚炸弹直接命中了中央轮机房并一直贯穿到舰底，开了一个大洞，军舰开始缓慢地下沉。尽管这枚炸弹并没有爆炸，也没有引起火灾，但是蒸汽管道都已经被破坏，高温蒸汽造成很多人受伤……弥生号出现在海平面上的时候，大约是挨了这枚炸弹一个小时以后。等弥生号停靠在旁边以后，全员撤离的命令被下达……由弥生号发射的两枚鱼雷在睦月号的船体上炸开，睦月号在很短的时间内就沉入了海下。”日本海军航母编队的撤退，标志着日军完全丧失了瓜岛附近海域的制空权，继续进行瓜岛作战将是十分困难且代价巨大的。

弥生号驱逐舰在同一时期除了参加炮轰瓜岛之外，也在参加针对新几内亚东端拉比的进攻行动。拉比位于米尔内湾中，在珊瑚海海战后日军由海路进攻莫尔兹比港的计划失败之后，美军在米尔内湾设置了多个军事警戒据点，其中最大的一个就在拉比，它日后也可以作为进攻拉包尔的出发阵地，所以在日军看来完全是眼中钉肉中刺。到8月中旬，盟军在拉比已经完成了两条飞行跑道的建设，还有一条在建，并且进驻了米尔内飞行队，对于正在筹划以陆路进攻（要翻越新几内亚覆盖热带雨林的崇山峻岭）夺取莫尔兹比港的日军来说，这支盟军空中力量的威胁实在太大了，而此时瓜岛方面战事正急，陆军第17军拒绝向海军提供支援，于是海军第8舰队决定自己来干。第8舰队司令部估计在拉比的盟军部队也就是两三个连的兵力（实际上在拉比驻有谢利尔·克罗斯少将指挥的澳大利亚陆军6500人及其他航空、防空部队等等），靠日本海军陆战队完全可以应付（日军出动兵力只有1600人），这些参谋们大大低估盟军的实力了。在支援舰船方面，海军出动以天龙、龙田轻巡（两舰都已经是服役20年以上的老舰了）率队的第18战队提供掩护，登陆部队中的主力是吴镇守府第5特别陆战队（司令林鉦次郎中佐），乘坐南海丸与畿内丸号运输舰准备上岸去消灭那“两三个连”的澳军。参加拉比进攻的睦月型驱逐舰有第29驱逐队的夕月号。8月24日，拉比进攻部队由拉包尔出发，25日夜成功在拉比附近登陆，不过登陆地点却比预定地点向东偏10千米。这段多出来的路程给了澳军反应时间，而且吴第5特别陆战队只前进了1千米就发现自己陷入了沼泽地，就不用再谈什么奇袭夺取飞机场了。26日一大清早，盟军战机（以P-40战斗机为主）前来攻击日军登陆场，堆积在沙滩上的物资和大发登陆艇几乎全灭，到中午澳军第7旅以优势兵力发起反击，消灭了日军的斥候部队。林钲次郎率部发扬日军的“光荣传统”，在26、27日连续展开夜间突袭，给澳军造成了一些死伤，并突破到第3号跑道附近，但是在这里他们遇到澳军第7旅凶猛火力的反击，吴第5特别陆战队死伤近半数，被迫撤退，至此拉比进攻行动已告彻底失败。在同一海域活动的弥生号驱逐舰为了与被困的登陆部队取得联络（在澳军的反击中日军的通信装置不是丢了就是损坏了），于9月4日冒险突入米尔内湾，运送了一些粮食给岸上，载回34名重伤员，于次日返航。弥生号第一时间将看到的登陆部队惨状电告第8舰队司令部，司令部于是立刻下达了全面撤退命令，在9月5日、6日两天中，天龙、龙田等舰只先后前往拉比将能撤的官兵都撤了出来。弥生号于9月10日16:00与矶风号一起从拉包尔出发，试图再次前往拉比救助月冈部队，结果11日在途中遭到美军B-17和B-25约10架轰炸机的攻击，弥生号舰尾中弹，舵机损坏无法航行，最终于16:15沉没，战死者68人。至此，从5月初到9月初，已有菊月号、睦月号、弥生号3艘睦月型驱逐舰损失。

11月12日～15日，美日舰队连续进行了多场夜间混乱的炮战，史称“第三次所罗门海战”（瓜达尔卡纳尔岛海战），日军损失了2艘战列舰（比睿号、雾岛号），由此连最后剩下的一点瓜岛周边海域的制海权都丧失了，被迫要从瓜岛撤走正在吞食昆虫和树叶的残兵败将。太平洋战争进行到此时，日本海军被迫转入了全面防御态势。睦月型驱逐舰方面，仍然在第8舰队麾下从事所罗门群岛方面运输工作的是卯月与望月号。12月14日，第8舰队司令部向海军军令部提交了一份作战指导14号文件，提出以下建议：“为了破坏敌方对瓜岛的补给及击沉敌人的运输舰，希望适时在

直至今日仍被日本不少人称颂为“不屈猛将”的田中赖三。尽管他最辉煌的战绩是在指挥驱逐舰队“鼠输送”时取得的，但是他本人非常反对用驱逐舰队执行这种不伦不类的任务，因此在塔萨法隆加战后不久就被解除战队司令职务，在无聊的“晴耕雨读”中度过了剩下的战争岁月。

▲1943年春天在拉包尔拍摄的睦月型驱逐舰，可以看到探照灯台后方与舰桥前部的机枪台上装备了13mm双联装机枪。此时瓜岛撤退作战刚刚结束，驻扎拉包尔的驱逐队仍然奔波于科隆邦加拉等岛屿。

▲1943 年 7 月 28 日，正在遭受美军战机攻击的三日月号。当时此舰属于第 30 驱逐舰，与有明号驱逐舰一起向新不列颠岛紧急运送补给，结果因为触礁而无法动弹，成为美军战机的绝好靶子。注意其为了执行运输任务和加强防空能力，后部鱼雷发射管已经被拆除，后部烟囱变细（减少了一个锅炉），位于舰尾的 4 号 120mm 炮也消失不见了。在舰桥前方加装了 25mm 双联装机关炮，在 4 号 120mm 炮的位置上则改装三联装机枪 2 座。对于日本海军的这些改装，美军战机用一枚枚在海面上爆炸的近失弹回答——无用。有明号驱逐舰也触了礁，努力依靠自身动力摆脱出来，完成了运输任务，但归途中还是和三日月号一样被美军战机击沉。

图拉吉附近航道上实施投放水雷作战，由旧一等驱逐舰承载 60 个九三式水雷（两条投放轨上每条各 30 个，临时拆除后部鱼雷库）进行投放，最低限度以 2 艘驱逐舰编为一队（执行任务）为方针。”尽管这一建议并没有得到实施，不过 3 个月后又提出要以 3 艘睦月型驱逐舰实施同类行动，因此可以认为第 8 舰队所指的“2 艘驱逐舰编为一队”就是卯月号与望月号。当然，以当时的形势来说，以 120 枚水雷就想扭转瓜岛战局犹如天方夜谭，卯月与望月号即使去执行这个任务也只是白白送死而已。从 1943 年 1 月开始，日本海军所要考虑的问题就只剩下了如何从瓜岛撤退的问题。负责撤退行动的主要是第 8 舰队下属的第 3、第 4 水雷战队的 20 艘驱逐舰。在其中，原先属于第 22 驱逐队的 4 艘睦月型驱逐舰，除了水无月号之外，其他 3 艘——皋月号、文月号、长月号都参加了 2 月 1 日、4 日、7 日的三次撤退行动。在此简要描述一些撤退行动中的遭遇。2 月 1 日的第一次行动刚开始就出师不利，首艘遭到美军战机攻击的是旗舰卷波号，被炸瘫痪，旗舰只好变更为白雪号，卷波由文月号拖着返航了。接近瓜岛海域时，碰上了美军 6 艘鱼雷艇，皋月、长月号与其交战，在空中水上侦察机的配合之下，击沉了其中 4 艘。其余各舰连忙将岸边翘首以待的日军官兵接上船，迅速撤离，完成了第一次撤退行动。2 月 4 日第 2 次撤退中，舞风号驱逐舰受近失弹影响，2、3 号锅炉房进水，丧失行动能力，由长月号拖着返回，其余各舰顺利完成任务。2 月 7 日第三次撤退中，美军战机用炸弹命中了滨风号驱逐舰的 1 号炮塔，同时其舵机也发生了故障，同样由长月号拖回，其余一切顺利。总而言之，有 3 艘睦月型驱逐舰参与，由 18 ~ 20 艘驱逐舰所组成的三次救援船队，顺利将 13000 余名日本士兵撤出了瓜岛，遭到的损失远低于事前预计。

瓜岛战役结束之后，水无月号、皋月号、文月号、长月号都离开第一海护队，在 2 月 25 日重新编成第 22 驱逐队，加入第 3 水雷战队阵营。3 月 31 日，望月号与夕月号离开第 8 舰队，三日月号离开第一海护队，随后由三日月号、望月号、卯月号重新编成第 30 驱逐队，也加入第 3 水雷战队。瓜岛陷落之后，所罗门群岛方面的战事越来越吃紧，第 3 水雷战队中各驱逐队的主要任务就是为所罗门方面的运输船队护航，第 22、第 30 驱逐队中的 7 艘睦月型驱逐舰在护航任务中发现美军的空中力量越来越强大，驱逐舰防空能力的改善已是刻不容缓。早在 2 月 19 日，由海军军令部发出以下驱逐舰改造工程的指导意见（军令部机密第 70 号）：“针对一等驱逐舰，增加装备 25mm 三连装机炮四门，120mm 炮 2 座撤去，剩下来的主炮等兵器准备好以后换装为高射炮。要使其适合搭载 10 米特型运货船 2 艘、陆战兵力约 200 名以及补给物资约 50 吨，以便执行紧急运输任务。鱼雷发射管撤去一座。以上改装，待兵器准备好后应立即着手实施。”以上指导意见在与相关方进行协调之后，形成了 3 月 20 日的《1305 号训令》。不过说到这个训令的出台，还不得不提到“81 号作战”（俾斯麦海海战）。这项作战的目的是从拉包尔运送陆军第 51 师团约 7000 人前往新几内亚的重要军事据点莱城，负责护航任务的就是第 3 水雷战队的 8 艘驱逐舰（由日后享有“福将”盛誉的木村昌福少将指挥），3 月 1 日出发。结果这支船队在丹皮尔海峡（Dampier Strait）遭到了上百架美军战机的攻击，一番狂轰滥炸之后，7 艘运兵船沉没，还有 4 艘驱逐舰——荒潮号、朝潮号、时津风号、白雪号沉没，数千日军葬身鱼腹（据说美军和澳军战机对落水日军进行了反复低空扫射，这可能是对新几内亚作战中日军非人的残杀甚至吞食盟军战俘的报复），物资大量损失，只有区区 800 名日军最后进入了莱城，当然他们对增强莱城防御是毫无帮助的。“81 号作战”的惨痛结果强制日本海军加速推动驱逐舰防空兵器的增设工作。3 月 16 日，第 8 舰队向联合舰队参谋长、大本营海军部、舰政本部长等发出了一份《81 号莱城作战相关调查后至急事项》，其大致内容有：

1. 敌人的超低空爆击即使对于驱逐舰来说都是几乎不可能进行机动规避的（俾斯麦海海战中盟军 B-17、B-25、道格拉斯 A-20 等轰炸机都利用低空突破投放跳弹进行攻击，命中率极高）。除了加强（防空）火力之外没有其他阻止敌人的方法，因此，在东南方海域行动的舰艇（包括运输船在内）都应牺牲一部分的主炮，换装 25mm 以上的机炮 8 座，同时（剩余的）主炮则要使用三式防空弹。

2. 驱逐舰上装备的对空望远镜至少也要达到 4 个（60mm 的也可以）装备。

3. 舰桥及机枪座的防弹设备需要改善。

4. 需要依靠高速小型运输船（就是用驱逐舰巡洋舰进行改装）来提高运输能力。

3 月 26 日，三日月号抵达佐世保港展开维修改造工程，原计划到 5 月 20 日完成，结果因为柴油发电机到货延迟的原因推后到了 6 月 10 日。由于工期的延长，三日月号得到了相当充分的改造，包括撤去 2 号、4 号两门主炮，在原位置加装了 25mm 双联装机炮两舷各一座。将舰桥前方两舷的 7.7mm 机枪撤去，换装 13mm 双联装机枪。一个锅炉被拆除，后部烟囱变细。同时撤去的还有后部鱼雷发射管、4 条鱼雷（包括 1 条预备鱼雷）、左舷的鱼雷储藏库（及其防弹钢板）、快艇一只以及水雷投放轨道。加装了 10 米特型运输船（“小发”登陆艇）2 艘的搭载装置，以及深水炸弹投放装置 6 座。6 月 11 日，改造工程完成后的三日月号立即返回所罗门群岛前线，以拉包尔为据点向科隆邦加拉执行运输任务。为了防备美军从西面发起反击，三日月后又转向拉包尔至图拉吉航线上执行运输任务，不料在 7 月 27 日途径格罗塞斯特峡湾的时候触礁搁浅，随后遭到美军 B-25 轰炸机的攻击，终于在 28 日被迫弃船。让我们再看看其他睦月型驱逐舰的改造工程，它们的命运似乎要比改造过后很快战损的三日月号要稍好一些。4 月 3 日，文月号在卡维恩港外遭到美机攻击，1 号烟囱侧面的舰体在水面下被炸裂，近失弹导致船体上出现大面积的折皱，2 号炮失去作战能力，第 1、2 锅炉房和重油油箱进水。在卡维恩及特鲁克进行紧急修理之后，文月号于 5 月 11 日回到佐世保，随后的维修改造工程持续到 8 月初。根据资料记载，文月号除了将损伤修复之外，改造工程与上述三日月号基本相同，如撤去两门主炮换装 25mm 双联装机炮，撤去后部鱼雷及附属设施，但并没有拆掉一座锅炉。根据相关的改装训令，不管驱逐舰上现在装备的 13mm 双联装机枪（舰桥前方）数量是多少，最终装备数量是 2 座（也就是说已有 1 座的话那就只加装 1 座）。已经装备有 2 座 13mm 双联装机枪的则改变其安装位置（改装到舰桥前方），因为舰桥前方的 7.7mm 机枪都要被撤去，所以自然而然要加装在这个位置，以便加强舰桥的防御能力。8 月 18 日文月号进行确认试航，随后于 22 日离开佐世保经塞班前往特鲁克，继续参加南洋上的战斗。

卯月号于 1942 年 12 月 24 日护卫南海丸号前往科隆邦加拉执行运输任务，途经圣乔治海峡时，南海丸被一条美军潜艇发射的鱼雷命中。卯月号立刻展开深水炸弹攻击，慌乱之中卯月的左舷中部被南海丸的船首迎头撞上，船体中央破开一道长 8 米左右的缺口，2、3 号锅炉房进水，向左舷倾斜，无法自主航行。即使在这种情况下，卯月号依旧向被深水炸弹逼出海面的潜艇进行了炮击，迫使其退却。第 17 驱逐队的谷风号、浦风号、长波号、有明号前往救援，在 24 日深夜卯月号由谷风号护卫、有明号拖曳着向拉包尔返航，但是在途中又遭到美军战机攻击，近失弹导致有明号负伤。于是卯月号只好换由谷风进行拖曳，好不容易返回了拉包尔。1943 年初的几天，卯月号在拉包尔接连参加了几次对空防御战斗，在 1 月 5 日被前来

▲ 三日月号的最后几张照片，由攻击中的美军战机拍摄。这张照片表明美机以接近桅杆的高度掠过三日月号上空，可以看到舰上官兵都在手忙脚乱地操作防空武器，舰桥顶上站着的军官似乎正在挥手大喊进行指挥，而舰艏已经冒出浓烟。

空袭的12架美军战机命中了前甲板，所幸的是炸弹没有爆炸而只是砸出了一个1平方米左右的洞。旧伤又加新伤，卯月号只能于1月15日由凉风号拖曳、太刀风号护航，前往特鲁克的春岛锚地，26日进入浮动船渠进行修复工作：首先是将整个被撞得扭曲的舰身给矫正过来（此时的卯月是完全无法进行直线航行的），对构成妨碍的甲板两舷进行切断，把蒸汽管等大口径管路上的法兰螺栓拔除。这样一番处置之后，卯月号的左舷船体被切得只剩下了垂直外板，但总算使其舰体的前后左右恢复了中心线一致的状态，经确认后再加强其外板与甲板之间的牢固程度，然后在特鲁克环礁内进行了试验航行，并没有发生振动等异常现象。此时，在进行了4个半月的紧急修理后，卯月号终于可以回到佐世保再进行大修改造，此工程于7月3日开始。根据日军记录，卯月号同样也撤去了2号主炮、一座锅炉、后部鱼雷发射管及相关设备等等，不过不同的是，在卯月号舰桥前方替代7.7mm机枪的并不是13mm双联装机枪，而是火力更强大的25mm双联装机炮。一般来讲，撤去了2号主炮后在原位置安装25mm双联装机炮的话，需要设置新的炮座，从而需要改造左右舷使其稍微加宽，但卯月号在这个位置上并没有实施加宽工事，而是在原2号主炮的位置上安装了13mm双联装机枪，25mm双联装机炮则转到舰桥前方的位置上去了。这种设置方式，有可能是当时工程实施相关方的一个新的尝试，试图尽可能增强驱逐舰在舰艏方向的对空防御能力。卯月号尽管也撤去了一个锅炉，但只是在锅炉的烟路出口加设了一个盲盖，而并没有缩小后部烟囱，可能是因为其维修时期已经太过漫长，必须要节省工作量。最后卯月号也在前部电信室中安装了雷达波探测仪（逆探）等技术设备（因为其维修期长，其他同类驱逐舰此时大多已安装了逆探）。10月4日，终于宣告修复改造完成的卯月号前往长崎港外的三重湾进行速度公试，然后于12日经塞班返回特鲁克港，途中于20日进行了新装兵器（机枪机炮）的射击测试。然后卯月号伴随木曾号轻巡洋舰（球磨型5号舰）前往拉包尔，在圣乔治海峡，木曾号被美机攻击，被一枚80千克的炸弹命中，锅炉室破损。卯月号最终回到了特鲁克，继续其战斗历程。

战争后期防御战

1943年2月，日军从瓜岛撤退之后，睦月型驱逐舰都在所罗门群岛海域作战，除了遭受必须返回国内修理的大伤之外，它们在前线的战斗是一刻也得不到喘息的。瓜岛的“鼠输送”行动事实上一直延续了下来，日军驱逐舰搭载着人员与物资，在当夜不会有月光的日子里，一般在下午从拉包尔出发，经肖特兰，在午夜抵达目的地岛屿，快速卸下物资后立即返回。这样的航行日复一日地持续着。然而，在途中，不分白天黑夜，总有美军战机前来攻击，而美军军舰与鱼雷艇也在随时守株待兔，航程中遍布着危险。此外还有些人为失误发生，比如说长月号就是因为航海图准备不周而触礁损失的。提及此事，就必须要说到克拉湾夜战。

1943年6月30日，美军占领了新乔治亚岛机场对岸的兰多瓦岛（Rendova Island），在岛上设置鱼雷艇基地。7月5日，美军在新乔治亚岛东海岸登陆。面对这种状况，日军第3水雷战队决定以“鼠输送”行动向科隆邦加拉岛运送增援部队与物资。总共出动了11艘驱逐舰，其支援队由新月号、凉风号、谷风号组成。第一次运输队中的驱逐舰是望月号、三日月号、滨风号，第二次输送队是天雾号、初雪号、长月号、皋月号，共搭载2400名兵员与180吨物资。美军对此也早有防范，在科隆邦加拉岛与新乔治亚岛之间的克拉湾部署了由艾因斯瓦克少将指挥的第18分舰队，下辖轻巡洋舰火奴鲁鲁号、海伦娜号、圣路易斯号及驱逐舰4艘。7月5日，第一运输队由布因出发，一路小心翼翼地驶往科隆邦加拉。23:05，新月号通过雷达报警机发现有美军战舰存在，于是北上，23:43分第二运输队出发。23:35，美军海伦娜号的雷达发现了日军舰队位置，很快日军新月号也知道了美军舰队位置。美日双方的军舰迅速靠拢，准备在午夜的一片黑暗中进行一场决斗。

对于日本驱逐舰来说，不利的有两点：首先，日军对附近海域的情况了解不够充分；其次，美军装备的先进的新型雷达让日本海军之前的夜战优势已经荡然无存。运输队中的各驱逐舰陆续将1600名士兵和90吨物资卸到了岸上，随后便紧随到支援队的3艘驱逐舰后面去。但就在此时事故发生了：长月号根据一份错误的海图，以为可以开进河口去，却撞上了海岸上的礁石，搁浅了。尽管皋月号试图将其拖拉抢救出来，但是没有成功。由于预想到天亮以后美军战机会来攻击，第3水雷战队下令皋月号放弃长月号，自行撤退。从6日上午开始，直到傍晚，美军出动了各式陆军航空机与海军航空机，轮番对长月号实施轰炸，这艘战历丰富的驱逐舰终于彻底报销，其残骸一直遗留在科隆邦加拉岛的沙滩上。

让我们再回头看看 5 ~ 6 日凌晨时分，美日舰队在克拉湾中的这一场夜战。

23:56，以雷达追踪信号为指导，美军的轻巡洋舰与驱逐舰纷纷开炮，目标直指日本舰队的旗舰新月号。搭乘在新月号上的第 3 水雷战队司令官秋山辉男少将还来不及发出任何指示，便与所有第 3 水雷战队指挥部成员一起在这场急风暴雨般的炮击中丧命，新月号几乎是在顷刻之间就被击沉了。当然，美军炮击的火炮闪光也暴露了自身位置，其他的日本驱逐舰立即装填鱼雷并向美军舰队发射，00:02 美军海伦娜号被日军的大威力鱼雷命中，也沉没了。在战斗前，望月号靠近科隆邦加拉岛海岸机动时撞伤了右舷推进器，只能歪歪扭扭地航行着；在战斗中，其 1 号主炮、1 号鱼雷发射管及测距仪、方位盘望远镜、探照灯等都被击伤，舰身上到处都是破损。1 号锅炉房的主蒸汽管道上被打出很多个孔洞，连正常航行都成了问题。救助长月号不成的皐月号，则被美军炮弹在甲板中部砸出了一个大洞，声呐破损，美军战机的近失弹则造成其 25mm 双连装机炮一座、探照灯、方位测定仪等重要设备损失，而且都是属于在拉包尔或特鲁克修复不了的损伤。水无月号则挨了很多的近失弹，汽轮机龟裂（无法在拉包尔、特鲁克修理），1、2 号锅炉的缸底卷曲，轮机房进水（用水泥进行了紧急修补）。克拉湾海战只是美日双方在所罗门群岛海域所进行的大小数十次海战中并不起眼的一次，日军用 2 艘驱逐舰的损失换得击沉美军一艘轻巡洋舰，并且将大部分士兵和物资送到了目的地，大体上算是行动成功了，不过如此不断地损失下去，日本海军的实力只有不断地削减，而美国海军无时无刻不在壮大之中。

在克拉湾海战之后，7 月 16 日，望月号与初雪号驱逐舰一同执行运输任务，停靠在肖特兰时，遭到美军战机攻击，初雪号被炸沉，望月号则因近失弹导致油箱破损，后来在特鲁克泊地由明石号工作舰实施了应急修理，总算恢复了 21 节航速。至此，睦月型驱逐舰中的望月号、皐月号、水无月号都已是伤痕累累（三日月号则如前所述在 7 月 28 日战损），它们在特鲁克集中起来进行了应急修理，然后经塞班返回日本进行大修。皐月号、水无月号于 8 月 10 日进入吴港，望月号则于 8 月 14 日进入佐世保港。

对返回日本的 3 艘睦月型驱逐舰的改造工程，是依据 8 月 12 日发出的《4114 号训令》进行的，不过相对于 3 月份的《1305 号训令》来说，这份新的训令反

▲科隆邦加拉岛上的长月号残骸。

倒是有所后退，将“撤去两座主炮及一座锅炉”等比较激进的内容改成了“进行改装工事”，而这改装工事具体来讲就是要尽量保留睦月型驱逐舰的对舰战斗能力。以下是这份新训令的要点：

1. 撤去4号主炮（舰尾炮）及其弹药，在其位置上增设25mm三联装机炮2座。

2. 在舰桥前方增设25mm双联装机炮2座。

3. 加装13mm双联装机枪1座（轮机房上方已装置的保留，但如果在同位置上已装置有25mm机炮的则进行换装）。

4. 除此以外的13mm机枪及7.7mm机枪全部撤去。

5. 鱼雷仅保留6枚，其他全部撤去。

6. 大扫海具撤去。

7. 鱼雷储藏库全部撤去。

8. 水雷投放轨道与水雷除了必要的最后一部分之外，其他也撤去。

9. 增设4个80mm高角度双筒望远镜。

10. 为必要时搭乘海军陆战队员50人而设置特别设施。

于是，3艘睦月型驱逐舰依照此训令开始了改造工程。皋月号将4号主炮撤去后增设25mm双联装机炮4座（2座在舰桥前方），轮机房上方（后部鱼雷发射管前方）的13mm双联装机枪尽管保留，但舰桥两舷的7.7mm机枪及舰桥右舷的13mm双联装机枪则被撤去了。鱼雷储藏库、预备鱼雷6枚及相关设备也被撤去，以后进行鱼雷战斗就是一锤子买卖，没有备份鱼雷可用了。另外安装了雷达波探测仪（逆探）及附带电缆、电源装备（根据日军第3水雷战队战时日志，所有第3水雷战队所属的睦月型驱逐舰在1944年1月的时候都已经装备了逆探）。9月初皋月号的修理改造工程基本完成，9月16日回到拉包尔。水无月号和皋月号一起在吴港进行修理改造，其改造内容也基本相同，有所区别的是，水无月号轮机房上方的25mm双联装机炮（2月份换装的），依照训令被重新换成了13mm双联装机枪。水无月号于9月20日回到特鲁克。望月号在佐世保一直维修改造到了9月18日，和水无月号一样将一座25mm双联装机炮换成了13mm双联装机枪，其他改造皆按照训令指示进行。望月号于9月25日回到特鲁克，29日进至拉包尔，此时日军已经开始从科隆邦加拉岛进行撤退——代号“SE号作战”。

当时的情况是，夺取了兰多瓦岛的美军实施了跳岛战术，于8月15日跳过科隆邦加拉岛在维拉拉维拉岛（Vella Lavella）登陆，很快在岛上修建飞机场，

▲1937年在参加侵华战争前进行操炮训练的夕月号4号炮位（舰尾）。使用这门三年式120mm舰炮时，水兵们分别进行观瞄、操纵、装弹等作业，一边还有军官在进行考核记录。这是一次实弹训练。他们恐怕不会想到，这门炮早晚会被拆毁。空出来的空间用来装载粮食弹药。夕月号将在执行运输任务时被美军空中火力炸沉。

力图将科隆邦加拉岛上驻防日军的补给线切断。如前所述，在瓜岛战役结束后的五个多月时间中，日本海军一直是在依靠“鼠输送”方式给科隆邦加拉岛运送人员物资，但是在美军强大空中力量及海上舰队的阻断之下越来越困难，在失去维拉拉维拉岛之后，连“鼠输送”都已经行不通了，科隆邦加拉岛处于完全孤立状态，岛上日军各部队（合计12000人左右）必须“转进”到布干维尔岛上去，这就是SE号作战。该作战计划以大发登陆艇作为运输主力，加上舰载水雷艇和鱼雷艇等小型舰只，悄悄地将岛上日军接出来，计划预定于9月28日~10月2日实施。望月号、皋月号、水无月号返回前线时正赶上了SE号作战。在临时编成的作战部队中，作为袭击部队的是以第3水雷战队为主力的12艘驱逐舰，其中包括睦月型4艘，即第22驱逐队的皋月号、文月号、水无月号，第30驱逐队的望月号。不过望月号是29日才回到拉包尔的，因此并没有赶上28日最初的行动。参加第一次行动的皋月号、文月号、水无月号（在第22驱逐队中又加入了天雾号）于28日02:00出发，在科隆邦加拉岛掩护大发登陆艇收容兵员，执行完任务后于29日12:30回到拉包尔。望月号则参加了10月1日03:00出发的第二次行动，同行的则有时雨号、五月雨号、矶风号3舰，望月号负责收容兵员，其他3舰则在旁进行掩护。在撤退过程中，美军和以往一样并不太积极地派出了一些战机、驱逐队与鱼雷艇编队进行骚扰，在多数场合下，双方只进行一些短时间的远距离炮战和远距离鱼雷战后便草草收场。损失并不大，如水无月号被命中一枚炮弹，第2锅炉房右舷的重油油箱外板在离水线2米高的地方被打出了一个不到1平方米的洞，少量重油泄露。这些损伤在返回拉包尔以后很快由山彦丸号工作舰给紧急修理好了。总之，日本海军对于拿驱逐舰来实施“转进”行动是越来越有经验了，第3水雷战队的司令官伊集院松治大佐因为使用陆军船舶工兵连队的大发登陆艇和折叠式小艇，隐秘快速地收容兵员快速撤退成功，而受到广泛赞誉。不过再成功的“转进”也不可能挽救越来越阴沉的战局，伊集院松治大佐在10月6日又率队将维拉拉维拉岛上的日军撤出，在与美军舰队的交火中，夕云号驱逐舰起火沉没。10月12日，美军空袭拉包尔，望月号因近失弹影响，2号主炮无法使用，水无月号因近失弹少量进水，1、2号主炮无法使用，两舰皆回到特鲁克维修。

10月21日，自从42年年底受重伤以来一直在进行维修的卯月号终于回到了拉包尔。其首个任务就是与完成了小修的望月号一起，从拉包尔出发向杰基内特执行运输任务。23日夜，2舰刚完成运输任务，美军战机乘着夜色前来攻击，曾屡次遭创的望月号终于被炸沉。当时在望月号上负责操纵25mm机炮的三浦繁夫在战后有如下回忆：“望月号已遭受过许多次的扫射与炸弹攻击。为进行武器换装而靠港的时候我也在舰上。舰上有前后两座三连装的（25mm）机炮，我是担当后座机炮的射手。望月号从拉包尔出发以后护卫着陆军的登陆地点。晚上一点左右，我们配置到机炮位置上。有一架飞机低空飞来，但是望月号上的舰员还以为那是我方飞机。那架飞机一直飞到（我舰）正上方，我们正奇怪时，美军飞机就从上空扔下了两枚炸弹，其中一枚落到了舷外，而另一枚则落在锅炉方向烟囱的前方，一下子就燃起了大火，舰前部因为进水开始慢慢地往下沉。此时，敌机返过头来继续攻击，我急忙操纵机炮进行了连射。因为望月号的舰艏沉下舰尾翘起，我跑到后部甲板上将仍然飘扬着的军舰旗取下，卷在身上，然后从舰尾跳入了海中。”

关于当时在望月号上的机枪操作员，根据战后资料是如下配置的：1号操作员操作13mm机枪，2号、4号是传令员，另有一名1号操作员操作25mm机炮。战后资料上同时还有2号炮员、鱼雷发射员，以及鱼雷2号连管的记载，也就是说可以据此推测望月号并没有遵照训令将2号主炮与2号鱼雷发射管撤去，按照训令应予拆除的舰桥右舷13mm机枪也保留着。望月号最终于01:16沉没，10人战死，23人负伤，幸存官兵转移到了卯月号上。就在望月号沉没的10月24日，皋月号与水无月号从拉包尔出发前往新不列颠岛西端的埃博基执行运输任务，在乌塔诺岛附近皋月号触礁搁浅，两舰的推进桨叶都被撞坏了，最大航速降至16节。皋月号在25日返回拉包尔，又于29日由拉包尔出发经帛硫返回佐世保进行维修，从11月18日修到了12月4日，安装了被动声呐——主动声呐的安装还要再等一年的时间。日本对反潜兵器的研究远远落后于美国，即使到了战争后期其驱逐舰可以装备“三式探信仪”这样的主动声呐装备，但其实际使用效果仍然是非常不理想的。皋月号在12月19日回到拉包尔，与水无月号一起继续执行向埃博基进行运输的任务。

此时盟军的进攻浪潮已经逼近拉包尔，11月1日终于在布干维尔岛登陆，紧接着在11月

2日美日舰队之间就进行了布干维尔岛海战（美军以登陆场的名称将其称之为“奥古斯塔皇后湾海战”）。日本方面派出由大森仙太郎少将率领的第5战队加第3水雷战队组成的混合舰队，掩护队辖有2艘重巡（妙高号、羽黑号）、2艘轻巡和6艘驱逐舰（其中有若月号，另外运输队的5艘驱逐舰中有文月号、卯月号、水无月号）。与之对阵的美海军第39分舰队（由梅利尔海军少将指挥）拥有4艘轻巡与8艘驱逐舰。如果单从军舰实力上看，拥有2艘重巡洋舰的日军似乎更胜一筹。不过不要忘记此时的美日海军在雷达技术上的差距是巨大的，在实际战斗中，日本的雷达基本不堪使用，仍然只能依靠高倍双目望远镜，在视力可及的范围内进行作战，而美国人则是坐在显像仪的前面，用弹道计算机对雷达信号得到的参数进行运算后发出射击指令。布干维尔岛海战就是一场典型的美国电子技术对阵日本光学技术的战斗。双方首先通过侦察机发现对方，在一片雨雾、视界不良的夜色中互相接近。2日00:27，美军的雷达率先找到了日本舰队，随后在00:49以雷达照射发出炮击指令，日军则向空中打出照明弹，然后纷纷发射九三式氧气鱼雷。在一片混乱的战斗中（与萨沃岛海战类似），白露号与五月雨号两舰自相碰撞了，没过几分钟，妙高号和初风号居然又撞上了，初风号被撞至无法航行，沦为美军的炮击目标，很快沉没。接下来的战斗中，美军驱逐舰福特号被命中一枚鱼雷而受创，不过日军的川内号轻巡（第3水雷战队旗舰）也遭到了密集火力攻击而燃起大火，最终沉没，舰长庄司喜一郎大佐与舰同沉。在天亮之前，被美军战机弄得亦步亦趋的大森仙太郎只能率领掩护队掉头撤退，此人随后被解除职务。运输队原本的计划是运送海军陆战队在美军登陆场实施逆登陆，配合布干维尔岛守军里应外合歼灭美军，因无法保证安全只好放弃行动返回拉包尔。2日清晨，日军孤注一掷地将拉包尔的海军航空兵战机尽数起飞，前来攻击布干维尔岛登陆场，美军把夜间战斗中受创的福特号都投入了防空战，一阵猛烈射击之后把日军飞机挡了回去。但日军还根本不想放弃布干维尔岛这个拉包尔的东大门，于是出动了栗田健男中将的第2舰队主力，试图再次对登陆场实施逆登陆。而美军（TF38特混舰队）的反应很干脆，用萨拉托加和普林斯顿号航母上的舰载机在5日上午将兴冲冲跑来的栗田舰队炸了个底朝天，5艘重巡与其他多舰受创，旗舰爱宕号的舰长中冈信喜大佐阵亡，栗田只好灰头土脸地撤退了。运输队（包括文月、卯月等）最终在6日出发，7日凌晨将一股日军送到了布干维尔岛上，于同日上午安全返回拉包尔，当然这对战局本身并没有什么助益。从11月19日开始，包括卯月、文月、水无月等在内的7艘驱逐舰开始执行向新不列颠岛各地（包括附近海岛、海峡）进行紧急运输的任务。进入12月，皋月也返回了拉包尔，协同卯月、文月、水无月作战，而夕月则继续在东京湾进行修理。

12月下旬，为向北部新爱尔兰岛等岛屿输送兵力以增强其防卫能力，皋月号、文月号参加了“戊号输送”等行动，于1944年1月4日凌晨到达卡维恩港，为戊二号输送船队警戒美军战机的来袭。06:45，船队驶出卡维恩港。海上航行40分钟后，美军战机约50架如期而至，因为没有发现运输船，就盯住了皋月号、文月号，使用鱼雷、炸弹、机枪扫射轮番对日舰进行攻击。刚刚驶出狭窄航道的两艘驱逐舰一边反复进行机动规避，一边用加装的25mm三联装机炮与双联装机枪对空射击，尽管挨了一些近失弹与扫射，但还是躲过了所有炸弹与鱼雷的直接命中，成功逃回了拉包尔。皋月号的第3锅炉房与轮机房船底外板弯曲，两舵推进桨叶折弯，推进轴歪斜，1号主炮炮身上有弹孔，最大航速降至24节，死伤10余人。文月号因为近失弹与机枪扫射有30多名船员死伤，包括炮术长平柳育郎中尉战死，随后返回特鲁克进行紧急修理。而皋月号由于受损情况严重，于1月20日从拉包尔出发经横须贺于2月11日回到佐世保进行大修，直至3月26日。在此期间，军令部又发布了《1458号训令》（3月9日），其主要内容是要在睦月型的4艘驱逐舰上加装25mm单管机炮，并将13mm机枪全部撤去。又根据《1157号训令》（2月25日），还要加装当时日本海军手中最先进的小型雷达13号电探（正式名称是“三式一号电波探信仪三型”），这款小型雷达波长2米（适合对飞机侦测），功率10千瓦，重量只有110千克，对敌飞行编队的最大侦测距离据说达到了150千米，在日本海军的潜水艇上都有大量装备。根据以上这些训令，以后对其他的睦月型驱逐舰也进行了类似改装——这些已饱经战火的驱逐舰终于开始进入高技术时代了。皋月号于3月26日开始进行了各项试验，因为某些故障再度入渠修理，4月1日前往洲本，后经横须贺、馆山返回特鲁克。留在前线的文月号于1月31日加入第2312船队（有松丹丸、日本海丸）从拉包尔出发前往特鲁克，结果在途中又遭遇美机攻击，挨了6枚近失弹，1号锅炉房、声呐室、前部水雷火药库、前部水箱、从1号到8号的重油油箱都大量进水，大量的重油泄漏，其余还有很多小的渗水处，1、2号锅炉主蒸汽管道破损。进行检查的结果是，此舰本身舰体已经老朽，光修理各处管阀就至少得花费一个月，最后决定在特鲁克进行修理。

而作为日本在南太平洋上的支柱军事基地，特鲁克本身也不太平，尼米兹将军麾下庞大的舰载航空兵力（拥有11艘航空母舰）已形成泰山压顶之势，在山本五十六阵亡（1943年4月18日被击落在布干维尔岛）后继任联合舰队司令长官的古贺峰一大将很识趣地将联合舰队主力及司令部都搬到帛硫去了，不过他对派出海上飞机去进行侦察倒不是很积极。2月17日特鲁克方面也没有实施侦察警戒，而TF58特混舰队的200余架舰载机就在这天凌晨杀将过来。此时仍然在前线的水无月号和夕月号都在从特鲁克前往拉包尔执行运输任务的途中，得以逃脱。而文月号就没这么走运了，如前所述此时文月正好在特鲁克进行修理。当时担任文月舰长的长仓义春在战后做了如下回忆：“因为挨了不少近失弹，我舰返回了特鲁克，清空燃油并拆下机械，2月17日正要入渠去进行修理的时候，碰上了大空袭。在早晨那次空袭中，（文月号）完全是无法动弹的……重新启动设备，好歹靠着单侧推进达到12节航速，开出港湾进行机动……中午时分轮机房被命中一弹，由此后部开始下沉，艏部翘起……到傍晚时因为进水太严重，拖曳船赶来支援，但到底还是无法拖动……凌晨2点左右，因为倾斜角度已经达到30度，下令全员离舰，3点左右再次空袭，敌机是从低空突入的，向我舰投下跳弹。这下即使是文月号也不得不沉了。”（摘自《舰长们的太平洋战争》）

给第3水雷战队的报告显示，文月号于2月18日凌晨05:00沉没，7人死亡，包括舰长在内的23人受伤。由于舰上一名机枪手获颁甲等勋章，可以推断文月号上的13mm机枪一直保留到了最后，而不是按照训令撤去了，这可能是因为前线将士认为防空火力越多越好，所以能不撤则不撤。整个特鲁克大空袭中，日军伤沉战舰20艘，飞机数百架，几千名陆军士兵落海死亡，大量物资设施被炸毁，总而言之特鲁克已经丧失了继续作为军事基地存在的能力，已奋战两年时光的外南洋舰队事实上也就不存在了。第3水雷战队于3月10日被编入中太平洋方面的第4舰队，夕月号、卯月号与松风号、秋风号共同组成第30驱逐队，完成修理的皋月号与水无月号、夕凪号共同组成第22驱逐队。3月末美军再接再厉大举空袭帛硫，再次重创帛硫的日军，联合舰队继续退往林加泊地，并在那里重新聚集力量，试图在“绝对国防圈”上与美军进行决定“皇国兴废”的最终决战。残存的4艘睦月型驱逐舰在这一时期一直在雅浦岛、帛硫、塞班岛等地之间的航线上执行物资运输护航任务（这些岛上的陆基航空队被视为决战胜负之关键）。6月6日，水无月号从帛硫出发为油船兴川丸提供护航，途中通过声呐发现有美军潜艇，于是对其实施深水炸弹攻击，不料反被美军潜艇发射的两枚鱼雷命中，顷刻之间就沉入了海底。睦月型只剩下3艘残舰了，太平洋战争也已进入最后阶段。

睦月型驱逐舰的全部毁灭

1944年5月30日，皋月号护送运输船队回到横须贺，随后于6月1日开始进行船体、设备、兵装的修理工作。4日护送一运输队前往八丈岛，17日返回横须贺。而在此期间，美军于6月15日登陆“绝对国防圈”的中枢——塞班岛，同日小泽治三郎中将率领第一机动舰队由塔威塔威起程前往马里亚纳群岛海域，执行阿号决战。日本大本营此时则开始探讨要在塞班岛进行逆登陆的计划（类似计划从来没有成功付诸实践过），横须贺造船厂忙着要在山城号战列舰（一艘缺陷严重的老舰，自1917年服役以来已经进行过数次大改造）和第5舰队的舰艇上加装大量防空兵器，然后搭载登陆艇，去执行这个所谓的逆登陆计划。皋月号也很快在22日加装完毕下列装备：25mm三联装机炮一座、25mm单管机炮4座（原定要装6座）、13mm单管机枪5座（原定要装6座），另外卸下一艘内火艇，换成为“小发”登陆艇，而后又变更为短艇2条。增加的25mm三联装机炮是装在2月份于佐世保撤去的13mm双联装机枪的原位置上，令人感到莫名其妙的是，既然到此时又要将13mm单管机枪再装上去，那么当初为何在训令中要下令撤去所有13mm机枪呢？难不成真是因为海军“决战派”们看不得驱逐舰上遍布防空兵器，担心它们丧失“鱼雷战杀手”的本色？也无怪乎前线改装人员经常会违反这类前后矛盾的训令。战后调查资料显示皋月号与水无月号在改装之前的兵装性能如下：120mm主炮3座、25mm三联装机炮2座、25mm双装机炮2座、25mm单管机炮5座、鱼雷发射管2座、81式深水炸弹发射器2座、水雷投放轨2条、九三式被动与主动声呐、13号电探(雷达)，航速14节巡航3500海里，最高航速34.1节，搭载燃料442吨，38500马力。在经过改装之后，显然机炮、机枪都增加了不少，配合声呐、电探等装备，睦月型驱逐舰似乎已经具备了相当强的防卫能力。不过到底强不强还得在战场上见真章。6月30日，皋月号驶出横须贺向小笠原群岛中的父岛运送物资，随后转向硫黄岛。此时马里亚纳海域的阿号决战已经结束，惨败的日军必须要增强离岛的防御能力。皋月号在7月又在吴港进行了一番修理之后，于8月1日转往新加坡。1944年4月28日，第3水雷战队的旗舰夕张号轻巡洋舰在帛硫西南海域被美军潜艇SS-242蓝鳃鱼号发射的鱼雷击沉，当时陪伴在夕张号身旁的驱逐舰只有夕月号。夕月号于5月29日～6月20日返回佐世保进行维修改造工作，包括加装机炮、雷达，并更换老旧的锅炉管道。因加装25mm单管机炮6座，舰桥左右舷的13mm双联装机枪被撤去。卯月号则于7月2日返回吴港，17日护送船队前往马尼拉、新加坡，在8月21日又返回吴港。资料显示在这段时间内卯月号加装了25mm单管机炮4座（达到6座），并安装13号电探。8月23日由吴港启航，9月7日到达门司港，途中进行了雷达使用的训练。皋月号、夕月号、卯月号这3艘此时还幸存的睦月型驱逐舰，随即要面对的是美军对菲律宾的进攻——宏大的菲律宾大海战即将爆发。日本在内南洋诸岛的整个防卫态势已危如累卵，而最严重的问题是补给，美军的潜艇在解决了鱼雷性能不稳的问题之后，对日舰的威胁越来越大，而美军战机的空袭也是不分昼夜地发动，对于从事海上运输任务的日本船只来说，无论是运输船还是为之护航的军舰，每一次旅程都是充满危险的地狱之旅。战局对日本海军压倒性的不利，三艘睦月型驱逐舰与日本海军一样，剩下的日子都不多了。

8月6日，皋月号护送油船由新加坡出发前往林加，7日，又在海上进行了主炮的射击训练。9日，皋月号在林加与卯月号、夕月号会合，一同在海上进行了主炮与机炮的射击训练，并进行了阵形机动演练——这是3艘睦月型驱逐舰最后一次在一起进行合练。随后3舰在10日共同护卫船队前往马公港（台湾澎湖），11日因为船队中的兴川丸发生了机械故障，皋月护卫兴川丸返回新加坡。船队则于17日平安抵达马公港，夕月号、卯月号等舰补充了燃料和水等物资后再次出发，途中曾遭遇美军战机的空袭，不过还是顺利返回了吴港。另一方面，皋月号返回新加坡后又进行了一番整备，并于8月20日与夕凪号一同被编入第30驱逐队，并从属于联合舰队第31战队。当时水上飞机母舰神威号也在新加坡，修理被美军潜艇弓鳍号（SS-287，战时共击沉68000吨的功勋潜水艇，现停放在珍珠港成为介绍美国潜水艇历史的著名博物馆）的鱼雷所造成的损伤，并改造成给油船。9月6日，皋月号护卫着神威等三艘舰只离开新加坡，一边严密防备着美军潜艇，一边前往文莱、巴拉望岛、科伦岛等地停泊待机，最终于20日抵达马尼拉。当时，第30驱逐队司令部曾发出如下一份电报给皋月号，显示马尼拉本身已经很不安全了：“鉴于敌情，本队将提前1天于21日从马尼拉出发。在抵达马尼拉后，如果没有特别的任务行动指示，该舰（皋月号）应在得到补给之后立即追赶上本队。”显而易见，危险的黑云已经遍布菲律宾的日本海陆军头顶。

9月15日，当年瓜岛上的老朋友，美海军陆战队第1师在贝里硫岛登陆，经过惨烈战斗之后夺取其机场，9月23日美军占领乌利西环礁，至此进攻菲律宾的障碍已经全部扫除。第30驱逐队是在19日傍晚护卫着菲75号船团进入马尼拉的，显然他们很心急火燎地在20日就完成了燃油补给等工作，并且判断“不应在危险的地方停留”。他们的预感还真是正确。21日06:00左右，第30驱逐队护卫27A号船团从马尼拉出发3个半小时以后，美军的大批机群便飞临马尼拉。皋月号在追赶30驱之前，为了向日本联合舰队提交报告而派遣了水雷长前去联络，为了调查27A号船团的航行日程表而派遣了通信士官与航海士官，这些人都要在21日白天前往31根据地队司令部。除此之外，燃料补给的工作无论怎样抓紧，不到21日早上是不可能完成的。就这样，在9月21日的早上皋月仍然停靠在马尼拉港外泊位上，等待补给工作的完成。06:30，水雷长等军官被送到了岸上，同时发出警戒命令。07:30，皋月号停靠在补给舰兴川丸的旁边输送燃料，这个工作一直持续到09:40左右，美国海军TF-38特混舰队派遣的约80架战机来袭。皋月号迅速后退离开兴川丸，展开对空射击。10:00皋月号的航速从24节提高到28节，边打边逃，其上空盘旋着数群美军战机编队，其中不少是TBF鱼雷攻击机。在承受了数次美军的机枪扫射，并规避了数枚鱼雷之后，还是因为4枚近失弹的影响，信号室及舰身中部发生了小火灾。10:35，火头越来越旺，不得不下令将发射管中装填的6枚鱼雷与深水炸弹30个扔进水中以免殉爆（这些本以鱼雷攻击为本职的日本驱逐舰在其生命最后关头不得不丢弃鱼雷的行为都已经成为惯例了）。终于，第一波美军战机离开了，火灾也被扑灭，6人战死，轻重伤达44人，其中很多是被扫射击伤的防空火力操作员。雷达被打坏，舰艏被近失弹弹片打出很多弹孔，左舷主机和扬锚机也不能使用了。于是赶紧进行了一些紧急修补，将死者与伤员送到岸上，并接水雷长等人回到舰上。14:45，美军的空袭又开始了，但由于皋月号的一个主机已不能使用，速度下降到只有20节，无法有效地实现规避。并且由于前次战斗的损伤，1号烟囱排出的烟雾非常浓密，妨碍了对空射击效果（当然防空火力操作员的减员也有影响），总之皋月号的大限已到。至15:30，皋月号已经挨了至少16枚近失弹，15:35前甲板又被命中2枚炸弹，2号锅炉房附近命中1枚炸弹，中部舰体命中2枚炸弹，在这种状况下，轮机房立即报告全舰停止运转。15:40，已经瘫痪的皋月号又在前甲板和前部鱼雷发射管处各命中1弹，中部舰体命中2弹，开始向左舷倾斜，突然之间舰艏又急速下沉，海水一直浸到舰桥。15:41，全员撤舰令下达，15:45皋月号便没入了海中。过了2个多小时以后才有登陆艇赶来救援落水船员。在这场最后的战斗中，皋月号阵亡准士官以上4人、下士官23人、海兵25人，重轻伤合计有42人。9月24日，美海军TF-38又转去空袭科伦岛，8月初由皋月号护卫来到此地的神威号又被炸至大破。菲律宾从北到南都被炸了个遍，而此时日本海军还指望着要靠即将开始的“捷一号作战”挽回战争败局！

9月26日，卯月号与夕月号抵达台湾高雄港，30日返回佐世保并停靠在4号码头，两舰都在30日开始进行修理。9月27日第30驱逐队司令部发出以下电报：“在佐世保实施训令工事的同时，要为实施下记修理处置做准备。夕月号锅炉管及水泵管切开处置，燃烧炉信号器无法修理换装新品……”

由此，老朽的管道设备得到了更新。至于两舰的训令工事是什么，资料无明确记载，当时佐世保与吴港正在针对驱逐舰、海防舰、驱潜艇实施所谓的“三一S工事”，卯月号与夕月号应该也包含在其中。至10月17日，两舰的修理改造工事完成，同日开往鹿儿岛去装载弹药。19日护卫着鹿岛号练习舰（此舰在开战之初是第4舰队旗舰）前往高雄，又于26日折回佐世保。同时期，莱特大海战以联合舰队的惨败而告终，不可一世的日本海军已名存实亡。30日，卯月号、夕月号护送隼鹰号轻型航母与木曾号轻型巡洋舰前往南中国海。11月2日，卯月号、夕月号与秋风号驱逐舰会同前往马公港，在22:53秋风号被美军潜艇鱼雷击沉，船员全部战死。6日，卯月号与夕月号进入文莱港，分别停靠在金刚号、榛名号战列舰旁边接受油料补给。11日护送着隼鹰号航母、木曾号轻巡抵达马尼拉，在此航行中卯月号曾与隼鹰号之间发生擦碰事故，后桅樯从根部断裂倒下，舰体小破，航速下降至22节，不过还算可以继续航行，只不过装在后桅樯的13号电探没法使用了。12日在将木曾号留在马尼拉之后（这艘原定要成为第一水雷战队旗舰的轻型巡洋舰于14日就在马尼拉被美军战机击沉），卯月号于17日回到吴港，在3号船渠修好了后桅樯。24日，卯月号与夕月号在门司港会合，26日两舰护卫着包括海鹰号小型航母在内的一支船队前往马公，随后去救援遭受了鱼雷攻击的春风号驱逐舰，于12月1日抵达春风号的被攻击的海域，护卫着拖曳船撤到被日本占领的中国台湾。4日，接到联合舰队发来的紧急电报，立即回到马尼拉。睦月型驱逐舰（尽管只剩2艘）的老本行又回来了，在莱特大海战惨败之后，日本海军组织了九次多号作战行动，以“鼠输送”方式向莱特岛运送物资和人员，以进行绝望的抵抗。卯月号与夕月号被召去参加最后一次行动。6日早晨，两舰补充完燃油等物资，18:00举行了第9次多号作战的准备会，除了卯月号、夕月号之外还有桐号驱逐舰与17、37号驱潜艇，护卫空知丸、美浓丸、塔斯马尼阿等运输船（搭载步兵第5联队为主的4000名陆军士兵与400名海军特别陆战队队员），于9日上午实施了最后的补给，随后运输船队在14:00驶往莱特岛的奥尔默克湾。10日下午，美军负责警戒的B-24发现了运输船队，此后一直保持着密切监视，11日11:00，约40架美军战机飞来进行了一番攻击，不过并没有给日军造成什么损失。不过运气不会一直站在日本人这边，15:25，另一群50架左右的美机前来攻击，美浓丸、塔斯马尼阿先后中弹，燃起大火沉没。因为这场战斗，运输船队损失了所有的大发登陆艇，空知丸只得转向巴隆旁去实施登陆行动。18:35，第30驱逐队司令部下令夕月号与桐号护卫着2艘二等运输舰继续前往奥尔默克，卯月号与2艘驱潜艇救助落水官兵，并护卫空知丸。21:24，第30驱逐队突入奥尔默克湾，随后2艘运输舰开始人员物资登陆作业，夕月号与桐号漂泊在附近保持警戒状态。人员物资登陆未足一半，美军在奥尔默克附近的陆地火炮便对日军登陆场进行了火力覆盖，一艘运输船大破（12月7日，一向出其不意的麦克阿瑟指挥美军在奥尔默克以南实施了一次真正的“逆袭登陆”）。深感力量不足的第30驱逐队司令部又下令卯月号前来奥尔默克与本队会合。

美军的空中与海上力量已经将前几次的多号作战运输日舰横扫了一番，此时自然是不肯放弃送到嘴边的肉，驾轻就熟地将战机、军舰和鱼雷艇派来，睦月型驱逐舰的历史终于要彻底画上句号了。

22:00左右，鱼雷艇PT490与PT492两舰飞速而来，对正要进入奥尔默克湾的卯月号发射鱼雷，两枚命中，卯月号很快在猛烈的爆炸火焰中沉入了海底。12日凌晨时分，第30驱逐队开始与4艘美军驱逐舰交火，随后发现又有2艘美军巡洋舰到来，不得不撤向海湾以外海域。03:30桐号驱逐舰被指派将先前从海里捞起来的600名陆军士兵运到巴隆旁登陆，于是与夕月号分开了。04:00，夕月号一边装填好鱼雷，一边再次进入奥尔默克湾，掩护正遭受炮击的140号运输船逃离。08:30，夕月号与140号运输船会合，向马尼拉返航，12:30完成登陆掩护任务的桐号也来会合。此时看来已经风平浪静，然而16:22美军战机46架发起这一天中最后一次空袭。夕月号在挨了几枚近失弹之后，第2锅炉房被直接命中2弹，高温蒸汽喷出并发生火灾，左倾5度，无法航行。17:00下达全员撤舰令，乘员基本都转移到了桐号上去。1944年12月12日晚20:27，最后一艘睦月型驱逐舰夕月号伴随着天际逝去的夕阳，沉没于这片日本海军的“地狱之海”。桐号运载着幸存舰员于13日晚回到马尼拉。至12月底，莱特岛攻防战终于结束了。12艘睦月型驱逐舰的历史也就此终结。

吹雪（ふぶき）型

如前所述，睦月型驱逐舰只是峰风型系列最后的改进型号，这个系列发展至此已达性能极限。1923年，日本发生关东大地震，相当多的造舰工程被延期或者更改。在对造舰计划进行调整的过程中，乘此机会将睦月型驱逐舰的建造数量划定在12艘，后续的新驱逐舰5艘要进行重新设计，此计划当时被称为“大型驱逐舰计划”(简称“大驱计划”)。至1926年，海军预算在国会中遭遇困境，大驱计划新追加的只承认4艘（连同1923年通过的达到9艘），此计划的大部分在1927年“最新补充计划”中得到了承认，数量为15艘，这样合计起来就达到了24艘，这就是鼎鼎大名的特型驱逐舰（吹雪型与晓型）。具体来说，在24艘特型之中，从吹雪（驱35）到严云（驱39）是使用流产的八八舰队案遗留下来的预算，从东云（驱40）到矶波（驱43）是使用1923年的调整预算，而浦波（驱44）之后就是使用1926～1927年补充计划中的预算。为了在签署《华盛顿海军条约》后维持民间船厂及军办佐世保、舞鹤船厂的造船能力，特型驱逐舰的建造被分配至各个不同的船厂，其动工顺序并不按照编号的顺序进行。

设计工作由舰政本部第四部（即造船本务部）基本计划主任藤本喜久雄中佐负责，吹雪型驱逐舰与最上型重巡洋舰、龙骧号航空母舰等等条约时代的战舰一起都属于这位设计怪才的作品，此人从1924年开始把持日本军舰的主体设计工作，直至“友鹤事件”（1934年）将其设计弱点充分暴露为止。和一贯保守的平贺让（他在日后指责老部下藤本的设计“根本不像军舰”）不同，藤本的跳跃式设计思想并不会将各舰统合起来，如初期的吹雪型与后期的吹雪型就有相当大的性能差异——自然这也要涉及到复原性的问题。在吹雪型的设计过程中，舰政本部第四部的设计人员还是很谨慎的，如罗针舰桥上的钢制固定顶盖与侧桥，钢制三脚式前桅樯，这些在几年以后成为惯例的东西在当时却是前所未有的崭新设计。主横壁被分13段，每段都有一个专门的设计组想尽办法在尽可能轻量化的基础上实现结构强度与水密性，而藤本还经常要对他们说：“你这地方就不能再轻个两千克么？”在如此积极地针对舰体进行减重设计的情况下，吹雪型的计划性能指标仍然是很惊人的：基准排水量1680吨，公试基准排水量1980吨（注意这个排水量超过了《伦敦海军条约》规定的上限），舰长118米，最大舰宽10.36米，平均吃水深度3.19米，兵装方面要装备127mm三年式双连装主炮3座，610mm十二年式改一型三连装鱼雷发射管3座（即一次可齐射9条鱼雷，装备鱼雷18条），主机功率50000马力，最高航速37节，以14节巡航4500海里。除了最高航速持平以外，其余任何一条指标都要比睦月型超出一大截。具体来讲，吹雪型驱逐舰具有以下先进特性：

1. 船体为长舰艏楼型，干舷较大，舰艏在水线上急速切变，舰体中部外板也有飞展式外沿。此外沿是从水线向上先向内侧弧形延展，至上甲板再向反面的外侧延展。这种形状对于板材加工组装来说相当麻烦，但是对于提高凌波性有好处，后来沿用到初春型驱逐舰与千鸟型水雷艇上。

吹雪型性能参数

排水量： 1680吨
舰长： 118米
舰宽： 10.4米
平均吃水： 3.2米
主机： 舰本式减速齿轮汽轮机2座2轴，总功率为50000马力
主锅炉： 吕号舰本式重油水管锅炉4座
燃料搭载量： 重油475吨
最大航速： 38节
续航能力： 14节/4500海里
武器：
127mm/50口径双联装炮3座
7.7mm机关枪2座
610mm三联装鱼雷发射管3座
乘员： 219名

2. 首次在驱逐舰舰桥上采用了固定式顶盖（以前都是敞开式的），使用玻璃窗，实现了舰桥的完全封闭，避免了海水的侵入。舰桥本身的高度也提升了，当然这是因为舰桥前方高耸的主炮炮塔使得舰桥上的观察人员必须站得更高，而在舰桥下的上甲板上就是舰长指挥室。为了应对整体重心提升造成的问题，舰桥部材大量采用了铝合金。

3. 锅炉房与轮机房的空气吸入口设置得尽量高一些，并改良其形状，避免海水的侵入。

4. 采用了50倍径127mm双联装炮塔，这是日本驱逐舰上第一次出现四面全部用装甲封闭的炮塔，所使用的HT钢板厚度

▲1941年10月21日，开战前正在丰后水道进行紧张训练的夕雾号舰身特写。这张照片是在前桅观察所上拍摄的，在这个全檣最高的位置可以看清楚烟囱的构造，两个排气口对应两个锅炉排出的废气。

为 3.2mm，对于舰炮操作人员来说防护性比过往提高很多了。炮弹的供给是由安装在下甲板上的电动扬弹机进行的，当然炮口装填仍然依靠人力完成。此前所有的日本驱逐舰之主炮都是结构简单的甲板炮，搬运与操作都要靠人员的双手进行，也极容易受到海浪影响，更不用说缺乏装甲保护，在战斗中非常吃亏。吹雪型首次实现了在小型军舰上，炮位操作人员可以在炮塔保护之中，随着火炮一起进行方位转动，弹药从甲板下方由扬弹机自动提供，可以说把过去让人吃尽苦头的问题基本都解决了。这种炮塔其技术来源是 1923 年下水的夕张号轻巡洋舰所采用的三年式 140mm 双联装炮，而夕张号实际上也是由藤本喜久雄大量参与设计的。9 枚备用鱼雷放置在 2 号烟囱的两舷及 2 号主炮塔的左舷，装填更方便，并且发射管上也加装了防水罩。总体来讲，吹雪型的舰体重量只是睦月型的 120%，但是兵装重量却是 180%，火力强度成倍提高。

5. 将主轮机室与副轮机室交错配置，提升其防御能力。不过事后证明如此设置在进水时反而加大船体倾斜，因此在以后的船型上没有继续使用。

6. 居住区面积加大，将过去取暖用的煤炭炉换成柴油炉，并装备小型冷却机和专用医疗室。尽管这些在其他国家的驱逐舰上是早就有了的，不过在日本驱逐舰上却是首创，这种“创新”大大提高了远洋作战能力。

7. 通过对中央部纵型板材的厚度调整、缩小连接法兰尺寸等措施，显著减轻了船体结构的重量。不过如此一来，铆接数量就大大增加了。舾装也尽量轻量化。大量使用了硬铝合金（飞机制造部材），后来发现海水对其腐蚀较为严重，以后又替换为纯铝板材。龙骨模仿夕张号采用宽度较大的复合板式。

8. 桅樯采用相当坚固的三脚式，舰桥下方设士官居住区，提升其舒适度与生存力。

特型的建造从 1926 年开始，以后每年都建造数艘，直至 1933 年，军方及民间造船厂都有参与。根据 1928 年日本海军的新命名基准，特型大多以天气现象命名（在以前的驱逐舰上已用过）。在进入水雷战队服役之后，其优良性能——特别是远航能力深受部队官兵好评，在伦敦裁军会议期间也受到西方海军的重视。然而，在“友鹤事件”、“第 4 舰队事件”将日本军舰设计的复原性弱点大暴露之后，特型驱逐舰都被送回船厂进行改造。也有相当多的人指责藤本喜久雄在舰体结构轻量化方面是走得太远了。完成改造后的特型仍然担当水雷战队的战斗主力，最后几乎都在太平洋战争中战沉。

▲ 在日本制钢所——广岛制作所中制造的 127mm 舰炮的发射药筒。在军舰上的炮塔火药库中，发射药筒也是按照这个样子堆放保存的。

摄于10月21日，第20驱逐队进行训练时的姿态。领头的夕雾号是旗舰，左面是天雾，右面是朝雾。罗经舰桥上是九四式方位盘与2米测距仪，舷外电路也已经设置完毕，整个驱逐队意气风发，只等开战了。

▲吹雪型使用的三年式127mm双联装炮是划时代的强火力驱逐舰舰炮，这是狭雾号。

▶吹雪型使用的610mm十二年式改一型三连装鱼雷发射管，每艘共有3座，一次可齐射9条鱼雷、装备鱼雷18条。

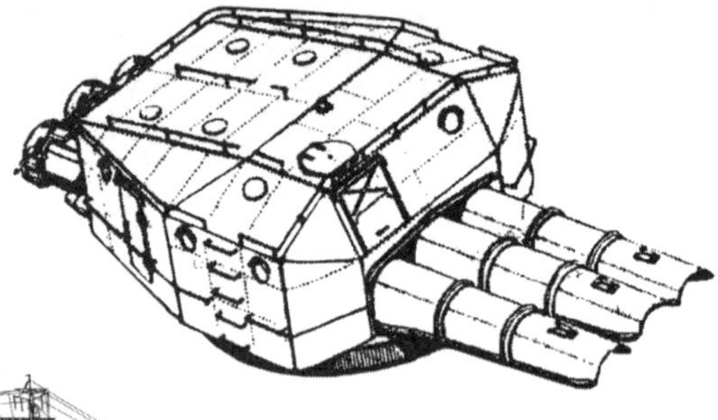

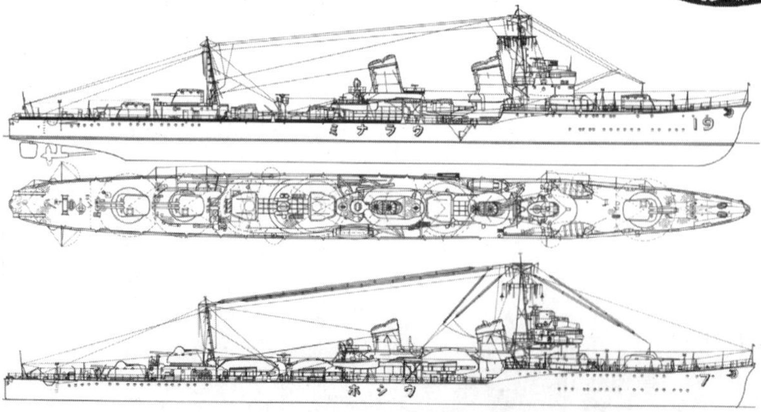

◀吹雪型驱逐舰细节线图（上为1936年的浦波号，下为潮号）。

(1) 吹雪(2代)（ふぶき）

1923年列入计划，由海军舞鹤造船厂制造，于1928年8月10日竣工，划分为一等驱逐舰。开战时属于第3水雷战队，参加了马来半岛攻略作战。1942年参加了炮击瓜岛等作战，向瓜岛、肖特兰岛进行输送。1942年10月17日参加萨沃岛海战，被击沉，舰长以下226人战死，同年11月15日除籍。

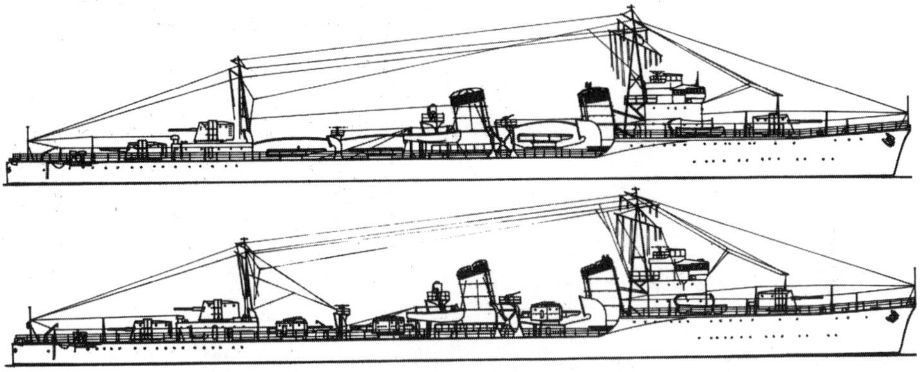

▲1928年和1935年的吹雪号线图对比。

▲1940年1月17日在丰后水道海域伴随第2航空战队训练时发射鱼雷的吹雪号。可以看到3座三联装鱼雷发射管全部转向左舷，海水中已有3道鱼雷航行轨迹，而第4条鱼雷刚刚由1号鱼雷发射管射入海中。当时吹雪号装备的鱼雷是90式，还未能换装九三式氧气鱼雷，而且很可能直到战沉为止都没有换装。

▲1932年7月28日正驶出横须贺的吹雪号，当时该舰正跟随第2舰队前往馆山参加夏季航海训练。注意其烟囱已实施了改造。

(2) 白雪(2代)（しらゆき）

1923年列入计划，由横滨造船厂制造，于1928年12月18日竣工，划分为一等驱逐舰。开战时属于第3水雷战队，参加了南洋攻略作战。1942年参加了炮击瓜岛等作战，向瓜岛、肖特兰岛进行输送。1942年11月14日参加了第三次所罗门海战。1943年2月28日向莱城进行输送的途中，在克莱琴角附近被盟军战机击沉，32人战死，同年4月1日除籍。

▲1931年9月上旬驶出横滨港的白云号。当时该舰属于第2水雷战队，正前往横须贺与联合舰队主力会合。

(3) 初雪(2代)（はつゆき）

1923年列入计划，由海军舞鹤造船厂制造，于1929年3月30日竣工，划分为一等驱逐舰。开战时属于第3水雷战队，参加了马来半岛攻略作战及泗水海战。1942年10月17日参加萨沃岛海战，11月14日参加第三次所罗门海战，随后参与瓜岛撤退作战。1943年6月从事向布干维尔岛进行运输的工作，7月17日向布因卸载物资的时候，遭到盟军战机空袭，命中数弹后沉没，82人战死，同年10月15日除籍。

▲初雪号公试航行接近尾声，舰上仍有不少测试装备。

(4)
深雪
（みゆき）

1923年列入计划，由浦贺船渠制造，于1929年6月29日竣工，划分为一等驱逐舰。1932年12月1日配属于第2水雷战队第11驱逐队。1934年6月29日在演习中与电号驱逐舰相撞，沉没于济州岛南方海域，同年8月15日除籍。

▲1931年9月5日，驶出横滨港的深雪号。从这个角度可以清楚地看到舰艏干舷外板的飞展外沿。可以看到角度稍有倾斜的烟囱，尽管不如夕张号轻巡的大角度倾斜联结式烟囱那样令人印象深刻，但也体现了一定的藤本喜久雄的设计思路。舰尾两座炮塔采用背负式设置。只有前桅樯是三脚式的，后桅仍然是单柱式。

(5)
丛云（2代）
（むらくも）

1923年列入计划，由藤永田造船厂制造，于1929年5月10日竣工，划分为一等驱逐舰。开战时属于第3水雷战队，参加了马来半岛攻略作战。1942年5月27日参加中途岛海战，返回后参加瓜岛运输，10月17日在从瓜岛返回的途中遭到美军战机空袭，被鱼雷击沉，同年11月15日除籍。

(6)
东云（2代）
（しののめ）

1923年列入计划，由海军佐世保造船厂制造，于1928年7月25日竣工，划分为一等驱逐舰。开战时属于第3水雷战队，参加了马来半岛攻略作战。1941年12月17日在博尔诺湾遭到美军战机攻击而沉没，238人战死。1942年1月15日除籍。

▲1930年的东云号，当时隶属于第12驱逐队。

(7) 薄云(2代)(うすぐも)

1926年列入计划，由石川岛造船厂制造，于1928年7月26日竣工，划分为一等驱逐舰。1940年在中国南方作战时触雷大破，修理到1942年7月30日，被编入第1水雷战队第21驱逐队，前往阿留申群岛作战，以后一直在北方海域活动。1944年7月7日在择捉岛北方被美军潜艇的鱼雷命中而沉没，同年9月10日除籍。

▲1944年的薄云号线图。

▲1927年12月26日，在石川岛造船厂举行进水仪式的薄云号。从这个角度拍摄这艘驱逐舰简直有类似大型战舰的雄姿。

▲1928年8月的薄云号，刚下水不久。舷外电缆还未安装，而传声管则一直延伸到1号炮塔里面去。

(8)
白云(2代)
(しらくも)

1926年列入计划，由藤永田造船厂制造，于1928年7月28日竣工，划分为一等驱逐舰。开战时属于第3水雷战队，参加了南洋攻略作战。1942年3月1日参加了泗水海战，随后前往印度洋作战。5月27日参加中途岛战役，后转往所罗门群岛作战。1944年3月16日被美军潜艇命中鱼雷而沉没，同年3月31日除籍。

(9)
矶波(2代)
(いそなみ)

1926年列入计划，由藤永田造船厂制造，于1928年6月30日竣工，划分为一等驱逐舰。开战时属于第19驱逐队，参加了马来半岛攻略作战。1942年5月27日参加中途岛战役，后转往特鲁克、拉包尔作战，向瓜岛运输。1943年3月31日前往泗水为船队提供护航，结果于4月9日被美军潜艇命中鱼雷而沉没，同年8月1日除籍。

▲1939年的矶波号。尽管已经下水服役很多年，但不要说雷达、声呐这样的装备，就算是鱼雷发射管上的防护罩板都还没有安装。

▲竣工不久的矶波号。

(10)
浦波(2代)
(うらなみ)

1927年列入计划，由海军佐世保造船厂制造，于1929年6月30日竣工，划分为一等驱逐舰。开战时属于第19驱逐队，参加了马来半岛攻略作战。1942年5月27日参加中途岛战役，后转往特鲁克、拉包尔作战，向瓜岛运输。1944年转往南洋，于10月26马尼拉大空袭中被美军战机击沉，同年12月10日除籍。

▲1943年的浦波号线图。

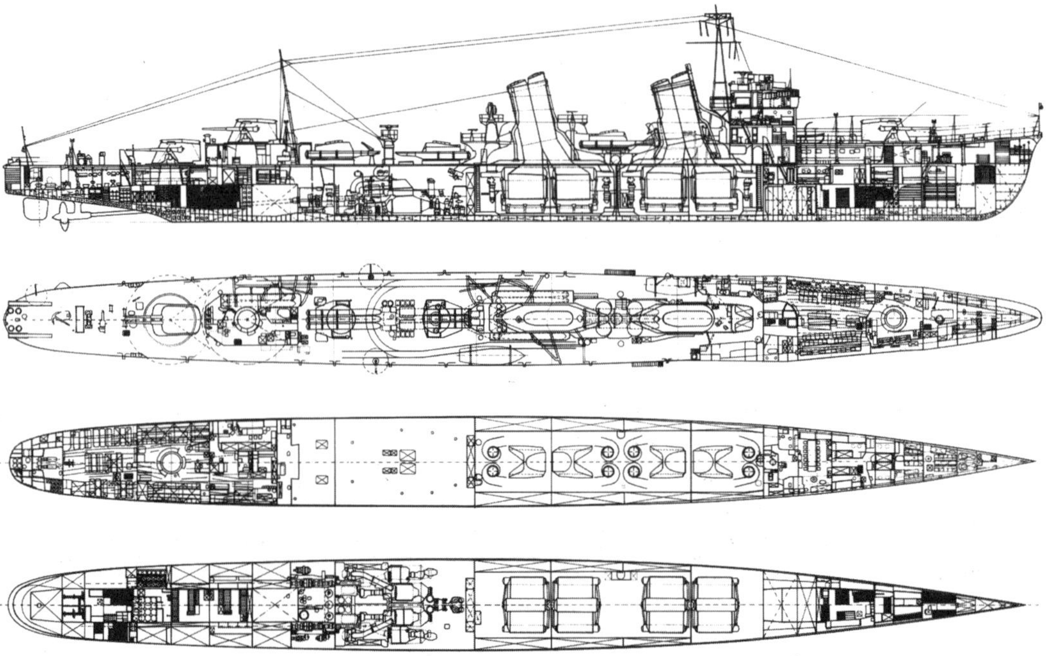

▲1936年的浦波号内部结构线图。

▲1931年9月的浦波号，可以清楚地看到舰艏向外伸展的外舷。

(11) 绫波(2代)(あやなみ)

1927年列入计划，由藤永田造船厂制造，于1930年4月30日竣工，划分为一等驱逐舰。开战时属于第19驱逐队，参加了马来半岛攻略作战。1942年5月27日参加中途岛战役，11月14日参加了第三次所罗门海战，呼应第4舰队对瓜岛机场的炮击行动，突入萨沃岛西部海域与美军军舰交战，结果于11月15日在萨沃岛附近被击沉，同年12月15日除籍。

▲1930年4月30日的绫波号，尽管系留绳仍未松开，但烟囱中冒出的烟雾说明此舰正准备启航。

(12)
敷波（2代）
（しきなみ）

1927年列入计划，由海军舞鹤造船厂制造，于1929年12月24日竣工，划分为一等驱逐舰。开战时属于第19驱逐队，参加了马来半岛攻略作战。1942年5月27日参加中途岛战役，随后又参加第三次所罗门海战。1943年主要以泗水为根据地活动。1944年6月1日参加浑作战，9月12日在中国海南岛东部海域被美军潜艇命中鱼雷而沉没，同年10月10日除籍。

▲1929年11月13日，正在舞鹤港外波涛汹涌的海面上全力进行公试航行的敷波号。从舰尾浪高来看当时该舰的航行速度相当快。2根烟囱都吐出黑烟，表明锅炉正在进一步加热以提高航速。对比以前的照片可以发现鱼雷发射管上已经安装了防盾，使操作员免受海浪影响。

(13)
朝雾（2代）
（あさぎり）

1927年列入计划，由海军舞鹤造船厂制造，于1930年6月30日竣工，划分为一等驱逐舰。开战时属于第3水雷战队，参加了马来半岛攻略作战。1942年5月27日参加中途岛战役，后转往瓜岛作战。1942年8月26日在向瓜岛运输物资的途中，在拉莫斯岛附近遭到美军战机攻击，右舷被命中炸弹而沉没，同年10月1日除籍。

▲1932年，正在驶出横须贺港的朝雾号，可能是拍摄于当年2月，该舰跟随第8舰队前往中国参加“一·二八”事变军事行动。

▲1936 年 3 月 25 日的朝雾号。日本海军旗挂在了后桅上，而不是在舰尾，这一点似乎并没有明确定规。

(14) 夕雾(2 代)(ゆぎり)

1927 年列入计划，由海军舞鹤造船厂制造，于 1930 年 12 月 3 日竣工，划分为一等驱逐舰。1935 年 9 月 26 日“第 4 舰队事件”中，夕雾的舰艏被切断，后被修复。开战时属于第 20 驱逐队，参加了马来半岛攻略作战。1942 年 5 月 27 日参加中途岛战役，后转往瓜岛作战。1943 年 11 月 25 日参加圣乔治海峡海战，被美军炮弹命中而沉没，同年 12 月 15 日除籍。

▲1930 年 11 月 19 日，公试航行中的夕雾号。作为特二型驱逐舰，夕雾号所采用的舰炮炮塔是三年式 127mm 双联装 B 型改，无论是重量还是体积都很大。

▲ 夕雾号（前）与朝雾号在海面上高速并驾齐驱，展开阵型。日本海军设想的大规模鱼雷突击战毫无疑问是各驱逐队进行演练的重点内容，但战争并没有按照他们自以为是的设想来进行。

(15) 天雾（あまぎり）

1927 年列入计划，由石川岛重工造船厂制造，于 1930 年 11 月 10 日竣工，划分为一等驱逐舰。开战时属于第 20 驱逐队，参加了马来半岛攻略作战。1942 年 5 月 27 日参加中途岛战役，后转往瓜岛作战。1943 年 8 月 2 日在向科隆邦加拉岛执行运输任务的途中，将美军鱼雷艇 109 号击沉，日后的美国总统肯尼迪就是这艘鱼雷艇的中尉艇长，他在海上漂浮多日后侥幸被救起。1944 年转往南洋作战，于 4 月 23 日在望加锡海峡触水雷爆炸而沉没，同年 6 月 10 日除籍。

▲ 1941 年，参加第 3 水雷战队训练的天雾号（近处）和朝雾号。

(16) 狭雾（さぎり）

1927年列入计划，由浦贺船渠制造，于1931年1月31日竣工，划分为一等驱逐舰。开战时属于第20驱逐队，参加了马来半岛攻略作战。1941年12月24日在文莱湾进行对潜警戒时，被荷兰海军K16潜艇命中鱼雷而沉没。1942年1月15日除籍。

▲1932年，驶出横须贺的狭雾号，该舰当年与涟号共同编成了第10驱逐队。11月30日，晓号也加入了第10驱逐队。照片拍摄时，该驱逐队还未编入水雷战队，因此烟囱上还没有白色识别线。

▲1940年的狭雾号。它是日本海军最早损失的作战舰艇之一。

(17)
胧（2代）
（おぼろ）

1927年列入计划，由海军佐世保造船厂制造，于1931年10月31日竣工，划分为一等驱逐舰。开战时属于第1航空战队第7驱逐队，作为着舰训练飞行警戒舰使用，并参加关岛攻略作战。1943年9月转往阿留申群岛作战，于10月17日在基斯卡岛北部海域遭到美军战机攻击而沉没，同年11月15日除籍。

(18)
曙（2代）
（あけぼの）

1927年列入计划，由藤永田造船厂制造，于1931年7月31日竣工，划分为一等驱逐舰。开战时属于第1航空战队。1942年3月1日参加泗水海战，5月8日参加珊瑚海海战，6月8日参加支援阿留申群岛攻略行动。1943～1944年间以特鲁克为根据地活动。1944年11月5日在马尼拉遭到美军舰载机攻击导致舰体大破，丧失行动能力，11月13日再次遭遇攻击而沉没。1945年1月10日除籍。

(19)
涟（2代）
（さざなみ）

1927年列入计划，由海军舞鹤造船厂制造，于1932年5月19日竣工，划分为一等驱逐舰。开战时属于第1航空战队，参加了1941年12月8日炮击中途岛的行动。1942年3月1日参加泗水海战，随后参加瓜岛运输。1944年1月12日由拉包尔出发护卫运输船队，14日被美军潜艇大青花鱼号（SS-218Albacore，这艘功勋卓著的大青花鱼号潜艇在几个月后的马里亚纳海战中又击中了大凤号航空母舰，并引起后者内部爆炸而沉没）发射的鱼雷命中而沉没。1944年3月10日除籍。

▲1940年4月5日的涟号。其前桅瞭望台的位置，可以作为这艘驱逐舰的识别标识。

(20)
潮（2代）
（うしお）

1927年列入计划，由浦贺船渠制造，于1931年11月14日竣工，划分为一等驱逐舰。开战时属于第1航空战队，参加1941年12月8日炮击中途岛的行动。1942年3月1日参加泗水海战，5月8日参加珊瑚海海战。1944年10月21日参加莱特大海战，并一直战斗到战争结束，被誉为与雪风号齐名的幸运舰。1945年9月15日除籍。

快舰强炮

特型驱逐舰能够诞生，要得益于日本海军在《华盛顿海军条约》签订以后，痛感主力舰吨位被限定在只有英美七成的条件下，无论怎样钻漏洞去瞒天过海，终究也不可能扭转面对英美海军联合的劣势。为了在预想中的对马海战式主力舰队大决战（日本海军的“光荣梦想”）之前削弱敌舰队的实力，必须依靠由高速、强雷装的夜战队（即第2舰队）先行冲击敌主力舰队，利用鱼雷突击先大举削弱敌主力的实力，并使其队形混乱，为大决战创造有利条件。但是敌主力舰队显然不会没有轻型军舰所组成的战队来保护，这些辅助战队很可能在日本海军现有鱼雷发射距离之外组成防线，在鱼雷发射之前便击破夜战队。日本海军对此的应对措施有三项：

1. 将重巡洋舰战队编入夜战队。发动太平洋战争后，以第2舰队的妙高级、高雄级、最上级、利根级各舰编成的各重巡战队，其任务就应该是在进行夜间突袭时以其雷炮率先冲破敌辅助战队防线。

2. 研制射程极远的氧气鱼雷，能够在防线之外的遥远距离向敌主力战队发射鱼雷，由此诞生的就是众所周知的九三式氧气鱼雷，它能以40节高速航行30千米以上。不过，问题在于发射距离越远，则命中率越低，要保证杀伤效率，驱逐舰以高速抵近敌舰队发射鱼雷仍然是必要的。

3. 为了让驱逐舰能够凭借自身火力冲入敌舰队防卫圈，对敌舰队近距离实施雷击，驱逐舰本身也有必要装备强力主炮，这就是首先出现在特型驱逐舰上的三年式50倍径127mm双联装舰炮。

同一时期，美国海军开始计划在驱逐舰主炮和主力舰（如尤他级和阿肯色级战舰）副炮位置上采用127mm炮，因此日本海军采用同口径火炮显然是出于一种“口径绝不能小于美国军舰”的对抗意识（这种意识最后一直发展到创造纪录的大和级460mm口径的巨炮上）。

如前文所述，新型驱逐舰炮的研制也受到1923年下水的划时代新型轻巡洋舰夕张号的影响。轻巡夕张号是以藤本喜久雄偏爱的“小舰体、强火力”为特色，其三年式140mm双联装舰炮以背负式成对安装在前后甲板上，同样采用了四面封闭的HT钢（其厚度达到驱逐舰炮塔所不能比的10mm）进行防护，以电动机驱动时可以每秒4度进行转动。所以这两种分别提供给新式轻巡洋舰和新式驱逐舰的炮塔，可视为是大哥与小弟的关系。

新式驱逐舰主炮的研制于1924年4月由海军军令部提出，吴海军工厂炮工部负责，而后者早在1923年就试研制了50倍径13厘米炮（英炮，这里的“13厘米”实际口径是127mm）与炮架。此试研工作在1924年

胧号上的观望台（小艇吊架上方），悬挂于舰桥外侧。从这里可以很方便地观察舰后部及后方情况。被包裹着的探照灯位于2号烟囱后方，专门有一个台架提升其高度。

中止，炮工部转而试做2座三年式（囊炮）13厘米（实际是127mm）炮身与1台A型双联装炮架。在试研工作还未完成之前，便已内定采用“囊炮”，其正式名称为“十三式一二厘炮”，1929年11月13日赋予其新名称“50口径三年式一二厘七炮”。上述所谓的荚炮与囊炮的区别就在于，一直以来作为日本驱逐舰主炮的45口径三年式120mm炮，药荚（发射药）与弹头是合装的铜（合金）制炮弹，所以称为荚炮，而50口径三年式127mm炮则采用药囊（发射药包），发射药与炮弹被分开来了。囊炮的发射药装在编织物袋中，绝对要小心操作，发射药与弹要分两次进行装填，显然大大影响到发射速率。然而为什么要在前期研制13厘米荚炮已经取得进展的情况下，中止其研制而转向降低发射速度的囊炮呢？理由是显而易见的，新式127mm炮比原120mm炮的装药量要多出50%（6～7千克），如果继续采用一体式的荚炮，则其批量制造时的耗铜量将大为增加，而日本在战时要获取足够的铜类金属资源是很成问题的，所以改用囊炮是不得已而为之。

▲胧号上的甲板。注意其鱼雷发射管、甲板上弯曲的鱼雷输送轨及舰身中部的测距仪。

从特型开始，之后的日本驱逐舰均在主炮上安装有四面全部防护的防盾，其主要目的在于减少海浪的影响。在大正年间日本海军发布的《炮术年报》或《海军公文备考》中，每年都可以看到有操炮员被海浪击中，身负重伤，或者干脆被大浪卷走，下落不明的记载。睦月型驱逐舰尽管将适应“机雷战”的勺形舰艏改成了双飞剪艏形，力图改善凌波性能，但是从保护船员的角度出发这并不是根本之计，要彻底解决此问题还是得依靠密闭型的主炮防盾。不过特性驱逐舰的防盾厚度只有3.2mm，不要说对炮弹了，就是对弹片或机枪子弹都谈不上有太大的防护作用。所以也有人说“毫无防护力的盾板压根不能称为炮塔”。但是在日本海军的正式记录中还是将其称为“50口径三年式一二厘七连装炮塔”，反正它的样子就像是个炮塔，那么管它有没有防护力，称其为炮塔总比称为盾板感觉让人舒服。此炮塔通过电动油压泵进行回转、俯仰，俯仰速度为每秒12度，旋转速度为每秒6度。与特型开始安装的方位盘瞄准具相连接（从特二型开始采用真正的射击指挥装置），当然在方位盘发生故障等情况下，也可以通过炮塔左侧瞄准口上的瞄准具进行测瞄。127mm联装炮塔分为A、B、C、D四个型号。A型的最大仰角为40度，俯角7度，属于完全的水上战斗专用炮塔，证据是用来射击飞机的定时信管压根没有配给特一型驱逐舰。从绫波开始的特二型到特三型，直至初春型4艘都装备了B型炮塔，B型炮塔的特征是最大仰角为75度，有利于对空射击，两个炮管可以各自俯仰。关于对空射击的问题，1927年的军备限制委员会在国会进行答辩时称是为了应对世界范围内航空兵的发达，以及受到英美驱逐舰装备高仰角火炮的刺激。当然，50口径三年式一二厘七连装炮塔在进行高仰角射击时也会面临问题，即必须将炮身返回仰角 10 度，才可以再进行装填（炮手在装填时还必须要使用所谓的“装填杖”），因此进行高仰角射击的发射间隔时间就比较长。再加上发生了“友鹤事件”之后，为了改善特型驱逐舰重心太高的问题，搭载 B 型炮塔的特二、特三全部改用了较为轻量化的 C 型炮塔。C 型炮塔仍然可以炮管各自俯仰，但是最大仰角只有 55 度了，添加了一个炮长用观测塔。C 型炮塔的装备范围就更广了，除了特二、特三之外还包括 2 艘有明型、10 艘白露型，最后是阳炎型 19 艘。D 型炮塔（装备夕云型驱逐舰）则是配合舰桥上安装的九九式 3 米高角度用测距仪，最大仰角再度达到 75 度，并且在炮塔内加装了利用机械力设定定时引信的装置。然而 D 型炮塔仍然是在并不适合对空射击的 C 型炮塔上改进而来，其最大的弱点在于实战中发射速度只有 4 ~ 5 发 / 分（日本资料一概声称其发射速度为 10 发 / 分），这样的射速在特别讲究单位时间内火力密度的对空战斗中是很难凑效的。而美军研制的 VT 近炸引信，则将使得太平洋战争中美日双方同样口径的 127mm 舰炮的对空防御水平拉大至天壤之别的程度。

有趣的是，同样于 1927 年列入计划的高雄级重巡洋舰也和特二、特三一样计划使用高仰角的三年式双联装炮塔 E（当然口径不同，是 203mm），其最大

▲ 胧号上的观望台，悬挂于舰桥外侧。从这里可以很方便地观察舰后部及后方情况。

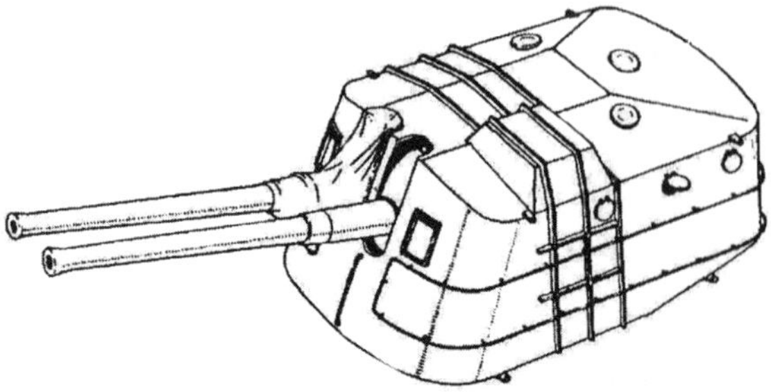

▲ 吹雪型使用的三年式 127mm 双联装 A 型炮塔线图。

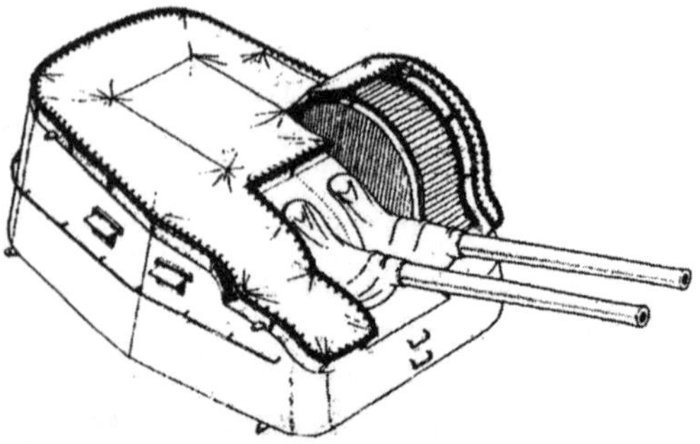

▲ 初春型使用的三年式 127mm 双联装 B 型炮塔线图，这款炮塔特征是最大仰角为 75 度，有利于对空射击。

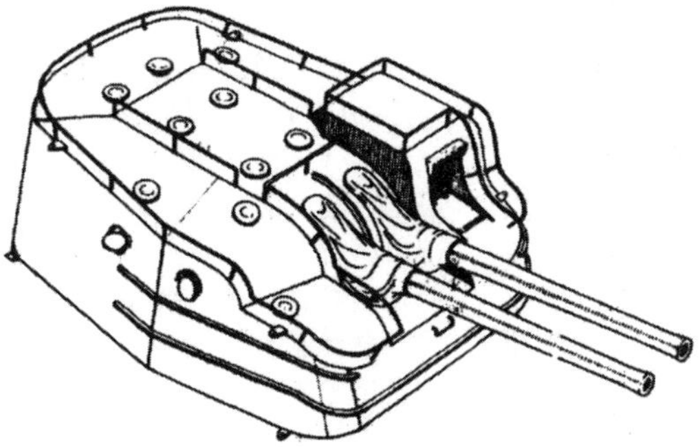

▲ 白露型使用的三年式 127mm 双联装 C 型炮塔线图，与 B 型相比，更加轻量化。

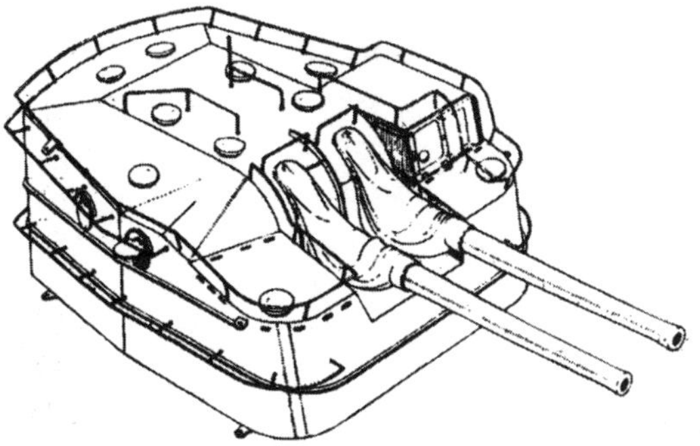

▲ 阳炎型使用的三年式 127mm 双联装 C 型炮塔线图，与白露型使用的略有不同。

正在进行舰上作业的浦波号，为方便清洁工作，所有主炮均指向右舷。吹雪型的火炮装备级别相比过去的驱逐舰大为提高。

仰角达到 70 度，可是它也遇到了同样的问题且规模翻倍——发射速度比 127mm 炮还要慢得多，俯仰速度只有 4 度 / 秒，1 号舰高雄号落成后很快发现这个慢腾腾的炮塔在防空战斗中压根无用，于是从 3 号舰摩耶号到最上级、利根级重巡洋舰的炮塔最高扬角又改为 55 度。如果日本海军先吸取特型驱逐舰上 B 型炮塔改 C 型的教训，那么在重巡洋舰上的这番折腾可能就能避免了，不过众所周知，要让日本人吸取教训，这点小“苦头”可办不到。

三年式 127mm 双联装炮在日本驱逐舰上首次采用了自动供弹机，供弹机、给弹口与炮塔实现一体化，所以给弹口保持在操炮员的前侧。供弹方式是由电动机传力给受动器，推动扬弹机将给弹口的炮弹推入连接轴导轨底部，然后导轨上的推杆运作（由曲柄轴带动）交替着将炮弹一级一级地推到弯曲朝上的导轨顶端，最后放入弹台。如果电动机或者传动装置发生故障，也可以切换离合器，然后通过人力转动把手来供弹。弹台可以容纳 5 发炮弹，为了避免擦碰或交错放置，前一发炮弹发射完毕之后，下一发由操炮员搬运到炮尾进行装填。1 号炮手首先拉开闭锁尾栓，以尾栓轴为中心旋转拉出尾栓。将炮弹装入炮膛，用装填杆将其推至炮膛前导槽内，然后从火药罐或者火药盒中取出发射药（只要接触一丁点火星就会发生大爆炸，所以得加倍小心，仔细处置——大口径舰炮一直伴随着这种危险，直到1989年美国海军的伊阿华号战列舰还发生了发射药自爆炸毁406mm主炮，炮塔上的47人遇难的事故），装入绢制或毛制的药囊（发射药包）之中，引火药在其后，随后装填进入炮膛，再放入引信装置，就进入随时待发的状态了。顺便说一句，装发射药的火药罐是由日本制钢广岛制作所研制、吴海军工厂批量生产的，一开始是用黄铜做材料，不过，即使是能够回收再利用，火药罐使用黄铜对于资源缺乏的日本来说都显得浪费，于是从大正末年开始就改用住友伸铜钢公司研制的铝合金材料。三年式127mm双联装炮的炮身则是由吴海军工厂与日本制钢所联合制造，前者从1928年研制成功并开始生产，1930年日本制钢所开始批量生产，到1937年为止，吴海军工厂制造了159门，日本制钢所制造了166门。至于炮塔，则是在吴、横须贺、佐世保等各海军工厂中进行制造。三年式127mm双联装炮所使用的炮种当中并没有主力舰主炮所使用的那种穿甲弹，而是相当于陆军火炮所用榴弹的3号通常弹与4号通常弹。3号通常弹在太平洋战争中日军炮击瓜岛亨德森机场时大量使用过，本来是防空用弹种，内部填充有大量可燃烧的橡胶子弹，以定时引信在预定位置将大量子弹射向前方，以127mm炮来说就是让43个子弹以10度左右的角度向前方散飞，每个子弹以3000度左右的温度燃烧大约5秒钟，烧尽的子弹在0.5秒后再炸裂产生弹片进行二次杀伤。四式通常弹则是将三式通常弹所使用的橡胶以黄磷等燃烧物替代，显然也有节省橡胶资源的考虑，不过其杀伤半径就从三式的54米直降到只有13米左右。三年式127mm双联装炮还可发射烟幕弹和照明弹，烟幕弹是将金属钠发射到海面上与海水发生化学反应后产生烟雾，一枚烟幕弹中大约有金属钠1200克，所产生的烟雾能够覆盖高60米、宽150米左右的海面。照明弹则可挂在降落伞上照明20秒左右，其亮度达到六七万支蜡烛的烛光。引信则有定时引信（用于对空射击）和八八式引信（用于对水面舰艇射击），至1934年又追加了照明弹用定时引信。八八式引信管从1928年研制成功并装备部队以后，日本海军一直使用到1945年战败为止，其采用着发式信管，除非在发射前将八八式引信侧部的安全针拔除，然后通过发射后的离心力解除离心子轴上的安全栓，否则绝对不会爆炸，所以从安全性上来说还是蛮不错的。

特型驱逐舰于20世纪20年代末期陆续服役之后，其3座三年式127mm双联装炮作为其强悍武装的一部分，给全世界的海军强国都留下了深刻印象。此时美国海军的驱逐舰主力，仍然是建造于一战后的克莱蒙森（Clemson）等型号，其性能参数是排水量1200吨、4门102mm炮和4座三联装（即12个）533mm鱼雷发射管，只相当于日本峰风型系列早期型号的水准，可以说是远落后于特型驱逐舰了。而在整个20世纪20年代中，美国海军一直没有研制过更新型的驱逐舰，大概是受了特型的刺激，才在1933年搞出了法拉格特（Farragut）级驱逐舰，又在3年后进一步推出了性能更为卓越的波特（Porter）级驱逐舰。法拉格特级的主炮装备是127mmMK12单管炮5座（不过其炮塔之防护性能同样不足），同样可以对空、对水面射击，理论发射速度为15发/分，要比特型高出一截。波特级的主炮装备则更上一层楼，为127mmMK12双联装炮4座，相应地排水量也增加到2000吨以上。不过美国人发现其新式驱逐舰同样有重心不稳的问题，因此对波特级的炮塔采取轻量化措施，最大仰角下降到35度，和换装了C型炮塔的特型驱逐舰一样基本丧失了依靠主炮对空射击的能力。和日本海军发生“友鹤事件”、“第4舰队事件”类似，美国海军也在1944年12月18日遭遇过类似的事故，法拉格特级的赫尔号（DD-350）、莫纳根号（DD-354）与弗莱彻级的斯彭斯号（DD-512）在菲律宾遭遇科普拉台风而倾覆沉没。所以如波特级刚建成时前后桅都是三脚式，到了二战中将其后桅拆掉，前桅改为单柱式，这一系列辛苦的改造都是为了降低其重心，增加稳定性。与此相对，日本驱逐舰倒是在战前都完成了类似的改造，在战争中其适航力表现颇佳。英国皇家海军追赶特型的脚步更慢一些，直到1941年L级和M级才各竣工8艘，其排水量达到创纪录的2700吨，主炮为50口径的120mmMK6型双联装炮3座，才算超越了特型的火力。而且MK6型舰炮也是英国驱逐舰舰炮第一次实现了四周全防护（此前的英国驱逐舰舰炮仍然是后部敞开的），拥有最高达50度的高低射界。当然，在此论述日本特型驱逐舰比西方海军提前多年拥有强炮装的同时，不应忘记这些强炮装在太平洋战争中并没有太多机会发挥其威力，同时特型再如何厉害也只制造了24艘，而美国2000吨的弗莱彻级一口气便制造了175艘。归根结底，拼了命地追求强炮武装，只不过是日本军队在实施侵略冒险行动前，给自己壮胆的行为而已。

▲ 夕雾号驱逐舰的后半部特写。远处可见有第 1 战队的长门型战列舰正在航行中，可能正在展开队形。

▲ 拍摄于1931年9月5日，在横滨港集结的特型驱逐舰群，此时它们都属于第2水雷战队。前排从右边开始是东云号、薄云号、丛云号。在东云号后排从右边开始是初雪号、吹雪号、白雪号，再后面是深雪号。这一时期的特型驱逐舰的前桅观察所的位置有高有低，1号烟囱上的厨房排气口的形状也不尽相同，可以据此进行各舰识别。昭和初年，以12艘特型驱逐舰组成的第2水雷战队最为强悍，是对敌主力舰队实施夜间鱼雷突袭战的主力，不过到了太平洋战争爆发时，其地位已大多被更强悍的阳炎型驱逐舰所替代。

▲ 一左一右停泊的绫波号、敷波号。在非勤务状态时，可见炮塔左侧观瞄口上放着一块挡板。

晓（あかつき）型

如前所述，1927 年列入计划的吹雪型最后 4 舰因对舰型进行了一些更改，被非正式地称为“晓型”或者“吹雪改型”，同时也被称为“特三型”，与吹雪型的特一、特一改（只有浦波一艘）、特二共同组成特型驱逐舰的完整阵容。吹雪型的舰桥封闭化、大型化趋势，在晓型上得到了进一步强化。晓型竣工时就给鱼雷发射管装了防盾，罗针舰桥上安装了性能更先进的舰炮射击及鱼雷射击指挥装置，并在竣工后实施了简化舰桥装置、撤去传声管等工作。晓型驱逐舰的这些改进使得其全舰重量进一步增加，导致其续航距离与竣工时相比有所下降。特型驱逐舰在续航能力上的问题将在日本海军研制的更先进的驱逐舰上进行重点改善。

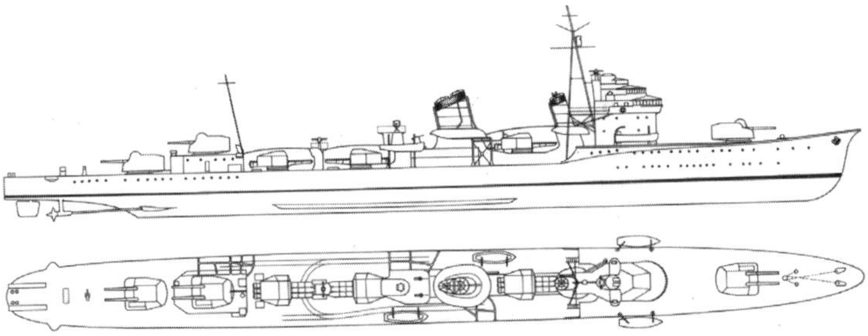

▲ 刚刚建造完成的晓型驱逐舰线图。

晓型性能参数

排水量： 1680 吨
舰长： 118 米
舰宽： 10.4 米
平均吃水： 3.2 米
主机： 舰本式减速齿轮汽轮机 2 座 2 轴，总功率为 50000 马力
主锅炉： 吕号舰本式重油水管锅炉 3 座
燃料搭载量： 重油 475 吨
最大航速： 38 节
续航能力： 14 节 /4500 海里
武器：
127mm/50 口径双联装炮 3 座
7.7mm 机关枪 2 座
610mm 三联装鱼雷发射管 3 座
乘员： 233 名

▲ 1941 年 10 月，正在丰后水道进行训练的第 1 水雷战队。最靠前的响号，其后是第 6 驱逐队的晓号、雷号、电号，它们正在右转舵航行。晓号前桅的速力标显示正以第二战斗速度前行。

(1)
晓(2代)
(あかつき)

1927年列入计划，由佐世保造船厂制造，于1932年11月30日竣工，划分为一等驱逐舰。开战时属于第1水雷战队，参加了南洋攻略作战。1942年2月27日参加了爪哇海战，5月26日参加基斯卡岛攻略战，随后转往瓜岛海域参加了多次海战，11月12日在第三次所罗门海战中，于萨沃岛南方被美舰炮火击沉，同年12月15日除籍。

▲1941年10月，正在丰后水道日夜不停地进行训练的晓号。可以看出其舰桥结构明显缩小，炮塔从B型换成了C型。这张照片是从僚舰响号上拍摄的，在背景处还隐约可见同属第1水雷战队的雷号、电号。

(2)
响(2代)
(ひびき)

1927年列入计划，由海军舞鹤造船厂制造，于1933年3月31日竣工，划分为一等驱逐舰。开战时属于第1水雷战队，参加了南洋攻略作战。1942年6月12日在基斯卡被美机炸伤，修理完成后参加了1943年7月的基斯卡撤退作战，其后转往特鲁克、达沃作战。1945年3月19日在广岛湾遭遇美军大空袭，没有受伤，平安迎来了战争结束。1945年10月5日除籍。战后作为赔偿舰交给了苏联海军，改名真实号，但很快就退役了。

▲1941年12月11日的响号，开战之初正准备进行海上补给。相对于其自身幸存至战后的好运，与其协同作战过的军舰都沉没了，因此响号也被视为瘟神。这当然不能责怪响号，毕竟这场必败的战争不是驱逐舰发动的。

▲特三型驱逐舰响号，过时的传声管已经被撤去了。

(3)
雷（2代）
（いかづち）

1927年列入计划，由浦贺船渠制造，于1932年8月15日竣工，划分为一等驱逐舰。开战时属于第1水雷战队，参加香港及南洋攻略作战。1942年3月1日参加了泗水海战，6月7日掩护部队登陆基斯卡岛成功，11月12日参加第三次所罗门海战，后前往北方岛屿作战。1944年4月14日遭美军潜艇发射的鱼雷命中而沉没，同年6月10日除籍。

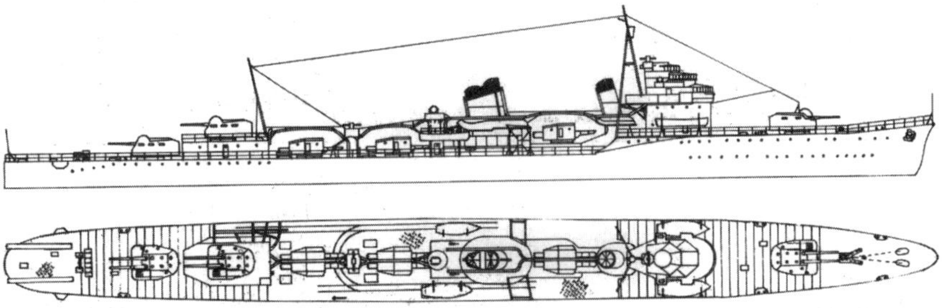

▲1934年的雷号线图。

▲1933年3月31日，停泊于横须贺港的雷号。一前一后不对称的两个烟囱是其最明显的外观特征。

(4)
电（2代）
（いなづま）

1927年列入计划，由藤永田造船厂制造，于1932年11月15日竣工，划分为一等驱逐舰。开战时属于第1水雷战队，参加香港及南洋攻略作战。1942年1月20日在达沃港附近与仙台丸相撞小破，修理完成后于3月1日参加了泗水海战，11月12日参加第三次所罗门海战。1944年5月14日遭美军潜艇发射的鱼雷命中而沉没，同年6月10日除籍。

"不死鸟"响号驱逐舰

响号驱逐舰在二战结束后被日军赔偿给了苏联海军，虽然它在远东服役的时间并不长，但显然是日本对苏赔偿的舰艇中最知名的一艘，原因在于响号原本在日本海军中已经享有"不死鸟"之名，与"超级祥瑞"雪风号驱逐舰堪称双璧。作为24艘特型驱逐舰中靠后的第22号舰，4艘特三型驱逐舰之一，响号与雪风号在战争中的遭遇区别其实蛮大的。雪风的"祥瑞"在于其不但不会沉，而且一次重伤（日文称"大破"）的经历都没有过。然而响号却是屡屡"大破"，但始终不沉，因此才号称"不死鸟"。

1933年3月31日，响号在舞鹤工厂完工，它与特三型晓号、雷号、电号一同编组为第6驱逐队，从属于第一舰队第1水雷战队，首任舰长是林立作少佐。太平洋战争前，第6驱逐队没有参加过战斗的记录。太平洋战争爆发后，响号与晓号结伴行动，1942年初参加了为中途岛主攻部队打掩护的北方阿留申群岛攻略行动。在中途岛战役宣告失败后，阿留申攻略部队为了争点面子决定去占领荒芜的基斯卡岛，但6月12日它们停泊在基斯卡湾的时候，美国海军派出了PBY卡特琳娜水上飞机前来投掷炸弹。响号在舰艏方向受到数枚近失弹水下爆炸冲击，吃水线以下损害颇大，1号双联装炮塔的前方呈现"大破"状态。这是响号的第一次"大破"。所幸进水不多，进行紧急处置之后响号返回了位于日本东北部的大凑港。大凑港为它安装了一个临时舰艏以利于航行，随后响号航行至横须贺工厂正式实施修复工程。横须贺工厂留下的记录称，投弹击中响号的是美军B-17空中堡垒轰炸机，但这是不可能的，美军在阿留申群岛这个次要战略方向只部署有PBY以及P40战机而已，换句话说如果真的是B-17投下的炸弹，响号可能已经玩完了。

修理工作直到10月10日才宣告结束，11月1日响号驶出横须贺港，护卫大鹰号航母（前身是春日丸特设航母，此时已改装完毕）往返特鲁克，12月10日新舰长森卓次少佐上任。1943年2月1日，响号又一次护卫大鹰号往返特鲁克，此时原先的友舰晓号已经在第三次所罗门海战中被击沉。4月1日，响号被编入第一舰队第11水雷战队，留在日本国内从事训练工作，但从5月开始，它前往千岛群岛从事反潜工作。接着响号不得不回到一年前有过痛苦回忆的阿留申群岛，美军在遥远的北方发动了反攻，难以支撑的日军需要将基斯卡岛上的守军撤回，最后该行动于7月末成功完成。11月25日，新舰长福岛荣吉少佐上任，随后带着响号前往特鲁克护卫航母飞鹰、龙凤以及水上飞机母舰千代田和各运输船队。1944年4月14日和6月10日，4艘特三型驱逐舰中的另外2艘——雷号、电号也被击沉了，剩下的响号可谓倍感孤独，但工作还是要做下去。5月10日，响号被编入第一机动部队（小泽航母舰队）的补给部队，参加了6月的马里亚纳海战。9月5日，响号从台湾高雄港出发，护卫一支运输船队前往马尼拉，以应对美军即将发动的菲律宾登陆战役。6日，在离台湾琉球屿灯塔8海里左右的海面上，美军潜艇向这支运输船队发动了攻击，首先是永治丸运输船被击沉，随即响号在舰艏位置挨了一枚鱼雷，导致舰桥之前的舰体结构整个都下垂了，所幸没有完全脱离，因此仍然没有沉没。9日，响号挣扎着返回了高雄港，由日本海军马公工作部的高雄分工厂技术人员进行紧急修理，它的1号127mm双联装炮被拆掉了，下垂的舰艏用起重机强行拉起，以补强材进行固定。随后响号返回横须贺港，再次实施大修。

修理工程进行到1945年初才完成，随后响号被编入第二舰队第2水雷战队第7驱逐队。此后，响号基本只待在濑户内海海域，与前来空袭的美军航母舰载机大编队交战。其表现倒是蛮成功的，至少没有美军炸弹能够命中响号。这样一直到3月29日，行驶在周防滩海面上的响号，碰上了一枚美军B-29轰炸机投下的磁性感应水雷。这枚水雷将响号再次炸得"大破"。虽然从外观上看没什么异常，但其整个舰体上已经到处开裂了，锅炉、主机、兵器都开始散架。然而令人万分惊诧的是，"不死鸟"响号还是没有沉！它挣扎着来到吴海军工厂修理，于5月20修理完毕，又在7月18日迎来最后一任舰长菌月肇少佐。8月15日日本投降时，响号还在新泻港内，坚守在防空岗位上。战争结束后，盟军以抽签的形式瓜分了日本海军残余的142艘舰艇。苏联方面获得的舰艇中包括6艘驱逐舰，其中就有响号（另外5艘是春月、桐、椢、椎、初樱）。响号遂向北进入苏联的太平洋舰队服役，得到了一个新舰名——真实号，但也许是三次"大破"带来的伤害，真实号驱逐舰服役不过一年便退出了一线军舰行列，改装为“十二月党人”号训练舰，最后于 1953 年 2 月 20 日除籍后被拆除。“不死鸟”终于在异国他乡寿终正寝。

▲ 起重机强行将响号被炸得下垂、眼看就要脱离舰体的舰艏吊起。

特型驱逐舰各型号差别简介

特型驱逐舰一共建造24艘，在其跨度为7年的建造期间，日本军舰的舰型设计与武备处于快速发展阶段，为海军假日结束后的大扩张进行技术储备，相应地针对这些技术上的进步及对实际使用过程中所发现的问题进行改进。特型驱逐舰在可分为4个型号：即特一、特一改、特二、特三。特一是从吹雪到矶波的9艘舰，特一改只有浦波1艘，特二是从绫波到潮的10艘舰，特三为晓型驱逐舰4艘。一般，可以通过炮塔、机枪装备、鱼雷发射管、舰桥等方面的差异进行型号识别。

第一看炮塔方面。特一和特一改采用A型炮塔，外形近四方形，最高仰角40度，基本无法对空射击，双联装炮管之间间距较小；而特二、特三采用B型炮塔，尺寸明显比A型要大一些（重量增加近7吨），并且正面凹进，最高仰角75度，有利于对空射击，两个炮管可以各自俯仰。在“友鹤事件”发生之后，为了改善特型驱逐舰重心太高的问题，搭载B型炮塔的特二、特三全部改用了较为轻量化的C型炮塔。C型炮塔的炮管仍然可以各自俯仰，但是最大仰角只有55度，添加了一个炮长用观测塔。

第二看机枪火力方面。特一与特一改采用2挺7.7mm机枪，而特二与特三采用2挺12.7mm机枪。当然这只是服役初期的装备状况，经过武备改进，特别是到太平洋战争开始后，各舰陆续加装九三式13mm机枪与九六式25mm机炮等装备。

第三看鱼雷发射管。从特一到特二的20艘驱逐舰都没有在

▲ 从这张照片判断，晓号的罗经舰桥所用防护钢板数量大约在20块左右。作为其代偿重量，需要将舰上一部分不太需要的物资卸到岸上去。

3座十二年式鱼雷发射管上安装防盾，不过后来在敷波号上试安装了硬铝制的防盾，接着又改为3mm的钢制防盾。4艘特三型在建造之初就安装了这种防盾，然后其余各舰都加上了此装备。

第四看烟囱。从特一到特二都载有吕号舰本式重油专烧锅炉4台，因此从特一到特二的各艘舰两个烟囱直径是差不多的，但是4艘特三型的两个烟囱就有明显差异，1号烟囱只有2号烟囱直径的一半，其原因就在于特三只有3个锅炉。

第五看锅炉通风管的入口。特一是烟筒形，而从特一改直至特三都是杯形。改变通风口形状的理由有二：首先是可以更多地借助烟囱外壁的高温将通风口的空气预热，以提高锅炉效率，其次是更好地防止海水渗入。后一种杯形的通风口后来应用于许多日本驱逐舰上。

第六看舰桥的形状。由于加装了舰桥顶盖，并将鱼雷发射指挥方式从管舰直接指示改为舰桥指示，导致舰桥构造物大量增加，特型的舰桥总体看上去有轻巡的样子了。具体来说，特一的舰桥还较为简单，罗针舰桥上方是简单的方位盘与二米测距仪，到特二变得较为复杂，罗针舰桥、射击指挥所、射击方位盘、二米测距仪呈阶梯式叠加而上。4艘特三就更趋复杂，装备了三米测距仪，不过在回厂改造后变为2.5米测距仪，同时前桅樯位置向舰艏方向有所移动。

▲晓号舰桥特写，其舰桥周围用DS钢板围绕一圈，上方有固定夹具，下方用钢索缠绕。这种防护措施当时普遍应用于特型驱逐舰上。

初春（はつはる）型

《伦敦海军条约》签定之前，日本海军作为水雷战队主力的24艘特型驱逐舰已经制造过半。如前所述，《伦敦海军条约》规定了各国驱逐舰的总吨位以及大型驱逐舰所占吨位比例，因此自条约签定之后日本海军只能制造排水量1500吨以下的驱逐舰了。由此1931年所制定的海军第一次补充计划（丸一计划）产生的各型日本战舰都受到了严重制约，其中就包括初春型驱逐舰。初春型与特型相比排水量减少了280吨，3座主炮中的1座被改为单管炮，但因为它对速度、续航力等方面的要求基本与特型相同，况且为了增加装备数和节约建造经费，其排水量比条约规定的最大标准还要少100吨左右，这区区1400吨排水量的舰体中要塞入与特型基本相同的装备，从技术角度看基本是不可能完成的。初春型在舰艏采用的是一座双联装炮塔后背负一座单管炮塔，1、3号鱼雷发射管的位置明显有所提高，事实上可以从舰体线图明显看到，刚建成时的初春型驱逐舰的最后一座（即第3号）三联装鱼雷发射管的位置盘踞在第2号鱼雷发射管的后上方，这样的布置方式是从没有出现过的。还加装了预备装填装置，相对单薄的舰体，其过重的兵装导致1号舰初春号在进行公试航行时，舵角10度时舰体倾斜却达到38度（一直以来，公试驱逐舰舰体倾斜度最多在10度左右）。尽管有意见认为可以通过在舷侧加装隔舱（从龙骨到上甲板位置）来增加稳定性，勉强使其服役，但随后在1934年发生的“友鹤事件”，使得初春型极其明显的设计弱点再也无法掩盖下去，被迫将1座三联装鱼雷发射管（即居高的第3号）撤去，其他措施包括前后桅樯都缩短大约1.5米左右，锚舱位置下放一层甲板，前部2号弹药库撤去改作重油油库，补强舰体外板（增重15吨），原先的重油库之一部设置海水补填装置。由此初春号速度下降大约3节左右，鱼雷战火力削减三分之一，排水量由1400吨增至1700吨。总而言之，初春型驱逐舰的诞生是《伦敦海军条约》后日本海军患上癫狂症的一个具体表现，直到血的教训迫使其改弦更张。

初春型性能参数

排水量： 1400吨（经改造后增加到1700吨）
舰长： 109.5米
舰宽： 10.0米
平均吃水： 3米（经改造后增加到3.5米）
主机： 舰本式减速齿轮汽轮机2座2轴，总功率为42000马力
主锅炉： 吕号舰本式重油水管锅炉3座
燃料搭载量： 重油465吨
最大航速： 36.5节（经改造后减少到33.3节）
续航能力： 14节/4000海里
武器：
127mm/50口径双联装炮2座
127mm/50口径单管炮1座
40mm单管机炮2座
610mm三联装鱼雷发射管3座（经改造后减为2座）
乘员： 219名

(1)
初春（2代）
（はつはる）

1931年列入计划，由佐世保造船厂制造，于1933年9月30日竣工，划分为一等驱逐舰。开战时属于第1水雷战队，参加南洋攻略作战。1942年5月26日参加阿留申群岛攻略作战。1942年11月～1944年2月担任飞鹰、瑞凤等航空母舰的护卫。1944年10月参加奥尔默克输送行动，11月13日被美军战机炸沉在马尼拉湾。1945年1月10日除籍。

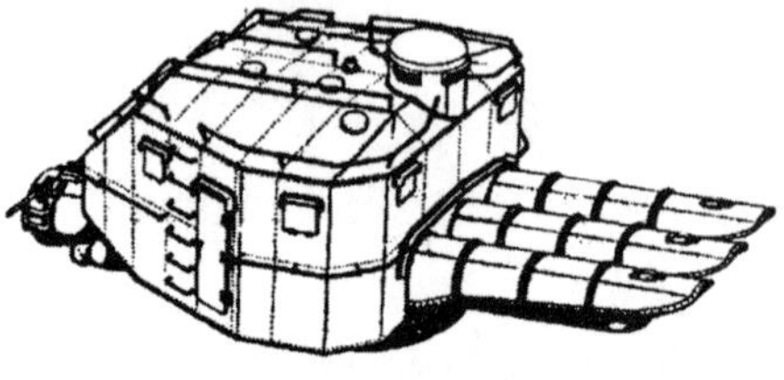

▲初春型使用的610mm十二年式改二型三连装鱼雷发射管，原来每艘共有3座，后因为“友鹤事件”暴露出来的问题，撤掉1座。

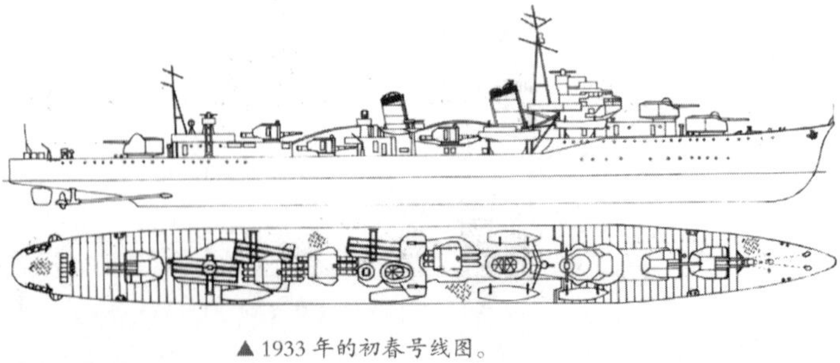

▲1933年的初春号线图。

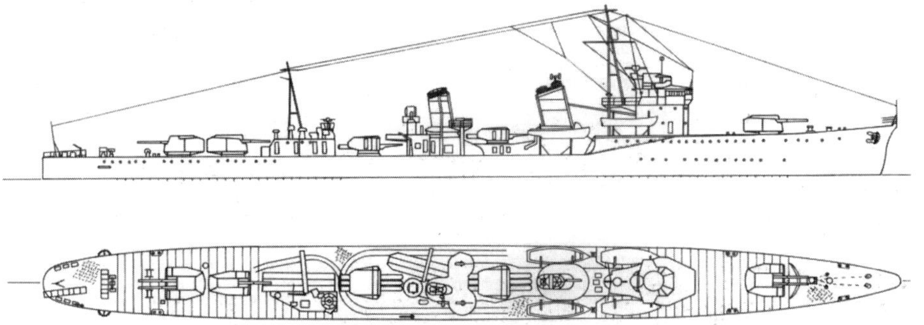

▲1935 年的初春号线图（已经经过改造）。

▲1938 年 3 月 14 日，在日向湾进行训练的初春号。在经过改造工程以后，可以看到其船艏楼甲板舷侧部变得圆滑，传声管被撤去，2 号及 3 号主炮的形状也有改变。可以看到 2 号烟囱前面的机枪台上有一门 40mm 单管机炮指向天空。

▲1937 年 10 月 21 日，停泊在长江口的初春号，当时隶属第 1 水雷战队。舰桥与机枪台都安装有防弹板。舰桥顶盖上面装有 7.7mm 机枪。

1937年8月，在鞍山湾与战列舰榛名号接舷中的子日号。初春型是作为拥有大型战列舰的第一舰队的护卫驱逐舰而开始进行设计的，因此理应重视对空火力和前方火炮攻击力，然而因为《伦敦海军条约》的影响，被改成为与特型一样重视鱼雷战能力了。

1938年3月14日，在日向湾的初春号，其所属的第21驱逐队正在进行训练。该驱逐队以若叶号为司令舰，正向作为假想敌的第1驱逐战队旗舰川内号轻巡洋舰发起急速鱼雷攻击。当时，若叶号、初春号、子日号3艘驱逐舰组成了第21驱逐队。

▲ 1937年夏，停泊在黄浦江边的初春号。与其服役前期的波折经历不同，此舰在战争中倒很命大，从1937年一直战斗到1944年才沉没。

▲ 随着舰内电话的使用，传声管已经被撤去后的初春号，经过改造后其武器装备尽管减少，但毕竟适航性提高，日后该舰在侵华战争及太平洋战争的表现说明改造工程的效果是显著的。

(2) 子日（2代）（ねのひ）

1931年列入计划，由浦贺船渠制造，于1933年9月30日竣工，划分为一等驱逐舰。开战时属于第1水雷战队，参加南洋攻略作战。1942年2月22日参加巴厘岛攻略作战，5月26日参加阿留申群岛攻略作战，7月5日在阿留申群岛的阿加兹岛东南方海域被美军潜艇发射的鱼雷击沉，同年7月31日除籍。

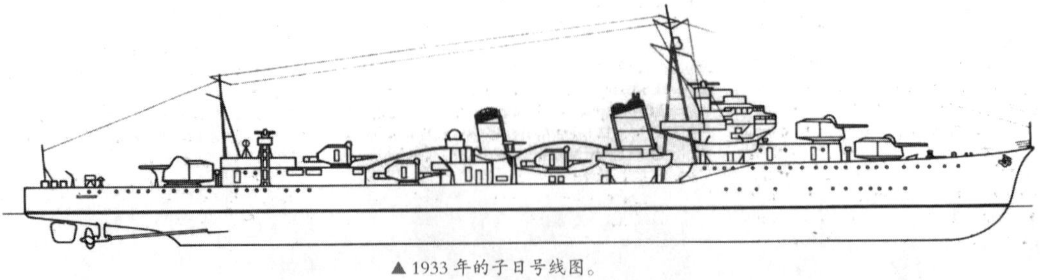

▲ 1933年的子日号线图。

▲ 1934年7月，在佐多峡湾改造完毕后进行公试航行的子日号。其3号鱼雷发射管已经撤去，2号主炮从舰艏与1号主炮背负设置的位置，移至后甲板与3号主炮背靠设置。舰桥构造整个缩小降低，船体加上了压舱物。其航速下降到35节，但复原性得到了显著提高。

与榛名号战列舰接舷，移送登陆部队的子日号。初春型是世界上首先采用预备鱼雷装填装置的驱逐舰，可大大提高连续攻击速度。为了容纳这个装置，2号烟囱是偏向船体中心线右侧的，通过这张图片可以看得很清楚。

1937年8月下旬，正与榛名号战列舰接舷，移送登陆部队的子日号。这些部队属于陆军第3师团，即将参加规模不断扩大的淞沪会战。可以清楚地看到子日号的舰桥构造相比其刚建成时，已经缩小了不少。

▲ 竣工当日的子日号，作为初春型的2号舰，子日号在公试航行中就被发现其重心太高，稍微转一转船舵，就会造成舰体很大角度的倾斜。子日号与初春号一起在竣工不久就被迫实施复原性改造工程。

▲ 1939年4月25日，在日向湾进行战术训练的子日号。子日号在1942年7月5日战沉，是第一艘在战争中损失的初春型驱逐舰。

▲ 1933年8月23日，正在馆山冲以36节以上航速全力进行公试航行的初春号。以此超重的武器配备完成建造的只有初春号与子日号两舰，因此这张照片相当珍贵。

▲1934 年 10 月 12 日，在本州南方大洋上跟随第 21 驱逐队进行训练的子日号，照片由飞机拍摄。经过复原性改造以后，子日号尽管排水量增加、速度降低、兵装减少，但与西方国家同时期的驱逐舰相比仍不逊色。

▲1934 年 7 月 9 日，完成了改造公试后出港的子日号（前）与初春号。其左侧还有同样进行了改造的扫海艇 14 号（前）与 13 号。

(3)
若叶（2代）
（わかば）

1931年列入计划，由佐世保造船厂制造，于1934年10月31日竣工，划分为一等驱逐舰。开战时属于第1水雷战队，参加南洋攻略作战。1942年2月22日参加巴厘岛攻略作战。1943年7月22日参加基斯卡岛撤退行动。1944年6月21日开始向硫磺岛执行运输任务，10月24日执行完向马尼拉运输任务后，在追赶志摩舰队参加莱特大海战的途中，被美军战机击沉，同年12月10日除籍。

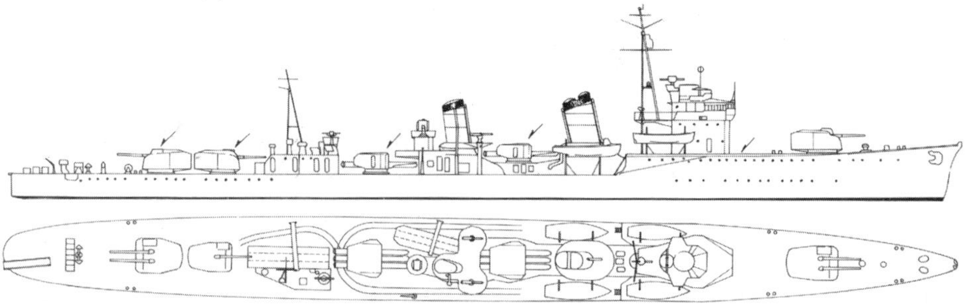

▲ 1936年进行改装之后的若叶号驱逐舰线图。

1936年7月，初春型驱逐舰都经过了改造工程以后的第21驱逐队，正在海洋上进行训练，当时该驱逐队由初春号、子日号、若叶号、初霜号4舰编成。可以清晰看到甲板上的轨道，这是用来搬运鱼雷的，旁边还可看到包裹着的鱼雷装填具。后桅与测距仪偏向右舷。

▲ 1935年左右的若叶号。它在刚建成时舰艏写有驱逐队的编号，1号烟囱上也有白线记号，但在回厂实施复原性改造的过程中，这些记号都被去掉了。

▲ 1936 年 5 月 25 日，航行在宿毛湾外海的若叶号，船体强度补强改造刚刚完成，舰艏楼甲板的外舷变得圆滑，这是避免这个部位应力集中而采取的措施。经过这些改造以后，初春型在战争中的适航性表现是令人满意的。

▲ 战前拍摄的若叶号，地点不明。若叶号在战争中一直存活到了菲律宾大海战。

(4) 初霜（2代）（はつしも）

1931年列入计划，由浦贺船渠制造，于1934年9月27日竣工，划分为一等驱逐舰。开战时属于第1水雷战队，参加南洋攻略作战。1942年2月22日参加巴厘岛攻略作战，5月26日参加阿留申群岛攻略作战。1943年7月参加基斯卡岛撤退行动。1944年6月参加了马里亚纳海战，10月31日向奥尔默克湾运输物资。1945年4月4日参加了大和号为首的菊水特攻作战，6月16日转为炮术学校的训练舰（反正也无油可用了），7月30日在宫津湾与美军空袭作战时，触发磁性水雷，在搁浅于岸上的同时发生大爆炸，同年9月30日除籍。其残骸打捞后于1949年解体。

向太平洋北方出击的初霜号。此舰于1942年5月被编入阿留申攻略部队，照片拍摄于从大凑港驶出时。在它的左舷可见第5舰队旗舰那智号。

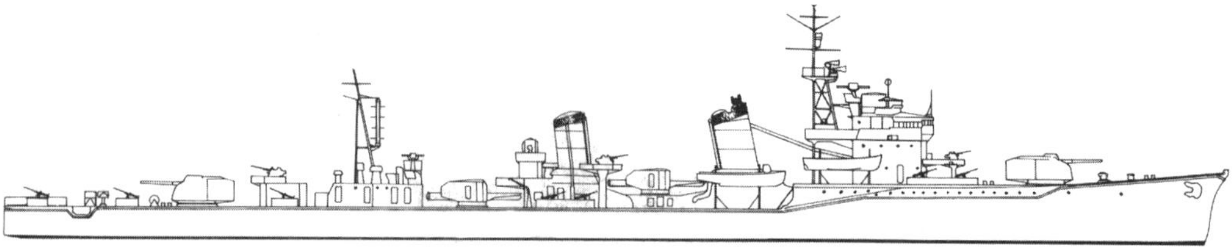

▲ 1945 年时的初霜号线图。可见其 2 号主炮也被撤去了，增加了若干高射机炮。

▲ 1939 年 3 月 15 日，在有明湾外海进行扫海训练的初霜号。其前烟囱的倾斜角度似乎有问题，但其实这是只有在初春型上才能见到的一个特征。可以看到 2 号烟囱后面装有 900mm 探照灯。

▲ 1943 年 10 月，参加北方部队的初霜号。初霜号随后又在南方从事运输、护卫工作。进入 1945 年后其同型舰已经全部被击沉，初霜号作为最后一艘初春型驱逐舰参加大和菊水特供，侥幸生还，直到 7 月末才在宫津湾大破而搁浅于海滩。照片上仍可看到为了隐藏躲避空袭而插在舰身上的“花花草草”。

有明（ありあけ）型

前述初春型驱逐舰因发现复原性大有问题，被送回船厂进行改造之时，在船坞中的初春型5号、6号舰刚开始建造，于是干脆将其船身宽度放大到初春型加装了舷侧隔舱的程度，以便在其下水时拥有比较可靠的稳定性能。不过如此一来，其舰体形状就便显得有些奇怪，再加上一开始安装的舵机也有问题，使其航速进一步下降。在“友鹤事件”后，放弃了船身放宽的计划，而是去掉1座鱼雷发射管，以求降低重心。经过这番折腾以后，初春型5号、6号两舰的线形已与原型不同，于是被称之为“有明型”或“初春改型”。相对于初春型采用的兼具对空与对水面射击能力的127mm三年式双联装B型改2炮塔，有明型采用了只能水平射击的C型炮塔，自然也减去了一部分重量。为了抑制转舵时过大的倾斜角度，在竣工时采用了2枚舵桨，然而在航行中又发现这么做反而降低了转舵性能，速度也有所下降，只好又改回了1枚舵桨。其最大航速只有33～34节，在“第4舰队事件”发生后的再次改造中，又损失了0.4节。有明型与初春型一样在改造中浪费了大量资源，几乎可以说是失败的作品。

有明型性能参数

排水量： 1700吨
舰长： 109.5米
舰宽： 10.0米
平均吃水： 3.5米
主机： 舰本式减速齿轮汽轮机2座2轴，总功率为42000马力
主锅炉： 吕号舰本式重油水管锅炉3座
燃料搭载量： 重油485吨
最大航速： 33节
续航能力： 14节/4000海里
武器：
127mm/50口径双联装炮2座
127mm/50口径单管炮1座
40mm单管机炮2座
610mm三联装鱼雷发射管2座
乘员： 214名

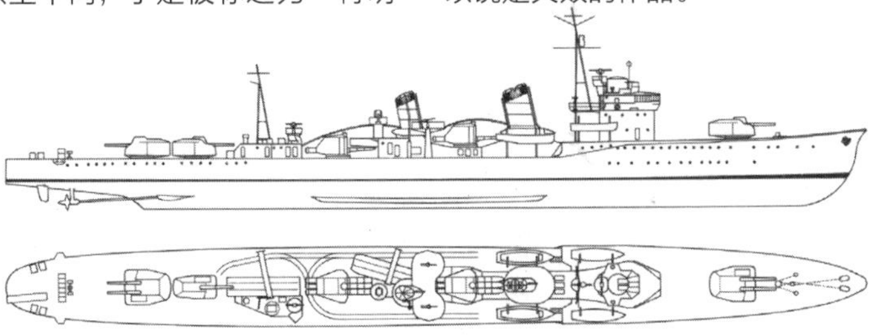

▲刚刚建造完毕的有明型驱逐舰线图。

(1)
有明（2代）
（ありあけ）

1931年列入计划，由川崎造船厂制造，于1935年3月25日竣工，划分为一等驱逐舰。开战时属于第1水雷战队，参加南洋攻略作战。1942年2月24日参加爪哇海扫荡作战，5月7日参加珊瑚海海战。1943年7月28日在向新不列颠岛西端的日军基地输送物资时，被美军B-25轰炸机炸沉，同年10月15日除籍。

▲1935年3月25日的有明号。其名称来自于九州的一处内海，该内海是日本海军经常实施训练的海域。

▲ 1939 年 10 月 5 日，进入汕头湾停泊的有明号。有明号当时属于第 5 水雷战队，正在中国南方水域作战。此时，有明号的传声管已经撤去，在位于舰尾的两座炮塔中，指向舰尾方向的是双联装炮，而指向舰艏的则是单管炮，可以看到并没有采用背负式设置，这都是为了降低重心。旁边停靠着从香港来的英国客货船华商号。

▲ 1935 年 10 月的有明号。这张照片是海军省在有明号服役后首次发表的资料，出于保密原因，其舰艏、1 号烟囱、舰桥顶部的测距仪、主炮等关键处要么被抹去，要么就是进行了修正处理。

(2)
夕暮（2代）
（ゆぐれ）

1931年列入计划，由舞鹤船厂建造，于1935年3月30日竣工，划分为一等驱逐舰，开战时属于第1水雷战队，参加南洋攻略作战。1942年2月24日参加爪哇海扫荡作战，5月7日参加珊瑚海海战，7月被编入第4水雷战队，11月参加第三次所罗门海战。1943年7月12日参加科隆班加拉海战，随后前往拉包尔从事运输工作，7月16日在乔赛尔岛附近海域被美军战机投弹击中，发生爆炸后沉没。同年10月15日除籍。

▲1935年10月的夕暮号。可以看到其鱼雷发射管上的防护罩，还开有两个对穿的门。

日本海军驱逐舰的次发鱼雷装填装置

上文已述，24艘特型驱逐舰采用鱼雷火力空前强大的3座三联装鱼雷发射管，比过去的睦月型多出1座，然而在实际操作中海军官兵发现一个严峻问题：将事先准备好的鱼雷发射完之后，装填预备鱼雷并进行再度发射的工作量变得空前繁重，海上鱼雷战的持续射击能力难以维持。

要说为什么再装填是如此困难，那是因为预备鱼雷一向是放在上甲板下面的鱼雷储存库中的。当第一批鱼雷发射完毕后，只能通过链条机械装置将预备鱼雷一个接一个地从储存库中拿出来，放到搬运轨道上的搬运车上，再送到鱼雷发射管旁边，最后一个接一个地装填到发射管里面。这个作业过程会让操作员累到筋疲力尽不说，而且消耗时间非常长，等全部装填完毕的时候射击目标早就跑远了。再者说，日本海军一向关注的是鱼雷战舰艇在黑夜中的作战能力，而这种劳累的操作方式在黑夜中更加困难，如果再遇上大风大雨，简直就成了不可能完成的任务。

特型驱逐舰上的官兵将这个问题反映到高层，高层预计这个问题将在接下来的初春型驱逐舰上表现得更加明显，因为初春型相对于特型排水量下降、人员减少，但开始建造时所安装的鱼雷战装备却是一模一样的3座三联装鱼雷发射管。最后，他们想出来的解决办法，就是配置“次发鱼雷装填装置”。这个装置，讲白了就是一个“铁盒子”，可容纳3枚610mm预备鱼雷，其鱼雷排列方式正好能与鱼雷发射管“嘴对嘴”接上。这个装置

▲1936年的夕暮号，当时它刚刚被编入第1水雷战队。由于还未实施加强船体强度的改造工程，因此可见传声管还没有被撤去。甲板上列队的舰上官兵身后可见暖房用煤炉的排气口，可见当时还处于寒冬季节。

要设置在可以与鱼雷发射管对接的地方，当然这就带来另一个问题，即初春型驱逐舰上甲板太狭窄了。于是我们看到，初春型的鱼雷发射管是这样布置的：1 号发射管在 1 号烟囱与 2 号烟囱之间偏向左舷的位置，2 号发射管在 2 号烟囱后面的中心线位置，3 号发射管盘踞于后甲板室上方位置（即 2 号发射管的后上方），同时有点偏向右舷。这些偏离舰体中心线的设置都是为了给装填装置让出一点地方来。装填装置当然给每一个发射管都配备了一个，其位置都在发射管或前或后的斜向位置。

第一轮鱼雷齐射完毕之后，有了次发鱼雷装填装置，船员就不必辛苦地从下往上一个个搬运鱼雷了，只需将鱼雷发射管和装填装置“嘴对嘴”对整齐，然后开动电动马达，预备鱼雷后端就会被滚轮装置卷动的钢缆推动向前，自动进行装填，时间大约只有 20 ~ 25 秒，几乎是立马就能完成了。而放在过去，半个小时都没法搞定！鱼雷持续发射能力由此大为增加。这套装置经过改进之后很快又在利根型巡洋舰上得到运用。

次发鱼雷装填装置由此成为日本海军大型驱逐舰的基本装备，白露型（提升至四联装发射管）、朝潮型、阳炎型、夕云型上都有，以至于最后的“防空驱逐舰”秋月型，尽管只有 1 座四联装鱼雷发射管，但其后方也有装填装置。当然战争后期的松型、松改型重回旧式小型驱逐舰面貌，就没有此装置了。大型驱逐舰中唯一没有次发鱼雷装填装置的是谁呢？就是那艘孤独的“创纪录者”岛风（2 代）驱逐舰。尽管 3 座五连装 610mm 鱼雷发射管创下了史无前例的纪录，但对于岛风号来说，一次齐射 15 枚氧气鱼雷就是个一锤子买卖，没有预备鱼雷可用。当然，这也是为了岛风号庞大的 2500 余吨船体不至于因为武备过重而发生航行事故考虑，经历了“友鹤事件”等以后，日本海军并不会在这一点上发疯。

从日本海军水雷战队利用次发装填装置实施鱼雷战的战例来看，发生于 1943 年 7 月 12 日深夜的科隆邦加拉岛海战可以算是相当经典的了。第二水雷战队的各驱逐舰中，雪风、滨风、清波、夕暮在与盟军（美国与新西兰）分舰队相对航向前进过程中进行了第一轮鱼雷攻击（4 艘驱逐舰共发射 29 枚鱼雷），随后利用次发装填装置快速完成预备鱼雷的再装填，迅速折返过来向着慌乱的盟军部队发动第二轮鱼雷攻击（4 艘驱逐舰共发射 26 枚鱼雷），最后取得了相当辉煌的战果。

▲ 带有储存、装填一体化装置的中国多管自行火箭炮。

次发鱼雷装填装置在二战之前确实是一个相当新潮的理念，是鱼雷战力量的倍增器。追求强大鱼雷战能力的日本海军能够将之实现，足见其创新精神。类似的装填装置在战后不但广泛在海军舰艇上得到采用，使导弹等武器能够快速装填而再次发射（当然不再是滚轮和钢缆这么简陋的），甚至在陆战兵器上也被大量采用。例如上图，我国军队的“大杀器”122mm 多管自行火箭炮，发射装置的前方就是既能作为预备火箭弹储备装置，又可迅速实施“嘴对嘴”再装填的储存箱，可谓深得“再装填后连射”之精髓。

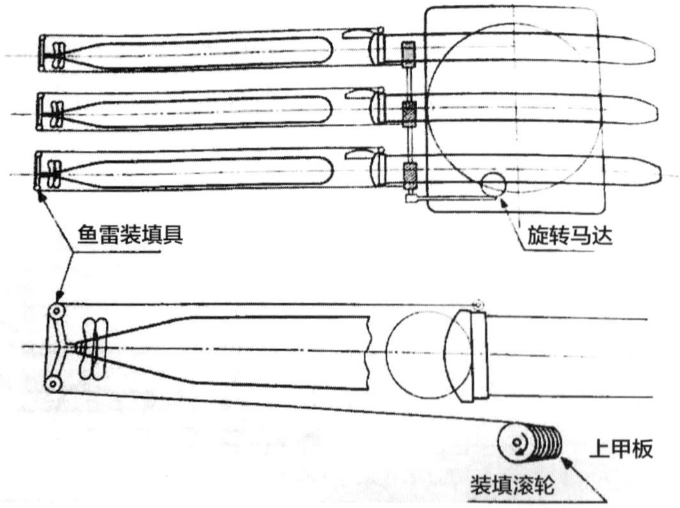

▲ 次发鱼雷装填装置。

第四章
血海飘零：第二次世界大战时期（下）

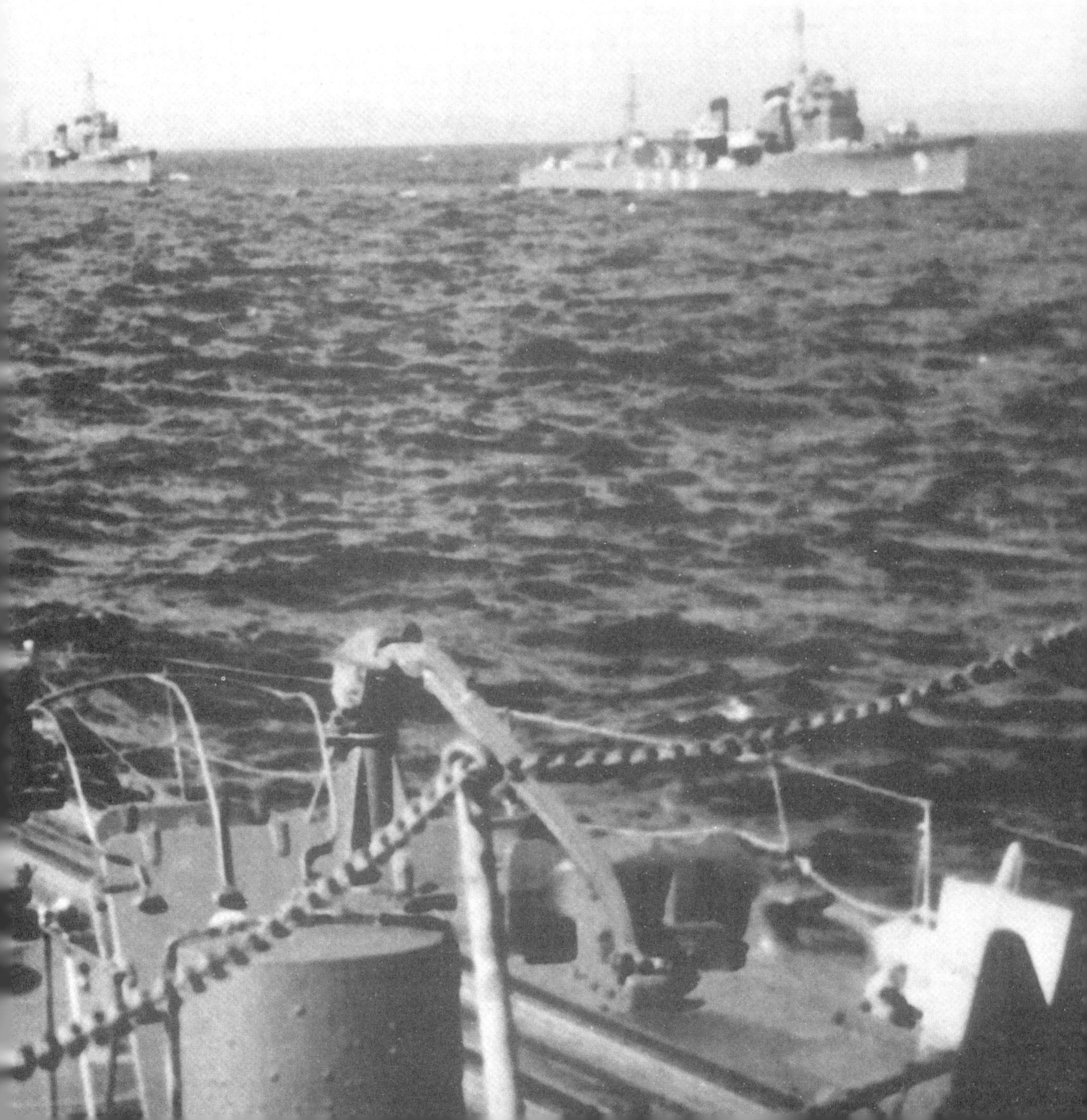

白露（しらつゆ）型

初春加有明的两代驱逐舰总共只有6艘服役，且改造工程还耗费了不少时日，刚刚在船厂开工建造的多达10艘的初春型在“友鹤事件”发生后被迫停工，其船型设计方案彻底改变，除了动力系统以外几乎就是全新设计，然后作为新型驱逐舰开始建造，这就是10艘白露型。从1号舰白露到6号舰五月雨在1931年列入丸一计划，后4艘于1934年列入丸二计划，因为有不少改进之处，后4艘也被非正式地称为“改白露型”。由于是按照提高适航性的新设计来建造的，因此其航速比几经改造的有明型要快一些。船体重心尽可能地降低，船板厚度与尺寸也有改变。主炮方面，基本与改造后的初春型相同，不过鱼雷火力改为四联装发射管2座，从此以后的日本驱逐舰都以四联装鱼雷发射管作为标准火力配置。1号发射管的次发装填装置被分成为2枚预备鱼雷一组的2个装置，左右对称地放在2号烟囱的两侧。这样进行再装填时，先装完一侧的2枚，再将发射管转动到另一侧去装2枚，要稍微多花点时间，不过由此解决了初春型驱逐舰为了空间容纳而被迫使部分发射管、装填装置偏离舰体中心线的问题。不过为了容纳后甲板的装填装置，后桅完全偏向了右舷，但这一点的影响倒不至于太大。白露型也是在龙骨上最早使用DS合金钢的驱逐舰，越到后期的白露型其DS钢运用范围就越广，并广泛使用电焊工艺。1935年的“第4舰队事件”以后，白露型也针对船体强度及电焊质量问题——这被认为是导致“第4舰队事件”发生的主因——进行了改造，后期舰基本是在船台上完成了这些改造。总体来说，除了在速度、续航距离上仍然不能让日本海军充分满意以外，其更强大的武备、经过及时改造后优秀的适航性、船体强度，使得白露型成为一款性能杰出的驱逐舰，为以后朝潮型乃至阳炎型的诞生打下了基础。

白露型性能参数

排水量： 1685 吨
舰长： 110 米
舰宽： 9.9 米
平均吃水： 3.5 米
主机： 舰本式减速齿轮汽轮机 2 座 2 轴，总功率为 42000 马力
主锅炉： 吕号舰本式重油水管锅炉 3 座
最大航速： 34 节
燃料搭载量： 重油 540 吨
续航力： 18 节 /4000 海里
武器：
127mm/50 口径双联装炮 2 座
127mm/50 口径单管炮 1 座
40mm 单管机炮 2 座
610mm 四联装鱼雷发射管 2 座
乘员： 226 名

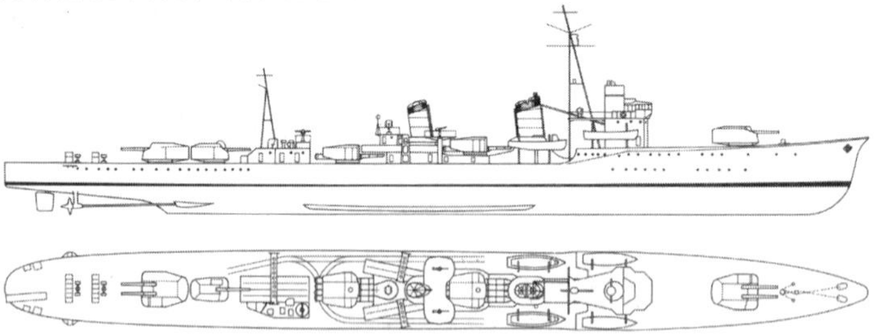

◀ 刚刚建造完成时的白露型驱逐舰线图。

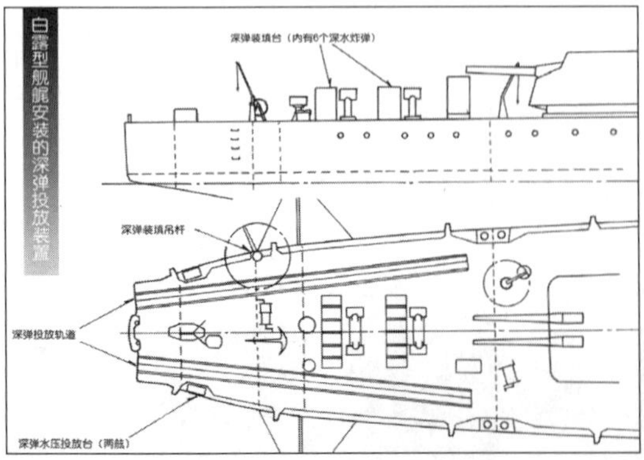

白露型舰艉安装的深弹投放装置

▼ 所罗门群岛海战中正在布干维尔岛外担任警戒任务的时雨号和五月雨号。

(1) 白露(2代)（しらつゆ）

1931年白露号列入计划，由佐世保造船厂制造，于1936年8月20日竣工，划分为一等驱逐舰。开战时属于第1水雷战队，参加了南洋攻略作战。1942年5月1日参加珊瑚海海战，5月27日参加中途岛海战，11月12日参加第三次所罗门海战，11月29日在向布纳运输物资的途中被美军战机的炸弹炸毁舰艏，返回横须贺修复。1943年11月2日参加布干维尔岛海战，与五月雨号相撞，受到轻微损伤，修复后转往菲律宾方面活动。1944年6月15日在民都洛岛的东北方与清洋丸给油船相撞，引爆深水炸弹而沉没，同年8月10日除籍。

▲1937年10月，据推测此为在吴淞口作战的白露号。

(2) 时雨(2代)（しぐれ）

1931年列入计划，由浦贺船渠制造，于1936年9月7日竣工，划分为一等驱逐舰。开战时属于第1水雷战队，参加了南洋攻略作战。1942年5月1日参加珊瑚海海战，5月27日参加中途岛海战，11月12日参加第三次所罗门海战。1943年11月2日参加布干维尔岛海战。1944年6月19日参加马里亚纳海战，10月25日参加莱特海战时跟随西村部队，在苏里高海峡之战中负伤。1945年1月24日在护卫船队航行时被美军潜艇发射的鱼雷命中而沉没，同年3月10日除籍。

▲"七七"事变后离开佐世保前往中国的时雨号。

(3) 村雨（2代）（むらさめ）

1931年列入计划，由藤永田造船厂制造，于1937年1月7日竣工，划分为一等驱逐舰。开战时属于第4水雷战队，参加了南洋攻略作战。1942年2月27日参加泗水海战，11月12日参加第三次所罗门海战。1943年3月5日在向科隆邦加拉进行输送的途中，于克拉湾遭美军驱逐舰队突袭，被击沉，同年4月1日除籍。

▲1937年8月，在马鞍群岛附近与一艘重巡洋舰接舷的村雨号，敷设舰八重山号正在靠近。连八重山号也加装了防护设备，显示出侵华战争爆发后日军增强了防护。

▲ 1937 年，正在与一艘重巡洋舰接舷的村雨号。当时的驱逐舰上的甲板上都铺着一层灰色的油毡，因为是可燃性的，所以到了大战后期油毡就都被撤去了。从炮塔中心到舰艏端的甲板，为了防滑铺了一层铁板。

(4) 夕立(2代)（ゆだち）

1931 年列入计划，由佐世保造船厂制造，于 1937 年 1 月 7 日竣工，划分为一等驱逐舰。开战时属于第 4 水雷战队，参加了南洋攻略作战。1942 年 2 月 27 日参加泗水海战，3 月 25 日参加马尼拉湾封锁作战，5 月 29 日参加中途岛海战，8 月 29 日开始向瓜岛输送物资 6 次。11 月 12 日参加第三次所罗门海战，结果遭到美舰队密集火力攻击，被击沉，同年 12 月 15 日除籍。有关夕立号最终奋战的故事，将在后文中讲述。

在海上航行的夕立号。可以清楚地看到舰艏楼甲板两舷向外延展。白露型驱逐舰的凌波性能因各方面的改进而得到提升。

(5) 春雨(2代)（はるさめ）

1931年列入计划，由海军舞鹤造船厂制造，于1937年8月26日竣工，划分为一等驱逐舰。开战时属于第4水雷战队，参加了南洋攻略作战。1942年2月27日参加泗水海战，9月24日开始共向瓜岛输送物资8次，11月12日参加第三次所罗门海战。1943年1月24日在新几内亚东部海域执行运输任务时被美军潜艇发射的鱼雷命中，整个舰艏被炸掉，但没有沉没，返回日本修理。1944年5月30日参加“浑作战”，向比亚克航行的途中，在马诺克瓦里附近海域被美军B-25轰炸机投掷炸弹命中而沉没，同年8月10日除籍。

▲ 新造不久的春雨号。白露型本来是作为初春型7号舰以后的后续舰设计的，但在初春型复原性不佳的问题暴露后，白露型的改装使其反而拥有了更高的速度和四联装鱼雷发射管，不过续航力不足的问题仍没有改善。

▶ 1943年1月24日，在新几内亚韦瓦克附近被美国潜艇鲭鱼号（USS Wahoo SS-238）鱼雷击中后起火燃烧的春雨号。后来，春雨号被修复并再次投入太平洋战争中。此照片是美军潜艇潜望镜拍摄的。

▼ 1943年11月30日，在浦贺船渠完成了修理工程后出港的春雨。由于船体的前半部分是完全新造的，舰桥的结构事实上与最新式的夕云型很接近。

(6)
五月雨（さみだれ）

1931年列入计划，由浦贺船渠制造，于1937年1月29日竣工，划分为一等驱逐舰。开战时属于第4水雷战队，参加了南洋攻略作战。1942年2月27日参加泗水海战，9月24日开始共向瓜岛输送物资2次，11月12日参加第三次所罗门海战。1943年11月5日在拉包尔被美军战机炸伤，修理完成后于1944年6月19日参加马里亚纳海战。1944年8月18日在帛硫群岛触礁搁浅，8月26日搁浅状态中的无月雨被美军潜艇发射的鱼雷命中而沉没，同年10月10日除籍。

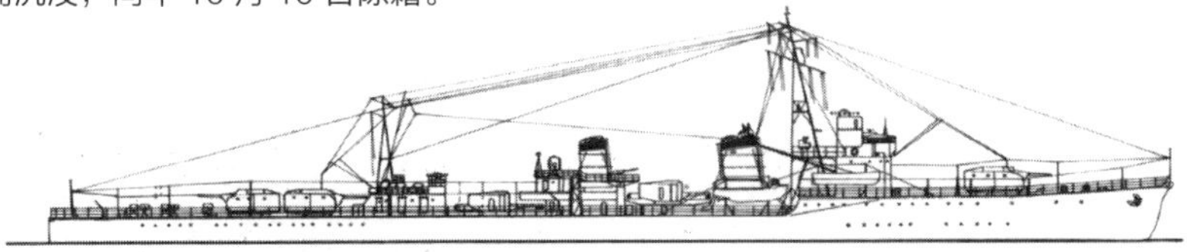

▲1937年时的五月雨号驱逐舰线图。

1937年8月22日，日本侵华战争爆发不久，照片中在马鞍群岛附近与重巡洋舰摩耶号接舷的五月雨号，可能正准备接受补给。

(7)
海风(2代)（うみかぜ）

1934年列入计划，由海军舞鹤造船厂制造，于1937年5月31日竣工，划分为一等驱逐舰。开战时属于第4水雷战队，参加了南洋攻略作战。1942年5月21日参加中途岛海战，8月17日开始向瓜岛输送物资14次，11月18日在向布那运输物资的途中被美军战机的炸弹命中引起火灾造成巨大损伤，修复完成后前往帛硫群岛方面活动。1944年2月1日在特鲁克北方航线被美军潜艇发射的鱼雷命中而沉没，同年3月31日除籍。

1937年4月9日正在宫津湾的海上标柱间进行公试航行的海风号，此时航行显然已经接近最高航速。

(8)
山风 (2 代)
(やまかぜ)

1934 年列入计划，由海军舞鹤造船厂制造，于 1937 年 6 月 20 日竣工，划分为一等驱逐舰。开战时属于第 4 水雷战队，参加了南洋攻略作战。1942 年 5 月 21 日参加中途岛海战，6 月 23 日在向日本返航的途中被美军潜艇发射的鱼雷命中而沉没，同年 8 月 20 日除籍。

▲ 1937 年 5 月，正在浦贺水道进行公试航行的山风号。该舰可以说是中途岛战役的最后一个牺牲品，它沉没时被美军潜艇拍摄下来的姿态正反映了日本海军在这场命运对决中的悲惨下场。

(9)
江风 (3 代)
(かわかぜ)

1934 年列入计划，由藤永田造船厂制造，于 1937 年 4 月 30 日竣工，划分为一等驱逐舰。开战时属于第 4 水雷战队，参加了南洋攻略作战。1942 年 5 月 21 日参加中途岛海战，8 月 17 日开始共向瓜岛输送物资 10 次。1943 年 1 月 26 日参加了 2 次瓜岛撤退作战，2 月 9 日在肖特兰岛附近遭到美军战机攻击，损失不大，修复后在特鲁克方面活动。1943 年 8 月 6 日在向科隆邦加拉执行运输任务时，在维拉湾海战中被美军驱逐舰发射的鱼雷命中而沉没，同年 10 月 15 日除籍。

竣工不久的江风号，2 号烟囱前面的机枪台上似乎搭载着 13mm 双连装机炮。江风号也参加过塔萨法隆加夜战，于 1943 年 8 月 6 日在维拉湾夜战中被击沉。

(10)
凉风
(すずかぜ)

1934 年列入计划，由浦贺船渠制造，于 1937 年 8 月 31 日竣工，划分为一等驱逐舰。开战时属于第 4 水雷战队，参加了南洋攻略作战。1942 年 8 月 17 日开始向瓜岛输送物资共运输 10 次，10 ~ 11 月参加了瓜岛附近海域多次海战。1943 年 1 月 31 日参加了瓜岛撤退作战。1943 年 7 月在克拉湾夜战中受创，修理完成后转往特鲁克方面活动。1944 年 1 月 25 日在执行运输任务时，被美军潜艇发射的鱼雷命中而沉没，同年 3 月 10 日除籍。

属于第 24 驱逐队的凉风号，正装载着补给铁罐高速驶往瓜岛。这是第一次对瓜岛执行“鼠输送”任务。

朝潮（あさしお）型

1934 年的“丸二扩军案”中，日本本来是打算追加建造 14 艘白露型驱逐舰的，而非仅建成的 10 艘。之所以有 4 艘白露型驱逐舰的建造计划被取消，还是因为日本海军对白露型的续航力只有 4000 海里很不满意。日本吸取了 1934 ~ 1935 年间生产的军舰的复原性问题而导致惨重损失的教训，决定不再将《华盛顿海军条约》和《伦敦海军条约》续签下去，这样就可以完全抛开对排水量的顾虑——尽管在条约正式失效前日本一直掩耳盗铃地宣称没有违背条约。告别藤本时代的日本舰政本部第四部很顺利地设计出一款“得意之作”，这就是公试排水量达到 2370 吨（基准排水量 1961 吨）的 10 艘朝潮型驱逐舰，作为白露型后续舰。除了鱼雷装备方面继承了白露型的 2 座四联装发射管之外，在舰型方面与特型驱逐舰有颇多相似之处，所以也可以看成是日本驱逐舰的设计在《伦敦海军条约》后绕了一段险路又回到了原先的大道上。不过尽管设计部门自己感觉比较满意，但是由于续航力仍然停留在 4000 海里左右，再加上在进行公试航行时发现其舰尾与桨舵有质量问题（发生了所谓的“临机调事件”），竣工后又在船厂中进行了一番改造。朝潮型也是在日本驱逐舰中首次采用交流电源驱动电气设备的舰型，日本海军尽管在这方面也已落后于世界潮流，但总算并没有落后太多。

朝潮型是日本水雷战队在太平洋战争中的主力——阳炎型诞生前的最后一款驱逐舰。事实上，阳炎型在一开始就被称为朝潮改型。为了与日本的朝潮型和阳炎型抗衡，美国海军的驱逐舰也从这一时期向着远洋大型化发展。同样是在 1934 年，美国海军的新型驱逐舰马汉型第一批次，多达 18 艘同时开工建造。除了沿用过去一般配置的 5 门 127mm 高平两用舰炮外，MK14/15 型 533mm 四联装鱼雷发射管也安装了 3 座，即一次可齐射 12 枚鱼雷！以后美国海军又发展出 533mm 五联装鱼雷发射管，不过直到产量巨大的弗莱彻级都只安装有 2 座，也就是说齐射鱼雷数停留在 10 枚。可以说随着朝潮型的诞生，海军军备限制条约的终结，一场最强的大规模军备扩张行动在太平洋两岸如火如荼般开始了。

朝潮型性能参数

排水量：2000 吨
舰长：118 米
舰宽：10.4 米
平均吃水：3.7 米
主机：舰本式减速齿轮汽轮机 2 座 2 轴，总功率为 50000 马力
主锅炉：吕号舰本式重油水管锅炉 3 座
最大航速：35 节
燃料搭载量：重油 580 吨
续航力：18 节 /4000 海里
武器：
127mm/50 口径双联装炮 3 座
25mm 双联装机炮 2 座
610mm 四联装鱼雷发射管 2 座
乘员：229 名

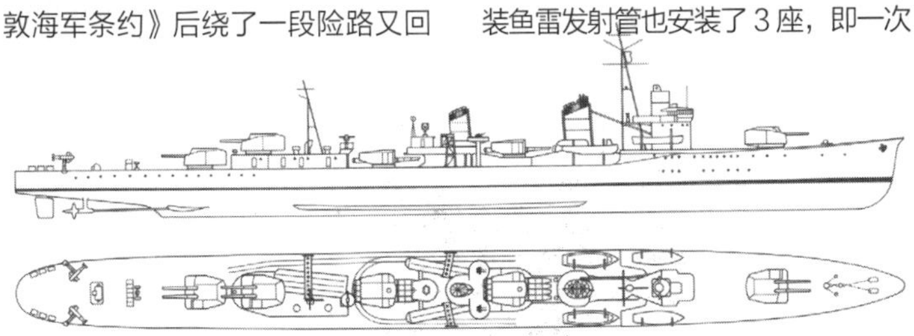

▲ 刚刚建造完毕时的朝潮型驱逐舰线图。

▶ 美国海军驱逐舰在第二次世界大战中的终极发展，造就了一代经典“弗莱彻”级驱逐舰。在很长一段时期内，美国海军比日本海军更追求驱逐舰的极限高速，而发展大型驱逐舰似乎将导致该舰种失去其高速的特色，因此美国海军部否定过许多大驱方案。是日本海军率先挑起了驱逐舰大型化的军备竞赛。

(1)
朝潮（2代）
（あさしお）

1934年列入计划，由佐世保造船厂制造，于1937年8月31日竣工，划分为一等驱逐舰。开战时属于第2水雷战队，参加了南洋攻略作战。1942年2月20日参加第一次巴厘岛海战，参与击沉荷兰驱逐舰皮德海因号，2月24日参加第二次巴厘岛海战，6月7日参加中途岛海战，11月1日开始向瓜岛运输物资3次，11月13日参加第三次所罗门海战。1943年2月28日参加向莱城输送物资行动，于3月3日在新几内亚东部丹皮尔海峡被美军战机的炸弹命中沉没，同年4月1日除籍。

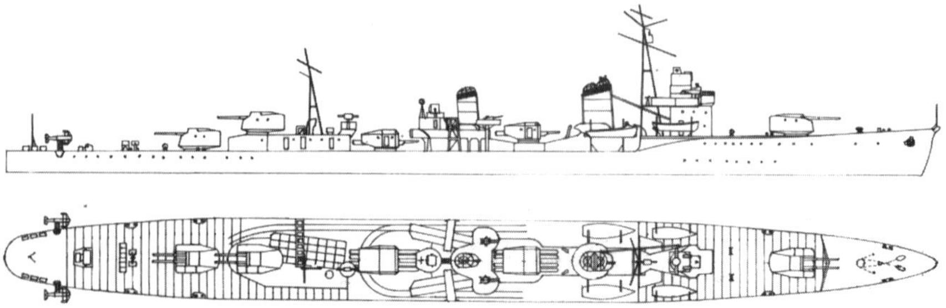

▲1937年时的朝潮号线图。

▲在海上航行的朝潮号。作为朝潮型首舰，相对于过去的驱逐舰，此舰改进点颇多，战时的经历也充分证明了其设计的优秀。

(2)
大潮
（おしお）

1934年列入计划，由海军舞鹤造船厂制造，于1937年10月31日竣工，划分为一等驱逐舰。开战时属于第2水雷战队，参加了南洋攻略作战。1942年2月20日参加第一次巴厘岛海战，2号炮塔附近被炮弹严重击伤，修复完成后于1943年2月1日起参加3次瓜岛撤退作战。1943年2月20日在向威瓦克输送物资的途中，在马努斯岛附近被美军潜艇发射的鱼雷命中而沉没，同年4月1日除籍。

▲1937年11～12月，航行于吴港湾的大潮号，该舰在吉川洁海军中佐的指挥下参加了战争初期的战斗。

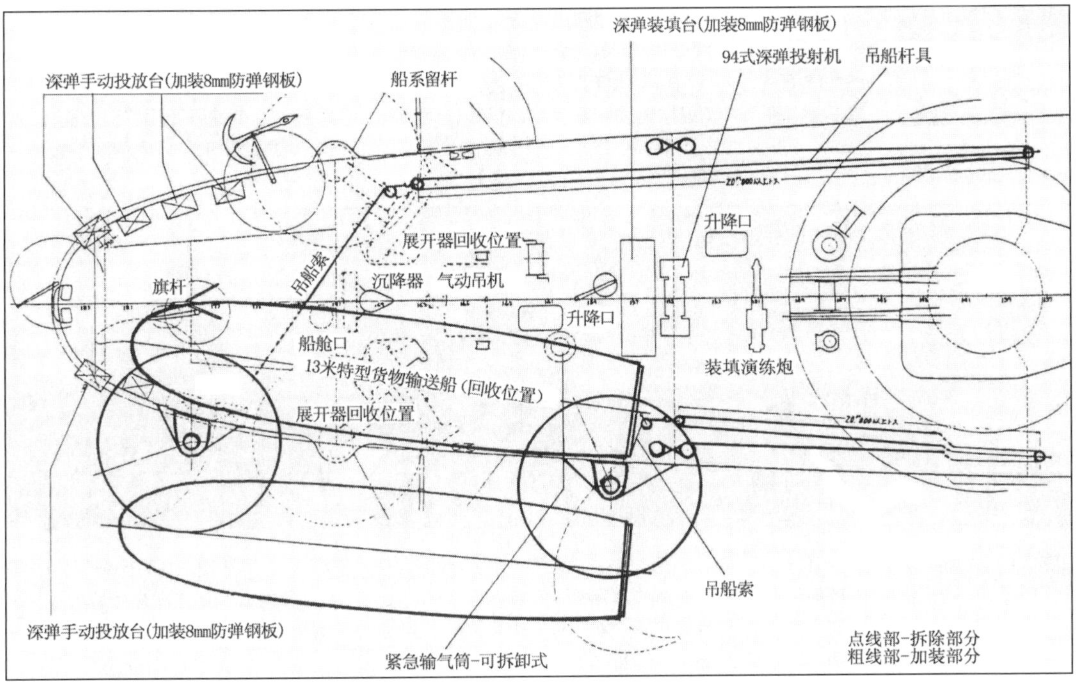

▲ 大潮号舰尾增设 2 艘 13 米运货船的工程改造示意图。2 艘 13 米小艇的运载能力当然是极为有限的，而改造工程和运输任务却削弱了驱逐舰原本的战斗能力。

(3)
满潮
（みちしお）

1934 年列入计划，由藤永田造船厂制造，于 1937 年 10 月 31 日竣工，划分为一等驱逐舰。开战时属于第 2 水雷战队，参加了南洋攻略作战。1942 年 2 月 20 日参加第一次巴厘岛海战，被炮弹命中负伤。修复完成后于 1942 年 10 月 31 日开始向瓜岛运输物资 2 次，11 月 31 日在肖特兰岛被美军战机的炸弹命中，再次返回日本修理。1944 年 6 月 19 日参加马里亚纳海战，10 月 22 日又从属于西村部队参加了莱特大海战，于 10 月 25 日在苏里高海峡之战中被美军鱼雷艇发射的鱼雷击沉。1945 年 1 月 10 日除籍。

▲ 1937 年 10 月，竣工不久的朝潮型 3 号舰满潮号。该舰与朝潮号、大潮号、荒潮号共同组成的“X 潮”第 8 驱逐队取得了相当不错的战绩，最后在苏力高海峡被美军鱼雷击沉。

(4) 荒潮（あらしお）

1934 年列入计划，由神户川崎造船厂制造，于 1937 年 12 月 20 日竣工，划分为一等驱逐舰。开战时属于第 2 水雷战队，参加了南洋攻略作战。1942 年 2 月 20 日参加第一次巴厘岛海战，4 月 18 日参加了追赶空袭东京的美大黄蜂号航母的行动，5 月 28 日参加中途岛海战，于 6 月 7 日撤退途中被美军战机攻击而负伤，修理完成后前往所罗门群岛方面作战。1943 年 2 月 1 日起参加 3 次瓜岛撤退作战，于 3 月 3 日在新几内亚东部丹皮尔海峡被美军战机的炸弹命中沉没，同年 4 月 1 日除籍。

正在进行海试的荒潮号。

(5) 朝云（あさぐも）

1934 年列入计划，由神户川崎造船厂制造，于 1938 年 3 月 31 日竣工，划分为一等驱逐舰。开战时属于第 4 水雷战队，参加了南洋攻略作战，12 月 31 日因触雷而返回日本，修复完成后在各海域从事护航工作。1942 年 2 月 27 日参加泗水海战，5 月 28 日参加中途岛海战，8 月 24 日参加第二次所罗门海战，11 月 13 日参加第三次所罗门海战。1943 年 2 月 1 日起参加 2 次瓜岛撤退作战，2 月 28 日参加向莱城输送物资的行动，因为运输船队被美军全部歼灭而撤退，7 月 22 日参加基斯卡岛撤退行动。1944 年 6 月 19 日参加马里亚纳海战，10 月 22 日又从属于西村部队参加了莱特大海战，于 10 月 25 日在苏里高海峡之战中被鱼雷炸毁舰艏而沉没。1945 年 1 月 10 日除籍。

正在海上航行的朝云号。尾部有深水炸弹投放装置。在战争中期以后，在潜艇攻击面前不堪一击的日本海军驱逐舰纷纷加装反潜设备，但这些临时抱佛脚的举措无甚效果。

1938 年 4 月初，从神户川崎造船厂出发前往所属军港的朝云号。舰桥构造与白露型非常相似，罗针舰桥上面是九四式射击方位盘，但更上面还没有安装测距仪。主炮采用最大仰角为 55 度的 C 型炮塔。

(6)
山云
（やまぐも）

1934 年列入计划，由藤永田造船厂制造，于 1938 年 1 月 15 日竣工，划分为一等驱逐舰。开战时属于第 4 水雷战队，参加了南洋攻略作战，12 月 31 日因触雷而返回日本。修复完成后在各海域从事护航工作。1944 年 6 月 19 日参加马里亚纳海战，10 月 22 日又从属于西村部队参加了莱特大海战，于 10 月 25 日在苏里高海峡之战中被击沉。1945 年 1 月 10 日除籍。

▲ 1939 年 9 月 15 日，在馆山公试航行的山云号。该舰在苏里高海峡之战中，被命中鱼雷后发生了爆炸，几乎是在瞬间便沉没了，只有少数舰员幸存。

(7)
夏云
（なつぐも）

1934 年列入计划，由佐世保造船厂制造，于 1938 年 2 月 10 日竣工，划分为一等驱逐舰。开战时属于第 4 水雷战队，参加了南洋攻略作战。1942 年 3 月 1 日参加爪哇攻略作战，5 月 29 日参加中途岛海战，8 月 24 日参加第二次所罗门海战，10 月 12 日在向瓜岛输送物资返回肖特兰岛途中，于萨沃岛附近被美军战机的炸弹命中沉没，同年 11 月 15 日除籍。

▲ 1939 年 11 月 22 日的夏云号，拍摄于竣工服役的同日。

(8)
峰云
（みねぐも）

1934年列入计划，由藤永田造船厂制造，于1938年4月30日竣工，划分为一等驱逐舰。开战时属于第4水雷战队，参加了南洋攻略作战。1942年3月1日参加爪哇攻略作战，5月29日参加中途岛海战，10月5日在向瓜岛输送物资途中被近失弹炸伤，修理完成后于1943年3月4日向科隆邦加拉岛执行运输任务。同年3月5日在克拉湾与美军舰队交战，被击沉。

▶1937年11月4日，在藤永田造船厂船坞举行下水仪式的峰云号。从此图可以看出朝潮型的舰艏倾斜角度要小于以前的型号。

(9)
霞（2代）
（かすみ）

1934年列入计划，由神户川崎造船厂制造，于1939年6月28日竣工，划分为一等驱逐舰。开战时属于第2水雷战队，与第2航空战队（航母苍龙号、飞龙号）一同行动。1942年2月25日参加爪哇南方机动作战，5月28日参加中途岛海战，7月5日在阿留申群岛海域被美军潜水艇的鱼雷击伤，修理完成后，1944年10月25日从属于志摩部队参加了莱特大海战，11月1日起向奥尔默克湾运输物资3次，12月24日作为带队旗舰炮击民都洛岛圣何塞登陆场。1945年2月20日参加北号行动，20日满载南洋物资返回吴港，4月7日参加大和号菊水特攻行动，被美军战机狂轰沉没，同年5月10日除籍。

▲1945年4月7日，参加大和特攻的霞号正以最高航速拼命躲闪美军的攻击。这是朝潮型驱逐舰的最后幸存舰，最终结局是被直接命中两枚炸弹而沉没。

(10)
霰（2代）
（あられ）

1934年列入计划，由海军舞鹤造船厂制造，于1939年4月15日竣工，划分为一等驱逐舰。开战时属于第2水雷战队，与第2航空战队（航母苍龙、飞龙）一同行动。1942年1月8日参加拉包尔攻略行动，7月4日护卫千代田水上飞机母舰抵达基斯卡港，7月5日在被美军潜水艇的鱼雷击沉，同年7月31日除籍。

阳炎（かげろ）型

1937年日本发动侵华战争，日本海军军令部下令朝潮型在第10艘建造完成后不再续建，要求设计新一代的远洋大型驱逐舰，全面提升各项性能，真正达到领先全世界海军的水准，并将其列入规模极其庞大的丸三计划中。军令部要求新型驱逐舰性能指标是最高航速36节以上，续航力18节/5000海里，兵装与与朝潮型同等程度，舰型也要在特型基础上进行改善。对此，日本舰政本部判断要满足军令部的要求，新舰的公试排水量需达到2750吨，全长120米以上，主机功率在60000匹马力以上，这也就意味着无论是舰型还是动力系统都需要全新设计，耗费大量时间，而已经处于战争之中的日本缺少的就是时间。因此舰政本部自己提出了在特型基础上进行改进的方案，公试排水量限制在2500吨，速度方面退步一点为35节，续航力可以达到18节/5000海里，其他方面也基本满足军令部要求。实际上舰政本部提出的是一个折中方案，基本获得了军令部的承认。此舰政本部方案代号F49，水雷战队的强悍“武士”阳炎型由此诞生，它同时也被称为甲型驱逐舰，以标榜其绝对主力的地位。

阳炎型是真正条约后时代，毫无排水量、尺寸方面限制的情况下设计出来的新一代驱逐舰（当然日本海军至少从朝潮型开始就已经明目张胆违反条约了），因此毫无疑问地成为有史以来最庞大的日本驱逐舰，在世界范围内也是绝对一流的。相对于条约时代的驱逐舰，阳炎型的长宽比缩小，以增进复原性。靠近舰尾的舰底部形状扁平，能够有效压水，减小7%左右的阻力，使其巡航速度能够从过去的14节提高到18节，最高航速超出计划

阳炎型性能参数

排水量：2000吨
舰长：118.5米
舰宽：10.8米
平均吃水：3.8米
主机：舰本式减速齿轮汽轮机2座2轴，总功率为52000马力
主锅炉：吕号舰本式重油水管锅炉3座
最大航速：35.5节
燃料搭载量：重油622吨
续航力：18节/6000海里
武器：
127mm/50口径双联装炮3座
25mm双联装机炮2座
610mm四联装鱼雷发射管2座
乘员：239名

◀ 阳炎型驱逐舰1号炮塔与舰桥特写。此时这艘驱逐舰显然并不处于高速航行状态，因为有一名信号兵两脚直接站在扶手栏杆上打旗语，这是很危险的举动——设置栏杆的目的并不是为了让人站在上面。

▲ 第17驱逐队的多艘阳炎型驱逐舰的海上训练场景。排成单纵队，在同一个点依次右转舵90度，第2战速航行。在最前头的是浦风号，但后面3艘无法判明。

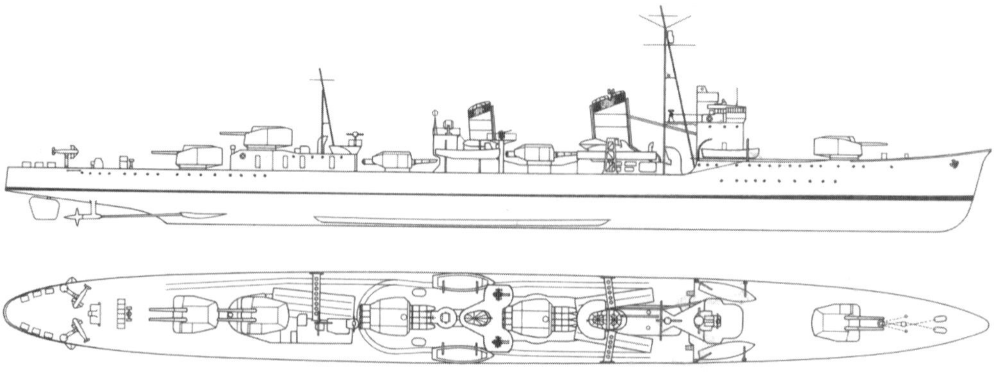

▲服役初状态的阳炎型线图。

达到35.5节。经海军反映，朝潮型在加强舰体强度方面走得有些太远，因此阳炎型除了在龙骨平板上仍然维持厚度和降低重心外，在其他一些不太重要的地方降低了板厚尺寸，并将电焊限制在个别场所使用。阳炎型采用与朝潮型相同的C型炮塔，在下水之初同样装备有九六式25mm双联装机炮，并且从一开始就装载威力强大的九三式氧气鱼雷，与朝潮型同样的九三式610mm四联装鱼雷发射管2座，1号发射管的再装填装置分开放在1号烟囱的两侧（朝潮型是在2号烟囱的两侧），这样配置的目的是防止从1号发射管到后部再装填装置之间的这段距离上运输鱼雷可能在遭到攻击时被诱爆的问题。舰尾装备有九四式深弹投射机（也称为“Y炮”），投放九一式深水炸弹，其后方两舷各有一具扫雷具，在不装备扫雷具的情况下可将深水炸弹数量从18个提高到36个。装备九三式水中探信仪和水中听音器。罗针舰桥的上方和过往的驱逐舰一样，层层叠加射击指挥装置，包括九四式射击方位盘与3米测距仪，用于鱼雷战指挥的九一式射击方位盘和九二式射击指挥盘在罗针舰桥两侧。罗针舰桥后方的三脚式桅樯上还装有九六式探照灯管制器，可以对2号烟囱后方安装的900mm探照灯进行远距离操控。舰体两侧吊挂着7米小艇与7.5米内火艇共4艘。两舷上甲板铺设鱼雷搬运用的轨道。阳炎型采用最新型的吕号舰本式重油水管锅炉，相比朝潮型而言，在蒸汽高温高压方面更进了一步，压力从22 kg/cm^{2}提高到30kg/cm^2，温度从300℃提高到350℃，大大提高了功率输出的效率。在阳炎型其中一艘——天津风号上，特意为日后岛风型预研搭载了更高性能的动力系统，试验数据表明其燃料消费率大幅改善，比过去的驱逐舰降低了21.5%，比朝潮型降低了12%。

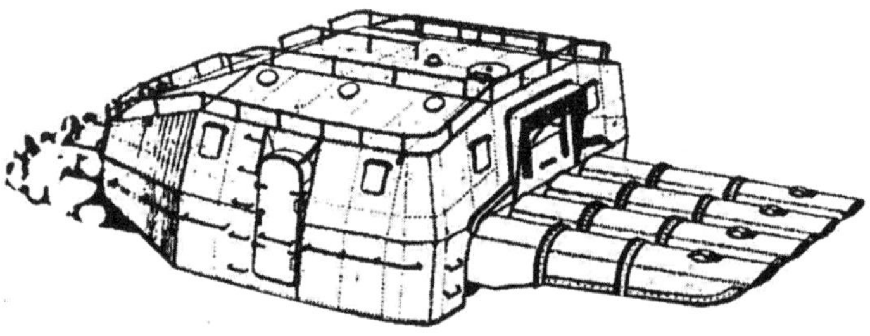

▲阳炎型列装的610mm四联装鱼雷发射管。

可资比较的是，美国海军弗莱彻级驱逐舰下水服役的时间比阳炎型晚了近两年，其采用的高性能重油锅炉蒸汽压力为43.3kg/cm^2，温度最高达454℃！最关键的是，美国量产这种日本战前很难追赶性能的锅炉是毫无压力的……

对于计划方案中18节速度巡洋5000海里的要求，设计方测算需要搭载重油615吨，不过到了公试航行中发现阳炎型优秀的航行性能使这一测算失效了，实际的续航能力达到了18节/6000海里。

从各个角度来说，阳炎型驱逐舰都充分满足了日本海军长久以来对远洋、高速、重火力驱逐舰的追求。在其诞生的20世纪30年代后期，阳炎型是与美国格里德利级、巴格莱级、本汉级（都装备4座533mm四联装鱼雷发射管）等比肩的强大驱逐舰。阳炎型最大的弱点也许就在于其性能指标过高，如高温高压锅炉的采用，相对于日本薄弱的整体工业实力来说过于先进，无法进行大批量的生产，而日本即将参加的战争将是一场比拼综合国力的全面战争。前后制造的18艘阳炎型，在历次海战中被吞噬了17条，最后只有那艘十分幸运的“超级祥瑞雪风”残存至战后，作为战利品交给了中国。

(1)
阳炎(2代)
（かげろ）

1937年列入计划，由海军舞鹤造船厂制造，于1939年11月6日竣工，划分为一等驱逐舰。开战时属于第1水雷战队第18驱逐队，作为机动部队警戒队参加了珍珠港偷袭作战、拉包尔攻略作战。1942年5月28日参加中途岛海战，7月15日转属第2水雷战队第15驱逐队，8月18日运送一木支队登陆瓜岛，11月14日参加第三次所罗门海战，11月30日参加塔萨法隆加夜战。1943年1月13日参加瓜岛撤退作战，5月8日在克拉湾触雷，在无法行动的状态下遭美军战机攻击而沉没，同年6月20日除籍。

▲1944年时的阳炎号驱逐舰线图。

(2)
不知火(2代)
（しらぬい）

1937年列入计划，由浦贺船渠制造，于1939年12月20日竣工，划分为一等驱逐舰。开战时属于第1水雷战队第18驱逐队，作为机动部队警戒队参加了珍珠港偷袭作战、拉包尔攻略作战。1942年5月28日参加中途岛海战。1943年7月7日在基斯卡岛附近遭到美军潜艇鱼雷攻击，舰艏被炸毁，返回日本。修复后于1944年1月5日开始向威瓦克执行运输任务。1944年10月25日作为志摩部队的一员参加莱特大海战，27日遭到美军战机轰炸而沉没，同年12月10日除籍。

▲不知火号，可能拍摄于其竣工服役的同一日。其舰桥顶部站着一个人，身高接近射击指挥仪的高度，很可能就是一名仪器操作员。

1942年1月，正在从金刚号战列舰上获取燃油补给的不知火号。为延长驱逐舰的海上续航能力，这种补给方式是绝对必要的，它也是日本海军训练地很纯熟的一门技术。直至今日，日本海上自卫队在印度洋上为美军提供的补给作业也因其高效和无事故而广受好评。

▲ 1942 年 9 月，被鱼雷轰掉了 1 号烟囱前面半个舰体的不知火号，正在舞鹤实施修复工程。从这个角度可以看清楚其四联装鱼雷发射管及预备鱼雷再装填装置（就是位于鱼雷发射管后方的正方形铁盒子）。

(3) 黑潮（くろしお）

1937 年列入计划，由藤永田造船厂制造，于 1940 年 1 月 27 日竣工，划分为一等驱逐舰。开战时属于第 2 水雷战队第 15 驱逐队，参加菲律宾南方岛屿攻略作战。1942 年 2 月 6 日参加望加锡攻略作战，11 月 14 日参加第三次所罗海战，11 月 30 日参加塔萨法隆加夜战。1943 年 5 月 8 日在向科隆邦加拉岛执行输送任务的途中，于克拉湾触雷沉没，同年 6 月 20 日除籍。

▶ 1941 年 6 月，因为与峰云号在训练中相撞而进港修理的黑潮号，可见其左侧下方外板被很“整齐”地切开翻转 90 度。因为这场事故黑潮号差点没赶上开战，但在战争中该舰还是颇有战绩的。

(4)
亲潮
（おやしお）

1937 年列入计划，由海军舞鹤造船厂制造，于 1940 年 1 月 27 日竣工，划分为一等驱逐舰。开战时属于第 2 水雷战队第 15 驱逐队，参加菲律宾南方岛屿攻略作战。1942 年 2 月 6 日参加望加锡攻略作战，11 月 14 日参加第三次所罗门海战，11 月 30 日参加塔萨法隆加夜战。1943 年 5 月 8 日在向科隆邦加拉岛执行输送任务的途中触雷搁浅，在无法行动的状态下遭美军战机攻击而沉没，同年 6 月 20 日除籍。

▲ 正在举行下水仪式的亲潮号，1 号炮塔指向左舷，这可能是为了让观众从更好的角度欣赏这门威力强大的火炮。

(5)
早潮
（はやしお）

1937 年列入计划，由浦贺船渠制造，于 1940 年 8 月 31 日竣工，划分为一等驱逐舰。开战时属于第 2 水雷战队第 15 驱逐队，参加菲律宾南方岛屿攻略作战。1942 年 2 月 6 日参加望加锡攻略作战，8 月 23 日开始参加瓜岛物资输送行动，11 月 24 日在向莱城执行输送任务的途中遭到美军战机攻击，命中多枚直击弹与近失弹后沉没，同年 12 月 24 日除籍。

(6)
夏潮
（なつしお）

1937 年列入计划，由藤永田造船厂制造，于 1940 年 8 月 31 日竣工，划分为一等驱逐舰。开战时属于第 2 水雷战队第 15 驱逐队，参加菲律宾南方岛屿攻略作战。1942 年 2 月 6 日参加望加锡攻略作战，7 日遭到美军 S-27 潜艇的鱼雷攻击，尽管黑潮号对其实施拖曳救助，但由于进水过多最终沉没，同年 2 月 28 日除籍。

(7)
初风
（はつかぜ）

1937 年列入计划，由神户川崎造船厂制造，于 1940 年 2 月 15 日竣工，划分为一等驱逐舰。开战时属于第 2 水雷战队第 16 驱逐队，参加菲律宾南方岛屿攻略作战。1942 年 2 月 25 日参加泗水海战，3 月 30 日参加圣诞岛攻略作战，5 月 28 参加中途岛海战，8 月 24 日参加第二次所罗门海战，10 月 24 日参加圣克鲁斯海战。1943 年 1 月 7 日开始参加瓜岛物资输送行动，10 月 30 日在布干维尔岛海战中与重巡洋舰妙高相撞大破，在无法行动的状态下遭美舰队密集炮火攻击而沉没。1944 年 1 月 5 日除籍。

(8)
雪风
（ゆきかぜ）

1937 年列入计划，由海军佐世保造船厂制造，于 1940 年 1 月 20 日竣工，划分为一等驱逐舰。开战时属于第 2 水雷战队第 16 驱逐队，参加菲律宾南方岛屿攻略作战。1942 年 2 月 25 日参加泗水海战，5 月 28 参加中途岛海战，10 月 24 日参加圣克鲁斯海战。1943 年 1 月 25 日开始参加瓜岛撤退行动，7 月 12 日参加科隆邦加拉岛夜战。1944 年 6 月 15 日参加马里亚纳海战，10 月 25 日参加莱特大海战，11 月 28 日护卫信浓号航空母舰出东京湾，第二天便目睹信浓号被鱼雷击沉。1945 年 4 月 6 日参加大和号菊水特攻，目睹大和号沉没后，安全返回，7 月 30 日在宫津湾遭美机群空袭而负伤，但仍然作为唯一的阳炎型驱逐舰幸存至战后。同年 10 月 5 日除籍，随后成为复员舰。1947 年 7 月 6 日作为战利品交给中国国民政府，被改名为“丹阳号”。

▲ 1939 年 12 月的雪风号。它在战争中幸运的经历，使得几十年后日本还有人为其专门出书。

(9)
天津风 (2 代)
（あまつかぜ）

1937 年列入计划，由海军舞鹤造船厂制造，于 1940 年 10 月 26 日竣工，划分为一等驱逐舰。开战时属于第 2 水雷战队第 16 驱逐队，参加菲律宾南方岛屿攻略作战。1942 年 5 月 28 参加中途岛海战，10 月 24 日参加圣克鲁斯海战，11 月 14 日参加第三次所罗门海战。1944 年 1 月 16 日在南中国海遭到美军潜艇鱼雷攻击，舰艏被炸断，由朝潮号拖曳到西贡进行修理。1945 年 4 月 6 日在厦门港遭到美军战机攻击而沉没，同年 8 月 10 日除籍。

▲ 1940 年 10 月 17 日，驶出浦贺船渠准备进行公试航行的天津风号。

(10)
时津风(2代)
（ときつかぜ）

1937年列入计划，由浦贺船渠制造，于1940年12月15日竣工，划分为一等驱逐舰。开战时属于第2水雷战队第16驱逐队，参加菲律宾南方岛屿攻略作战。1942年5月28日参加中途岛海战，10月24日参加圣克鲁斯海战，11月14日参加第三次所罗门海战。1943年1月7日开始参加瓜岛物资输送行动，31日参加瓜岛撤退行动，3月3日参加莱城运输作战时在丹皮尔海峡遭到美军战机攻击而沉没，同年4月1日除籍。

(11)
浦风(2代)
（うらかぜ）

1937年列入计划，由藤永田造船厂制造，于1940年12月15日竣工，划分为一等驱逐舰。开战时属于第1水雷战队第17驱逐队，作为机动部队警戒队参加了珍珠港偷袭作战，归国途中作为飞龙号航空母舰的护卫参加了第二次威克岛攻略行动。1942年1月10日起参加拉包尔攻略作战，后参加中途岛海战，6月15日开始作为瑞鹤号航空母舰护卫在基斯卡岛方面作战，其后参加圣克鲁斯海战、瓜岛运输作战等。1944年6月19日参加马里亚纳海战，10月18日参加莱特大海战。11月11日护卫金刚号战舰返回日本途中，于台湾海峡被美军潜艇海狮号（SS-315）发射的鱼雷命中而沉没。1945年1月10日除籍。

▲1940年12月20日，正在进行最终公试航行的浦风号。

(12)
矶风(2代)
（いそかぜ）

1937年列入计划，由海军佐世保造船厂制造，于1940年11月30日竣工，划分为一等驱逐舰。开战时属于第1水雷战队第17驱逐队，作为机动部队警戒队参加了珍珠港偷袭作战，归国途中作为飞龙号航空母舰的护卫参加了第二次威克岛攻略行动。1942年1月10日起参加拉包尔攻略作战，后参加中途岛海战，其后参加圣克鲁斯海战、瓜岛运输作战等。1943年2月7日在瓜岛附近海域撤退兵员时被美机炸伤，修复后于10月6日参加了维拉拉维拉岛夜战，11月4日在卡维恩港外触雷。1944年6月19日参加马里亚纳海战，10月18日参加莱特大海战，随后参加奥尔默克运输作战，11月28日护卫很快沉没的信浓号航空母舰。1945年4月7日参加大和号菊水特攻，被美军战机炸成重伤后，由雪风号击沉，同年5月25日除籍。

▲1940年11月22日，正在进行最终公试航行的矶风号。它也一直奋战到日本海军接近灭亡的那一天。

▲刚完成下水仪式的矶风号。绝大部分的武器、设备仍未安装，可见其三角桅结构非常简单，但强度方面不成问题。

▲ 1941 年 10 月 20 日，停泊在佐伯湾的矶风号。当时第一水雷战队正在此地进行训练。注意舰舷外已经安装有舷外电缆。不过各舰的舰型不同，舷外电缆的安装形状也都会稍有一些差别。

▶ 大和特攻作战的最后阶段，矶风号（上方）正试图接近多处冒出浓烟的矢矧号轻巡，但是最终两舰都被击沉了。

(13) 滨风（2代）（はまかぜ）

1937年列入计划，由海军佐世保造船厂制造，于1941年6月30日竣工，划分为一等驱逐舰。开战时属于第2水雷战队第18驱逐队，作为机动部队警戒队参加了珍珠港偷袭作战，随后参加南洋攻略作战等。1942年5月27日参加中途岛海战，其后将一木支队运送到瓜岛，参加圣克鲁斯海战、瓜岛运输作战等。1943年初开始参加瓜岛撤退作战、克拉湾夜战、维拉拉维拉岛夜战等。1944年6月19日参加马里亚纳海战，10月18日参加莱特大海战。1945年4月7日参加大和号菊水特攻，被美军战机炸沉，同年6月10日除籍。

▲1941年6月30日，刚竣工的滨风号，正驶出浦贺船渠。

▶在日本海军宣传片《旭日的八十八年》中，群众演员正在向驶离港口的滨风号“挥旗致意”。

▼1941年6月30日的滨风号，拍摄于其正式竣工服役的日子。舰艏还没有来得及写上所属驱逐队番号。

(14) 谷风(2代)（たにかぜ）

1937年列入计划，由藤永田造船厂制造，于1941年4月25日竣工，划分为一等驱逐舰。开战时属于第2水雷战队第18驱逐队，作为机动部队警戒队参加了珍珠港偷袭作战，随后参加南洋攻略作战等。1942年5月27日参加中途岛海战，其后参加圣克鲁斯海战、瓜岛运输作战等。1943年初开始参加瓜岛撤退作战等。1944年6月9日在塔威塔威联合舰队驻泊海域进行反潜搜索时，被美军潜艇猎兔犬号（SS-257 Harder）在900米距离上发射的2条鱼雷命中而沉没。从6月6日起至9日，SS-257在联合舰队的家门口连续击沉了水无月号、早波号、谷风号3艘日本驱逐舰，使得联合舰队产生了莫大的不安全感，一定程度上促使丰田副武下令小泽的第一机动舰队比计划提前驶出塔威塔威，去参加导致日本海军航空兵覆灭的马里亚纳海战。1944年8月10日除籍。

▲ 1941年4月，正准备进行最终公试航行的谷风号。该舰在偷袭珍珠港时便是南云机动舰队的护卫舰之一。在战争中取得的最大战果是1943年7月5日的克拉湾夜战中击沉了美军海伦娜号轻巡洋舰（Helena CL-50）。

(15) 野分(2代)（のわき）

1937年列入计划，由海军舞鹤造船厂制造，于1941年4月28日竣工，划分为一等驱逐舰。开战时属于南方部队第4驱逐队，参加马来半岛、菲律宾、爪哇等攻略作战。1942年5月27日参加中途岛海战，其后参加第二次所罗门海战、圣克鲁斯海战、瓜岛运输作战等。1943年初开始参加瓜岛撤退作战等。1944年6月19日参加马里亚纳海战，10月18日参加莱特大海战，10月25日在跟随栗田舰队进行萨马尔岛海战时，用鱼雷击沉被美军重创的筑摩号重巡洋舰并搭救其落水船员，但还没有等救助完成其自身便被美军军舰击沉。1945年1月10日除籍。

▲ 1941年4月19日，正在进行最终公试航行的野分号。在战争中该舰参加过许多次重大海战，但承担的主要任务都是将濒临死亡的友舰彻底击沉。因此在日本野分号被视为与雪风号一样的瘟神舰。

1943 年，结束修理的野分号，涂装仍然只有一层底漆，舰桥前和 2 号烟囱旁已有增设的防空武器。该舰是在 1942 年末于瓜岛被美机炸伤的。

(16) 岚（あらし）

1937 年列入计划，由海军舞鹤造船厂制造，于 1941 年 1 月 27 日竣工，划分为一等驱逐舰。开战时属于南方部队第 4 驱逐队，参加马来半岛、菲律宾、爪哇等攻略作战。1942 年 5 月 27 日参加中途岛海战，其后参加圣克鲁斯海战、瓜岛运输作战等。1943 年 1 月 15 日在瓜岛海域被美军战机炸伤，1 月 31 日起支援瓜岛撤退作战，8 月 6 日在维拉湾海战中被美军驱逐舰发射的鱼雷命中而沉没，同年 10 月 15 日除籍。

正在进行公试航行的岚号。该舰在维拉湾夜战中被美军驱逐舰用鱼雷击沉，而美军之所以获胜其原因是美军驱逐舰装备有海面搜索定位雷达，夜间精准射击的能力在 1943 年下半年已经全面超越日本海军。

(17) 萩风（はぎかぜ）

1937 年列入计划，由浦贺船渠制造，于 1941 年 3 月 31 日竣工，划分为一等驱逐舰。开战时属于南方部队第 4 驱逐队，参加马来半岛、菲律宾、爪哇等攻略作战。1942 年 5 月 27 日参加中途岛海战，其后参加阿留申群岛攻略作战等，8 月 19 日在图拉吉岛附近被美军战机炸伤。1943 年 8 月 6 日在维拉湾海战中被美军驱逐舰发射的鱼雷命中而沉没，同年 10 月 15 日除籍。

▲ 1941 年 3 月 31 日的萩风号，拍摄于其正式竣工服役的日子。

(18) 舞风（まいかぜ）

1937 年列入计划，由藤永田造船厂制造，于 1941 年 7 月 15 日竣工，划分为一等驱逐舰。开战时属于南方部队第 4 驱逐队，参加马来半岛、菲律宾、爪哇等攻略作战。1942 年 5 月 27 日参加中途岛海战，其后第二次所罗门海战、圣克鲁斯海战、瓜岛运输作战等。1944 年 2 月 17 日在特鲁克遭遇美军空袭，被击沉，同年 3 月 31 日除籍。

▲ 1941 年 7 月 15 日的舞风号，拍摄于其正式竣工服役的日子。注意其舰桥下方的干舷有一个明显的向外伸展再向内折回的角度。

走向毁灭的胜利——塔萨法隆加海战

瓜达尔卡纳尔岛战役是一场长达半年，由大大小小数十次的海上、空中战役与数不清的陆上阵地战、遭遇战、殊死肉搏战的总称，在很长一段时间内，征战双方似乎陷入了混乱的胶着状态中，只是不断地将陆海空兵力投入这个遍布热带雨林的岛屿和其北面的铁底湾中，然后将这些兵力不断地消耗掉。这是一种与日本海军在开战之初所设想的对马海战式“战列舰大决战”相去甚远的战争方式，只会有利于擅长于大规模生产的美国。瓜岛战役充分暴露了疯狂进行军事冒险的日本军事当局是如何无能、愚蠢与虚荣，他们在战役初期轻视美军步兵与陆战队的战斗力，取得海战初步胜利的同时却不屑于切断美军的补给，在己方的补给被切断、作战不利的情况下又不及时撤退，白白耗费宝贵的兵力，以至于日后当美军向远比瓜岛的战略地位重要的新不列颠岛、特鲁克岛做跳岛推进时，日军的海空力量基本只能做一些不痛不痒的抵抗，眼睁睁看着大量陆军被包围在各个困岛上而毫无解决良策。

日本海军水雷战队同样在瓜岛战役中被迫去做“鼠输送”这种在战前他们认为完全是下三烂的跑腿任务。这种没完没了的输送物资的行动在遭遇惨重损失，实在撑不下去的时候，半死不活的部队才被撤运出来。而这种既辛苦又尴尬的任务，从瓜岛一直延续到南洋各日占岛屿上，这让本来就兵力严重不足的日本各驱逐舰队一直处于疲于奔命的状态，造成大量损伤。即使是在马里亚纳决战、莱特大海战中也

▲ 美国海军少将卡尔顿·H·赖特。

▲ 参加了此次海战的新奥尔良号（USS New Orleans CA-32）重巡洋舰。

无法集结起足够的力量，战前所谓的以“水雷战队”对敌主力舰队进行夜间大规模鱼雷突袭战的设想化为泡影，在整个太平洋战争中都从来没有实现过。

不过，即使是在瓜岛战役败局已定的情况下，一直奋战在第一线的日本驱逐舰队仍然没有像航母机动部队、战列舰队、巡洋舰战队那样纷纷退避三舍，去养精蓄锐等待所谓的“未来决战”，而是在力量悬殊的情况下仍然取得了一场海战的胜利，这就是在 1942 年 11 月 30 日发生的隆加角夜战，美军称为“塔萨法隆加海战”。

1942 年 11 月 29 日，由美海军卡尔顿 · H · 赖特（Carleton · H · Wright）少将麾下第 67 分舰队做好了战前准备，由努美阿基地出发开往瓜岛海域。赖特少将刚刚从指挥了圣克鲁斯海战（10 月 26 日）的金凯德少将手中继承 TF67 的指挥权，不过金凯德在临走之前（他被升为北太平洋方面军司令，调往北方指挥将盘踞在阿留申群岛的日军消灭的作战行动，成功之后返回并担任西南太平洋方面军司令）已经制定了详细的作战方案，赖特少将所要做的就是执行这一方案。TF67 分舰队代号“威廉”（因为赖特少将的姓首字母是 W，所以用 W 开头的“威廉”作部队代号），拥有 4 艘重巡洋舰（旗舰明尼阿波利斯号、北安普顿号、彭萨科拉号、新奥尔良号），1 艘轻巡洋舰（火奴鲁鲁号），6 艘驱逐舰（弗莱彻号、德雷顿号、莫利号、巴金斯号、拉莫森号、拉德纳号），他们的优势是装备有用于水面舰艇定位与射击的 SG 雷达，既可用于搜索舰艇也能搜索飞机的 CXAM 或者 SC 中距离雷达。与其相对的日本海军输送队则是由第 2 水雷战队司令田中赖三少将所指挥的 8 艘驱逐舰，分成没有搭载物资铁桶的警戒队（旗舰长波号、高波号属于第 31 驱逐队）、有 3 艘阳炎型驱逐舰参与的第一输送队（阳炎号、黑潮号、亲潮号、卷波号属于第 15 驱逐队）、第二输送队（江风号、凉风号属于第 24 驱逐队），总共搭载有 1100 个铁桶，从肖特兰岛出发前往瓜岛，试图将这些铁桶扔在靠近沙滩的海中，然后让陆军士兵将这些铁桶拉上岸（或者干脆靠海流冲到海滩上），以使瓜岛上的日军能够得到急需的粮食与药品救助。为了装载物资，日军驱逐舰将备用鱼雷都留在了肖特兰，因此它们在整个运输过程中所装备的鱼雷就是 2 个四联装鱼雷发射管中已处于装填状态的 8 枚鱼雷。晚上 22:40，赖特少将率领第 67 分舰队全部军舰通过瓜岛与佛罗里达岛之间的海域，因为早就通过空中侦察掌握了田中运输队的动向，赖特信心满满地向各舰发出了准备进攻的命令，命令指出日军很可能是以战斗军舰作为运输船只，将于 23:00 前在瓜岛西北部的塔萨法隆加角实施物资登陆行动，而第 67 分舰队的任务就是趁日本军舰将物资送上岸的时候进行果断攻击。这也就意味着战斗将在最黑暗的午夜时分打响，而金凯德少将制定的原方案则将“Z 时间”（行动开始时间）定在了日出时分，即试图避免与日军打夜战。赖特更改作战时间可能是认为日本海军已成惊弓之鸟，因此急着要在瓜岛战役结束前抢一份

TF67 护航舰队旗舰重巡洋舰明尼阿波利斯号（USS Minneapolis CA-36），在塔萨法隆加海战中遭受重创。

▲ 1941 年时的北安普顿号（USS Northampton CA-26），该舰在此次海战中被击沉。

功劳（毕竟瓜岛战役后美国海军中加官晋爵者不在少数）。

TF67 以赖特少将亲自指挥的明尼阿波利斯、彭萨科拉、新奥尔良为第一小队，以北安普顿和火奴鲁鲁为第二小队，驱逐舰为第三小队，排成单纵队阵型快速向作战海域开进。第三小队的驱逐舰打头阵，第一小队和第二小队的巡洋舰随后跟进。各小队的领舰负责用雷达搜敌。最前头的驱逐舰距离明尼阿波利斯 3700 米，各重巡洋舰之间的距离大约 900 余米。拉莫森、拉德纳号 2 艘驱逐队是在 21:00 才与第 67 分舰队会合的，而原计划中拉莫森号的舰长要担当第三小队的指挥官，但由于他对作战计划的了解还很模糊，因此这 2 艘驱逐舰只能跟随在巡洋舰纵队的后方，削弱了前方驱逐舰队的实力。22:45，第 67 分舰队全部军舰转向，并以 140 度展开角度组成梯形战斗队形，巡洋舰编队从右至左分别是明尼阿波利斯、新奥尔良、彭萨科拉、火奴鲁鲁、北安普顿，各舰都已打开 SG 雷达全力搜索。23:06，明尼阿波利斯的 PPI 显示屏上显示埃斯佩兰萨角（在塔萨法隆加角西方）海域出现了“一些小点”，随后不断放大并与岛屿反射波脱离，方位 284 度、距离 23800 米，此情报随即通报给第 67 分舰队所有军舰。23:12，日军方面担任警戒的高波通过目视观察，确认在方位 100 度似有舰影出现——日本人依靠着双筒光学望远镜（自然不是现代的夜视微光望远镜之类的东西），大概还有日本人所特有的尖锐眼力，仅仅比美国人的高性能雷达迟了 6 分钟便也确认了对手的存在。这是这场隆加角夜战的关键时刻。接着几乎在美军雷达确认前方有 7 艘日本军舰的同时，高波的瞭望员便又通过自己的双眼确认有 7 艘美舰正在开来。田中立即下达了两个简单的命令：登陆中止，战斗。此时输送队的 6 艘驱逐舰主机已降至低速，铁桶的捆绑已经松开，正要准备进行投放作业。如果是在主机完全停止、投放作业正进行中发现美舰的话，那么反应时间也就要大大延长了，由此可见高波发出的及时预警是何等重要。23:16，弗莱彻号驱逐舰确认日本舰队在己舰前方 6400 米处，请求鱼雷攻击许可，之后的 2、3 分钟内打头阵的各驱逐舰都确认了日本舰队的方位与距离。此时赖特遇到了一个难题：日本舰队的雷达信号仍然混杂在岛屿背景之中，难以进行精确的射击瞄准。赖特早已料想到这个问题，因此出发前便请求图拉吉航空基地派出一架卡特琳娜水上飞机，在日本舰队的上空投下照明弹。然而受天气因素影响，水上飞机的起飞延误了。此时此刻，第 67 分舰队必须与田中运输队打一场夜间遭遇战了！

弗莱彻号作为 1942 年才诞生（1941 年 6 月开工建造，1942 年 6 月 30 日服役）的弗莱彻级驱逐舰大家族的首舰，装备有五联装 533mm 鱼雷发射管 2 座、单管 127mm 高平两用炮 5 座、双联 40mm 博福斯机关炮 3 座等，火力上绝不弱于阳炎型的。在得到鱼雷攻击许可后，弗莱彻上的鱼雷发射管立即开始连续发射，很快将 10

▲ 参加了此次海战的彭萨科拉号（USS Pensacola CA-24）重巡洋舰，也遭受重创。

▲ 1941 年的火奴鲁鲁号（USS Honolulu CL-48）轻巡洋舰。

参加此次海战的格里德利莫利号驱逐舰（USS Maury DD-401）。

枚鱼雷全部打了出去，接着巴金斯号发射鱼雷 8 枚，德雷顿号发射鱼雷 2 枚——之所以只发射 2 枚，是因为在德雷顿号舰上的雷达显示器显示日本军舰的速度为零，当然不用发射很多鱼雷对其进行延展火力覆盖。而莫利号尽管装备有四联装鱼雷发射管 4 座这样的超绝火力，但因为雷达没有搜索到日军军舰的具体方位，连 1 枚鱼雷都没有发射出去。23:29，卷波看到离其舰尾不远处有一条鱼雷航迹掠过，6 分钟后长波看到右舷有 2 条鱼雷掠过，随后就再也没有其他有关美国鱼雷的记录了。也就是说美国驱逐舰发射的 20 枚鱼雷，无一命中，完全失败。赖特此时已经无计可施，下令准备进行炮战，各驱逐舰开始发射照明弹，并准备以 127mm 炮与日舰交战。在看到美舰发射照明弹后，田中立即下令："突击！"日舰也都做好了开炮准备。首先开火的是弗莱彻号，距离是 6860 米，以日本舰队先头部队后方的舰只为目标进行延伸射击，2 分钟左右的时间内发射炮弹约 60 发。随后弗莱彻的雷达就丢失了目标，于是折向另外三艘驱逐舰的后方，并退往萨沃岛方向。第 67 分舰队的巡洋舰编队此时也已经赶了过来，明尼阿波利斯以 9 门 203mm 主炮连续进行了 4 次齐射，同时以 127mm 副炮发射照明弹。新奥尔良在一分钟后也开始进行齐射。所有这些 203mm 的炮弹，都落在了高波号驱逐舰上，因为先头美国驱逐舰发射的照明弹正好将高波的舰影映衬得一清二楚。直击弹爆炸燃烧的烟雾与近失弹的巨大水柱立即团团包围了高波，不过高波还是在严重倾斜的情况下坚持了两个小时，才在萨沃岛以南约 5 海里处沉没。高波首先是第一时间向田中运输队各舰发出了敌情预警，接着又以自己快速而惨烈的牺牲吸引了第 67 分舰队几乎所有的首轮火力，此时的情况是日军尽管已经牺牲了一艘驱逐舰，但是元气未伤，而第 67 分舰队则已完全进入了日军驱逐舰的鱼雷及火炮射程内，其主力巡洋舰又纷纷开火，炮口火光与弹道将其位置清楚地暴露在夜幕之中，训练有素的日军立即开始利用此绝对有利的态势，以早已训练得非常纯熟的雷战技能开始为高波报仇。

23:22，长波以其 127mm 主炮打响了日军反击的第一炮，同时折向西北方向，施放烟雾。随后江风、亲潮号也陆续开火。在 TF67 巡洋舰编队后方殿后的北安普顿号此时反而无法开火了，因其装备的 CXAM 雷达的信号淹没在了瓜岛陆地的背景之中，故而只能向前面彭萨科拉与火奴鲁鲁的弹着点进行齐射，颇有些瞎猫在逮耗子的样子，只可惜那耗子并不是死的。最后的两艘美军驱逐舰拉莫森、拉德纳则发现在其前方行驶的巡洋舰将视界都给挡住了，同样无法开火。也就是说在高波号被巡洋舰编队的火力完全覆盖的同时，美军舰队却一时

▲ 参加此次海战的马汉级德莱顿号驱逐舰（USS Drayton DD-366）。

▲ 参加此次海战的弗莱彻级首舰弗莱彻号驱逐舰（USS Fletcher DD-445）。

参加此次海战的马汉级巴金斯号驱逐舰（USS Perkins DD-377）。

突然陷入攻击力暂时麻痹的状态，海面上的闪光、烟雾和水柱使得田中运输队得到了很好的掩护。在第2水雷战队的战斗报告书中，对美军的攻击行动是如此评价的：敌军预先察觉我军行动计划，并以炮战队列阵型发动先发制人的攻击，但是其射弹精度不够好，特别是一开始的射击偏弹很多，其射击术没有值得一提的地方。日军驱逐舰的首轮鱼雷攻击其实也是沉没之前的高波发射出去的，而且是将8枚鱼雷一次性全发射了。接着在23:28，日军炮击开始6分钟后，黑潮号瞄准彭萨科拉发射了2枚鱼雷，接着亲潮号也向被识别为巡洋舰的美军目标发射了8枚鱼雷。5分钟后，2个爆炸的火光闪起，确认是有2枚鱼雷命中了。首先发生爆炸的是旗舰明尼阿波利斯，当时还正与新奥尔良一起在专心进行雷达照射炮击，没有任何人看到有鱼雷射来，突然之间第一炮塔前部就发生了爆炸，然后第2枚鱼雷又命中了轮机房。船体剧烈震动，冲击力使大多数舰员摔倒或干脆被重重地扔到舱壁上。舰艏从背负式的2号炮塔往前的部分（也就是说包括整个1号炮塔在内）被爆炸冲击波从舰体上切离，向下沉入了海面，剩下的舰体因进水向左倾斜4度，同时完全丧失动力，也丧失了战斗能力。紧跟着明尼阿波利斯的新奥尔良急忙进行规避，转右满舵，然而还是在左舰艏部被命中一枚鱼雷，发生爆炸——在日军驱逐舰官兵看来，那是第三个爆炸点——爆炸很快引发了一个燃油储存库与1号、3号弹药库，于是又接连发生了一连串的爆炸，将连同1号、2号炮塔在内的整个舰艏全给炸飞了！这两个炮塔里面的水兵全部牺牲，不过美国军舰的损管措施实在是好，看上去已经被彻底炸烂的新奥尔良也只是舰体倾斜了几度，完全没有沉下去的意思。紧跟在前两舰后面的彭萨科拉号连忙一边以20节速度行进一边进行掩护射击，护送两艘重伤的巡洋舰向北方进行退避，然而在此过程中还是没有任何警报，在第三炮塔前部的燃料库左舷外侧被命中一枚鱼雷，引发的大火持续燃烧了4个小时，同样令彭萨科拉丧失了战斗力。在田中运输队方面，一口气将鱼雷全部打光了的长波也遭到了美舰的炮击，事后其船员说当时炮弹犹如一场密集的冰雹般纷纷落下，但只有一些近失弹的弹片给长波舰体造成了一些损伤，于是长波紧急回避并第二次施放烟雾，而第67分舰队可能将此误认为长波已经直接中弹，没有对其乘胜追击。23:32，江风也向美巡洋舰编队一口气发射了8枚鱼雷。23:48，在一片混乱中已经失去了目标的北安普顿号在左舷方向发现了2条鱼雷轨迹，立即努力进行紧急转舵规避，但还是被2枚鱼雷接连命中，尽管全体舰员立即投入抢救工作，但北安普顿还是向左翻转倾覆，凌晨时分，从舰尾开始慢慢沉入海中，沉没海域坐标是南纬9度12分，东经159度50分。

北安普顿号（CL26Northampton）作为北安普顿级重巡洋舰的首舰于1929年在马萨诸塞州下水（北安普顿是麻省主要港口），从战争最初的支援威克岛作战开始，历经空袭东京、中途岛海战、圣克鲁斯海战（南太平洋海战）等战役，荣获6枚战役之星，不幸于塔萨法隆加角海战中被日军击沉。明尼阿波利斯、彭萨科拉、新奥尔良三舰则受重伤，不沉已是奇迹。第67分舰队巡洋舰编队中就只有火奴鲁鲁还有战斗力。而田中赖三也是见好就收，确认了多艘敌舰发生爆炸之后，令各驱逐队以最大航速撤退，除去高波之外的各驱逐舰均在九个

遭受重创的明尼阿波利斯号，其舰艏几乎完全被鱼雷炸毁。

小时之后平安抵返肖特兰岛。在塔萨法隆加角的夜色之中，日本驱逐舰一共发射了34枚鱼雷，在美军4艘重巡洋舰上命中6枚，使敌一沉三伤。而美军发射的鱼雷无一命中。塔萨法隆加海战充分证明了日本驱逐舰的鱼雷战威力，无论是九三式氧气鱼雷的速度、爆炸力，还是驱逐舰水兵的观测能力、射击技术，第67分舰队都彻底败下阵来。当日军所设想的双方舰队在夜色中相遇，并在相互运动中互相进行射击的局面出现时，显而易见是日本驱逐舰队的水准要高出一筹，即使他们的行动计划早已被对手知悉，并且要面对实力上显然要高出一筹并且来势汹汹的敌人。美国海军吸取了塔萨法隆加的教训，从此以后尽量避免与日军“在黑暗的酒吧里进行混乱斗殴”，而是将战场移到大纵深的洋面上（如马里亚纳群岛周边的广阔海域），充分利用空中力量与雷达侦测的优势进行作战。当然，塔萨法隆加海战的牺牲即使从当时来看也不是无意义的，因为田中运输队打完就跑，并没有来得及将那些满载物资的铁桶扔到海滩上去。瓜岛上的日军必须继续忍饥挨饿，瓜岛机场没有被夺回的可能，制空权继续由美军牢牢掌握，田中赖三的这点战术性胜利尽管看上去完美，但是对于瓜岛战役全局是没什么影响的。另外还需要提及的是，美军重伤的三艘重巡洋舰尽管被氧气鱼雷恐怖的爆炸搞得支离破碎，在日军看来已毫无生还希望，可是美军还硬是把明尼阿波利斯号、新奥尔良号、彭萨科拉号都拖回港去了，尽管修复时间相当漫长，但所幸都能够重返战场。明尼阿波利斯号在莱特大海战中隶属于杰西·奥登多夫少将指挥的77.2分舰队，在苏里高海峡战役中一举毁灭了西村舰队，演绎了完美复仇。新奥尔良号在莱特大海战中则从属哈尔西旗下，它追击小泽航母机动舰队并参与了击沉千代田号小型航母的行动，使得千代田成为太平洋战争中唯一被舰炮击沉的航母，而且全员阵亡、无一幸存！彭萨科拉号在战争后期参加过炮击硫磺岛和冲绳岛的作战行动。3艘幸运的重巡洋舰均平安地迎来战争的胜利，而曾经重创他们的对手则早已在水下长眠了。总之，实力雄厚又善于学习的美国人笑到了最后，日本驱逐舰在塔萨法隆加角的夜空中绽放开一片美丽的花火，转瞬即逝。

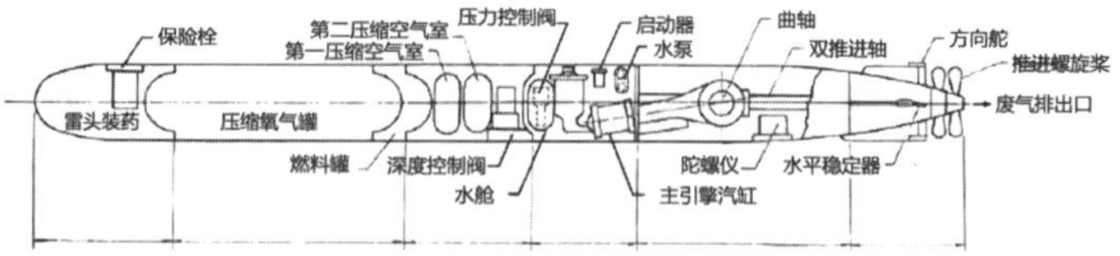

▲610mm九三式远程鱼雷结构图。九三式远程鱼雷在雷头装药后面就是一个硕大的浓缩氧气罐，但为了保密不称其为“氧气”而称之为“第二空气”。

▲新奥尔良的舰艏在此次海战中也被严重破坏。

▲塔萨法隆加海战后停泊在瓜岛外海进行修理的彭萨科拉号，注意其舰体上的大洞。

▲正驶往珍珠港进行大修的明尼阿波利斯号，可以看到其舰艏已经被击毁。

超级祥瑞？瘟神？——雪风号

▲ 1940 年初，刚建造完成的雪风号，结束公试前往佐世保途中的航行状态。这是雪风号最著名的一张照片。

成功是 99% 的汗水加 1% 的灵感。而这句话的后半段却是：这 1% 的灵感是最重要的——因为世界上勤奋努力的人遍地都是，但成功者却是寥寥无几，不拿天赋做解释实在是难以使人信服。战前的日本海军以死命努力训练而著称，尽管这支海军自从日俄战争以后就再也没有正经打过仗，但仍然自信无人能敌，依据就是其“艰苦卓绝”的训练强度。在达成海军军备限制条约以后，尽管主力舰被限制在假想敌美国海军的 70%，但是“条约对训练没限制”却使日本海军仍然觉得有对抗美国海军的资本。但事实证明，这些超强度训练除了航空兵在前期的优异表现之外，其余大多是无用功。水雷战队是特别鲜明的注脚，驱逐舰队扛着重雷重炮跑遍了太平洋，但很多时候居然是在当运输舰用，被盟军的战机和潜艇成批地送进海底。到战争结束之时，日本海军还剩下 3 艘一线作战驱逐舰没有沉没，这 3 艘驱逐舰是：潮号（吹雪型 20 号舰）、响号（晓型 2 号舰）以及雪风号（阳炎型 8 号舰）。太平洋战争毫无疑问是人类历史上规模最为宏大也最为残酷的海上战争，作为彻底失败的一方，日本海军的军舰命运几乎就是“十死十生”，所谓“运气好”就是能够在海上还能坚持个一两年、航行几万英里后再被击沉，运气不好的话就像巨型航母大凤或者信浓那样，莫名其妙地就被一两条鱼雷给炸沉了。3 艘舰体单薄、还频频冲锋在最前线的驱逐舰能够残留到战后，只能说它们绝对具有“1% 的天赋”，但就算这一点点“天赋”也有层次区别。潮号和响号在战争中要么挨过炸弹，要么撞过水雷，死伤数字都不小，而且有相当长一段时间两舰都在阿留申群岛作战，那里的战况实则是太平洋战争中最不激烈的地方，日本人占领那几个临近北极圈的荒岛基本只有政治上的意义（因为是美国阿拉斯加州领土）。

但是雪风号就不一样了，它的幸运不是用显微镜来看的，而是在高高的舰桥上就散发出“灿烂的祥瑞光芒”。从战争一开始参加南洋攻略作战，到后来转战瓜岛海域，多次从事“鼠输送”任务，雪风号已经赢得了幸运舰的名声。第三次

▲ 1943 年停泊在拉包尔的雪风号。其 2 号舰炮仍然健在，拆去此舰炮加装 25mm 高射机炮的改造在这个时候还未实施。

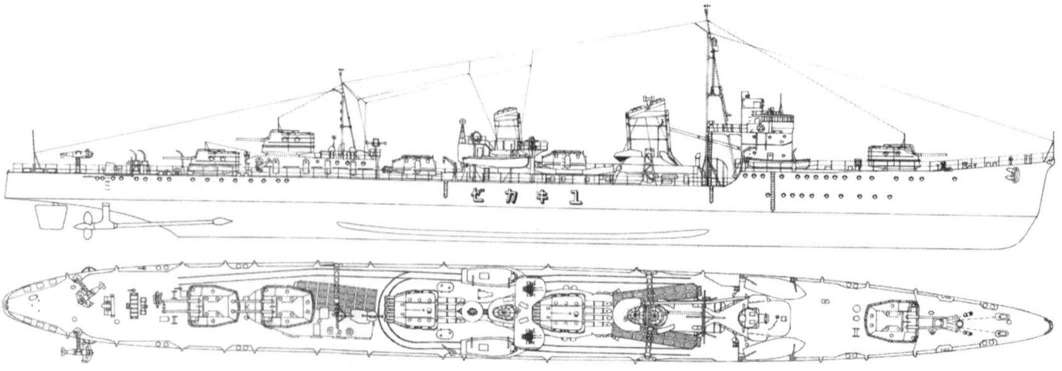

▲▼上图为1941年的雪风号线图，下图为1945年的雪风号线图。

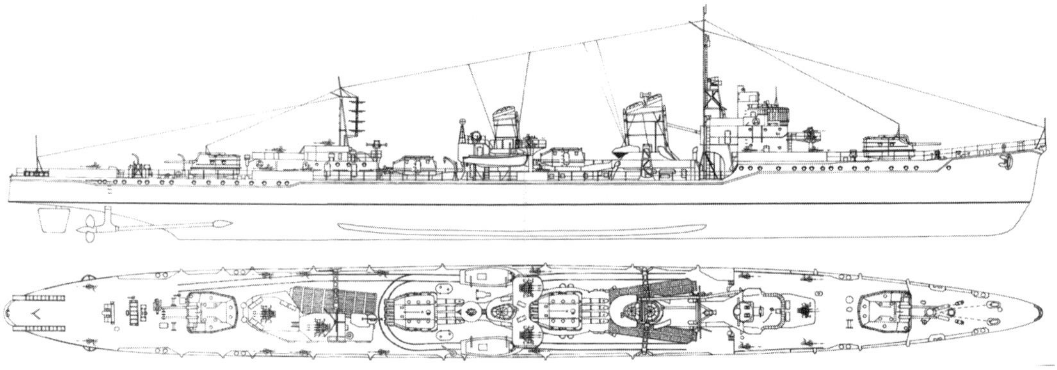

所罗门海战是公认最为混乱激烈的一场大炮夜战，雪风号不但毫发无损，还在旗舰比叡号战列舰被击大破以后接纳了阿部弘毅中将而成为临时旗舰。丹皮尔海峡虐杀战使木村运输队及数千名陆军士兵几乎全灭，但是雪风号又一次毫发无损，还捞起了不少落水者。海军高层也不得不折服，在所有驱逐舰中最先给雪风号安装了雷达和声呐，因为雪风号“不会沉没”，那当然就是最好的新武器实验对象，于是雪风号扛着最新式的装备继续冲杀到腥风血雨的第一线。科隆班加拉岛海战中，美军向日军旗舰神通号轻巡发射的鱼雷是从雪风号的舰底穿过的，但雪风号就是没事，神通号则被这枚鱼雷命中立即沉没了。1944年的马里亚纳大海战和莱特大海战，日本海军几乎全军覆没，但是在这两场海战中雪风号仍然是幸运无比，只有1人阵亡！不久之后雪风号护送日本海军多年前的象征——金刚号战列舰回日本，后者在台湾海峡被美军潜艇给击沉了。海军高层就是没有看出来雪风号在超级幸运的同时也在扮演着僚舰“瘟神”的角色，又派雪风号去护送“最后的希望”信浓号大型航母，结果后者沦为世界海军史上最不幸的军舰，“出海第一天便夭折了”。大和号战列舰的沉没倒是跟雪风号没什么关系，因为也没有什么别的僚舰可以指派了，这一次雪风号在舰长寺内正道中佐亲自操舰之下又躲过了几乎所有的攻击——有一枚火箭弹直插进入雪风号的食品库，

▲战后拍摄的雪风号罗经舰桥内部，望远镜、射击指挥仪、罗针仪等设备都保持原样，不过舰桥外的防弹板和舰桥前方的机枪座已经被拆除了。

▲ 1955 年由美军拍摄的台湾海军丹阳号，后部两个舰炮使用美国提供的 100mm 双联装炮，而炮塔防盾是台湾方面自制的。舰艏的舰炮仍然是 127mm 炮，那很可能是响号驱逐舰战时在台湾维修时留下的。

如果爆炸，则必定穿透舰体，可是它的引信失去了作用！在跟随大和号出击之前还发生过一件事，寺内正道中佐去参加作战研究会议（其实也没什么好研究的，就是下达必须出击的自杀性命令）时迟到了一会，被第 2 舰队先任参谋山本祐二大佐扇了耳光，可出击的结果是雪风号没事大和沉了，山本大佐在死前还是被雪风号的船员从海里捞上来的，否则就是尸骨无存。这以后雪风号在舞鹤、宫津湾及吴港各处跑来跑去躲避空袭，可是美军空袭雪风号实在是徒然，不但没伤着雪风号反而被雪风号击落了多架战机，而雪风号就算是被逼急了撞上水雷，那水雷也是哑弹！

战后雪风号还恶心了一下美国人，1945 年 11 月桥本以行中佐被任命为雪风号舰长（当时该舰已开始执行运送复原士兵回国的任务），但是他还未来得及上舰就去了华盛顿，因为此人在 7 月 30 日指挥伊 58 号潜艇击沉了向提尼安岛运送完原子弹、正在返航途上的印第安纳波利斯号重巡洋舰（Indianapolis CA-35），此事件造成的重大伤亡几乎冲淡了美国海军官兵获得战争胜利的喜悦，所以有人说印第安纳波利斯号也间接受到雪风号的“诅咒”，尽管时间先后顺序不对。

雪风号在作为战争赔偿被转交给中国国民政府并改名为丹阳号之后，此舰再也没有被击沉的危险了，然而“瘟神”的本性仍然在尽情发挥，其转交时间是在 1947 年 7 月，几乎同时国民党军队在解放战争战

▲ 1946 年 5 月 26 日，停泊于东京湾的雪风号，其作为复原舰运送在国外的旧日本军人和平民的工作已告一段落，舰桥前部的临时人员搭载设施均已拆除。雪风号被交给中国是在 1947 年的 7 月，如果国民政府明白这艘不起眼的驱逐舰此前“克”死了多少巨大的友舰，应该是不敢要它的。

场上开始兵败如山倒，丹阳号跟随蒋氏政权一同逃亡台湾。雪风号的幸存舰员在战后组织了“雪风保存会”，并与台湾联络希望将其“返还”给日本，但台湾当局希望以“赠送”的名义送还，双方在这个措辞的问题争论了几年，直到1970年丹阳号解体，仅存车叶两只、舰钟一座及锚与舵轮，于是将锚、舵轮送还日本，舵轮被放在日本旧海军兵学校教育参考馆内，而锚则被放在庭院中展示。雪风号在战争中的舰长与大多数舰员都幸存到了战后，并且他们又很积极地举行聚会，因此有大量雪风号的资料遗存，对它的研究在日本几乎发展为一门学问，相关著述颇丰。雪风号的故事早在1964年就被松竹映画电影公司搬上了大银幕，不过那与其说是一部战争电影不如说是文艺片，主要是在讲述雪风号舰员的爱情和兄弟之情，战时的造船监督官、战后日本著述最多的船舶研究学者福井静夫为这部电影提供了雪风号的资料。

不过对于雪风号，在研究中还是出现了一些疑点的，其中之一在于其舰桥前的三联装25mm机炮。在战后日本船舶画家的绘画中或者是制作精良的模型中，雪风号的舰桥前都很显眼地安装有三联装25mm机炮，它是否真的存在呢?在讨论这个问题之前，先介绍一下这款日本战前驱逐舰上所安装的火力最凶猛的高射机炮，它在电影《男人们的大和》中是最主要要表现的武器装备（大和的巨炮倒没让观众看清楚）。这款三联装机炮的正式名称是“九六式25mm高射机炮”，有单装、双联、三联三个型号，仿造自法国的哈奇开斯公司的25mm机炮。日军仿造当时世界闻名的枪炮制造商哈奇开斯公司的产品早有先例，如1928年日本海军便引进了该公司最新研制的13.2mm高射机枪，命名为九三式13mm机枪，从战列舰到驱逐舰再到潜艇上

▲ 战后作为归国运输船存在的雪风号。所有原先存在舰炮、鱼雷的地方都建起了方形的人员临时住舱。前桅上挂着日丸国旗，迎接踏上归途的日本人。但是以日本海军日章旗为标志的大国海军梦终究会再度出现。

▲ 被中国国民政府接收前的雪风号舰艏特写，其舰体仍然被保养得相当好。

▲ 为拍摄电影而制造的大和模型舰上的九六式 25mm 三联装炮，当然这是完全不能发射的。装有极为原始的圆环瞄准具。

▲ 九六式 25mm 双联装机关炮，不过这张图中的机关炮是用作岸防高射炮。

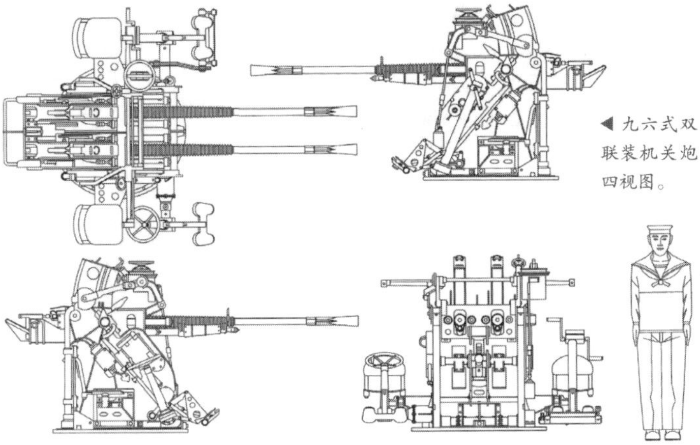

◀ 九六式双联装机关炮四视图。

都大量装备，所以引进火力更强大的 25mm 机炮已是轻车熟路。这款九六式机炮于 1936 年定型使用（当年是日本皇纪 2596 年，所以称为“九六式”），装备范围同样非常广泛。单装的九六式一个人就可以操作，而三联装的则在枪架的右侧有左右旋转的操作员、左侧有俯仰调整的操作员，炮手坐在中间，通常还带有防护钢板。九六式机炮的通常射速为 120 发 / 分，炮口初速 900 米 / 秒，这与当时盟国海军装备的高射机炮颇有差距，如美军普遍使用的 4 联装 40mm/L60 博福斯高炮。据说与武藏号战列舰同沉的“舰炮之神”猪口敏平大佐便在遗书中抱怨“机炮的威力应该再大一些。就算是命中了（敌机），然而就是无法造成击落”。然而旧日本军队的机枪、机炮普遍射速低、弹药威力小，特别是对防护性能卓越的美军战机难以造成击落战果，这是早有定论的，九六式机炮已经算是日本海军能够拥有的最优秀的高射武器了。当然，日本海军不重视自动射击指挥仪器的研制也是高射机炮战果微小的一大原因，高射炮手在对付速度极快的空中目标时还得依靠原始的机械角度仪测算来调整瞄准线，要对准目标相当费工夫，更甚者，如果美军战机时速超过 380 千米的话，机械角度仪就基本失去了作用，以至于战争后期日本海军就是在依靠最简单的圆环瞄准器来进行对空作战的！但不论是武器本身威力小还是指挥仪器缺失，严峻的形势逼迫日本海军必须要增强驱逐舰的防空能力。阳炎型驱逐舰的防空改造主要就是撤去 2 号炮塔，加装九六式三联装 25mm 机炮五座，但在不得已的情况下也可以一部分改为双联机炮。

那么回到一开始的问题，雪风号的舰桥前到底有没有安装三联装机炮呢？在前雪风号乘员松冈义人所写的回忆录中，有这么一段记载：“……冲绳（大和）特攻作战时的舰长寺内正道中佐是一个实战派人物……而当时我是前部机炮的指挥官，在进行对空战斗时要爬上舰桥前方的机炮台，指挥设置在那里的二联装机炮。”如此看来，那些战后的画作和模型大多都搞错了，在雪风号舰桥前安装的应该是双联机炮（包括后面我们将展示的由日本著名模型制作家前岛傲制作的 1/200 超精密雪风号模型都是三联装机炮）。再将时间拉回到 1944 年 7 月，参加马里亚纳大海战毫发无损回到日本的雪风号于当月 3 日进入吴港海军工厂，对损坏的推进器进行修理，这个推进器其

实是在大海战之前的5月19日，于联合舰队驻地塔威塔威进行反潜巡逻时擦碰礁石而损坏的。雪风号在修理推进器的同时进行了船底清扫作业，然后接到指示要增设九三式13mm机枪四座、13号电探（雷达）装置。在相关指示中提到此时雪风号的防空火力配备是：三联装25mm机炮四座（后部烟囱前面的左右机炮台上各一座，撤去2号炮塔以后增设的机炮台上两座），双联装25mm机炮一座（位于舰桥前面的机炮台上），还安装有22号电探（雷达）装置。这个记载也可以印证上述松冈义人的回忆。因为当时战局混乱，13号电探的安装直到8月份才完成，9月雪风号护卫着山城号、扶桑号战列舰出吴港，10月前往新加坡林加锚地与栗田舰队会合，随后便参加莱特大海战，此海战结束后返回横须贺。雪风号刚回来3天便被指派去护卫信浓号大型航母，在其沉没后救助落水船员又返回吴港。12月13日进入吴港第三船渠，为了应对即将开始的本土决战而实施新一轮的改造工程。高层给予的改造指示是“增加单装机枪七座”，显而易见这些舰体狭长的驱逐舰上已经没有多少空间能安装双联或者三联装机炮了。根据在同一时期在吴港接受改造的矶风遗留的相关记录，所谓“单装机枪七座”是13mm机枪四座和25mm单管机炮三座，并没有将舰桥前的双联装机炮变成三联装的。雪风号在此时还在继续担当日本海军驱逐舰的“高新技术试验舰”，安装了最新型的逆电探三型（雷达波逆向警报装置），22型电探的雷达波发射器进行了改造，与水雷战相关的三式测的盘安装，新设深弹投射机外侧的甲板，并将九三式三型水中探信仪（声呐）升级为九三式五型，增设三式探信仪二型甲。这些全部都是日本海军的最新装备了，反正一股脑都装到了雪风号上，特别是探信仪（声呐）还装备了两种型号，左右舷各一型。此后的一段时间雪风号一直在从事回天特攻队的训练任务，即回天人操鱼雷的驾驶员将其当成靶舰进行模拟攻击。1945年2～3月，雪风号又接受了新一轮的改造，主要是增加了三式深弹投射机。在执行伴随大和冲绳特攻任务之前，雪风号又得到命令“增加单装机枪防护钢板21个”，此时该舰上装备的单装机炮数是九六式25mm 13座、九三式13mm 8座，合起来正是21座。同样此处也没有将双联机炮改为三联机炮的记录。在大和号沉没之后，返回佐世保的雪风号又“增加三联装机枪防护钢板4个”，更证明了雪风号上并不存在第5座三联装机炮。至此我们可以得出结论，以大和特攻时的雪风号状态为对象制作的大多数模型，至少可以通过以下五点判断其正确与否：1. 左右舷各装备一型水中探信仪（九三式五型和三式二型甲）的整流突出部的有无。2. 25mm及13mm单装机炮是否都有防弹钢板。3. 舰尾是否有三式深弹投射机2座。4. 深弹投射机旁是否有外张甲板。5. 舰桥前的机炮应该是双联而非三联装。

有关雪风号的研究可能会一直持续下去，尽管其内容局限在诸如“双联还是三联”等问题上，但它极为传奇的经历确实是能够长久刺激人们的研究兴趣。笔者以为，雪风号的幸运偶然之间蕴藏着必然。雪风号是太平洋战争前日本海军拥有的最强大的驱逐舰阳炎型的 8 号舰，在阳炎号之前的各型驱逐舰都劣于阳炎号，而在阳炎号之后的夕云号、秋月号又要面临开战后官兵素质降低的窘境，那些松型、橘型就更不用谈了。雪风号的多任舰长都是“水雷屋”中的操舰高手，它在服役后不过一年多的时间，就在开战前（1941 年 8 月）日本海军最后一次演习竞赛中获得了优秀成绩。在战争的前期它还只算是多艘幸运驱逐舰中的一艘，至少白露型 2 号舰时雨号（1945 年初被击沉）也参加了多次激烈的海战而毫发无损，当时是与雪风号齐名的。到了后来雪风号被当成了试验舰，有什么新型雷达、声呐都首先在雪风号上安装使用，使其性能更上一层楼，而其经验丰富的舰员们也培养出了“雪风号绝对不会沉”的信念，因此越发充满信心。麦克阿瑟说“老兵永远不会死”，在战场上确实表现为老兵或老舰就是可以渡过一次次难关，而新兵或新舰却总是莫名其妙就完蛋了。

雪风号老而弥坚，就连曾经和它齐名的时雨号、野风号（同样也是 1945 年初被击沉）都进了“水晶宫”，但雪风号幸存到了战后，而它在国民政府海军中居然比在日本海军中还要风光。这样传奇的经历恐怕再也无法复制。

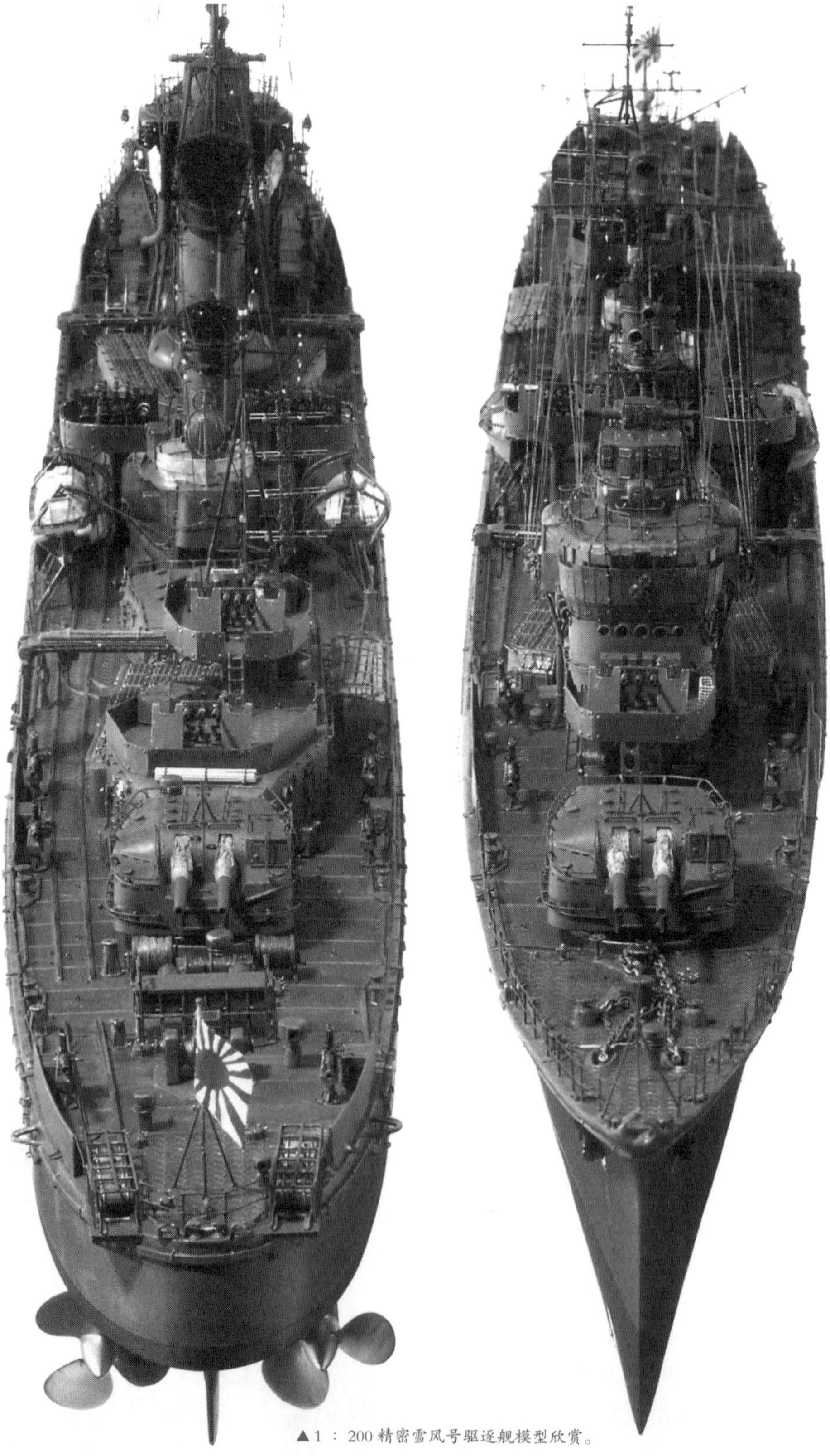

▲1 ： 200 精密雪风号驱逐舰模型欣赏。

夕云（ゆぐも）型

日本在 1937 年的丸三计划中开始建造阳炎型驱逐舰，而在扩军步伐继续加速的 1939 年的丸四计划中，日本开始建造阳炎型的后续舰，这就是夕云型驱逐舰。夕云型驱逐舰生产总数达到 20 艘，与 18 艘阳炎型驱逐舰合计 38 艘，被称为“舰队型驱逐舰”（也称“甲型”驱逐舰），舰队型驱逐舰是太平洋战争开战时日本海军水雷战队的驱逐舰主力。这是日本从大正年间建造一等、二等两种驱逐舰以来（那时候这种做法多半是出于预算限制的考虑），日本海军再次将主力战斗型驱逐舰分为两个档次同时进行装备。20 艘夕云型中的前 12 艘使用丸四计划预算，后 8 艘使用 1941 年的紧急预算计划（丸急）的追加预算。其性能、舰型与阳炎型没有太大差别，但是从船体线图来看，却是全新设计。

在外观上夕云型与阳炎型的区别在于，夕云型的舰桥是流线型外观，从舰桥前顶部开始向后方倾斜。罗针舰桥与阳炎型同样大小。根据朝潮型数艘的试验结果，夕云型全面采用了交流电供电系统。日本海军对夕云型期待最大的改进点仍然是更高的航速，因为阳炎型中某些舰只在公试中并没有达到计划的最高 35 节航速，后来对舰体尾部实施了将其延长半米的改造，并改进螺旋桨的设计，使其航速能够达到 35.5 节，同样的设计被照搬到夕云型上。主炮同样是 127mm/50 口径双联装炮，但采用了最新式的 D 型炮塔，最大仰角重新达到 75 度，重量为一组 31 吨。不过 D 型炮塔仍然需要将炮身放平后进行再装填，因此射速仍然较慢，所以其总体性能仍是不及美国海军的高平两用炮。毕竟能够期待其进行对空射击了，因此在夕云型舰桥上安装了更加先进的九九式 3 米高角度测距仪。整体舰桥的面积、容积大大增加。

第一艘完成建造的夕云型驱逐舰是秋云号（1941 年的 9 月），最早开工的夕云号反而要到 12 月 5 日才完工——正好珍珠港那边就打起来了。在战争中进行生产的夕云型后续舰，一边就在生产过程中吸取战斗教训，增加对空、对潜作战设备。然而由于成本高昂且工序复杂的夕云型到中途岛战役时也仅仅建造了 4 艘，此后战局直转而下，显然日本海军已经不再需要这种用于想象中的舰队决战的驱逐舰了，此时他们最急需的是性能指标不那么先进、但数量上必须有保障的小型驱逐舰。尽管如此，夕云型还是坚持生产下去，直到第 20 号舰清霜号于 1944 年 5 月完工。作为最新锐的舰队型驱逐舰，夕云型却不得不在 1944 年 10 月的莱特大海战后与其他大型远洋驱逐舰一样接受改造，把一个炮塔拆掉以便安装更多的防空机炮与机枪。对于不久前还在辛苦建造这种驱逐舰的造船方来说，只得苦笑而已。20 艘夕云型在战争中被全部击沉，特别是进入 1944 年以后，有 8 艘被空中力量击沉，5 艘被潜水艇击沉，而它们自身却毫无战绩可言，其兵败如山倒之状况悲惨得无以复加，可以说是日本海军几十年来幻想重装鱼雷实施决战的思想彻底破产的最佳注脚。

夕云型性能参数

排水量： 2077 吨
舰长： 119 米
舰宽： 10.8 米
平均吃水： 3.8 米
主机： 舰本式减速齿轮汽轮机 2 座 2 轴，总功率为 52000 马力
主锅炉： 吕号舰本式重油水管锅炉 3 座
最大航速： 35.5 节
燃料搭载量： 重油 600 吨
续航力： 18 节 /6000 海里
武器：
127mm/50 口径双联装炮 3 座
25mm 双联装机炮 2 座
610mm 四联装鱼雷发射管 2 座
乘员： 225 名

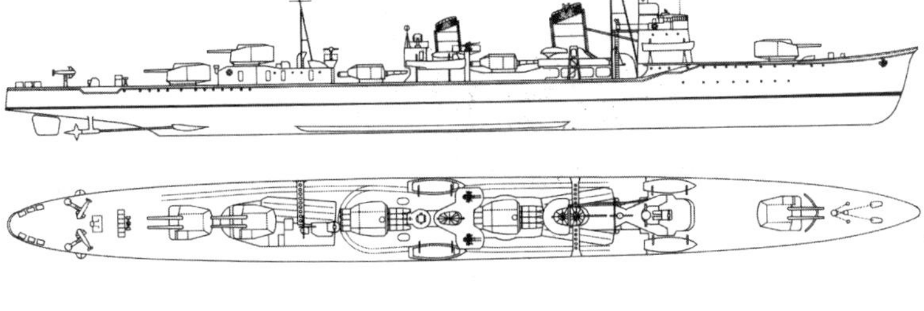

◀刚刚建造完毕的夕云型驱逐舰线图。

▲1944 年 10 月 20 日，在文莱湾中集结的夕云型驱逐舰。它们作为第 2 水雷战队的驱逐舰，隶属于栗田健男所率领的“捷一号作战”攻击主力第 2 舰队，此舰队中有长波号、藤波号、滨波号、冲波号、岸波号、早霜号 6 艘夕云型驱逐舰，在随后的作战中以轮型防空阵护卫大和号、武藏号战舰舰，10 月 25 日参加了令日本海军大丢脸面的萨马岛海战。这张照片上前面舰影比较清楚的 3 艘驱逐舰都已经拆去了 2 号炮塔，加装了大量防空炮。背景隐约可见大和、高雄等战舰舰影。

(1)

秋云（あきぐも）

1939 年列入计划，由浦贺船渠制造，于 1941 年 9 月 27 日竣工。开战时属于第 5 航空战队。参加了珍珠港偷袭作战、拉包尔及其周围各岛屿攻略作战，印度洋方面作战等。1942 年 5 月 27 日参加中途岛海战，支援阿留申群岛方面作战，8 月 14 日参加第二次所罗门海战。1943 年 2 月 1 日参加瓜岛撤退作战，3 月 31 日起参加三次科隆邦加拉岛运输行动，6 月 30 日参加基斯卡岛撤退行动。1944 年 4 月 11 日护送圣川丸水上飞机母舰前往达沃的途中，在民都洛岛附近海域被美军潜艇红鳍鱼号（SS-272 Redfin）发射的 4 枚鱼雷中的 2 枚命中而沉没，同年 6 月 10 日除籍。

(2)

夕云（ゆぐも）

1939 年列入计划，由海军舞鹤造船厂制造，于 1941 年 12 月 5 日竣工。开战时属于横须贺镇守队中的第 10 驱逐队。1942 年 5 月 27 日参加中途岛海战，8 月 14 日参加第二次所罗门海战，10 月 26 日参加南太平洋海战，11 月 10 日参加瓜岛输送行动，12 月 16 日参加威瓦克岛攻略。1943 年 2 月 1 日参加瓜岛撤退作战，3 月 18 日起参加科隆邦加拉岛运输行动，6 月 10 日参加基斯卡岛撤退行动，10 月 6 日在维拉拉维拉岛夜战中被美军驱逐舰击沉，同年 12 月 1 日除籍。

(3)

卷云（2 代）（まきぐも）

1939 年列入计划，由藤永田造船厂制造，于 1942 年 3 月 14 日竣工。开战时属于横须贺镇守队中的第 10 驱逐队。1942 年 5 月 27 日参加中途岛海战，8 月 14 日参加第二次所罗门海战，10 月 26 日参加南太平洋海战，与秋云号一起向燃起大火、被美军放弃的大黄蜂号航空母舰发射鱼雷予以击沉，11 月 13 日参加第三次所罗门海战，12 月 16 日参加威瓦克岛攻略。1943 年 2 月 1 日参加瓜岛撤退作战时，在萨沃岛附近触雷，发生爆炸而沉没，同年 3 月 1 日除籍。

1942 年 3 月 14 日，拍摄于竣工日的卷云号。它击沉过瘫痪的美军航母大黄蜂号，但也曾在中途岛海战后击沉瘫痪的日本航母飞龙号。

(4) 风云（かぜぐも）

1939年列入计划，由浦贺船渠制造，于1942年3月28日竣工。开战时属于横须贺镇守队中的第10驱逐队。1942年5月27日参加中途岛海战，8月16日参加第二次所罗门海战，10月26日参加南太平洋海战，11月6日起参加2次瓜岛输送行动，11月13日参加第三次所罗门海战，12月16日参加威瓦克岛攻略。1943年2月1日参加瓜岛撤退作战，3月31日参加科隆邦加拉岛运输行动，6月10日参加基斯卡岛撤退行动，9月1日参加科隆邦加拉岛撤退行动。1944年3月7日起在林加泊地担任航母瑞鹤的护卫，6月8日从达沃出港前往比亚克岛执行“浑作战”运输任务时，被美军潜艇鳕鱼号（SS-256 Hake）发射的鱼雷命中，诱爆自身的鱼雷库而沉没，同年7月10日除籍。

▲ 1942年3月28日的风云号，拍摄于竣工服役的同日。全舰有200名以上的乘员，可从舰艏密集地排到舰尾。现代自动化程度较高的军舰就没有这样的景象了。

(5) 长波（ながなみ）

1939年列入计划，由藤永田造船厂制造，于1942年6月30日竣工，属于横须贺镇守队。1942年9月6日起参加7次瓜岛输送行动，10月26日参加南太平洋海战，11月30日参加塔萨法隆加角夜战，其后继续参加瓜岛输送行动。1943年6月28日参加基斯卡岛撤退行动，11月11日在拉包尔被美军战机炸成大破，无法航行，被拖曳回日本修理到次年5月。1944年10月18日参加莱特大海战，途中担任在巴拉望水道被炸伤的高雄号重巡的护卫，11月8日从马尼拉出发前往奥尔默克湾执行多号运输任务的途中，遭到美军战机轰炸而沉没。1945年1月10日除籍。

▲ 1942年6月30日的长波号，拍摄于其正式竣工服役的日子。塔萨法隆加角夜战中长波是田中赖三的座舰，但并没有挺立在运输舰队的最前头。

(6)
卷波
（まきなみ）

1939年列入计划，由海军舞鹤造船厂制造，于1942年8月18日竣工，属于横贺镇守队下属第31驱逐队。1942年9月6日起参加7次瓜岛输送行动，10月26日参加南太平洋海战，11月30日参加塔萨法隆加角夜战。1943年2月1日参加瓜岛撤退行动时被炸伤，返回日本修理到9月14日，11月25日在参加布卡运输行动的途中遭遇美军驱逐舰队突然袭击，被鱼雷命中击沉。1944年3月10日除籍。

▲1943年4月，在瓜岛海域被炸弹炸伤的卷波号返回日本修理，可见其舰体中部外壳受损，但没有致命伤。甲板上是硕大的预备鱼雷再装填装置，没有钢板防护的话预备鱼雷是很容易被诱爆的。

(7)
高波
（たかなみ）

1939年列入计划，由浦贺船渠制造，于1942年8月31日竣工，属于第31驱逐队。1942年10月26日参加南太平洋海战，11月30日参加塔萨法隆加角夜战，首先为友舰发出了警告信号，自身则遭到美舰队重巡洋舰的密集炮火攻击而沉没，同年12月24日除籍。

(8)
大波
（おなみ）

1939年列入计划，由藤永田造船厂制造，于1942年12月29日竣工，属于第31驱逐队。1943年2月1日参加瓜岛撤退行动，后一直在拉包尔与特鲁克之间执行运输任务。11月25日在参加布卡运输行动的途中遭遇美军驱逐舰队突然袭击，被鱼雷命中击沉。1944年2月1日除籍。

(9)
清波
（きよなみ）

1939年列入计划，由浦贺船渠制造，于1943年1月25日竣工，属于第31驱逐队。1943年3月起在特鲁克、塔拉瓦环礁岛、凯瑟琳群岛之间执行运输任务，7月13日参加科隆邦加拉岛夜战，7月20日在向科隆邦加拉岛执行运输任务的途中，在维拉拉维拉湾被美军战机击沉，同年10月15日除籍。

(10)
玉波
（たまなみ）

1939年列入计划，由藤永田造船厂制造，于1943年4月30日竣工，属于第11水雷战队，后转入第2水雷战队。1943年7月起在特鲁克与日本本土之间执行运输任务。1944年6月13日参加马里亚纳海战，7月7日从新加坡护送运输船旭东丸前往马尼拉的途中，被美军潜艇SS-261发射的鱼雷命中击沉，同年9月10日除籍。

(11) 凉波（すずなみ）

1939年列入计划，由浦贺船渠制造，于1943年7月27日竣工，属于第11水雷战队，后转入第2水雷战队。1943年10月22日起在特鲁克与拉包尔之间执行运输任务，11月11日在拉包尔港外被美军舰载机击沉。1944年1月5日除籍。

(12) 藤波（ふじなみ）

1939年列入计划，由藤永田造船厂制造，1943年7月31日竣工，属于第32驱逐队。1943年10月起在特鲁克与日本本土之间执行运输任务。1944年6月13日参加马里亚纳海战，10月18日参加莱特大海战，10月27日在锡布延海赶去救助负伤的早霜号时，被美军舰载机击沉，当时藤波号上还搭载有不少两天前沉没的鸟海号重巡洋舰的舰员，被击沉后藤波号与鸟海号的舰员全部沉入大海，无一幸存。1944年12月10日除籍。

唯一一张关于藤波号及其舰长松崎辰治中佐的照片。

(13) 早波（はやなみ）

1941年列入计划，由海军舞鹤造船厂制造，于1943年7月31日竣工，属于第11水雷战队，后转入第2水雷战队。1943年10月22日起在特鲁克与拉包尔之间执行运输任务。1944年6月7日在塔威塔威湾进行反潜警戒巡逻时，被美军潜艇SS-257在600米近距离上发射的2枚鱼雷命中而沉没，同年8月10日除籍。

▲1943年7月24日，正在进行最终公试航行的早波号。它是在联合舰队的集结泊地门前进行反潜作业时，毫无察觉地被美军潜艇击沉的，颇具讽刺意味。

(14)
滨波
（はまなみ）

1941 年列入计划，由海军舞鹤造船厂制造，于 1943 年 10 月 15 日竣工，属于第 11 水雷战队，后转入第 32 驱逐队。1943 年 12 月 15 日起在特鲁克与帛硫之间执行运输任务。1944 年 6 月 13 日参加马里亚纳海战，10 月 18 日参加莱特大海战，11 月 9 日参加第三次多号作战，11 月 11 日在奥尔默克湾被美军舰载机击沉。1945 年 1 月 10 日除籍。

▲1941 年 6 月 30 日，正在进行公试航行的滨波号。防空机炮尽管已经安装，但都用帆布包裹。两年之后的日本驱逐舰在公试航行时，防空武器都是处于紧张警戒状态的。

(15)
冲波
（おきなみ）

1941 年列入计划，由海军舞鹤造船厂制造，于 1943 年 12 月 10 日竣工，属于第 11 水雷战队，后转入第 31 驱逐队。1944 年 3 月 20 日起在特鲁克与塞班岛之间执行运输任务。1944 年 6 月 19 日参加马里亚纳海战，10 月 18 日参加莱特大海战，11 月 13 日在马尼拉湾被美军舰载机击沉。1945 年 1 月 10 日除籍。

▲ 冲波号残骸的船艏炮塔，顶盖已经被炸开。炮塔下沿一圈刻度是用来读取旋转角度的。

(16)
岸波
（きしなみ）

1941 年列入计划，由浦贺船渠制造，于 1943 年 12 月 3 日竣工，属于第 11 水雷战队，后转入第 31 驱逐队。1944 年 3 月 20 日起在特鲁克与塞班岛之间执行运输任务。1944 年 6 月 19 日参加马里亚纳海战，10 月 18 日参加莱特大海战，11 月 1 日护卫负伤的妙高号重巡洋舰返回新加坡，12 月 4 日在巴拉望岛西部海域被美军潜艇三叶尾鱼号（SS-249Flasher）前后发射的 4 枚鱼雷命中而沉没，同年 12 月 4 日除籍。

(17)
朝霜
（あさしも）

1941 年列入计划，由藤永田造船厂制造，于 1943 年 11 月 27 日竣工，属于第 11 水雷战队，后转入第 31 驱逐队。1944 年 6 月 19 日参加马里亚纳海战，10 月 18 日参加莱特大海战，23 日担任在巴拉望水道被炸伤的高雄号重巡的护卫，11 月 8 日参加多号作战，12 月 26 日参加炮击民都洛岛圣何塞作战。1945 年 4 月 7 日参加大和号菊水特攻作战，被大批美军舰载机围攻击沉，所有乘员全部阵亡，同年 5 月 10 日除籍。

▲ 1943 年 11 月竣工的朝霜号，它成为了大和特攻作战中下场最惨的一艘军舰。

▲ 菊水特攻作战中被美军舰载机攻击即将沉没的朝霜号。

(18) 早霜（はやしも）

1941年列入计划，由海军舞鹤造船厂制造，于1944年2月20日竣工，属于第2驱逐队。1944年6月19日参加马里亚纳海战，10月18日参加莱特大海战，26日在民都洛岛南方被美军舰载机击沉。1945年1月10日除籍。

▲ 1944年2月的早霜号。当时其仍然配属在日本内海，为阿号决战计划护卫航母作战积极做准备。但在马里亚纳海战中它与友舰都没有起到什么作用。

(19) 秋霜（あきしも）

1941年列入计划，由藤永田造船厂制造，于1944年3月11日竣工，属于第11水雷战队，后转入第2驱逐队。1944年6月19日参加马里亚纳海战，11月10日参加第四次多号作战，遭美军战机攻击而舰艏断裂，返回马尼拉，11月13日在马尼拉港的船坞中又遭空袭，被炸沉没。1945年1月10日除籍。

1944年12月，在藤永田造船厂进行舾装工程的秋霜号。这是夕云型的倒数第二舰，在其建造过程中美军已开始对日本本土进行大规模轰炸，因此舾装工程一边要抓紧时间进行，一边又要面对设备物资缺乏的困境。

(20) 清霜（きよしも）

1941年列入计划，由浦贺船渠制造，于1944年5月15日竣工，属于第2驱逐队。1944年10月18日参加莱特大海战，撤退途中救助被击沉后落水的武藏战列舰船员，12月26日参加炮击民都洛岛圣何塞作战，途中被美军轰炸机炸沉。1945年2月10日除籍。

1944年5月15日，驶出浦贺船渠准备进行公试航行的清霜号。

岛风型（2代）

在强悍的阳炎型和夕云型于20世纪30年代末40年代初纷纷下水的时候，日本海军似乎在驱逐舰性能的发展方面已领先全球，可是他们仍然牢牢盯着太平洋对岸美国海军的动向——不是美国海军的驱逐舰，而是1939年开始研制，1942年才下水的最新战列舰南达科他级（South Dakota）。该级战列舰拥有三连装45口径406mm炮与更强的防护装甲，但没有鱼雷发射管，同时其本身的水下防雷构造也被认为存在问题，实际并不强于前级北卡罗莱纳。但是南达科他级有一个数据却吓着了日本海军：其最高航速达到27.8节。尽管与阳炎型的35节仍有一段差距，但是日本海军却认为要成功实施夜间大规模鱼雷突袭作战，日本驱逐舰的速度就非得快到让美军大型战舰压根别想追上的地步。日本海军有此想法是很让人奇怪的，毕竟攻击依靠的是鱼雷，而鱼雷的航速总归是大大高于任何水面战舰的，更何况是舰体庞大的战列舰，所以无论美军战列舰航速如何提高，对于日军的鱼雷突击战应该是没有什么影响的。但是日本海军却以为这场突击战就是一场追逐游戏，如果美军战舰航速提高了，那么日军驱逐舰速度也必须大幅度提高，否则就无法命中敌舰——此种逻辑笔者也很难搞清楚，大概又是日本人一贯的线性思维在作怪，就如同他们研制舰载机就只看重超远航程，能够做到先敌打击，其他一切便都不管了，对驱逐舰的要求也是只盯着航速，一旦航速被接近（世上有拿驱逐舰和战列舰比速度的么？）便感觉大事不好。

在这样的设想之下，1939年的丸四扩军案中列入了一艘试验性驱逐舰，军令部要求其性能达到最高航速40节，续航距离18节/6000海里，兵装为127mm/50口径双联装炮3座，以及听着就觉得不太真实的“七联装”610mm鱼雷发射管2座（但是没有备用鱼雷），这就是岛风型（2代）。其名称取自1920年下水的峰风型同名舰，据称这艘老的岛风曾经在公试中达到过40节高速，所以新舰再次以岛风命名以资纪念。日本驱逐舰在大正时代末期就实现了38节以上的高速，到了甲型驱逐舰时却下滑到35节左右，军令部一直为此感到不忿，趁着大规模扩张军备的东风连忙要将40节航速这个纪录给破掉。在看到继南达科他级之后的依阿华级战列舰（Iowa Class）竟然以满载55000余吨排水量达到了33节最高航速（但实际上30节以上就会出现振动问题，所以依阿华级几乎没有以最高速行驶过），还有本森级驱逐舰（Benson Class）也有近37节的高航速，军令部更是下定了要破纪录的决心。而对于负责设计的舰政本部，却希望舰型仍然保持甲型的基本形态，不要有大的改动。实现40节高航速主要是依靠已经在天津风号上进行过动力试验的高温高压锅炉，将其性能指标进一步提升（40kg/cm²，400℃）。

岛风型（2代）性能参数

排水量： 2567吨
舰长： 129.5米
舰宽： 11.2米
平均吃水： 4.1米
主机： 舰本式减速齿轮汽轮机2座2轴，总功率为75000马力
主锅炉： 吕号舰本式重油水管锅炉3座
最大航速： 39节
燃料搭载量： 重油635吨
续航力： 18节/6000海里
武器：
127mm/50口径双联装炮3座
25mm双联装机炮2座
13mm双联装机枪1座
610mm五联装鱼雷发射管3座
乘员： 267名

▲ 岛风型是针对南达科他级战列舰的高航速设计的。岛风与南达科他比航速，是很有喜剧色彩的。图为南达科他级首舰南达科他号（South Dakota BB-57）。

▲ 美国海军本森级驱逐舰的高航速也让日本海军颇受刺激，图为本森级首舰本森号（USS Benson DD-421）。它服役到 1940 年 7 月，很快弗莱彻级驱逐舰便诞生了。

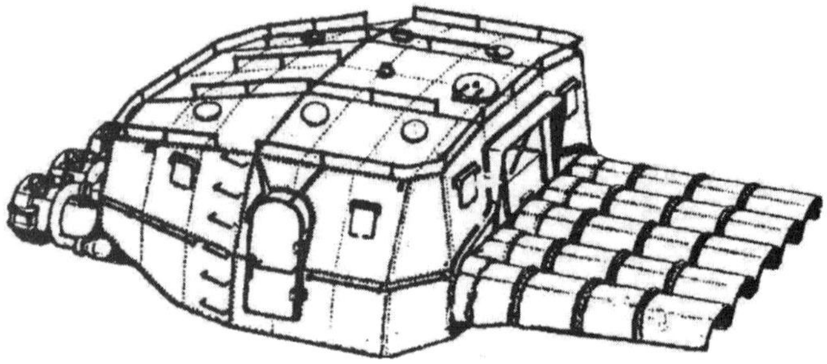

▲ 岛风号列装的零式五型五联装鱼雷发射管，该鱼雷发射管是二战中鱼雷发射装置的巅峰。

舰桥构造与夕云型基本相同，在罗针舰桥前设置了整流板。七联装鱼雷发射管最后被判定并不现实，因其重量过大使得人力操作非常困难，最后改采用五联装鱼雷发射管，但数量从 2 座增加到 3 座，所以发射管数量反而又增加了一个。此五联装鱼雷发射管（带防盾）被称为“零式五型”，3 座都配置在岛风的中心线上，可以对同舰侧进行密集发射，火力可谓怪兽级别。除 1941 年专门作为重雷装巡洋舰改装的北上号轻巡（改装后有五联装鱼雷发射管 4 座）之外，在轻型战舰当中无人可出岛风之右。舰身中部的这 3 座鱼雷发射管也就成为了岛风号最明显的外观识别标志。除此之外，防空火力台被移至 2 号烟囱后方（当然这样的设置是不利于对空射击的），探照灯与方位测定用天线被移至 2、3 号鱼雷发射管的中间。炮塔仍然沿用夕云型相同的 D 型。推进螺旋桨叶直径从阳炎型的 3.3 米增大到 3.6 米。

1943 年 4 月 7 日，岛风在公试航行中创下了 40.9 节的纪录，其状态为公试排水量 2894 吨、轴马力 79240 匹。不过以往的驱逐舰进行速度测试时搭载了常规消耗品重量的三分之二，而岛风只搭载了一半，因此这个纪录很有些水分在里头，可以看作是当时焦头烂额的日本海军用

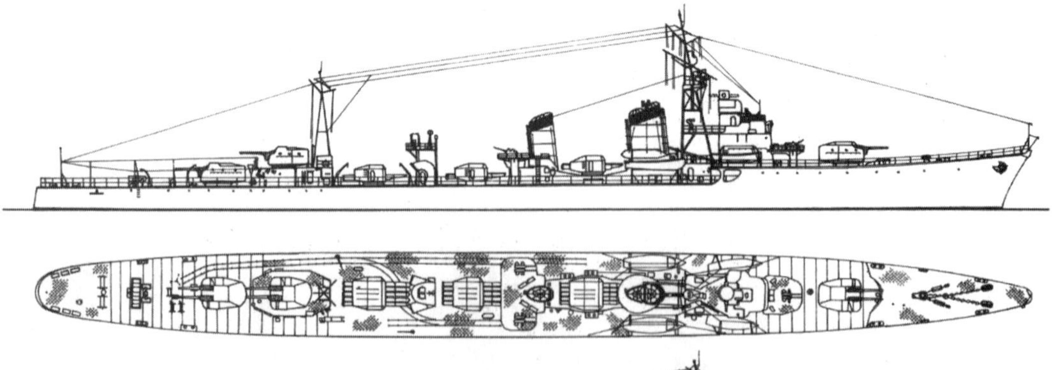

▲ 1943 年和 1944 年的岛风号线图对比。

▲ 1943 年 5 月 5 日的宫津湾，岛风号正在全力行驶，舰艏抬升，而舰尾却已接近海面。它创下日本海军的航速纪录，尽管那时日本已经差不多输掉了战争。

来提升官兵士气的宣传品。也有些人说当年那艘创下 40.698 节速度纪录的初代岛风，其公试状态实际上只搭载了三分之一的物资重量，所以这艘新岛风玩的这个花招，也不过是“继承传统”而已。在首舰完成之后，日本海军曾在 1942 年的丸五计划中试图列入总共 16 艘岛风型生产计划，然而由于战局很快恶化，生产计划不得不全部取消。孤独的首舰岛风成了光杆司令，1943 年 5 月 10 日被编入第 11 水雷战队，7 月转往第 2 水雷战队，并参加基斯卡岛撤退行动。后在特鲁克、塞班岛方面执行运输任务。1944 年 6 月 13 日参加马里亚纳海战，10 月 18 日参加莱特大海战，11 月 8 日参加第三次多号作战，于 11 月 11 日在奥尔默克湾被美军舰载机击沉。1945 年 1 月 10 日除籍。岛风在战时除了增设了一些防空火力装备之外，还在后桅上加装了 13 号电探。

▲ 1943 年 7 月，参加基斯卡岛撤退行动的岛风号，此照片从木曾号的舰尾上拍摄，是这艘驱逐舰为数不多的战时写真之一。

秋月（あきづき）型

英国皇家海军于1937年开始设计建造新型5900吨轻巡洋舰狄多级（Dido Class，古希腊神话中的女妖，英国人在为军舰取名时表现出的文学修养不比日本人差），这是一种防空能力卓越的舰船，其主力防空装备是133mm双联装两用炮，也有混载其他口径的两用炮及40mm四联装砰砰炮。随后美国也开始建造专属防空的亚特兰大级（拥有127mm双联装两用炮8座）。这些轻巡实际在战争中减少了高射炮塔的数量而大量装备28mm、40mm机炮，主要负责航母特混舰队及登陆船队的对空掩护。受此启发，日本海军也于1939年丸四计划开始着手建造防空巡洋舰这一新船型，军令部要求这种军舰具备强大的防空火力、良好的耐波性、相对较高的航速、长距离的续航能力，同样充当航母机动部队的对空掩护。考虑到建造费用、建造数量、船体和动力设备等一系列问题之后，军令部认为如果采用轻巡洋舰的标准，舰型变得复杂（成本是个大问题），居住空间也要扩大，因此采取驱逐舰大型化是相对可行的方案。实际上，这种新型“对空直卫舰”（非正式称呼）的舰型与岛风类似，排水量上升至2700吨，已经与小型巡洋舰天龙型或夕张型基本相同。但毕竟还不算是巡洋舰，日本海军仍然指望能装备较多的数量，以充分提升机动部队的防空能力。但是在防空能力之外，军令部中另有一部分人（显然是“水雷屋”出身的人士）认为既然新舰仍然是驱逐舰，那么就不能放弃鱼雷装备，争论到最后的结果就是仍然安装了四联装鱼雷发射管1座，加备用鱼雷装填装置。不过话说回来，西方国家的防空巡洋舰也没有放弃鱼雷。如美国亚特兰大级，装备533mm四联装鱼雷发射管2座。在重要的防空火力方面，要求采用九八式100mm双联装高射炮4座。其最高航速仍然要达到一般驱逐舰的35节（这个要求并没有实现），而续航力要达到惊人的18节/10000海里，以跟上高速行动的航母机动部队——日本海军对航母的速度也极为重视，因为其任务并不是参加主要战役决战，而是在此之前摧毁敌方的航母以夺取制空权，并削弱敌主舰队实力，或干脆就是用于珍珠港式的打了就跑，这自然要跑得快才行。也正因为如此，中途岛战役时山本五十六才会让战列舰队慢腾腾地跟随在南云机动部队后方几百海里的地方，眼睁睁看着南云在被夹击的困境中折腾而什么忙都帮不上。事实上按照原设想，“对空直卫舰”就应该在1942年6月大量伴随在南云航母编队的周围，以其猛烈对空火力抵挡掉大部美军的空袭战机，使机动部队的舰载机能够安心执行寻找并摧毁敌人的任务。当然这样的设想只能永远作为梦想存在了。“对空直卫舰”被称为秋月型，由于其主要任务是防空再兼多用途作战（因加装了鱼雷发射管和反潜兵装），因此，对应负责鱼雷突击的甲型驱逐舰，秋月也被称为“乙型驱逐舰”。

在中途岛战役结束几天之后，秋月型的首舰才竣工服役。秋月型是日本海军驱逐舰中唯一采用单烟囱设计的，由于三台锅炉使用一个烟囱，因此烟囱基部

秋月（あきづき）型

排水量： 2700吨
舰长： 134.2米
舰宽： 11.6米
平均吃水： 4.2米
主机： 舰本式减速齿轮汽轮机2座2轴，总功率为52000马力
主锅炉： 吕号舰本式重油水管锅炉3座
最大航速： 33节
燃料搭载量： 重油1080吨
续航力： 18节/8000海里
武器： 100mm/65口径双联装高射炮4座
25mm双联装机炮2座（某些舰只在竣工后立即进行了机炮、机枪加装工事后才服役）
610mm四联装鱼雷发射管1座
乘员： 263名

▲秋月型的假想敌之一，英国皇家海军的狄多级轻巡洋舰，图为其首舰狄多号（HMS Dido）。

▲ 秋月型的假想敌之一，美国海军的亚特兰大级轻巡洋舰，图为其首舰亚特兰大号（USS Atlanta CL-51）。

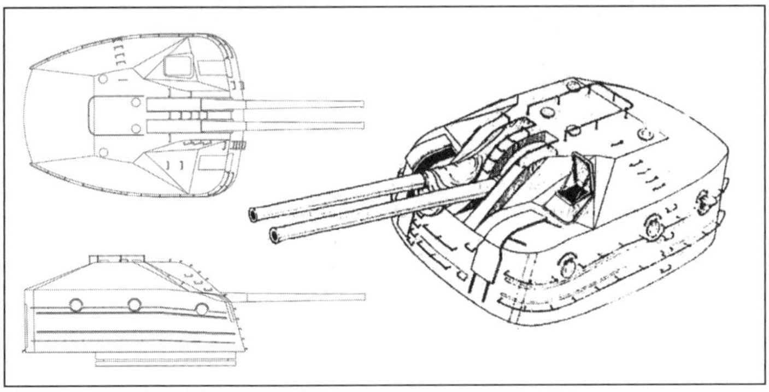

▲ 秋月型装备的九八式100mm 双联装高射炮封闭式炮塔。

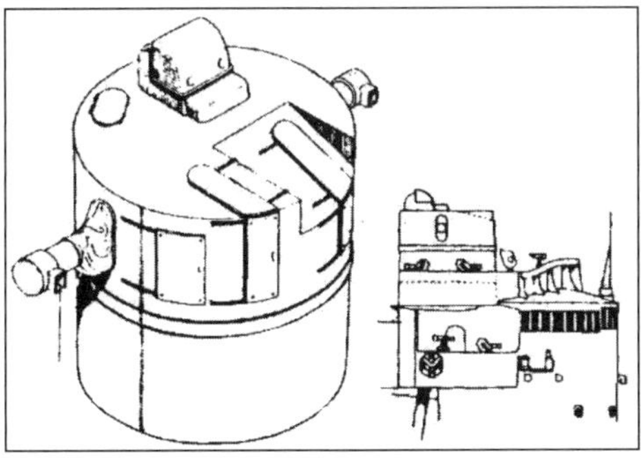

◀ 秋月型装备的九四式射击指挥仪及其在舰桥的安装位置。

显得特别大，舰桥和烟囱在舰体中部连接成一个整体。事实证明这种设计是成功的，极大地方便了武器装备的设置，并使船身上层建筑显得简洁。烟囱两侧则各放置救生艇两艘，包括一艘 9 米小艇和一艘 9 米内火艇。烟囱后部是防空炮台，装有 25mm 双联装机关炮 2 座，两舷还各有一座。防空炮台中央设置 2 米高角度测距仪，为 25mm 机关炮指示目标数据。1 座 610mm 鱼雷发射管四联装在炮台后部。舰尾甲板上安装有深水炸弹装置，总共可携带 54 枚深水炸弹。此外还装备九三式水中探信仪。秋月型装备的九八式 100mm 双联装高射炮专门为舰队防空而设计，是八九式 127mm 双联装高射炮的后继型，1935 年开始开发，1938 年定型。它有两种炮塔，一种是开放式，另一种是密闭式，秋月型装备的是后者。密闭式炮塔的回旋部分重 33.4 吨（其中炮架全重 24.2 吨），该重量超过了八九式 127mm 高炮回旋部分 12.9 吨的重量。由于炮塔重量偏大，为了防止军舰重心上移，首尾两座炮塔坐圈安装时低于甲板线（近乎半埋）。九八式高射炮最大的特色就是身管长，威力大。它的身管长度达到 65 倍口径，弹丸重 13 千克，发射药包重量 27.15 千克，炮口初速达到惊人的 1000 米 / 秒，远远超过八九式 127mm 高射炮的 720 米 / 秒。其火炮俯仰角从 +90 到 -10 度，最大射程 14000 米，与八九式高射炮的 13200 米相近，但是最大射高达到 11000 米，远远超过八九式高射炮的 8100 米。其射速达到 15 发 / 分（也有数据表明，以 90 度仰角射击时最大可达 19 ~ 20 发 / 分），也在八九式高射炮的 14 发 / 分之上。其炮塔回旋速度达到 10 度 40 分 / 秒，火炮仰俯速度达 16 度 / 秒，明显比回旋速度 7 度 / 秒、仰俯速度 12 度 / 秒的八九式高射炮反应要快，这对于防空作战而言意义重大，可以缩短应战的时间，在单位时间内应付更多的目标。然而长身管火炮虽然威力很大，但是由此也带来身管磨损增大，寿命减短的问题。八九式高射炮身管寿命达到 1000 发，而该炮就降低到 350 发，因此身管更换频繁。此外，该炮还有一个缺点，其优异的性能是建立在复杂的机械构造之上的，因此制造周期长，不易大批量生产。以八九式高射炮为参照对象，从 1940 年到终战，八九式高射炮总共生产了 916 门，而同时期九八式高射炮的生产量仅 169 门。高炮射击指挥装置为九四式射击指挥仪，在舰桥顶部三脚柱后方和后樯三脚柱后方两个地方各安置一部，分别指

▲ 未能建造完成的一艘秋月型驱逐舰满月号（第 13 号舰），1947 年仍然胡乱堆放在船台上，次年被彻底折毁。

挥前后两个高炮群，射击空中和水面目标。影响九八式高射炮作战性能的仍然是日本海军的老问题，缺乏精确的炮瞄雷达，也没有陀螺仪瞄准具，更没有美军那样的电子近炸引信，因此打出去的弹幕看似蔚为壮观，实际效果有限，无法吓阻动辄数百架出动的美军战机群。总体来说，秋月型的武备仅从重量上讲大大超过了夕张号轻巡洋舰，以至于在瓜岛水域第一次发现秋月级驱逐舰的美军都将其误判为夕张级轻巡洋舰的后继型。但是秋月型毕竟是驱逐舰，与轻巡洋舰最大的区别就是在防御方面，轻巡洋舰有防御装甲，而秋月型没有，仍然要依靠“水雷屋”的操船技能来躲避攻击。秋月型的主机和锅炉与阳炎型驱逐舰基本一样，单位燃料消耗值仅为特型驱逐舰的 78.5%，保证了大续航力的要求。根据日方资料显示，理论上以 18 节航行时可达 8000 海里，但是实测结果居然超出了理论值，在 18 节的航速下达到 9000 海里（“秋月”号的测试数据达到了 9062 海里/18 节），基本满足了日本海军的要求。不过最高航速方面并没有达到 35 节的要求，反正在秋月型服役时日本海军也已经顾不上什么航速指标了。秋月型的锅炉房为前后两座，前锅炉房安装两台，后锅炉房安装一台。相对于阳炎型一个锅炉房一台锅炉匹配放置的模式，这样的安排节约了舰体空间，减少了排水量。为了减轻中弹造成的损害，轮机房也被分为前后两座，前主机舱安装的是左舷推进主机，后主机舱安装的是右舷推进主机。

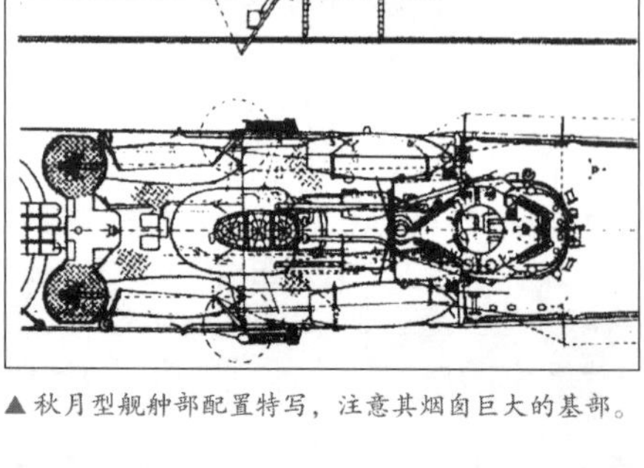

▲ 秋月型舰舯部配置特写，注意其烟囱巨大的基部。

丸四计划中计划建造秋月型 6 艘，全部建成。但是 1942 年的紧急扩军案与 1943 年改丸五计划中的总共 33 艘秋月型，却只建成了 6 艘，其他的建造计划都因为战时缺乏资源、时间紧迫而被取消，秋月型的建造数量只停留在 12 艘。在竣工后不久，秋月型各舰就开始加装各种防空机炮与雷达装备。不过因为服役时间太晚，12 艘秋月型没有能够在已然走向败局的战争中发挥太大的作用。战后幸存的 6 艘秋月型被赔偿给各同盟国，倒是战后在世界各地又服役了很多年。

(1)

秋月（あきづき）

1939 年列入计划，由海军舞鹤造船厂制造，于 1942 年 6 月 11 日竣工，属于横须贺镇守队，后转属航母机动部队。1942 年 10 月 3 日起参加四次瓜岛运输行动，10 月 25 日在图拉吉岛北方海域负弹受伤，返回日本修理至 1943 年初，成为第 10 战队旗舰，但在 1 月 19 日在肖特兰岛附近海域被美军潜艇鱼雷击沉重伤，再次返回日本修理至 10 月 31 日，被编入第 61 驱逐队。1944 年 6 月 19 日参加马里亚纳海战，救助因内部爆炸而沉没的大凤号航母船员，10 月 25 日作为小泽诱饵舰队的一员，护卫瑞鹤号航母，被美军潜艇大比目鱼号（SS-232 Halibut）发射的鱼雷命中而沉没，同年 12 月 10 日除籍。

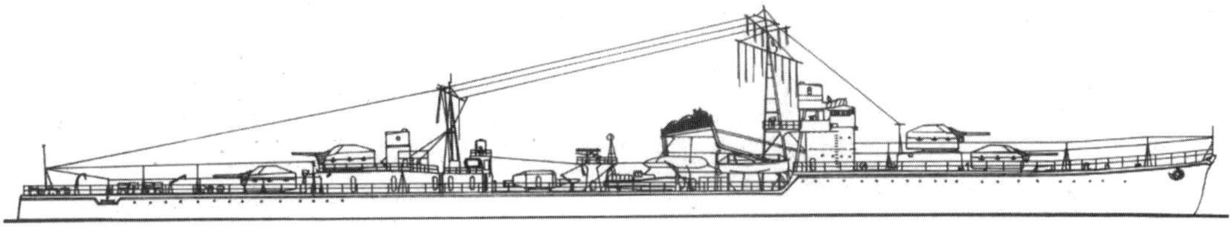

▲ 1941 年时的秋月号线图。

◀ 5 月下旬结束公试后进入舞鹤港的秋月号。前桅樯上是 21 号电探装置，中部增设的防空炮台上可以看到 2 座 25 mm 三联装机炮，还有将后桅后方的 1 座 25 mm 三联装机炮。

◀ 1943 年 5 月 17 日在宫津湾进行公试航行中的秋月号。其最高航速纪录为 33.58 节，可以看出即使是以全速航行，舰艏波仍然小于甲型驱逐舰。4 座炮管很长的 100mm 高射炮及其全封闭的炮塔，以及独特的单烟囱，使得秋月型驱逐舰很容易识别。

(2)
照月
（てるづき）

1939 年列入计划，由三菱长崎造船厂制造，于 1942 年 8 月 31 日竣工，属于横须贺镇守队，后转属第 10 战队第 61 驱逐队。1942 年 10 月 26 日参加南太平洋海战，护卫瑞凤号航母，被美军水上飞机的近失弹炸伤，返回特鲁克修理，11 月 9 日参加第三次所罗门海战，救助沉没的比叡、雾岛号落水船员，12 月 11 日作为瓜岛运输警戒舰从肖特兰岛出发，在瓜岛海湾中遭到美军鱼雷艇的鱼雷攻击，大破，12 日在萨沃岛附近海域自沉。1943 年 1 月 20 日除籍。

(3)
凉月
（すずつき）

1939 年列入计划，由三菱长崎造船厂制造，于 1943 年 1 月 7 日竣工（加装了 25mm 机炮），属于横须贺镇守队，后转属第 10 战队第 61 驱逐队。1943 年 6 月 26 日成为第 10 战队旗舰，在特鲁克、拉包尔、帛硫之间执行运输任务。1944 年 1 月 16 日在宿毛湾遭到鱼雷攻击而负伤，修理完成后又于 10 月 16 日在宫崎湾触雷，再次修理，12 月 1 日转属第 2 水雷战队。1945 年 4 月 6 日参加大和号菊水特攻作战，被炸伤后返回佐世保，被当成防空炮台使用至战争结束。1945 年 11 月 20 日除籍，后舰体被用作若松港的防波堤。

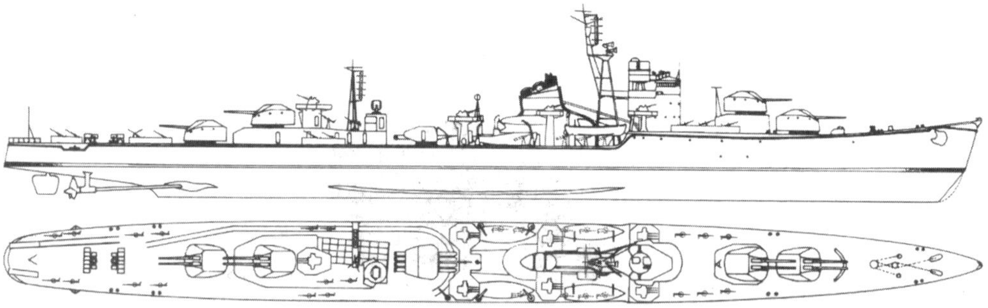

▲ 1945 年时的凉月号驱逐舰线图。

▲ 1945 年 11 月 9 日搁浅在佐世保相之浦的凉月号，破开的大洞用板材支撑着。这张照片经常被用来象征日本海军的最终结局。

▲ 返回佐世保的凉月号，舰艏右舷的大洞完全没有修补，以这样一副残缺不全的面貌继续作为系留防空阵地投入战斗。

◀ 舰尾上拍摄的凉月号残骸，九八式高射炮的炮管无精打采地耷拉下来。炮管前是Y形九四式爆雷投射机。

◀ 图为凉月号罗针舰桥内部。

(4)
初月
（はつづき）

1939 年列入计划，由海军舞鹤造船厂制造，于 1942 年 12 月 15 日竣工，属于横须贺镇守队，后转属第 10 战队第 61 驱逐队，在特鲁克、拉包尔、帛琉之间执行运输任务。1944 年 2 月 5 日起护卫翔鹤号、瑞鹤号航母，6 月 19 日参加马里亚纳海战，10 月 25 日作为小泽诱饵舰队的一员，救助沉没后落水的瑞鹤号航母船员，被美军舰队追赶上并炮击击沉，同年 12 月 10 日除籍。

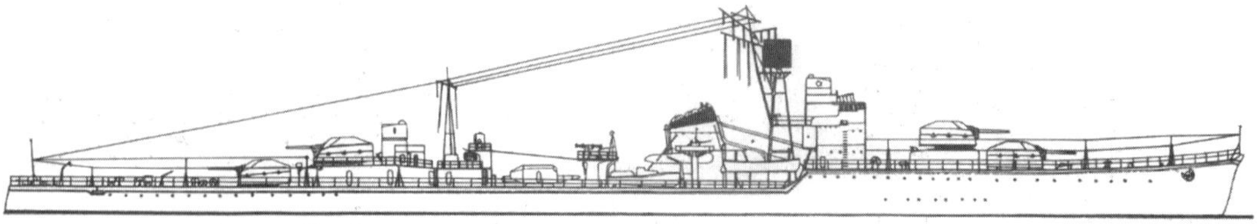

▲ 1942 年时的初月号驱逐舰线图。

▲ 1943 年时的初月号驱逐舰线图。

▲ 1942 年 12 月，在宫津湾进行公试航行的初月号。可见直到此时，其防空炮与雷达装备仍然匮乏。

(5)
新月
（にづき）

1939 年列入计划，由三菱长崎造船厂制造，于 1943 年 3 月 31 日竣工，属于第 11 水雷战队，在拉包尔方面作战。1943 年 7 月 4 日参加科隆邦加拉岛输送行动，7 月 5 日被美军舰队炮火击沉，同年 9 月 10 日除籍。

(6)
若月
（わかつき）

1939 年列入计划，由三菱长崎造船厂制造，于 1943 年 5 月 31 日竣工，属于第 11 水雷战队，在特鲁克、拉包尔方面作战。1943 年 11 月 12 日参加布干维尔岛海战，11 月 12 日在拉包尔附近被近失弹炸伤，返回日本修理至 1944 年 2 月 4 日。1944 年 3 月 28 日护卫大凤号航母前往林加泊地，6 月 19 日参加马里亚纳海战，救助航母沉没后落水的大凤号船员，10 月 20 日作为小泽诱饵舰队的一员参加莱特大海战，11 月 9 日参加多号运输行动，11 日在奥尔默克湾被美军战机命中炸弹而沉没。1945 年 1 月 10 日除籍。

▲1944 年 11 月 11 日的奥尔默克湾，沉没前的若月号整个舰体已经被烈火和浓烟包围，美军飞行员大概是很得意地拍下此照片。

(7)
霜月
（しもつき）

1941 年列入计划，由三菱长崎造船厂制造，于 1944 年 3 月 31 日竣工，属于第 11 水雷战队。1944 年 6 月 19 日护卫第 1 航空战队参加马里亚纳海战。7 月 9 日转属第 41 驱逐队，10 月 20 日作为小泽诱饵舰队的一员参加莱特大海战，11 月 24 日成为第 31 战队旗舰，25 日与桃号一起从新加坡驶往文莱港的途中，被美军潜艇刺鳍号（SS-244 Cavalla）发射的 4 枚鱼雷中的 2 枚命中鱼雷而爆炸沉没（顺便说一句，这艘 SS-244 潜艇在 6 月的马里亚纳海战中击沉了小泽机动舰队的主力翔鹤号航空母舰）。1945 年 1 月 10 日除籍。

(8)
冬月
（ふゆづき）

1941 年列入计划，由海军舞鹤造船厂制造，于 1944 年 5 月 25 日竣工，属于第 11 水雷战队。1944 年 7 月 11 日起在本土与冲绳间执行运输任务，10 月 10 日在远州滩附近海域遭到鱼雷攻击，回港修理至 11 月 20 日，24 日护卫隼鹰号航空母舰到马尼拉。1945 年 1 月 31 日在大分湾触礁，回港修理，4 月 6 日参加大和号菊花特攻作战，负伤后回到佐世保。在门司港内迎来战争结束，却在 8 月 20 日触水雷，大破。1945 年 11 月 20 日除籍。

▶冬月号正竭尽全力护卫大和号战列舰，但是庞大的大和号已回天乏力。

▲ 战争结束后不久的冬月号，此时它成为了工作舰，任务是支援门司港的反潜舰艇扫除美军在关门海峡大量投放的水雷。武器装备已经全部拆除，完全没有过去那种火力凶猛的防空舰的样子了。

▶ 下面写着英文名称的就是1948年时的冬月号，已经被拆得只剩下了一个破烂船壳。它的最终结局就是当成废铁卖掉。

▼ 1947年的冬月号，舰桥上仍然装着22式雷达，但其他武器装备统统被拆除了。

(9) 春月（はるつき）

1941 年列入计划，由佐世保造船厂制造，于 1944 年 12 月 28 日竣工，属于第 11 水雷战队，后转属第 1 护卫舰队第 103 战队。一直在日本近海执行护卫任务，直到战争结束。1945 年 10 月 5 日除籍，被赔偿给苏联，改名为“突然号”（Pospeschny），在苏联海军中一直服役至 20 世纪 60 年代。

▲ 1945 年时的春月号驱逐舰线图。

▲ 1945 年 1 月，作为第 103 战队旗舰进行整备工程的春月号。前桅樯上安装了 22 号与 13 号电探，后桅上装有另一部 13 号电探。因为这些装备重量的影响，舰桥两侧没有像其他同型舰那样增设防空机枪台。秋月型驱逐舰一眼望去完全是轻巡洋舰的形态。

▲ 烟囱与锅炉进气口。结构都颇为粗糙，而且进气口看上去是随便设置的。

春月号（左）与雪风号战后并排停靠在横须贺长浦港。该舰在战争后期一直在相对安全的朝鲜海域巡弋。

(10) 宵月（よいづき）

1941年列入计划，由浦贺船渠制造，于1945年1月31日竣工，属于第11水雷战队。1945年2月16日在横须贺参加对空战斗，5月25日转属第41驱逐队，6月5日在姬岛附近触雷，回到吴港修理，修理过程中还以防空炮参加了吴港大空袭作战。8月2日为了应对美军可能的登陆，伪装后系留在东能美岛南端，并就此迎来战争结束。1945年10月5日除籍，被赔偿给中国并改名为“汾阳号”，由于国民党海军照顾不善，没几年就处于荒废状态。1962年正式退役。

▲战争结束后停泊在吴港内的宵月号。应盟军的要求舰体上被刷上日本国旗以及舰名的英文名称。可以看到其舰艏几乎是垂直的。秋月型从8号舰冬月开始为了节约制造工时，将舰艏的圆滑过渡线改为垂直线。

▲ 1946 年，进入播磨造船厂（原吴海军工厂）修理的宵月号，舰体中部的那些“箱子”就是作为提供给归国人员使用的临时舱室。

▲ 战后作为战胜国的中国海军接收的日本宵月号（右边），已改名为“汾阳号”，其舰体明显比国军的其他舰只大出许多。

(11)
夏月
（なつづき）

1941 年列入计划，由佐世保造船厂制造，于 1945 年 4 月 8 日竣工，属于第 11 水雷战队。1945 年 6 月 16 日在六连灯塔附近触雷，返回佐世保修理，并在船坞中迎来了战争结束。1945 年 10 月 5 日除籍，被赔偿给英国，但英国随即将其转卖，于 1947 年在浦贺船渠中被拆毁。

1945 年 10 月 16 日，已经改作人员居住舰的夏月号。1 号、4 号炮塔和一些雷达装备仍未拆除。其舰炮的长身管给人留下特别的印象。

(12)
花月
（はなづき）

1941 年列入计划，由海军舞鹤造船厂制造，于 1944 年 12 月 26 日竣工，属于第 11 水雷战队。1945 年 3 月 15 日转属第 31 战队，4 月 6 日将进行特攻的大和从德山护送至丰后水道，此后一直停泊在日本内海，除了进行一些防空战斗外，以几乎无伤的完好状态迎来战争结束。1945 年 10 月 5 日除籍，被赔偿给美国并改名为“DD 934”，后作为靶舰被击沉。

▲ 1944 年 12 月 18 日，正在进行最终公试航行的花月号。尽管武备仍然强悍，但该舰进入日本海军服役的时候，日本海军事实上已经处于垂死状态了。

松（まつ）型

1943年初瓜岛战役结束之后，日本海军继续在所罗门群岛方面进行着消耗战。战争的现实迫使日本海军将性能指标非常强悍，但在实际作战中因数量太少而作用有限的甲型、乙型的后续制造计划取消，转而制造性能指标低、小型、低速的驱逐舰（也有意见认为这是“大型水雷艇”的复活），这就是列入1943年改丸五案的丁型，其最终的名称是“松型”，而改丁型则被称为“橘型”。军令部对丁型的要求是尽可能多地搭载对空、对潜作战的最新兵装，在此前提下可以容忍航速与续航力的大幅缩水。最初的计划是在1944～1945年间制造62艘，有41艘在船坞中动工，但最后丁型加上改丁型完成制造的只有32艘。尽管如此，这些看上去性能低劣的小型驱逐舰仍然积极地参加了战争末期的一系列残酷战斗，其表现并不比甲型、乙型更差。松型的制造工期都很短，从开工到下水是3～4个月，从下水到服役都不到2个月。

尽管是小型驱逐舰，但由于干舷相对较大，最高航速限制在28节，因此操纵性、耐波性都还不错。锅炉房与轮机房也采用了交替配置的方式，减轻被弹损伤，尽管这样配置增加了一些制造工序，但从日本海军的战斗教训来看却是必需的。松型所采用的主机沿袭自鸿型水雷艇，功率为19000马力，使其续航能力被限定在18节/3500海里，当然对于战争末期只能在近海作战的日本海军来说，这一点没有什么可抱怨的。整个舰型设计尽可能地采用直线以简化制造工序，并且不再使用DS钢，在舰底部使用普通钢，上甲板使用HT钢（同等防护能力但重量增加了）。在舰桥前设置了防空炮台，前桅樯相对较低（只有两层甲板），其后是较细的烟囱和中央防空炮台、鱼雷发射管，2号烟囱两侧搭载有10米小艇（没有搭载内火艇），后桅的后方还有一个后部防空炮台，舰尾则配置九四式深弹投放器。兵装方面，主炮采用八九式40口径127mm高射炮，这是首次在驱逐舰上安装这种高射炮（其双联装的A1改一型安装在各型重巡洋舰上，而A1改二型安装在各型航空母舰上，A1改三型安装在大和级战列舰上），舰艏单管炮有一个半

松型性能参数

排水量： 1262吨
舰长： 100米
舰宽： 9.4米
平均吃水： 3.3米
主机： 舰本式减速齿轮汽轮机2座2轴，总功率为19000马力
主锅炉： 吕号舰本式重油水管锅炉2座
最大航速： 27.8节
燃料搭载量： 重油370吨
续航力： 18节/3500海里
武器：
127mm/40口径双联高射炮1座
127mm/40口径单管高射炮1座
25mm三联装机炮4座
25mm单管机炮8座
610mm四联装鱼雷发射管1座
乘员： 211名

▼ 战争结束后不久集结在吴港海湾中的多艘松型驱逐舰，如图可以看到都装有回天人操鱼雷的发射装置。这些驱逐舰在战败前都被编入了所谓的“海上挺身队”。

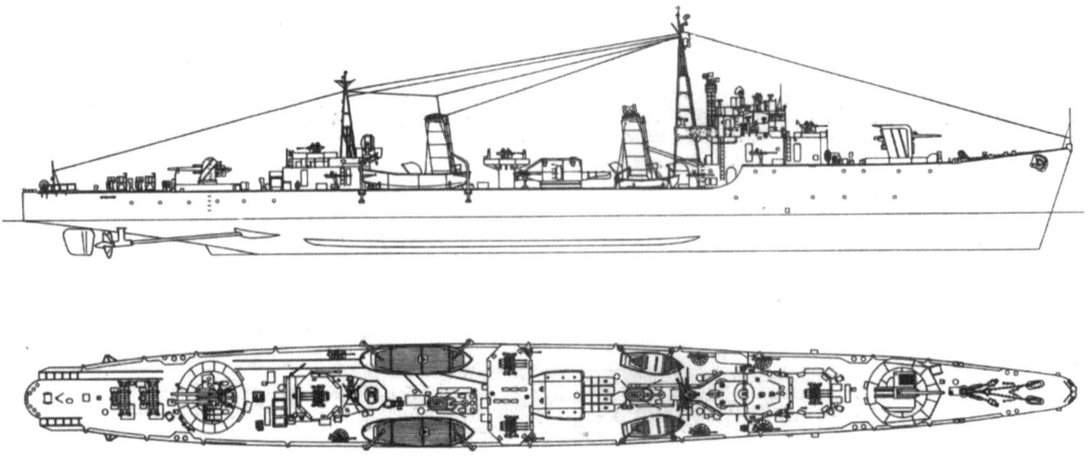

▲ 1944 年的松号线图。

裸的防盾，但是在舰尾双联装炮上就什么都没有，射击指挥装置为舰桥上的四式二型射击指挥仪和 2 米高角测距仪，比九四式射击指挥仪也要简化一些。在舰体前、中、后设置的防空炮台与舰舷侧共装备有 25mm 三联装机炮 4 座、25mm 单管机炮 8 座，但没有射击指挥装置。在如此紧急建造的小型驱逐舰上，日本海军仍然令其配置有 610mm 四联装鱼雷发射管 1 座，但没有备用鱼雷——这 4 个鱼雷发射管大概只是作为“我是帝国海军驱逐舰”的证明而存在的。安装有九三式主动与被动声呐，22 号电探，携带 36 枚深水炸弹。总体来说，松型驱逐舰以低成本、短工时实现了不亚于甲型的防空、反潜火力，很适合日本海军垂死挣扎时使用。

(1)
松 (2 代)
(まつ)

1944 年列入计划，由海军舞鹤造船厂制造，于 1944 年 4 月 28 日竣工，8 月 4 日被击沉，同年 10 月 10 日除籍。

▲ 推测正在进行公试航行的松号，丁型的首舰。该型驱逐舰如果在开战前就制造上百艘的话，在战争中还是很可能发挥一定效力的，但在 1944 年一切都太晚了。

(2)
竹(2代)
(たけ)

1944年列入计划，由海军横须贺造船厂制造，于1944年6月16日竣工，服役至战争结束。1945年10月25日除籍。1947年被赔偿给英国后解体。

▲正在横须贺进行公试航行的竹号，装备有2座三联装25mm机炮和8座单装25mm机炮。

(3)
梅(2代)
(うめ)

1944年列入计划，由藤永田造船厂制造，于1944年6月28日竣工。1945年1月31日被击沉，同年3月10日除籍。

(4)
桃(2代)
(もも)

1944年列入计划，由海军舞鹤造船厂制造，于1944年6月10日竣工，12月15日被击沉。1945年2月10日除籍。

▲1944年6月3日，在宫津湾进行公试航行的桃号，其后方舰炮干脆什么盾板都没有安装。

(5)
桑(2代)
(くわ)

1944年列入计划，由藤永田造船厂制造，于1944年7月25日竣工，12月3日被击沉。1945年2月10日除籍。

(6) 桐(2代)（きり）

1944年列入计划，由海军横须贺造船厂制造，于1944年8月14日竣工，服役至战争结束。1945年10月5日除籍。1947年被赔偿给苏联，更名为复苏号，1949年退役。

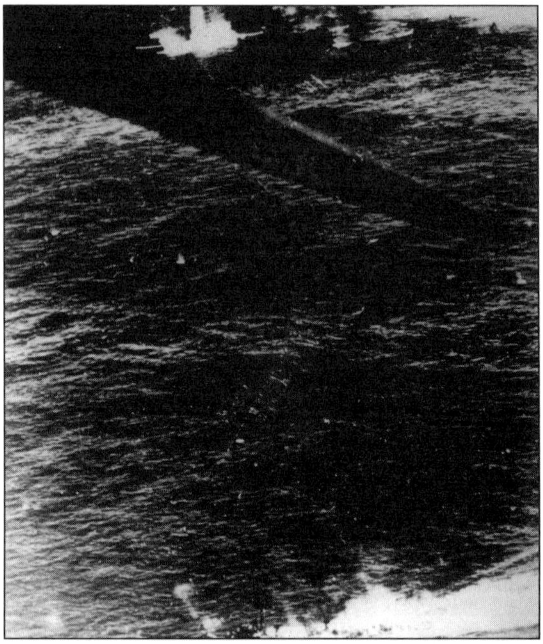

▶ 1944年12月3日，在奥尔默克湾被击沉前的桑号。在波涛与炸弹激起的水柱间,日军驱逐舰正在进行最后的垂死挣扎。

▼ 竣工后不久的桐号，后方的127mm单管舰炮的炮口向前，摆出一副全舰火力朝向前方，试图突破空中封锁的架势。

(7) 杉(2代)（すぎ）

1944年列入计划，由藤永田造船厂制造，于1944年9月30日竣工，服役至战争结束。1945年10月5日除籍。1947年被赔偿给中国国民政府，改名为“惠阳号”。

(8) 槇（2代）（まき）

1944年列入计划，由海军舞鹤造船厂制造，于1944年8月10日竣工，服役至战争结束。1945年10月5日除籍。1947年被赔偿给英国后解体。

◀ 杉号在战后实施改造工程，例如在舰桥前搭建临时舱室供搭乘回国者使用。

▲ 1947 年 7 月 26 日，正驶出佐世保港的槇号，该舰被赔偿给了英国。

▲ 1944 年 8 月，在宫津湾进行公试航行的槇号。舰艏的单管 127mm 高射炮的炮口指向天空，后桅悬挂着战斗旗，处处透露出战时的紧张气氛。两个看上去很细的烟囱是外观上的最大特点。

(9) 枞（2 代）（もみ）

1944 年列入计划，由藤永田造船厂制造，于 1944 年 7 月 25 日竣工，12 月 3 日被击沉。1945 年 2 月 10 日除籍。

▲ 1944 年 9 月 4 日，在横须贺进行公试航行的枞号驱逐舰。以近海防御的作战能力来说，松型驱逐舰还是相当不错的，只不过生不逢时。

(10)
樫（2 代）
（かし）

1944 年列入计划，由藤永田造船厂制造，于 1944 年 9 月 30 日竣工，服役至战争结束。1945 年 10 月 5 日除籍。1947 年被赔偿给美国后解体。

(11)
榧（2 代）
（かや）

1944 年列入计划，由海军舞鹤造船厂制造，于 1944 年 9 月 30 日竣工，服役至战争结束。1945 年 10 月 5 日除籍。1947 年被赔偿给苏联，更名为意志号，1958 年退役。

(12)
楢（2 代）
（なら）

1944 年列入计划，由藤永田造船厂制造，于 1944 年 11 月 26 日竣工，服役至战争结束。1945 年 11 月 30 日除籍。1948 年解体。

1947 年停留在门司港的楢号，武器已经拆光，成为一堆废铁。该舰在 1945 年 6 月 30 日触雷损伤之后一直停靠在这里，和遇到同样情况的日本军舰相同，作为固定防空炮台聊胜于无地服役到战争结束。

(13)
樱（2 代）
（さくら）

1944 年列入计划，由海军横须贺造船厂制造，于 1944 年 11 月 25 日竣工。1945 年 7 月 11 日被击沉，同年 8 月 10 日除籍。

(14)
柳（2 代）
（やなぎ）

1944 年列入计划，由藤永田造船厂制造，于 1945 年 1 月 18 日竣工，服役至战争结束。1945 年 11 月 20 日除籍。1947 年解体。

▲ 1945 年 7 月 20 日，柳号与常磐号敷设舰一同在津轻海峡（本州岛与北海道之间）被美军舰载机攻击而搁浅，两舰尽管没有沉没，但是直到战争结束也就一直搁浅在那里了。此照片中可见柳号的舰尾被轰掉，常磐号则是舰艏严重受损。

(15)
椿(2代)
(つばき)

1944年列入计划，由海军舞鹤造船厂制造，于1944年11月30日竣工，服役至战争结束。1945年11月30日除籍。1948年解体。

▲刚刚竣工的椿号在舞鹤湾航行，防空武器处于对空警戒状态。这张照片由舞鹤造船厂拍摄存档。

(16)
桧(2代)
(ひのき)

1944年列入计划，由海军横须贺造船厂制造，于1944年9月30日竣工。1945年1月5日被击沉，同年4月10日除籍。

(17)
枫(2代)
(かえで)

1944年列入计划，由海军横须贺造船厂制造，于1944年10月30日竣工，服役至战争结束。1945年10月5日除籍。1947年被赔偿给中国国民政府，改名为“衡阳号”。该舰于1949年撤往台湾，1962年退役。由于是从光荣的衡阳保卫战得名，此舰名得以成为中国海军之传统。两岸第一艘装备导弹的军舰都获衡阳之名（解放军海军这艘编号508，对岸是902），现在中国海军主力型号的054A级导弹驱逐舰中一艘（568）同获“衡阳舰”之名。

▲战后的枫号驱逐舰，曾经加装在其舰尾的回天人操鱼雷已经被拆除，美军还挺害怕这种疯狂的武器。

(19)
榉(2代)
(けやき)

1944年列入计划，由海军横须贺造船厂制造，于1944年12月15日竣工，服役至战争结束。1945年10月5日除籍。1947年被赔偿给美国。

▲ 1944年10月16日，停泊于吴港的榉号。照片从几位美国军人驾驶的舟艇上拍摄。日本国旗和英文舰名还没有涂上去，机枪和鱼雷发射管已经被撤走。满舰晾晒的衣物似乎表明当时舰上住着很多人。远处还停泊着2艘松型驱逐舰。

(19)
柿(2代)
(かき)

1944年列入计划，由海军横须贺造船厂制造，于1945年3月5日竣工，服役至战争结束。1945年10月5日除籍。1947年被赔偿给美国。

▲ 战后去掉武备担当输送舰的柿号。

(20)
桦(2代)
(かば)

1944年列入计划，由藤永田造船厂制造，于1945年5月29日竣工，服役至战争结束。1945年10月5日除籍。1947年被赔偿给美国。

▲ 战后停泊在吴港的桦号，武器拆卸工作还未展开，25mm高射机炮仍然残存在舰身上。

橘（たちばな）型

一艘松型驱逐舰从开工到竣工平均需要近 6 个月的工期，这个速度对于日本海军来说还是太慢了，于是军令部在 1944 年 3 月要求将工期压缩到 3 个月，由此产生了改丁型，即橘型驱逐舰。橘型采用了类似海防舰的模块式建造方式，其使用的钢材也达到了最简化的程度，连上甲板都只采用普通钢，并且全面使用快速焊接工艺。舰底二层构造被改成单层底，舰艏水线下完全取消圆滑过渡，全部采用直线型，舰尾部改成角型。前桅樯的构造同样尽量简化，取消了电探安装桅，并将九三式被动声呐替换成四式被动声呐，主机方面也取消中压、巡航汽轮机。

进入 1945 年后，日本已经遭到全面海上封锁与空中轰炸，物资供应极度紧张导致造船厂开工不足，原本设想的 3 个月工期事实上无法完成。在 1945 年 6 月建造完成第 12 号舰——初梅号之后，后续的八重樱号、矢竹号、葛号、桂号等 9 艘舰被一道中止建造，以残缺的姿态留在了船坞里。至于已经服役的松型、橘型则在战争最后阶段进行了改造，在舰尾搭载一具回天人操鱼雷，准备在美军发起对日本本土登陆时进行特攻。随着战争的结束，这些疯狂的兵器与旧日本海军一同被送入了历史的垃圾堆。

橘型性能参数

排水量： 1350 吨
舰长： 100 米
舰宽： 9.4 米
平均吃水： 3.4 米
主机： 舰本式减速齿轮汽轮机 2 座 2 轴，总功率为 19000 马力
主锅炉： 吕号舰本式重油水管锅炉 2 座
最大航速： 27.3 节
燃料搭载量： 重油 370 吨
续航力： 18 节 /3500 海里
武器：
127mm/40 口径双联高射炮 1 座
127mm/40 口径单管高射炮 1 座
25mm 单管机炮 12 座
610mm 四联装鱼雷发射管 1 座
乘员： 211 名

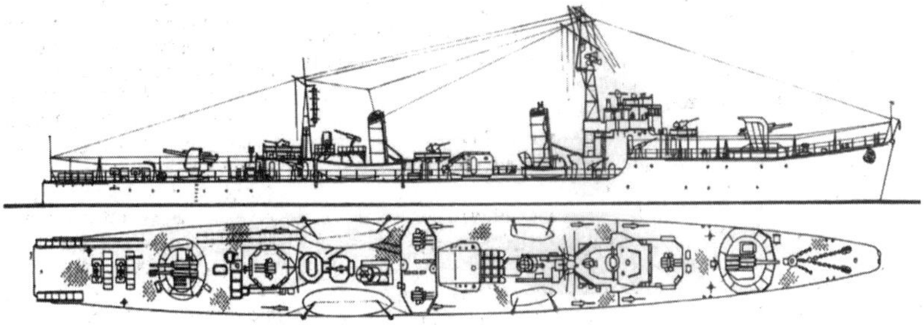

◀ 1945 年时的橘号线图。

▼ 存放在江田岛日本海上自卫队第一术科学校内的拆解自梨号的 127mm 舰炮。

(1)
橘(2代)
(たちばな)

1944年列入计划，由海军横须贺造船厂制造，于1945年1月20日竣工，7月14日被击沉，同年8月10日除籍。

(2)
茑(2代)
(つた)

1944年列入计划，由海军横须贺造船厂制造，于1945年2月8日竣工，服役至战争结束。1945年10月5日除籍。1947年被赔偿给中国国民政府，改名为“华阳号”。

已经被赔偿给国民政府，正启程前往中国的茑号。

(3)
萩(2代)
(はぎ)

1944年列入计划，由海军横须贺造船厂制造，于1945年3月1日竣工，服役至战争结束。1945年10月5日除籍。1947年被赔偿给英国。

▲1945年3月初旬，在横须贺进行公试航行的萩号驱逐舰。尽管舰体单薄，但也装有雷达、声呐等设备，相比开战时没有任何日本军舰安装雷达的情况，颇有讽刺意味。

◀战争结束后不久，停靠在吴港的萩号，旁边停靠着的是一艘松型驱逐舰，其22号电探的安装方式明显不同。

(4) 堇（2 代）（すみれ）

1944 年列入计划，由海军横须贺造船厂制造，于 1945 年 3 月 26 日竣工，服役至战争结束。1945 年 10 月 5 日除籍。1947 年被赔偿给英国。

战后的堇号。橘型原本的武备方案是 25mm 三联装机炮 4 座、单装机炮 12 座。但实际上在战争末期连三联装机炮都成为了稀缺装备，所以橘型一般安装的是 17 座 25mm 单装机炮，但各舰的精确数量现在已无法统计。

(5) 楠（2 代）（くすのき）

1944 年列入计划，由海军横须贺造船厂制造，于 1945 年 4 月 28 日竣工，服役至战争结束。1945 年 10 月 5 日除籍。1947 年被赔偿给英国。

(6) 初樱（2 代）（はつざくら）

1944 年列入计划，由海军横须贺造船厂制造，于 1945 年 5 月 28 日竣工，服役至战争结束。1945 年 9 月 15 日除籍。1947 年被赔偿给苏联，改名为轻率号，1959 年退役。

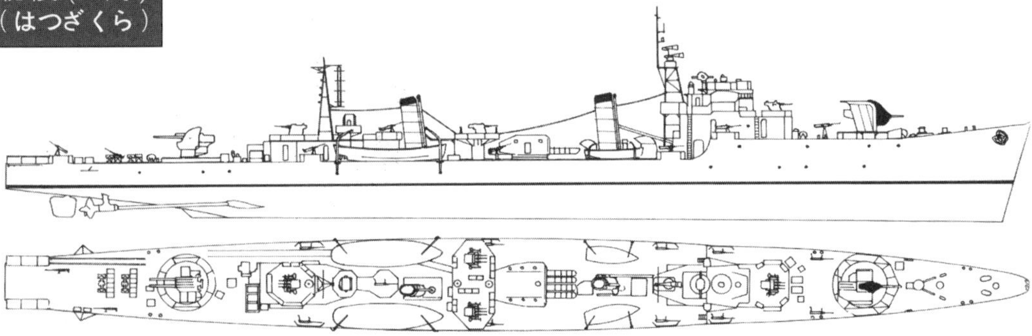

▲ 1945 年时的初樱号驱逐舰线图。

▲ 日本投降后停泊在东京湾外的初樱号。

▲ 1945 年 8 月 27 日东京湾外，美国驱逐舰尼古拉斯号（USS Nicholass DD-449）上的水手正注视着驶过的初樱号。

▲ 摄于 1945 年 8 月 27 日的初樱号，它是日本海军残存的军舰之一。

▲ 1945 年 8 月 27 日，进入相模湾与盟军舰队进行联络工作的初樱号。照片由美军从香格里拉号航空母舰的飞行甲板上拍摄。初樱的机炮已经全部拆除，主炮也处于非战斗状态。不过后桅上仍然挂着海军旗，表明此舰仍未除籍。这面海军旗将在海上自卫队成立后再度回到日本军舰上。

▲ 初樱号与潮号一起停泊在横须贺。可见初樱号装备有多门 25mm 三联装、单装机关炮。

(7)
榆（2 代）
（にれ）

1944年列入计划，由海军舞鹤造船厂制造，于1945年1月31日竣工，服役至战争结束。1945年10月15日除籍。1948年被赔偿给英国。

▲ 紧跟在橘型首舰之后竣工的榆号。该舰在跟随第 11 水雷战队完成基本训练之后，只能待在内海待机，却被 B-29 轰炸机扔下的近失弹炸伤。因为已经没有余力进行修复，舰员被分配至其他单位。榆号以空置的状态迎来战争结束。

(8)
梨（2 代）
（なし）

1944年列入计划，由川崎重工造船厂制造，于1945年3月15日竣工，7月28日被击沉。1945年9月15日除籍。1954年7月被打捞出水，经修复后于1961年5月31日编入海上自卫队，成为护卫舰——若叶号，一直服役到1976年3月31日除籍。

▲ 1962 年 8 月，参加救助三宅岛火山喷发受灾灾民的若叶号（旧“梨号”）。尽管加装了现代化的雷达等设备，但是其性能指标在战后时代仍是全面落后的。事隔十几年后让一艘被击沉过的老舰重回自卫队服役，只能说是日本人对“帝国海军”仍是依依不舍。

▲ 1954 年 6 月，利用浮筒的浮力打捞出水的梨号。可见舰炮和高射机炮仍旧保持在被击沉时的高仰射击状态。

◀ 战后从海里捞起来，进入船坞准备修复的梨号。尽管看上去千疮百孔，但经过检查，船体和机关都可以修复。

▲ 梨号经历了两次改装已经成为了海上自卫队的若叶号。

(9)
椎（2 代）（しい）

1944 年列入计划，由海军舞鹤工厂制造，于 1945 年 3 月 13 日竣工，服役至战争结束。1945 年 10 月 15 日除籍。1947 年被赔偿给苏联，改名为自在号，1959 年退役。

(10)
榎（2 代）（えのき）

1944 年列入计划，由海军舞鹤工厂制造，于 1945 年 3 月 13 日竣工，服役至战争结束。1945 年 9 月 30 日除籍，1948 年被解体。

(11)
雄竹（おだけ）

1945 年列入计划，由海军舞鹤造船厂制造，于 1945 年 5 月 15 日竣工，服役至战争结束。1945 年 10 月 5 日除籍。1947 年被赔偿给美国。

▲ 在苏联海军中服役的椎号，改名为“自在号”（Вольный）。全舰没有舰炮等武备，但是舰尾可能有反潜装备。

▲ 1944 年正在佐世保等待被交给美军的雄竹号。作为一艘橘型驱逐舰，其声呐装备比松型更先进一些，尽管在大战末期已经没有了使用的机会。

(12) 初梅（2 代）（はつうめ）

1945年列入计划，由海军舞鹤造船厂制造，于1945年6月18日竣工，服役至战争结束。1945 年 10 月 5 日除籍。1947 年被赔偿给中国国民政府，改名为“信阳号”。

旧日本海军著名“水雷屋”

▲ 吉川洁开始其海军生涯的第 3 号扫海艇属于第 1 号型，图为其中的首艇第 1 号。很多老旧的驱逐舰都会被用作扫海艇。

在讲述旧日本海军中著名“水雷屋”（即驱逐舰长和驱逐队长）的故事之前，笔者首先想从技术角度分析一下所谓的“水雷屋豪情”究竟有怎样的背景。日本海军的战斗用舰艇中，航空母舰、战列舰、巡洋舰等，中等以上规模的舰艇才被称作军舰，这是因为这些舰艇可以作为一个基本的战斗单位考虑。因为这样的思考方式，在平时的教育、训练场合，舰长也被叫作“基本长”。在处理所有的后勤事务、对军舰进行管理的场合，舰长也被叫作“所辖长”。而在海军法令中，作为一个舰长，基本上要有大佐、中佐这样的级别。但是，驱逐舰、潜水艇等小型舰艇就不是这样，它们一般都是 3 艘或者 4 艘组成驱逐战队或者潜水战队来进行作战，而所谓的“队”才是与一般军舰相当的战斗单位，队指挥官被称为“司令”。所以这个司令的级别是与军舰的舰长基本相同的，训练的时候是基本长，事务上是所辖长，一般也都是大佐、中佐。编队是因为小型舰艇需要通过集合使用才能发挥集团威力，为了达成战斗目的需要配置司令官及参谋部。但是在实际的战争中，许多驱逐舰并不编入驱逐队中，而是单独附属于某舰队或者根据地进行作战，这样的情况常有发生。如此独立出来的“军舰”，即使其驱逐舰长还只是年轻的大尉、少佐，也可以得到所辖长的待遇，被赋予与军舰舰长和队司令官同样的权限和责任。像这样的独立驱逐舰的乘组兵员，水兵帽的飘带上并不是写着“大日本第 X 驱逐队”，而是和战舰上的水兵一般写着“大日本驱逐舰 XX”的字样。在这里顺便介绍一下各个驱逐队归属各镇守府的情况：第 1 ~ 第 10、第 41 ~ 第 50 驱逐队属于横须贺镇守府，第 11 ~ 第 20、第 51 ~ 第 60 驱逐队属于吴镇守府，第 21 ~ 第 30、第 61 ~ 第 70 驱逐队属于佐世保镇守府，第 31 ~ 第 40、第 71 ~ 第 80 驱逐队属于舞鹤镇守府。原则上来说，属于一个驱逐队中的驱逐舰，都在同一个镇守府中登录兵籍。下文将会涉及到的著名驱逐舰指挥官中，吉川洁的大潮号属于第 8 驱逐队，他是横须贺镇守府的军官；小仓正身的高波号属于第 31 驱逐队，他则是舞鹤镇守府军官。潜水队、潜水艇也都是同样的配属方式。然而，驱逐舰队的官兵们是习惯于四处漂泊的人，兵籍登录地对他们来说并没有什么意义。

在对多种型号的日本驱逐舰进行性能分析时，前文已提到其设计理念中通常存在过于重攻轻守的因素，这种不平衡使日本驱逐舰在战场上暴露出许多致命的弱点，招致严重损失。但是话说回来，二战之前的驱逐舰本身就不是一种强调防护力的兵器，这在任何一国的海军中都是如此。举个例子，众所周知，世界上最庞大的战列舰——日本大和级，其主炮口径达到了 460mm，并要求其自身装甲能够

吉川洁曾担任鸟海号重巡洋舰水雷长（高雄型4号舰），这是他唯一在大型军舰上的服役经历。

抵御自身主炮的攻击（这个攻防平衡设计原则在战前的世界海军中是通则），于是其舰侧的主装甲带配置了410mm厚度的新型VH强硬化钢，就连水线以下也有100～200mm左右的合金钢防护。太平洋战争中真要发生一场美日战列舰队大决战的话，美国海军显然会尝到大和巨舰的苦头（美国海军还一直以为大和号的主炮口径只有406mm，日本海军是打算给他们一个“突然惊喜”的）。但是驱逐舰呢？以作为日本二战主力的特型驱逐舰来说，其舷侧装甲板最厚的地方不过15mm，吃水线附近仅是7mm，舰体前部和后部当然更加忽视防护，其钢板厚度不过4.5～6mm。如果是在二战的陆地战场上，一辆装甲车辆只有这么轻薄的钢板防护的话，那么就显然谈不上防御炮弹了，只能勉强抵御机枪子弹的攻击，可是在海上飞来飞去的只有炮弹、炸弹和鱼雷！这样的薄钢板，在组装到船体上之前还要镀亚锌，也无怪乎被戏称为“锡罐”。所以说，驱逐舰本来就是以“如果挨了敌人的炮弹、鱼雷就肯定完蛋”的标准来设计的，它要在海上战斗中生存，所依靠的就是“尽量不被敌人的炮弹命中”。如何能做到这一点呢？就要依靠舰体本身纤细、高速、灵活的特点，以水雷战队引以为自豪的“海军最高操舰术”来赢得生存的机会，并进而赢得攻击对手、“一击必杀”的机会。

在日本海军中，能够以最高明的军舰驾驶技术自夸的，一直以来就是驱逐舰队的官兵们。确实，战列舰、巡洋舰、航空母舰、给油舰、工作舰等等，动不动都是上万吨的排水量，在一般海况条件下如履平地。只有驱逐舰，2000吨以上已经是顶了天，在海上碰上一场大风暴，大有可能被海浪砸得面目全非。偏偏日本海军还要将驱逐舰队编入“夜战突击舰队”，那是要在主力舰队的前面与航空部队、潜艇部队一起对敌主力舰队实施突袭的。从历史经验来看，越是恶劣的海况越是有利于突袭的成功（如当年的威海卫突击战），因此驱逐舰队的训练绝对不能只挑那种风和日丽的日子，反而越是惊涛骇浪越要出海。1935年9月26日所发生的“第4舰队事件”，作为日本海军历史上最严重的海上事故，很典型地反映了这种看上去自讨苦吃的思维方式。在这起事故发生之前，预定参加演习的驱逐舰已经被发现存在金属疲劳的问题，某些问题严重的舰体部位上甚至出现了裂缝。尽管有技术军官建议暂时不要让这些驱逐舰去参加演习，但是海军高层却驳回了此建议。而在演习过程中，演习部队又置天气状况不断恶化的警告于不顾，反而认为“困难条件有利于战技提高”，结果导致多艘大型军舰和驱逐舰在激烈海浪撞击下严重受创。日本海军在此事故之后将大量驱逐舰送回船厂改造，并且变更新型驱逐舰的设计方案，但是一味求多求难、死命硬上的训练方式却是毫无变化。驱逐舰队很早便赢得了“破烂八”的名声。所谓“破烂”，自然是指在日复一日、年复一年的海上训练中，驱逐舰的舰体都被折腾得非常脏污破旧，而“八”则是所谓的“丘八”（意指士兵）。在和平时期就实行高强度训练的驱逐舰队官兵，自认能够开赴最危险的海域、执行最艰巨甚至是置之死地而后生的任务，而他们在太平洋战争中果然也做到了这些，尽管并不是以他们希望的方式。驱逐舰上的普通水兵，一般都是贫苦渔民子弟出身，没有优越条件去上海军兵学校，作为基层水兵被征入海军后也只能搭乘连军舰都算不上的驱逐舰。而驱逐舰的舰长们，一般都是海军兵学校毕业之后，积累多年的海上经验，再进入水雷学校的普通科或高等科进行学习，但基本上也就到此为止，少有人会接着再上一个层次去海军大学进修——从海军大学毕业之后，大多数将官就会进入军令部、船政本部、航空本部等中枢单位去担当参谋、课长等职务，或者接管真正的军舰，挺着硕大的炮口在海上耀武扬威。驱逐舰舰长们没有那么好的享受，他们的生活就恰似现代的忍者，啃几个饭团对付一日三餐，风雨交加的暗夜中在波涛澎湃之间挺进，看到对手的军舰之后犹如打了鸡血一般兴奋，不要命地冲过去，扔出大杀器（氧气鱼雷）——扔不中的话基本上就命不久矣，即使扔中了，能不能全身而退也要看运气。在太平洋战争初期，盟军还没有切实掌握依靠雷达在夜间准确搜寻敌舰位置并引导攻击的技术之前，大洋的夜晚是属于日本海军的，这些眼力超群、浑不怕死的驱逐战队官兵，凭借多年在海上摸爬滚打磨炼出的技术，确实是一群可怕的暗夜杀手。下面，讲述几位知名"水雷屋"的生平战历。

"不灭的驱逐舰长"吉川洁

在太平洋战争中，日本海军水雷战队涌现了不少以豪勇著称的驱逐舰舰长，其中有一位是公认的翘楚——海军中佐吉川洁。他于1900年1月3日生于广岛市原町，父亲是一位汉学家。由于他的这个姓氏和出生地，于是便有传言说他家是战国时代毛利家猛将吉川元春的后代，但并无实据。于广陵中学毕业之后，向往海军的瘦弱少年吉川洁报名海军兵学校，但因为身高和胸围不够而没有被录取。吉川表现出了他性格中坚韧不拔的一面，以体操训练和在陆军被服厂担任繁重的搬运工作来进行身体锻炼，在第二年（1919年）的报考中，终被海军兵学校录取（第50期）。他在海军兵学校中的成绩并不突出，1922年6月毕业，作为一名新晋年轻海军中尉，被分配到第3号扫海艇（即扫雷艇）上担任军官。在晋升为大尉以后，其在驱逐舰上的服役经历为：追风号炮术长、樫号乘组军官、江风号水雷长、长月号水雷长。在晋升为少佐后担任鸟海号重巡洋舰水雷长（高雄型4号舰），这是他唯一在大型军舰上的服役经历，为期一年。随后吉川就开始担任驱逐舰的舰长。作为一个并不十分聪明，但是极有"螺丝钉精神"的海军军人，吉川此后的一生便只有驱逐舰舰长这一个身份。在成为海军大尉之后，他曾经进入水雷学校高等科学习过一年，除此以外的时间都是在海上度过的。在长月号（睦月型8号舰）上担任水雷长之后，他又先后担任春风号（神风型［2代］3号舰）、弥生号（睦月型3号舰）、山风号（白露型8号舰）、江风号（白露型9号舰）的舰长，并于1939年11月晋升为海军中佐。1940年11月，吉川开始担任第2水雷战队第8驱逐队大潮号（朝潮型2号舰）的舰长，并在任上迎来了太平洋战争。尽管成年累月在海风中拼搏，不过他本人倒一点没有五大三粗的形象，既不善饮酒（这一点在"水雷屋"中算是特例），也从不与人争执，认识的人都说他是一个很容易相处的小个子男人。如果他不是在海上，而是平常走在大街上，恐怕人堆里面谁都不会注意到他，但战争却赋予了其"不灭的驱逐舰长"之名。

1942年2月19日，阿部俊雄大佐率领第8驱逐队掩护巴厘岛登陆部队（第48师团一部），在该岛东岸的萨尼尔开始实施登陆行动。登陆部队很快夺取了飞机场，在整个行动中只有少数飞机前来投下了一些炸弹，相模丸号运输船被命中一弹，再没有其他损失。傍晚时分，相模丸号由第二小队的满潮号、荒潮号掩护返回苏拉威西岛基地去维修。停留在登陆场的笹子丸号很快也结束了卸货工作，于是在第一小队的大潮号、朝潮号的护卫下也开出了港，此时已经是23:50。同一时间，为阻止日军的登陆作战，盟军舰队正在高速奔来。盟军这支由荷兰海军少将卡勒尔·多尔曼（Karel Doorman）率领的舰队作为前锋队，拥有德鲁伊特尔号（HNLMS De Ruyter）、爪哇号（HNLMS Java）巡洋舰，跟随其后距离约3海里位置还有3艘驱逐舰，排成一字纵队杀来。这一夜月色稀疏，空中有云，视界最多只有8000米左右。尽管盟军意在夜袭，但是率先发现对方的仍是早已培养出绝佳眼力的日本驱逐舰瞭望员。23:53，朝潮号发现盟军舰队踪影，立即与小队司令舰大潮号一起，如同敏捷的猎豹一般展开攻击行动。7分钟后，在2000米的距离上，盟军舰队发射了第一波鱼雷攻击，不过都没有命中日舰。朝潮号高速前进，试图插入盟军巡洋舰队与驱逐舰队之间。着了慌的荷兰巡洋舰高速向北突破而去。朝潮号追击荷兰驱逐舰皮德海因号（HNLMS Piet Hein）到1000米左右的距离，炮弹与鱼雷齐发。在这个距离上命中率自然是很高的，荷舰被击中大破，时间是20日00:16。被日军突袭吓着了的另外两艘美国驱逐舰也一起反转撤退了。大潮号的速度此时已经提到了最高，从朝潮号的左前方飞出，急追美国驱逐舰进行炮击，但是美舰施放出大量烟幕，并分别向不同的方向撤退，终于没有让大潮号给捉到。其后，第一小队继续向北行驶，又发现了一艘盟军驱逐舰，于是进行了炮击，但实际上就是刚才攻击的那艘皮德海因号。连遭两次攻击的该舰于01:10分左右沉没。回到了泊地的大潮号、朝潮号继续对周边海域进行警戒。03:00左右，盟军舰队的后卫队也赶到了，这次是4艘美国驱逐舰和4艘荷兰轻巡洋舰，其舰队指挥是特罗姆普号的舰长，但是其位置却是在舰队的最末尾，距离前一艘足有2000米，荷兰指挥官显然无法完全自由地掌控一同行动的美国驱逐舰。由于已经知晓前锋队遭到败绩，这支后卫队在连日本军舰的舰影都没有捕捉到的情况下，便开始远距离发射鱼雷，在发射完毕之后立即以25节左右的速度开走了。当然，这种胡乱的打法发射的鱼雷是万分之一的命中机会都没有。大潮号、朝潮号在03:10左右觉察到了盟军的袭击，于是立即再次对其展开逆突袭，此时日舰与盟军舰队的力量对比是1：2.5，但是两艘日本驱逐舰却毫不犹豫地将炮弹和鱼雷狠狠砸向美舰。先头的斯德华德号（USS Stewart DD-224）因为发生了舵机故障，导致盟军舰队的整个队列也散乱了，胡乱地向东北方驶去。日舰不停地进行追击，终于在朗波干岛的东北方追上了跑在最后的特罗姆普号轻巡洋舰。03:41，日舰从右后方开始进行疯狂射击，盟军也进行了反击。在互射过程中大潮号挨了一发炮弹，不过并没有大的损伤。第一小队的两舰经历了最初的战斗之后，第8驱逐队第二小队的满潮号与荒潮号在相模丸号接到命令单独返回苏拉威西岛基地之后，也急忙赶回来进行支援，并突入撤退中的美军驱逐舰队与特罗姆普号的队列之间，立刻展开了激烈的炮战。不过日本驱逐舰显然太过兴奋，小瞧了对方毕竟拥有巡洋舰火力，战斗过程中满潮号的轮机舱被命中了多弹，机关长以下64名舰员死伤，舰体大破无法航行。第一小队也因为必须要掩护仍然停留在泊地的笹子丸号运输舰，被迫停止攻击行动，双方各自罢兵撤退。由此日本海军在太平洋战争中第一场不依靠航空兵，而是以军舰进行的作战行动以大胜告终。这场战斗的日军主力是第8驱逐队第一小队的大潮号、朝潮号两舰，小队指挥正是大潮号的舰长吉川洁中佐。吉川被联合舰队参谋长宇垣缠高度评价为“铸造功勋之士”，由此吉川的大名在日本国内也广为人知了。巴厘岛海战之后，从被击沉的皮德海因号上救起的10名盟军战俘，由大潮号送往苏拉威西岛的俘虏收容所。

1942年5月，吉川转任夕立号（白露型4号舰）的舰长。这艘夕立号在1937年初才完工，战争前期参加过巴厘巴板登陆战、爪哇泗水海战、马尼拉封锁战等。吉川上任之后，夕立号也参加了中途岛战役。随后夕立号投入瓜达尔卡纳岛周边的各项作战行动，包括6次物资运输行动。终于，吉川迎来了他人生中最辉煌并成就其功名的战役——第三次所罗门海战（瓜达尔卡纳尔海战）。1942年11月，以比叡、雾岛号战列舰为基干组成的瓜岛飞机场炮击挺身队，由阿部弘毅中将指挥，计划在暗夜中接近瓜岛，以大口径火炮摧毁其飞机场，进而夺取制空权并护送陆军增援部队上岛，扭转瓜岛战役败局。顺便说一句，这位阿部弘毅中将就是巴厘岛海战中吉川的顶头上司，阿部俊雄大佐的兄长。至于阿部中将的对手，则是那位天天高喊“杀光小日本”的“蛮牛”哈尔西（他于10月18日刚刚走马上任，急需树立威望），这也就注定了整个瓜岛战役中最为激烈的一场海战即将发生。在炮击挺身队前方作为先锋探路的，就是第4水雷战队第2驱逐队的第二小队，吉川中佐所率领的夕立与春雨号两舰，其位置是在炮击挺身队主力的右前方。11月13日23:42，炮击挺身队已接近伦加湾，一字前进的日本军舰纷纷转动炮口，准备向瓜岛亨德森机场降下燃烧弹雨。就在此时，夕立号发现了美国海军的舰影，立即向本方舰队发出了“敌发现”的警报。盟军方面是由卡拉汉少将指挥的重巡洋舰2艘、轻巡洋舰3艘、驱逐舰8艘所组成的舰队，很明显在日方2艘战列舰的炮口之下，美军是处于劣势的。吉川舰长在发现卡拉汉舰队的一列纵队时，距离不过6000米左右，他立即下令夕立号加速到24节，将双方距离进一步缩短。到接近至1000米时，吉川果断下令左转舵，向敌舰队队列的前方横切过去。卡拉汉少将此时也犯了一个错误，没有注意观察日方舰队的行动方向而是随随便便就右转舵，这下规避不成反而和日舰之间的距离更加缩短了。在战斗开始的前几分钟，两艘接到夕立号警报的日本战列舰，还在忙着寻找穿甲弹以替换炮击陆地目标所用的三式燃烧弹（结果是只找到很少的一些穿甲弹），于是吉川指挥夕立号当仁不让地打响了这场大海战的第一炮。在进行观测瞄准之后，夕立号立即向着盟军舰队同时进行炮击、雷击。大吃一惊的卡拉汉舰队，为了回避突如其来的攻击而向着各个方向开始急速转舵，从而使整个队形被打乱。这样一来就给了后方的日本军舰以机会，比叡号战列舰打开探照灯，此举导致其遭到美军的集中射击。美日舰队数十艘军舰在狭窄的海湾上挤成一团，开始疯狂地互相进行炮击，五颜六色的炮弹轨迹你来我往地四处呼啸乱窜，炮声隆隆，将蓝黑色的寂静海面渲染成了一个混乱热闹的节日会场一般。吉川在此时做出了一个出乎美军意料的决定，他命令夕立号进行一个180度的大回旋转弯，冲入已经相当混乱的卡拉汉舰队的中心区域，凭借舰上的5门127mm炮向着周围的美舰轰击。如此突如其来的疯狂行动，就算是跟在后面的春雨号都没有想到，一下子被甩开了距离。在盟军舰队中央陷入孤立状态的夕立号，到13日00：50为止差不多一个小时的时间当中，就那样无所畏惧地朝向着美军的重巡洋舰、轻巡洋舰、驱逐舰，在1500～3000米的近距离上进行极其猛烈的火炮大战，并自称命中对方多发炮弹（当然像这样的在黑夜中的混乱战斗，所谓的“战果”是很难确认的）。不过当晚的战斗中卡拉汉舰队确实是被打得很惨，两艘轻巡洋舰和多艘驱逐舰沉没，两艘重巡洋舰遭重创，舰队正副司令卡拉汉中将和斯科特少将连同舰队全体参谋都阵亡了。要说在盟军舰队中央挺立了那么长时间的夕立号没有对命中美舰多发炮弹，恐怕也不符合逻辑。当然，自置死地的夕立号也从各个方向挨了美军的多发炮弹，按照美军的记录，旧金山号巡洋舰在被日军打爆之前，曾经以其203mm舰炮集中轰击闯到很近距离的一艘日本驱逐舰，按照当时情况来看就是夕立号。遭此打击的夕立号动力系统几乎被彻底摧毁，全舰发生火灾，最终失去作战能力，无法航行。在另一方面，炮击挺身队的旗舰比叡号战列舰趁机将燃烧弹和少数几枚穿甲弹一起倾泻到旧金山号上，使后者烧成了一个大火炬。但在随后的战斗中，比叡号还是遭到了美军其余舰只的集中攻击，最终这艘巨舰在天亮后沉没，由此导致炮击计划被放弃。在撤退之前，五月雨号驱逐舰救起了包括吉川在内的夕立号幸存船员，并以炮击和鱼雷将瘫痪的夕立号击沉，以免被美军俘获。

夕立号在第三次所罗门海战第一夜的勇猛行动，被日本海军高层评论为“发挥了夜战部队的本色，取得了极大的战果，使敌陷入混乱而给全军的战局带来了很大的有利影响，是夜战大胜的首功”。其实这场整个瓜岛战役中最为混乱激烈的夜间海战，日军由于损失了战列舰又没有能够炮击瓜岛机场，算不算取得了胜利还很难说，但是吉川对于战机的判断力与决断力，表现出了超出常人的果断。毕竟以区区一艘驱逐舰的战力，竟敢冲入对方舰队中央拼命开火，其意义也不在于驱逐舰本身能够给对方带来多大的损失，而是这样的行动吸引了对方的注意力，干扰了对方舰队阵型，从而为本方舰队从容实施攻击创造了较好的条件。“水雷屋”，驱逐舰队的官兵们，在整个战争中只能担当这样的配角地位，但是把一个配角演得这么有声有色还抢了主角的风光，实在是不简单（阿部弘毅中将反而因为损失了战列舰而饱受指责，被列入预备役）。返回日本国内的吉川中佐，因为名气已经非常大，海军高层试图给他在海军兵学校安排一个的教官职务。由于海军兵学校是日本海军将官的摇篮，能够担任该校教官，也就等于以后能够在海军中掌握许多的人脉关系，对于升官加爵、捞取好处都很有利。然而几乎一生在海上度过的吉川谢绝了教官的任命，坚决要求返回海上第一线，继续当他的“水雷屋”。1942 年 12 月 29 日，他被任命为夕云型 7 号舰——大波号驱逐舰的舰长，同一天这艘驱逐舰在藤永田造船厂宣告竣工。能够被任命为这艘最新式强炮、强雷驱逐舰的舰长，吉川也算是实现了他的终极人生目标了。竣工后大波号被编入第 2 水雷战队第 31 驱逐队，随后近一年的时间中，基本上没有参加海战，而是不停地在南太平洋各条航线上执行护航任务，其足迹所至包括特鲁克、拉包尔、所罗门群岛等，只在 8 月返回横须贺一次，实施修理，随后再度奔赴战场。吉川率领大波号第一次，也是最后一次进行真正的战斗，是在 11 月的布卡岛夜战中（圣乔治角海战），他和他的驱逐舰都命丧于此。

▲ 1942 年，在旧金山号巡洋舰舰桥上的丹尼尔·贾德森·卡拉汉海军少将。此战之后他被追授了荣誉勋章。

1943 年 11 月 1 日，“蛮牛”哈尔西指挥美军在布干维尔岛的奥古斯塔皇后海湾塔罗基纳泊地实施登陆，日军阻击舰队去实施偷袭，结果在布干维尔岛海战中遭遇大败。不得已日军只好派出栗田健男中将指挥的第 2 舰队前往支援，第 2 水雷战队也包括在其中，但是大波号并不包括在内，而是与长波号等 5 艘驱逐舰一起，向布干维尔岛的科罗摩基纳运送一批陆军部队，试图对奥古斯塔皇后海湾的美军实施逆登陆。该运输行动于 11 月 6 日实施，奇迹般地获得了成功，当然这也要归功于当时美军正把注意力集中在第 2 舰队的身上，把栗田健男揍得找不着北。而试图实施逆登陆的那些日军登陆部队，也很快就在美军的猛烈火力攻击下被粉碎了，岛上剩余的日军则又如同往常一样，被大量美军战机切断了一切补给，遏止了一切行动，陷入弹尽粮绝的境地。布干维尔岛保不住了，新不列颠岛上的日军南太平洋中枢基地拉包尔也就危在旦夕。为了加强防卫，日军开始向新不列颠及其周边岛屿输送援兵，妄想实施长期抵抗。11 月 21 日，日军开始向布卡岛紧急输送陆海军部队，这个岛紧挨着新不列颠岛的北部，美军舰队曾对其岸防部队实施猛烈炮击，给日军造成了美军将在布卡岛登陆的假象。吉川指挥的大波号参加了 11 月 21 日的第一次输送行动，作为护卫舰掩护输送队，行动成功。11 月 24 日实施第二次行动，大波与卷波号组成护卫队，掩护天雾、夕雾、卯月号组成的输送队实施运输任务，行动总指挥是第 31 驱逐队司令香川清登大佐，吉川是护卫队指挥官，两人都乘坐在大波号上。当晚 22:45，运输行动成功完成，日军开始向拉包尔返航，途中却被 5 艘高速赶来的美军驱逐舰追上。这支美军第 23 驱逐舰队是由今天家喻户晓（因美国海军伯克级导弹驱逐舰），但当时还没啥名气的阿利·阿尔伯特·伯克（Aleigh Albert Burke）上校所指挥的，他就要凭借此战，消灭日本海军“不灭的驱逐舰长”吉川洁来扬名立万，抢得太平洋战争中美国海军最强驱逐舰队长的殊荣。伯克上校后来获得了一个绰号“31 节伯克”，因当时美军海军操典规定舰队航行速度上限是 30 节，而他向后方打电报称“正以 31 节航行”，可见其美国式“水雷屋”之豪气。伯克在 1996 年去世时，所有伯克级导弹驱逐舰以 31 节航速行驶一分钟，以此怀念。23:41，伯克舰队凭借其海上搜索雷达发现了长波号及其僚舰卷波号，并精确锁定了日舰位置，23:56 开始向其发射 15 枚鱼雷。此时吉川带领的这两艘日舰对美军已经发起攻击的情况还一无所知，因为日舰上没有雷达，而美舰远在视野范围之外（伯克舰队发射鱼雷的距离是 5000 米左右）。且由于走在前面的护卫队与输送队的位置相距有些远，于是香川清登司令下令护卫队减低航速，等输送队追赶上来。这么一减速，又对美军攻击一无所知，而伯克舰队的射击准确度又相当令人赞叹，于是日舰的悲剧就注定了。25 日 00:02，大波和卷波号几乎同时被鱼雷命中，前者立时断成了两截，一通爆炸之后很快沉入了海中，吉川洁和香川清登，连同舰上的绝大多数船员（230

▲ 终结了“不灭的驱逐舰长”吉川洁生命的美国海军上将阿利·伯克。伯克将军在战时与一般美国人一样非常仇视日本人，然而战后到日本接触一段时间后，却成了不折不扣的日本复兴支持者。

人）顷刻之间都化成了灰烬。遭到重创的卷波号则被伯克舰队一顿炮击后沉海，接着伯克还不依不饶地追上运输队，击沉了夕雾号。这场完全一边倒的布卡岛夜战以美军的彻底胜利告终。

吉川死后，日本为表彰其立下的功勋，联合舰队司令长官古贺峰一于 1944 年 3 月向全军通告，将吉川的军衔连升两级，从海军中佐一举提升为海军少将。在所有的日本海军驱逐舰长中，能够得到连升两级这样嘉奖的，只有吉川洁一人。

头号王牌小仓正身

在巴厘岛海战中，吉川洁作为大潮号的舰长支援满潮号奋勇作战，而满潮号的驱逐舰长就是小仓正身中佐。小仓正身出生于岐阜县，在海军兵学校他比吉川晚一届，为第 51 期（1923 年 7 月）毕业。作为一名年轻海军中尉，他先在轻型防护巡洋舰矢矧号（初代矢矧，即筑摩型 2 号舰）、轻巡洋舰阿武隈号（长良型 6 号舰）上服役。在升级为大尉的同时，进入水雷学校高等科学习。学成毕业之后再到吴竹号驱逐舰（若竹型 2 号舰）服役，后担任滨风号（矶风型 2 号舰）水雷长、蓼号（枞型 21 号舰）乘组军官等职务。一度被任命为镇守府防备队分队长，上陆工作，所谓镇守府防备队，是指管理重要军港内的水雷与防潜网等防务设施的地方性部队，也算是水雷战队的重要部门（日本海军惯常偷袭他国军港自然也要防备他国以彼之道还施彼身）。一年之后，小仓就再度回到海上，继续在驱逐舰上服役，先是担任敷波号（吹雪型 12 号舰）的水雷长，后又出任海军兵学校教官。经过数年勤务之后，小仓终于在 1940 年 11 月 15 日得到了满潮号驱逐舰（朝潮型 3 号舰）舰长的职务。从他的履历来看，并不像吉川那般长年累月无间断地在海上漂泊，他偶尔也会在陆地上工作，但小仓同样也是一个很纯粹的“水雷屋”，这是没有疑问的。

在巴厘岛海战中，满潮号正如上文所写，在战斗进行到最激烈的时候，从护卫的运输舰身旁跑开急匆匆去支援友舰。小仓所采取的行动，就是不管三七二十一直插到盟军舰队的当中位置，与远比自身火力强大的对手进行极为凶猛的炮战。当时，盟军舰队后卫队分成南北两支，正在向东行进，在北侧的是美军驱逐舰爱德华德与斯切阿特、帕洛特号（USS Parrott DD-218），南侧的是驱逐舰皮尔斯贝利号（USS Pillsbury DD-227）、荷兰巡洋舰特罗姆普号，而满潮号与跟随在后面的荒潮号，向着南北两支盟军分队的中央部队进行反方向突击。显而易见，小仓舰长的所谓勇猛奋进实在是有点热过了头。这和第三次所罗门海战中，吉川舰长率领夕立号冲入卡拉汉舰队中央的情况并不相同。吉川的突击行动，原因在于他意识到那场海战的总体战局，主要由日军的战列舰和美军的重巡洋舰之间的对战结果所决定，而驱逐舰的第一要务当然是不怕牺牲奋力冲击，争取吸引美军注意力，干扰其作战行动，为己方主力舰只发挥火力重创盟军创造条件。后来的结果，尽管夕立号沉没，但卡拉汉舰队毕竟是遭到严重损失，至于比叡号战列舰的沉没，则要归因于其固守“夜战部队”教条，不要命地打开了探照灯作战，吉川是完全没有责任的。反观满潮号的行为，当时其友舰也不过是第 8 驱逐队的其他驱逐舰而已，小仓蛮横突击到敌军中央去吸引火力的行动，对于友舰来说并没有什么战术价值可言。更何况，当时第 8 驱逐队还身负保护巴厘岛泊地登陆部队和运输船的任务，万一在海战中损失掉了护卫舰只，即使给盟军造成了再大的伤害，只要对方有机会进入泊地去攻击无还手之力的登陆部队和运输船，则这场海战从结局来说就是日军失败了。小仓可以说是完全没有考虑这些因素，因为平常水雷战队的一贯教育就是见敌就冲、见敌必杀，于是他红着眼睛不管三七二十一就冲了上去。1942 年 2 月 20 日 03:47，两艘已经冲入盟军舰队的日舰首先向位于北侧的盟军分队同时开始炮击和雷击作战，盟军立即进行还击。满潮号进行了连续 7 次主炮齐射之后，相信已经将帕洛特号击沉（小仓事后的作战报告就是这么写的），但与此同时满潮号也被盟军的交叉火力所覆盖，数发炮弹命中轮机舱，引发大火，机关人员几乎死伤殆尽，整舰彻底丧失航行能力。但是满潮号仍然继续进行着炮击，给约翰·爱德华兹号（USS John D. Edwards DD-216）也造成了一定的损伤。荒潮号发现了反方向航行的荷兰海军的特罗姆普号，于是加以炮击，一发炮弹打中了其右舷探照灯部位，该舰于是加速撤退，消失在了暮色之中。尽管小仓以为是击沉了帕洛特号，但那实际上是判断错误，对方只是受了伤而已，已安全撤离了战场。满潮号的损伤情况尽管也相当严重，但并没有进水，于是由荒潮号拖曳着回到苏拉威西岛基地实施紧急修理处置，随后返回横须贺进行全面修理。由于此时横须贺造船厂的各项工程极为繁忙，驱逐舰的修理不被列入紧急事项，满潮号此后竟在船坞中待了大半年时间，直到1942年10月。而在其重归服役之前，小仓眼见战局不断恶化，已经无法继续忍耐下去，三番四次向高层请求一艘新驱逐舰的舰长职务。

卸下了满潮号舰长职务的小仓于1942年8月20日接任高波号驱逐舰的舾装长职务，随后正式上任舰长。高波号是夕云型的6号舰，与吉川的大波号（7号舰）也是同型舰。高波号宣告竣工是在1942年8月31日，完工后的高波与卷波、长波号共同组成了第31驱逐队，隶属于第2水雷战队。高波号是第31驱逐队司令舰，舰上设有队司令部，司令是海军兵学校第46期毕业的清水利夫大佐。清水大佐尽管也是“水雷屋”成员，不过并没有驱逐舰舰长的经历，只担任过鸟羽号炮舰（此舰在中国长江航线上巡航了数十年，直到战后才改名为“湘江号”在我国解放军海军中继续服役）的乘组军官、海防舰国后号（从此名便可知其主要活动范围是在北方岛屿所属海域，主要任务是处理与苏联的渔业纠纷）的舰长，也有在鹿屋航空队担任职务的经验。清水大佐这位“水雷屋”其实是很不一般的，他拥有与中国人、俄罗斯人和日本侨民处理涉及外交方面问题的经验（在长江上游弋的炮舰还专门设有空间用来开招待会）。因此清水大佐尽管指挥的不过是小型军舰，但总是能够保持制服整齐干净，举手投足间流露出一副绅士派头，仿佛随时准备进行外交谈判一般。他在进入第31驱逐队之前，也曾经担任过第29、第21驱逐队的司令，就是没有单独指挥过驱逐舰。如果说这位“空降”来当驱逐队司令的清水大佐是白色系的，那么小仓舰长给人的感觉就完全是黑色系，他是那种严肃认真、一丝不苟的舰长类型。小仓对工作极为热心，担任海军兵学校教官的时候，每天早上天还未亮，就跑到训练馆去亲手训练学员的空手道技能。在航海中，尽管吃饭的时候他是回士官室去吃的，但总不消一会的工夫就会回到指挥室里去。就算是在夜间，小仓也很少回自己的房间去睡觉，那么睡觉问题怎么解决呢？指挥室里有一把很小很窄的椅子，值班将校一般将其称之为“猿の腰かけ”（意思是只有猴子才坐），所以一般注意自身形象的军官都不去坐这把椅子，而小仓舰长晚上就经常在这把小椅子上打个盹就完事了。像小仓这样一个将自己的生命百分之百奉献给海军、奉献给驱逐舰的舰长，严酷的战争当然会让他得偿所愿。在日本海军于中途岛战役之后极为艰难的情况下好不容易获取的一场海战胜利中，他和他的高波号将以最为引人注目的方式葬身大海。

小仓接任高波舰长时正是瓜岛战役中美军进入大反攻的时刻，凭借着不断壮大的航空兵力量，所罗门诸岛的制空权都被美军夺去了。留在瓜岛上的日本陆军部队，无论是弹药、兵器、粮食、药品都极为匮乏，物资运输成功与否成为了左右战局的大事，但是随着日本的运输船不断沉没，日本海军终于不得已动用驱逐舰去进行“鼠输送”。田中赖三少将指挥的第2水雷战队成为所谓的“丸通舰队”，执行输送任务。第一次铁罐运输被确定在1942年11月30日早上，从肖特兰岛出发的8艘驱逐舰中，田中少将所乘坐的旗舰长波与高波号负责警戒任务，并没有装载物资，而另外6艘驱逐舰则没有装备深弹和预备鱼雷，各搭载200~240个铁桶，其中有米麦等粮食，都用绳子捆绑结实。日军计划是在瓜岛预定浅海

▲被满潮号击伤的约翰·爱德华兹号，与帕洛特号一样属于美国海军战前建造的克莱蒙森级驱逐舰。

海域扔下物资，由陆军士兵乘坐小艇，抓住绳子将这些铁桶拉到岸上去。在 11 月 30 日 21:10 日舰达到预定海域之后，高波号单独在运输队左舷警戒位置进行警戒，长波号与输送队的 6 艘驱逐舰向南面迂回，准备投放物资。21:16，高波号的警戒瞭望员发现了敌人的踪迹，并报告："左四五度，黑影两个，似乎是敌驱逐舰，距离六零（代表 6000 米）。"几乎是在同一时刻美军依靠雷达发现日方，这支美军舰队是赖特少将所指挥的由多艘重巡洋舰和驱逐舰组成的第 67 分舰队。在美军探知日本军舰位置的同时，战斗便立即开始了，在美军向日军舰队连续发射鱼雷的时候，高波号也已经向着美军舰队的水平方向运动，而美军发射的 20 枚鱼雷全部偏出，无一命中。于是美军开始进行炮击，炮弹立即如同下雨一般落在了高波号的周围。高波号发现美军之后立即通过队内电话通报了发现美舰的情况，小仓舰长同时向舰内发出"左舷炮雷同时战"的指令，然而其后的"射击开始"指令却迟迟未下。其原因在于驱逐队司令清水大佐也在指挥舰桥里，他断言道："如此（不良）视界，就算再怎么好的眼力也看不清敌人。我们还有补给的重大任务。等结束后再解决（美军）吧。舰长，不要射击，不用管（美军）。"清水说这样的话，只是根据过往的经验做出的判断，认为在一片混沌的夜色当中，既然日方目视发现美方不过是几团模糊的阴影，那么美方看日方至多也只是一团阴影，互相都没有办法精确测量出距离从而指挥火炮开火。实际上，美军已经通过雷达发现了日方军舰，甚至已经发射了一大堆鱼雷过来，但因为无一命中，也就没有发生任何爆炸，所以高波号上谁都不清楚真实状况。既然驱逐队司令发话说不用管，那就只好不管——这种见敌不战的做法肯定不符合小仓的准则，所以说官大一级压死人，这没有办法，更何况当时田中舰队的第一要务确实是保证物资输送成功。但是，第 67 分舰队却不会打完了鱼雷就不开火了，他们很快凭借雷达进一步锁定了高波号的所在位置，转动炮口向其开火。高度警戒的高波号立即发现了美军开炮的绿色闪光，在那一瞬间小仓舰长立即下令迎战，加速前进并开炮还击。舰桥中的军官在头两发 127mm 炮弹打出去以后，便非常兴奋地宣称这两弹都命中了美军舰队的第一号舰（那是美军的弗莱彻号，它并没有被高波号打中，而是因为雷达丢失目标而暂时撤退了）。已经急不可耐正在团团转的高波号水雷长终于也等到了射击许可。21:23，高波号全部的鱼雷发射管都完成了发射，但几乎同时，舰体被美军射来的数枚大口径炮弹命中而激烈摇晃。首先是舰体中部的鱼雷发射管被摧毁，水兵们还来不及庆幸鱼雷已经射了出去而没有引发连锁爆炸，不到几十秒钟之后锅炉舱又被命中，高温蒸汽喷射而出的金属声响彻全舰，将所有人都包裹在一团灼热的空气之中，而越来越密集的近失弹造成的水柱还在高波号四周不停地升腾。这艘驱逐舰攻防的所有功能都已经失去，所经过的时间不过才四五分钟而已。即使如此，高波号的舰炮仍然在继续发射。在长波号上的田中司令官，接到了高波号的敌情警报之后火速下令反击，而此时高波号已经被包围在美军炮弹造成的大水柱当中，僚舰完全看不到它了。田中舰队的反击战最终取得了相当大的战果（TF67 舰队的 4 艘重巡洋舰 1 艘沉海，3 艘重伤），奋勇作战的高波号以单舰吸引了美军的攻击，并使日军驱逐舰能够在没有雷达的情况下，通过观察美军军舰炮口火焰而确定其位置，可谓是这场海战获胜的最大功臣。美军离去之后，田中舰队的 7 艘驱逐舰留下高波号向西方退避，因为第三次所罗门海战结束之后，瓜岛周边的海域已经完全被美军掌控，不见好就收田中舰队肯定也会吃大亏。在彻底丧失希望的情况下，瘫痪在海面上的高波号很可能在天亮之后被美军俘获。

▲在巴厘岛海战中被小仓正身指挥的满潮号击伤的帕洛特号，属于美国海军战前建造的克莱蒙森级驱逐舰。

于高波号是在23:30打开了通海阀，这艘饱受摧残的驱逐舰自沉了。从清水司令、小仓舰长以下有230人阵亡，而这艘驱逐舰的额定兵员数是225人，多出的几人显然是清水司令部的军官。这个结局等于是全体乘员都去见天照大神了。

小仓正身在阵亡后被日本军方晋升为海军大佐。小仓为人极为严肃古板，显然他的作战行动有太过于教条又太过激进的因素，可以说他没有在巴厘岛海战中阵亡已经是烧了高香，能够死于塔萨法隆加角海战这场日本海军最后的胜仗中，也算是死得其所。

▲阿部兄弟二人身穿海军将官制服与家人合影。左侧坐者为阿部弘毅，右侧立者为阿部俊雄。

海上万金油阿部俊雄

阿部俊雄这个名字广为人知的原因是令人哭笑不得的：他是世界上最短命的大型航空母舰——信浓号的舰长。至于信浓号算不算人类海战历史上从诞生到被击沉速度最快的军舰，至少在笔者的记忆中没有比这更快的纪录，想来要打破信浓号的纪录也不是那么容易的事情，真的要天时（崩）地利（裂）加绝对的人不和，碰巧战争末期的日本海军就是这样的状况。阿部作为信浓号的舰长与舰同沉，有关他的许多回忆便停留在了这个对日本海军来说极为悲惨的一刻。所以尽管在此也将他作为“水雷屋”成员进行一番简要介绍，但很多内容已经不再涉及驱逐舰了。但必须指出的是，阿部俊雄是正统的“水雷屋”出身，他的经历反而证明“水雷屋”成员技能全面和经验丰富，是可以当成海上万金油来使用的。

阿部俊雄，1896年4月27日出生于爱媛县，他的哥哥阿部弘毅则早他7年出生。他是海军兵学校的第46期（1918年11月21日）毕业生，上文曾经提及在布卡岛夜战中与吉川洁一同被伯克上校击沉而丧命的香川清登大佐，与阿部俊雄同期毕业。和大哥弘毅后来又上了海军大学不同，俊雄从水雷学校进修毕业后踏上了驱逐舰，开始在若干艘驱逐舰上当水雷长。1927年12月1日，他转任长良号轻巡洋舰的水雷长。鉴于其已经有了多年驱逐舰、轻巡洋舰水雷长的历练，1929年11月30日阿部俊雄被任命为水雷学校的教官，并于第二年兼任工机学校教官，同时晋升为少佐。能够在两个专科军校中担任教官，已经可以看出阿部俊雄确实是个多面手。1931年12月1日，他第一次成为驱逐舰舰长，接手的是文月号驱逐舰（睦月型7号舰）。随后他分别在1933和1934年接手伏见和隅田号炮舰，成为舰长，这两艘炮舰主要都是在中国长江流域活动。到1935年他又回到水雷学校担任教官并晋升为中佐，又隔一年他干脆兼了四个学校的教官职务：通信学校、炮术学校、潜水学校，再加上原本的水雷学校。阿部本来便是一位极有钻研精神的军官，对于海军的一切事务都有狂热的兴趣，所以能够在诸多领域中都如鱼得水，一口气兼任这么多教官职务。当然他最终的理想不是教书育人，

▲二战最大的航空母舰，也是最短命的军舰——信浓号。其舰长阿部俊雄也是著名的驱逐舰指挥官。

▲ 在担任信浓号舰长之前，阿部俊雄担任了一段时间的大淀号轻巡洋舰舰长的职务。

而是和所有的“水雷屋”一样要到大洋上去与盟军真刀真枪地干仗。1937 年 12 月 1 日，他成为朝雾号驱逐舰（吹雪型 13 号舰）的舰长，一年之后转到陆地上做了一段时间的参谋，随后就第一次被任命为驱逐队的司令，接手了第 21 驱逐队。该队由刚刚经过了复原性大改造的 4 艘初春级驱逐舰组成。1940 年 11 月 15 日，阿部俊雄晋升为大佐，1941 年 9 月 1 日，在日本已经做出决定要对英美开战之际，他被任命为第 2 水雷战队第 8 驱逐队的司令，下辖 4 艘朝潮型驱逐舰。

太平洋战争初期，阿部率领第 8 驱逐队掩护今村部队侵略荷属东印度（今印度尼西亚），在巴厘岛海战中进行了日本海军在太平洋战争中第一场舰对舰的战斗，凭借着麾下吉川洁、小仓正身等众多官兵的浴血奋战，获得了胜利。满潮号和大潮号由于在战斗中负伤，回到日本国内进行修理，阿部俊雄率领剩下的朝潮号、荒潮号参加了随后的爪哇岛攻略掩护作战。1942 年 3 月 14 日，他被任命为刚刚组建的第 10 战队第 10 驱逐队司令，这支驱逐队可谓是当时水雷战队当中武力最强悍的一支了，由 4 艘崭新的夕云型驱逐舰（秋云号、夕云号、卷云号、风云号）所组成。只可惜的是，这 4 艘崭新强悍的驱逐舰在一起训练了还没多长时间，去参加的第一场战役——中途岛战役就遭遇了灰头土脸的惨败，日军庞大的舰队威武地出发灰溜溜地败退回来。随后阿部俊雄率领第 10 驱逐南下转战于所罗门群岛。8 月，日军为夺回瓜达尔卡纳尔岛，派遣近藤信竹中将率领的第 2 舰队、南云忠一率领的第 3 舰队（中途岛战役后重新编组的航母舰队），倾尽南洋日本海军主力向瓜岛海域进发，与之针锋相对的则是由弗莱彻中将所指挥的第 61 特混舰队。第 10 驱逐队跟随第 10 战队旗舰长良号轻巡洋舰，掩护第 1 和第 2 航空战队的 3 艘航空母舰（翔鹤号、瑞鹤号、龙骧号）作战。而除了第 10 舰队的各驱逐战队以外，还有第 11 战队的战列舰（比叡号、雾岛号）、第 7 和第 8 战队的若干艘重巡洋舰，都属于掩护航空战队的前卫部队，主要任务就是为航母提供预警和对空、对潜防护（尽管这些巨舰本身并不适合这个任务）。这个前卫部队的指挥官就是阿部俊雄的哥哥阿部弘毅，所谓“打仗不离亲兄弟”，可是这对兄弟在第二次所罗门海战整个过程中都没有什么表现机会。

▲ 日本画家绘制的信浓号处女航（也是最后一次航行）的画作。

中途岛战役之后，战争双方都已经明了首先掌握制空权对于战役胜利有多么重要的意义，因此这场海战完全是在双方舰队视野范围之外，由航空母舰舰载机互相攻击对方的航空母舰来进行。最终战役结局是双方战果相当，但日军的海军航空兵和陆基航空兵都损失巨大，残存兵力已无法完成夺取瓜岛上空制空权的任务，因此只能败退而去。山本五十六当然不会甘心失败，他在休养生息两个月后又卷土重来。10月24日，近藤信竹中将指挥的第2舰队和南云忠一中将指挥的第3舰队，再度向瓜岛杀去。第10驱逐队仍然跟随着第10战队旗舰长良号轻巡，掩护航空战队。南云忠一此人，尽管被称为“水雷战术之第一人”，也就是说日本驱逐舰队成天演练的鱼雷突击战术都是他作为一个老资格的“水雷屋”研究出来的，但是南云从珍珠港偷袭以来一贯犹豫不决、缩手缩脚的指挥风格仍没有改变，只是在山本五十六的一再催促下，到25日晚间才率领庞大的舰队南下寻求决战，而他的对手哈尔西中将早已在另一头心急火燎，在海上到处寻找日军主力舰队的踪迹。26日早晨天刚刚微亮，美日双方的航母便如同穿梭访问一般开始互相投掷炸弹和鱼雷，先是美军功勋老舰企业号的俯冲轰炸机编队在05:30重创了瑞凤号，接着在07:00日军的俯冲轰炸机和鱼雷机也重创了大黄蜂号，07:30又一队美军战机将南云忠一的旗舰翔鹤号彻底打爆，08:00已经在空中飞行多时的翔鹤号攻击队则命中了企业号，所幸这艘功勋舰上的水兵损管修复经验丰富，立即修补了炸弹窟窿。遭受了巨大损失的美军被迫撤退，留下了熊熊燃烧的大黄蜂号给同样损失惨重的日军。山本五十六曾发电报试图将这艘航母拖回日本，看一看能不能修修再用，但是经过观察之后，日军也不得不同意美国同行的意见，大黄蜂号是没救了。于是近藤信竹向第10驱逐队下令，用鱼雷击沉大黄蜂号。阿部俊雄将这项“光荣”任务交给了卷云和秋云号，两舰各发射了两枚鱼雷，终结了大黄蜂号。

阿部俊雄和第10驱逐队随后的行动就和其他驱逐队一样，在瓜岛海域执行危险的物资运输任务。又经过了第三次所罗门海战、塔萨法隆加角海战之后，日军的处境日益险恶，不得不于1943年初从瓜岛撤出剩余兵力，第10驱逐队也参与了撤兵行动。阿部俊雄在2月卸下驱逐队队长职务时，回顾自开战以来自身的表现，他发现自己实际参与了太平洋战场上大部分的大规模海战，然而因为海战正日益演化为“空海战”，已经丧失了精锐航空兵部队的日本海军，越来越难以给他这样的“水雷屋”表现的机会了，尽管他在日本国内的名声实在是不小。1943年2月20日，阿部俊雄回到水雷学校担当教头职务，4月15日兼任研究部部长，此后的一年多时间他都默默无闻，似乎已经不再是第一线的海军军官。然而在1944年5月6日，阿部俊雄突然以一种引人注目的方式回归了：他被任命为大淀号侦查巡洋舰的舰长，与此同时，这艘轻巡洋舰成为了联合舰队的旗舰。新任联合舰队司令长官丰田副武海军大将及其参谋军官团告别了大和级2号战舰武藏号，将大和号、武藏号都编入了栗田健男的第2舰队去准备与美军进行阿号决战（此作战计划最终导致马里亚纳群岛海战）。大淀号作为一艘指挥舰事实上是颇为合适的，因为它也是受战前日本海军渐减作战思想影响，试图对潜水艇部队在远洋作战时进行统一指挥而建造的潜水战队旗舰，其目的是令潜水艇部队能够采取更有效率的攻击行动，配合航空兵部队、鱼雷战突击部队等一起在大决战之前削弱美军主力舰队实力。为此目的，大淀号上装备有日本军舰中最为发达的通信设备，以及较为先进的水上飞机弹射器（如二式1号10型，全长达到44米）。马里亚纳群岛海战中，联合舰队司令部便通过大淀号上的通信设备指挥前方的小泽第一机动舰队作战，但大淀号并没有开到海上去接近战场，而是仍然停泊在柱岛基地。随着第一机动舰队的惨败而回，联合舰队的参谋们便一门心思地准备要实施本土玉碎战，于是开始在东京湾日吉台大挖特挖地下指挥所，到9月末一完工便马不停蹄地都躲到地下去了。阿部俊雄则在8月就已经卸下了大淀号舰长的职务。他接下来的一个职务，说明阿部俊雄已经被视作一个可以力挽狂澜的人物了——“日本最后的希望”，信浓号航空母舰的舰长。尽管从阿部的履历来看，可谓是样样精通，唯独对航空作战从未涉及过，但战争末期日本海军的人事任命已经是不可用常理来揣度了。

信浓号航空母舰原是大和级战列舰的3号舰，建造代号为110。原计划1942年2月到4月间将主机安装上舰，1943年10月下水，1945年3月竣工。信浓号动工时间是1940年5月4日，于横须贺造船厂新造的6号船渠内开始铺设龙骨，在珍珠港偷袭的当天海军军令部电令其停工。此时，其舰体已经造了一半。中途岛战役之后，由于日本海军急需大型航空母舰补充战力，决定实施“航母紧急增势计划”，舰政本部立即建议将110号战列舰改造成为重视防御的“不沉的航母”。鉴于中途岛海战中美军俯冲轰炸机将日军航母编队全歼的惨痛教训，信浓号将甲板防弹保护提到了前所未有的高度。信浓号拥有256米长的飞行甲板，在日本海军中仅次于那艘“超远距基地航母”大凤号的长度（257米）。甲板中部210米的范围内铺设DS钢板，厚达20毫米，然后再加一层75毫米的NVNC装甲板。日本海军可以毫不夸张地宣称，在中途岛战役中毁灭日本航母的那些美军500磅的炸弹，扔在信浓号的甲板上最多炸出个浅坑，压根不能穿透甲板进入航母内部造成连环大爆炸。信浓号承载着全体日本国民的渺茫希望，其拥有的厚重装甲和

62000 吨排水量（在美国的小鹰号航母诞生前保持着航母排水量的最高纪录），被认为是无可匹敌、难攻不破的海上堡垒（关于这一点其前姊妹舰大和、武藏号便将以更加悲惨的下场做出最佳注解），能够以一当十，横扫已经近在眼前的美国太平洋航母特混舰队。阿部俊雄于 1944 年 8 月 15 日成为信浓号的舾装长，此时马里亚纳群岛海战已经结束，同样拥有厚重装甲保护的大凤号航母，仅仅因为被命中了一枚美军潜艇发射的鱼雷，便因油库里的汽化燃油泄漏导致连环爆炸而沉没了。日本海军就像是个已经输得所剩无几的赌徒，压根没有任何停下手来好好反思一下的意识，只是拼命催赶船厂赶快将信浓号航母制造完成，要将这最后的筹码也扔出去。10 月 1 日，阿部俊雄正式走马上任，担任信浓号舰长职务，副舰长兼机关长是河野通俊大佐。10 月 8 日上午，信浓号下水并得到了正式命名。可笑的是，这艘“不沉的航母”在下水仪式上便撞坏了水中听音器，不得不拉回船渠抢修。10 月 22 日再次下水，随后进行了海上公试航行，11 月 19 日被编入第 1 航空战队。此时舰上的 12 座锅炉只有三分之二经过调试运行，而气密性试验还基本没有进行，舰体各处因为太抢工期而到处存在安全隐患。显而易见，信浓号还远远没有达到可以到大洋上航行的最低标准，更不用谈作战，但是由于横须贺造船厂遭受美军轰炸的频率越来越高，联合舰队下令，要求其回航进入濑户内海，以待其舰载机的制造和飞行员的培训完成。

这时摆在阿部俊雄舰长面前有两个选择：第一是在白天沿着海岸线开往目的地，凭借其“水雷屋”的高超驾船技能，自不用担心撞上沿海礁石，万一有事也可以立即靠往陆地，但危险就是可能会遭到美军战机的攻击，第二是在黑夜沿离海岸线较远的航线开往目的地，这样既可以避开黑夜中看不清楚的礁石，又不用担心美军战机的攻击。阿部以其曾经担当驱逐队司令的经验，对美军战机的威胁当然极为重视，自然选择了第二种方法。但是他忘记了，夜晚尽管没有战机，但却是同样很活跃的美军潜艇的活动时间，且这艘存在极大安全隐患的航空母舰万一在远离海岸线的地方遭到攻击，来不及靠到岸上的话，那沉了也就沉了再也捞不起来了。不管怎么说，阿部俊雄面对的是白天黑夜都有威胁的两难选择，他所能做的也就只有根据自己过往的经验，赌上一把而已，后人也很难对他的选择有怎样的指摘，一切悲剧反正都是早已注定的。11 月 28 日下午，没有装备任何武器的信浓号航母向西踏上旅程，滨风号、矶风号、雪风号（这条“不死的凤凰”对于伴随它行动的友舰来说是死神一般的存在）在其身旁护卫，当然阿部俊雄也不是没有考虑可能遭遇潜艇攻击的问题，他指挥信浓号在海上走着“之”字形路线，军官们都异常紧张地紧盯着海面。但怕来什么就来什么，美军潜艇射水鱼号（USS Archer-Fish SS-311）正在东京以南的海域游弋，其任务不过是准备救助去轰炸东京而被击落入海的轰炸机飞行员。28 日 20:30，正浮在海面上透气的射水鱼号瞭望员发现了一个模糊的黑影，不过还只以为那是个小岛。几分钟之后，潜艇上的雷达侦测兵大声喊叫起来，这个“小岛”在移动！那正是信浓号航母。美军潜艇

▲现代画家绘制的关于射手鱼号击沉信浓号的画作。

发出的雷达波，也被信浓号上安装的逆向雷达波接收器（逆电探）给监测到了，但是日本海军的电子设备质量都很成问题，这段雷达波微弱且时断时续，阿部俊雄判断即使有美军潜艇存在，其距离也较远，只要加速航行甩开它就可以了。但这艘航母拼命赶工的恶劣影响此时开始发难：23:30 左右，一根推进主轴发生了故障，不得不降低航速到 18 节，这个航速美军潜艇也追得上了。而射水鱼号潜艇的舰长恩莱特（Enright）中校经验丰富，经过严密的计算推导出了信浓号走“之”字形路线所可能到达的位置，命潜艇取三角路线的捷径向其靠近。29 日 02:45，信浓号的防空指挥所乘员站在全舰最高的位置上，隐约看到了浮在海面上的美军潜艇，于是又开始开足马力航行。射手鱼号此时已经彻底锁定了信浓号的方位，于是潜下水面开始潜航，准备发起攻击。03:00，信浓号防空指挥所报告称美潜艇目标丢失，随后信浓号再度做“之”字形转向，反而缩短了与射水鱼号的距离。15 分钟之后，射水鱼号终于接近信浓号到 1200 米位置，潜望镜偷偷地伸出海面进行瞄准，而由于大浪涛天，信浓号上没有任何人发现那个致命的潜望镜。于是 6 条鱼雷被连续射出。13:17，4 枚鱼雷命中信浓号右舷后部，舰内部分区域停电，舰身向右倾斜。按理说如此一艘 62000 吨的巨舰，即使舰内的防护措施再不完善，也不应该因为 4 枚鱼雷便宣告沉没，可是日本海军此时比装备更缺的是有经验的水兵。信浓号上这些年轻水兵根本还只是一群小毛孩，因为时间太紧张通通没有经过必要的损管训练，连舰上本应专业救火的消防队员大多都是没救过任何火灾的菜鸟！阿部舰长也做出了错误判断，以为本舰不会有事，所以没有赶紧靠往陆地，而是在左舷注水以保持舰身平衡，继续向西航行。可是惊慌失措的水兵们并没有执行命令向左舷全面注水，而大赶工期粗制滥造出来的水密门又被发现无法严密地关上！天意如刀，起狂风大浪使大量海水涌入舰体。30 日 00:70，阿部舰长亲自下到甲板下面指挥抢救作业，但已为时太晚，舰体倾斜速度越发加快。10:35，一脸铁青色的阿部俊雄回到舰桥，多年来在海上航行的丰富经验告诉他，这艘第一次出海、航行不到一天时间的巨舰已经没救了，于是下令降下军舰旗，全员弃舰。在最后时刻，有人看到阿部舰长笔直地站在舰桥中，身旁站着一位身上包裹舰旗的年轻军士。随着一阵隆隆的闷响和海水涌入的浪花，信浓号航空母舰于 10:55 倾覆，沉入大海。

与舰同沉之后，阿部俊雄被晋升为海军少将。在日本海军所有担任过驱逐队司令的大佐中，能够历任巡洋舰到大型航空母舰舰长的，只有阿部俊雄一个。一位老资格的“水雷屋”，无法遂行毕生梦想的鱼雷部队大规模突击战，反而目睹了日本海军在一次次航空兵打击中惨败，最后与一艘出生即毙命的大型航空母舰同沉大海，这只能归结为一场哭笑不得的海上浮梦罢。

粗人莽夫佐藤康夫

太平洋战争中最有名的日本海军驱逐队司令官，非佐藤康夫大佐莫属。1894 年 3 月 31 日，佐藤生于东京的一个医生家庭。静冈中学毕业之后，他考入海军兵学校，是第 44 期（1916 年）的毕业生，年轻的时候就以豪放、好酒量、好烟量著称。他先后担任给油舰能登吕号（此舰后来改装为水上飞机母舰参加侵华战争）分队长、镇海防备队分队长等职务，并进入水雷学校高等科学习。佐藤其后的服役履历为：欅号驱逐舰的乘组军官，轻型防护巡洋舰矢矧号和潜水艇母舰韩崎号的水雷长，第 11 号扫雷艇艇长，枫号（桦型 3 号舰）、桃号（桃型 1 号舰）、春风号（神风〔2 代型〕3 号舰）、敷波号（吹雪型 12 号舰）、晓号（晓型 1 号舰）各驱逐舰的舰长。随后他又担任过马公港防备队的副队长、第一防备队司令、重巡洋舰那智号（妙高型 2 号舰）副舰长、第 5 驱逐队司令等职务。1940 年 11 月佐藤晋升为海军大佐，太平洋战争爆发前接任第 9 驱逐队司令职务。佐藤在日本海军中算是一个超级土老帽，喝起酒来脾气很不好，柔道等级有六段，腕力惊人。据说他曾经召集驱逐舰舰长到司令舰上集合开会，碰到有迟到的舰长时，便大为光火亲自将迟到者拉出舷门殴打一通。这样一个人本不是当官的材料，但战争毕竟还是给了他用武之地。佐藤率领第 9 驱逐队参加的第一场海战即为 1942 年 2 月发生的爪哇海战，他在这第一场战斗中就出了名。

1942 年 2 月下旬，盟军舰队在巴厘岛海战中败退之后，仍然执拗地希望能够阻止日军登陆爪哇岛，特别是对于本土已经沦陷于德军之手、只有荷属东印度这么一块殖民地可算作是最后国土的荷兰人来说，放弃这片富含矿藏、经营数个世纪之久的土地是不可接受的。荷兰海军少将多尔曼又集结起了一支包括两艘重型巡洋舰（但那都不是荷兰的，而是英美海军的）在内的盟国联合舰队勇敢地向泗水海面进击。日本海军方面掩护陆军登陆的舰队编成也很旁杂，主力是高木武雄少将率领的第 5 战队，支援力量则是分别由西村祥治少将和田中赖三少将指挥的第 4、第 2 水雷战队，而佐藤康夫率领的第 9 驱逐队

▲ 佐藤康夫

则归属于第 4 水雷战队。这次海战中发生了一件趣事，在附近海域的第 7 战队由栗田健男少将带领前来支援，向着盟军的军舰发射“大杀器”九三式氧气鱼雷，其结果是鱼雷从盟军军舰舰底穿过，又在水上隐秘地航行了相当远的距离，最后将日本海军为之护航的陆军运输船给击沉了，陆军大将今村均侥幸不死，狼狈游至爪哇岛。而高木、西村、田中这几位少将的表现比栗田这位日本海军头号无厘头长官也好不到哪里去，在日军和盟军两支实力相当的舰队于 2 月 27 日 17:45 开始交火时，双方距离是 17000 米，而随后双方的距离竟然就一直保持下去，隔着近两万米的辽阔海面互相炮击和发射鱼雷。当然，正如栗田在无意中击沉友舰所证明的那样，日本海军的氧气鱼雷实在是射程超远、威力巨大，别说两万米就是四万米都够得着，可是问题是这种鱼雷再先进也毕竟不是现代自导鱼雷，其所依靠的不过是进行目视测算敌舰航向和航速以计算提前量，然后发射，显然在航行了数万米之后鱼雷轨迹与目标航线早就偏离到爪哇岛上去了。日本海军在战前进行了那么多年的水雷战队鱼雷攻击训练，而在这第一场太平洋战争中舰队对舰队进行对决的海战中，并且有己方大量水雷战队参战的情况下，竟然将驱逐舰必须要逼近敌舰发射鱼雷才能获得战果的基本作战思想都忘记了！这恐怕不是无意的遗忘，日本海军在泗水海战时开战的三个月时间中，一艘大型作战军舰都没有损失掉，现在进行一场双方都有重巡洋舰参加的海上对战，想赢怕输的想法束缚了每个现场指挥官，谁都不愿意承担“战争中第一个损失天皇陛下宝贵军舰的海军将领”之骂名。战斗持续到 18:30，高木司令开始指挥日军舰队进行机动，想摆出对己方有利的“丁”字阵型，但多尔曼少将也进行机动使两支舰队仍然在两万米距离上保持平行，双方继续进行命中率极低的炮战。第 4 水雷战队本来是排在第 2 水雷战队之后的，在田中赖三判断形势不利并且撤退之后，第 4 水雷战队顶了上去，接近到 15000 米距离，然后各驱逐队开始发射鱼雷，发射完以后也一队队地向后退去。可是 15000 米毕竟还是太远了，第 4 水雷战队总共打出的 27 枚鱼雷无一命中！更加夸张的是，因为九三式氧气鱼雷上安装的引信质量有问题，所以这 27 枚中至少有三分之一在半路上就自爆了！但是，第 4 水雷战队中却有一支驱逐队并没有遵照统一指令在远距离上发射鱼雷，那就是佐藤康夫的第 9 驱逐队。在其他驱逐队都已经发射完毕反转退避的时候，朝云号的水雷长心急火燎地向佐藤狂喊：“司令！可以发射了吗？”而佐藤几次回答：“再等等！再等等！”连朝云号的舰长岩桥透中佐都沉不住气了：“司令，其他（驱逐）队都已经反转了，我们队是不是也该反转了？”结果佐藤扭过头怒喝起来：“舰长！别盯着后面看！向前！”于是朝云、峰云号彻底脱离舰队主力编队，继续高速向着盟军舰队冲去。直到接近至 5000 米距离上佐藤终于下令发射，于是两舰都射出了鱼雷，但也都没有命中目标。如此高速冲刺一时掉不过头来，第 9 驱逐队与盟军舰队之间的距离一下子缩短到了只有 3000 米左右。为保护主力舰，盟军阵中则杀出两艘英国驱逐舰迎战号（HMS Encounter）和希腊仙女号（HMS Electra，与迎击号同为 1934 年下水的 E 级驱逐舰），于是双方四艘驱逐舰在极近的距离上真刀真枪地干起了炮仗。一番激烈交锋之后，迎战号终于抵挡不住返身退避，英勇的希腊仙女号继续以一敌二，终于被命中锅炉舱导致爆炸，舰体大破丧失航行能力。但是，希腊仙女号仍然继续发射着复仇的炮弹，一分钟后命中了朝云号的轮机舱，使其全舰丧失电力。佐藤立即下令：“人力操作（舰）炮，继续炮击！”于是各炮塔中的操作员们进行手动瞄准，与峰云号一起继续将炮弹砸到希腊仙女号上，终于将其彻底击沉了。

爪哇（泗水）海战最终还是以日本海军的胜利而告终了，但是日本海军鱼雷战部队的表现却是很难看的。在日本海军战前的设想中，日美主力舰队的决战前夜，由重巡战队先用鱼雷和大炮开路，然后水雷战队再由轻巡率领各驱逐舰杀入盟军阵中，至少击破百分之三十的盟军兵力，随后的双方战列舰对决中日本海军才有胜利希望。可是这场爪哇海战中，日军巡洋舰长时间放远炮而不敢突击，驱逐舰队发射鱼雷的距离也过于遥远而毫无战果。佐藤康夫的第 9 驱逐队甩开大队，突击向前并击沉盟军驱逐舰的行动，可以说是唯一的亮点，也成为了日本海军的遮羞布，联合舰队长官山本五十六亲自表扬了第 9 驱逐队的表现。既获得了胜利，又有英雄可做宣传，爪哇泗水海战本应总结的教训便无人再提。日本海军自认为怎么打怎么赢，反正要赢又何必研究什么战役教训，所以在策划中途岛战役时，才会出现南云航母机动舰队孤军东进打头阵，而联合舰队一长串的战列舰、巡洋舰、驱逐舰队远在 600 千米外跟随的滑稽场景。军舰打不过飞机这点日本海军是承认的，所以不能将堂堂巨舰放到最前线去，万一被美军飞机击沉了，即使战役胜利，联合舰队在天皇及国民面前也是脸上无光呀。至于说把航空母舰孤军摆在最前面会不会太危险，有没有可能会让战役失败——当然这绝对是不可能的！日本海军，反正是怎么打怎么赢，不赢就是没天理——在中途岛海战中，上天果然没有站在日本这边。指挥爪哇海战的海军少将们都不是胆小鬼，田中赖三被美国人视为日本海军头号猛将，高木武雄后来在塞班岛向登陆美军发动“玉碎冲锋”而阵亡，他们在那场海战中的表现，其实和中途岛之前的联合舰队将领们的想法是一个样的，就是在还没有够着胜利之屋的门槛的时候，就已经想着该怎么分配屋子里面的战利品。自作聪明的人自取灭亡，那么佐藤康夫这个“粗人莽夫”，显然不是一个很聪明的人，他接下去在战争中的表现又将如何呢?

瓜岛战役开始之后，佐藤的第9驱逐队也向所罗门群岛移动，自然而然也开始执行“鼠输送”任务。这种既枯燥又危险的往复运输只要经过两三次，无论什么司令或者舰长就都会陷入疲态，任谁都讨厌折磨人的任务没完没了地持续下去。但是“莽夫”佐藤就与别人不一样，他是经常对分配任务的长官说“好，那我就去吧”，态度很平和地接受任务。在许多驱逐舰长都对舰上载太多货物抱怨不已的时候，他却说：“喂，不能再多装点东西吗?”事实上，用驱逐舰来执行运输任务本来便是不伦不类的。为了承受货物的重量，驱逐舰往往只能携带最低限度的武备，通常只是几枚炮弹和已装入发射管的鱼雷，而炮管和发射管的转动还要受到极大妨碍，一旦在卸货前遇袭必须战斗时，往往需要将好不容易运来的物资先推入海中再作战。而且即使是在战斗力方面被迫打了这样的折扣，驱逐舰仍然无法承载足够的物资。佐藤就这样在所罗门群岛从事这种苦差事达9次之多。到了1943年2月15日，他转而担当第8驱逐队司令(属于第3水雷战队)，这支开战时由阿部俊雄担当司令并取得巴厘岛胜利战果的驱逐队，此时还拥有朝潮号、荒潮号两艘驱逐舰。佐藤刚一上任就接到了参加“81号作战”(即莱城增兵输送任务)的命令，由此发生的战役在美国一般被称为“俾斯麦海海战”，而对日本人来说那就是“丹皮尔海峡虐杀战”。3月初，日军大本营为了支援新几内亚重要据点莱城的守卫队，计划将第51师团的近7000人装上包括运输特务舰野岛号在内的8艘运输舰，由第3水雷战队司令官木村昌福少将率领的8艘驱逐舰护卫，佐藤的第8驱逐队下辖朝潮号、荒潮号也参加了行动。据说在行动开始前，第3水雷战队的参谋曾经向第8舰队高层指出美军掌有制空权的事实，认为这个作战行动是相当危险的，但正确的意见却被第8舰队的参谋神重德大佐给驳回了——此人一直到后来策划大和菊水特攻而断送日本海军最后一点血脉为止，一向最喜欢将成批皇军拉去毫无意义地送死。运输和护卫队3月1日清晨从新不列颠岛拉包尔港出动，由于天气阻碍美军侦查，第一天总算平安无事。但是从2日凌晨开始美军的B-17轰炸机就对船队发起空袭，击沉旭盛丸号运输船。此时船队已经开到了新不列颠岛与新几内亚岛之间的丹皮尔海峡，离莱城还有一段路，要返身回拉包尔却也无法指望，正是进退两难。而盟军则是抓紧时间调兵遣将，不管是战斗机、轰炸机、鱼雷机还是攻击机，也不管是美国的、英国的还是澳大利亚的，这片海域内所有的空中猛兽都张牙舞爪地朝着这十几条没有反抗能力的日本船队飞来了。3日早晨，日本船队向着萨拉莫阿东面海域行驶的时候，大规模的空袭终于开始了。盟军出动的战机达到了150架，并且还使用了水上跳弹战术——这种完全凭借轰炸机飞行员本事的投弹术虽然早已有之，但却是在此战中成名的，并且还给予英国人启发，促使其开发出能够在水面上翻滚跳跃的大型炸弹“高脚柜”去轰炸德国鲁尔区水坝，此乃后话。总之这种战术，让一般对军舰没有什么杀伤力的美国陆军轰炸机都成为了可怕的杀手。空袭持续了整整一天，到了4日仍然继续进行，7艘运输船全部被击沉，第51师团所有的官兵当然也都落了水，各艘驱逐舰都奋力救人，不过最后也只有不到2500人乘坐重伤的3艘驱逐舰退回了拉包尔，并且损失了所有物资，而护卫驱逐舰也被击沉了4艘，4日早晨，此时佐藤所乘坐的朝潮号还平安无事，剩下的总共5艘驱逐舰(雪风号、浦波号、敷波号、朝云号和朝潮号)正奋力抢救落水人员。10:35，“敌机24架前往你处”的情报由第8舰队司令部通过侦察机传来，第3水雷战队木村司令下令停止救人作业，各舰自行规避到隆格岛的北面海域去集结，因为如果继续进行救援活动的话，很可能会遭到全灭(驱逐舰必须停机救人而处于无法机动易受攻击的状态)。就在此时，佐藤大佐发出了“我与野岛号舰长有约，等救援野岛结束后再退避”的信号。于是其他四舰都在木村的指挥下开始北上，15:00右到达隆格岛海域。至于野岛号，它在前一天的空袭中因为锅炉舱、轮机舱都被命中炸弹发生火灾，处于完全瘫痪的状态，但还没有沉没，舰上仍有不少幸存者。在奋斗了近一个小时之后，佐藤司令终于结束了对野岛号成员的救援作业，开始进行退避的时候，美军战机群已经扑了上来。朝潮号于13:00左右连续遭到两次攻击，美军的炸弹狂泻而下，这次轮到了朝潮号被炸至瘫痪，无法航行并开始大量进水，舰长吉井五郎也战死了。佐藤司令在下令“全员弃舰”之后，走到朝潮号的前甲板上坐下，与驱逐舰一起沉入了海底。为什么佐藤坚持要在那样危险的环境中救助野岛号上的成员呢?在向莱城输送的行动开始之前，他与在海军兵学校晚他一届并且关系极好的松本喜太郎大佐一起喝酒的时候，做出了承诺，而后者就是野岛号的舰长。席间两人说起本次作战实在是太危险了(这一点对所有参加行动的驱逐队将领来说都是共识，只有那位神重德参谋不信)，因此万一有什么情况发生时一定要互相救助。佐藤最终遵守了这个军人之间的约定，尽管在一些人看来，他不过是将朝潮号上舰员的性命也搭了进去而已，但是在当时恶劣的战争条件下，在前线的日本海军官兵都不知自己能否活过明天，因此坚持多活一刻便要多救一人。

佐藤大佐在死后被连升两级成为海军中将。在他遗留下来的日记中记载着这么一段话：“面对困难只有发挥男人的毅力去克服，成功不成功由神来决定。”他就是这么直爽、粗暴，百分之一百地执行命令，百分之一百二十地遵守承诺，在一场必败的战争中使尽了百分之二百的力气。作为一名勇猛的驱逐舰队指挥官，他是当之无愧的。

佐藤寅次郎

在塔萨法隆加角海战中，小仓正身中佐率领的高波号驱逐舰以自己的牺牲为田中运输队赢得了反应时间，吸引了美军炮火，为己方的胜利做出了贡献。不过如果细细分析一下，这场海战能够获胜的背景因素到底是什么？首先是美军思想上的松懈，经历了瓜岛周边多次大规模海战以后，日军军舰已经沦落到了一见到美军战机或者战舰就只能立即掉头逃跑的地步，美国人实在没有想到这些似乎已经吓破了胆的“黄皮猴子”还敢再战；其次，第 2 水雷战队司令田中赖三在率队出击前，早已做好了一旦发生紧急情况该如何处置的预案，确定了这次行动的基本方针就是：碰不到盟军军舰就执行运输任务，一旦碰到，立即将第一目标转换为对盟军军舰实施作战。这是田中运输队能够快速做出反应并取得胜利的最主要因素。但是，由于在这场海战中，田中所乘坐的长波号驱逐舰位于整个运输队纵列的最靠后位置，事后被许多海军内部人士强烈批评。这些人认为海军指挥官就应该像古代战场上的骑士一样，威风凛凛地站在舰队最靠前的旗舰前甲板上指挥作战，完全无视现代海战实际需要指挥官在靠后的地方掌握所有动态资讯进行灵活指挥的现实（而且这些人倒也不去批评中途岛战役时山本五十六躲在遥遥数百海里之外观战的行为）。因此被当成胆小鬼的田中赖三就此倒了霉，在取得了日本海军最后一场海战胜利之后，却被解除水雷战队司令职务，被打发到舞鹤当警备司令去了。不过有失意者也有幸运者，这场海战除了让小仓正身成就了“英名”之外，还让第 2 水雷战队中第 15 驱逐队的司令官也赢得了赞誉，此人便是佐藤寅次郎大佐。

佐藤寅次郎出生于日本东北地区的山形县，海军兵学习第 43 期（1915 年）毕业，比佐藤康夫要早一届。少尉时代，他曾在日俄对马海峡战役的联合舰队旗舰三笠号战列舰上作为初级士官服过役。1918 年，他被分配到不知火号驱逐舰（东云型 4 号舰）上服役，由此开始了“水雷屋”生涯，随后服役的对象是春风号驱逐舰（神风一代型 9 号舰）。在晋升为海军大尉的同时进入水雷学校高等科学习，学成之后并没有被分配到驱逐舰或者巡洋舰上，而是直接上了联合舰队旗舰长门号战列舰。这一时期的日本海军战列舰上已经装备有鱼雷发射管，长门号上便有 533mm 发射管 8 个（后被撤去），并且在舰上配备了专职操作的水雷分队。佐藤寅次郎在长门号上担任水雷战军官，随后又转到摄津号战列舰上（这艘比较老旧的战舰装备了 450mm 鱼雷发射管 5 座）。终于在 1923 年 10 月，佐藤被任命为江风号驱逐舰（江风型 1 号舰）的水雷长。经过一年勤务之后，不知是出于其本人的意愿还是上头的强制命令（后一种可能性较大），佐藤被命令返回学校，这所学校居然是潜水学校！该学校 1920 年才在吴军港成立，专为日本海军培养潜水艇指挥官，但是当时日本海军内部充斥着大舰巨炮主义者，去学航空兵的都被认为是歪门邪道，更何况是成年累月钻在海底搞偷袭的“海鼠”。但是日本海军对美渐减迎击作战中，潜水艇战队也是很重要的战斗力量，它们要跨越太平洋到美洲海岸线去监视美军

▲佐藤寅次郎的海军生涯，就是从旧日本海军的传奇战舰三笠号上开始的。

舰队动向，要被用于封锁美国军港或者巴拿马运河通道，甚至也要被用于在战列舰决战之前向美军舰队发起突然袭击，以鱼雷拼掉一部分美军战力。因此日本海军对研制潜水艇所投入的成本还是很大的，当然也就需要合格的潜水艇指挥官，尽管在海军内部潜水艇官兵实在是不招人待见。不管怎么说，军人必须服从命令，佐藤成为了潜水学校乙种级别学生，学成后乘坐的第一艘潜艇是“吕 51”，其职位仍然是水雷长，这艘二等潜水艇是引进意大利海军 L 级潜艇技术许可证，由三菱神户造船厂制造的，而当时的意大利海军又得到不少德国的潜艇技术支援（德国在一战后被禁止制造和拥有潜艇，于是便为邻国研制潜艇以保持技术储备），所以该艇在当时是性能相当先进的型号（特别是其发动机比日本国内的型号要可靠得多）。又过了一年多，佐藤终于升级为舰长，不过这艘舰却是“吕 24 号潜水舰”。这艘潜艇就更加先进一些了，它属于海中三型潜艇，装备 450mm 鱼雷发射管 6 座，对于“水雷屋”出身的军官来说也算是颇有战力了，只是此“艇长”毕竟不是指挥水面上的军舰，而是和不到 50 名水兵躲在海下。从佐藤日后几乎不提及自己这第一个“艇长”头衔的情况来看，他对一直在潜水战队服役是不满意的。但毕竟是潜水学校早期毕业的军官之一，属于稀缺人才，佐藤后来又先后担任“吕 25 号”、“吕 57 号”的艇长，并在“吕 25 号”任职期间晋升为少佐。尽管在历史资料中并没有什么证据，不过佐藤很可能在潜水战队服役的这些年中一直在四处走关系，希望回到水面舰艇上去。佐藤终于在 1931 年得偿所愿，重新回到海面，被任命为重巡洋舰古鹰号的水雷长。几个月后又转任雾岛号战列舰的水雷长。1932 年 11 月，这位“水雷屋”终于实现了多年来的愿望，被任命为追风号驱逐舰（神风型［2 代］6 号舰）的舰长，随后又担任东云号驱逐舰（吹雪型 6 号舰）舰长，并在东云号任上晋升为中佐。佐藤从海军兵学校毕业后的 21 年时光全部都在海上度过，已经是个不折不扣的海上老手，作为一种资历的证明，他于 1936 年 11 月被任命为水雷学校的教官，回到了岸上工作。不过陆上勤务的时间并不长，佐藤在 1938 年就被任命为第 45 驱逐队司令。1939 年秋，佐藤在晋升为海军大佐的同时成为第 18 驱逐队司令。不到三个月，他又被任命为第 4 驱逐队司令。最终在 1941 年 6 月，佐藤成为第 15 驱逐队司令，在任上迎来了太平洋战争。

第 15 驱逐队隶属于第 2 水雷战队，麾下 4 艘驱逐舰都是阳炎型新锐驱逐舰，分别是阳炎型 3 号舰黑潮、4 号舰亲潮、5 号舰早潮、6 号舰夏潮，各舰舰长全部都是海军兵学校第 50 期同届生和水雷学校高等科毕业，可以说是日本海军在战前所拥有的强悍驱逐舰加上精英舰长所构成的水雷战队的最强战力。第 2 水雷战队是日本海军计划遂行夜间鱼雷突击的王牌战队，而第 15 驱逐队就是王牌中的王牌，佐藤能够成为这样一支驱逐队的司令官，确实可说是了无遗憾了。但在太平洋战争前期作战中，佐藤和其他不少驱逐队司令一样，面临着东奔西跑什么任务都干过，唯独与鱼雷突击战无缘的窘境。第 15 驱逐队在参加掩护荷属东印度攻略作战时，夏潮号在望加锡海峡被一艘美国潜水艇发射的鱼雷击沉，作为替代舰，阳炎号驱逐舰于 1942 年 7 月加入战队。随后第 15 驱逐队跟随联合舰队实施中途岛攻略作战，

▲ 佐藤寅次郎所率领的第 15 驱逐队中的一艘驱逐舰，全舰甲板上堆满了铁桶，正出发去执行第一次瓜岛输送任务。输送任务一般是在中午过后开始执行，到午夜时分接近瓜岛扔下铁桶，清晨跑回肖特兰岛，如此周而复始。

驱逐队本身并无任何表现机会，接着便转战到瓜岛海域，直至 11 月 30 日的塔萨法隆加海战。在塔萨法隆加海战中小仓正身的高波号发现了美军舰队并以自身承受了全部炮火为代价，为友舰争取到了应变时间并指明美方位置。接到田中司令立即反击的命令之后，运输队的 3 支驱逐队——第 15、第 24、第 31 驱逐队中，做出最迅捷反应并冲到最前面去的，就是佐藤所指挥的第 15 驱逐队，当时他就乘坐在亲潮号上，冷静地向本驱逐队中的 4 艘驱逐舰一一发出指令。黑潮号、亲潮号率先向美军舰队发射鱼雷，立即命中了明尼阿波利斯与新奥尔良号两艘重巡洋舰。在第 15 驱逐队向东越过美军舰队纵列之后，他又下令各舰降低速度，降低舰尾卷起的白色波浪，在黑夜中这些白色波浪对于观察员来说是比黑乎乎的舰影更好的观察目标，只不过日军并不知道美军其实并不依靠观察员的眼力而已。随后第 15 驱逐队各舰掉头，向右 180 度转舵，并各自寻找目标再度发起攻击，而在转舵过程中鱼雷操作员已经快速利用次发鱼雷装填装置完成预备鱼雷再装填。由于明尼阿波利斯与新奥尔良号两舰都在燃烧，将一旁的彭萨科拉号的舰身给照亮了，第 15 驱逐队各舰转过身来便都朝这个显眼的目标冲了过去，再度密集地发射鱼雷。尽管不能确定是哪一艘驱逐舰的杰作，但总之彭萨科拉号拼命躲避也无法躲过蜂拥而来的鱼雷，也被命中一雷。这一天晚上，田中运输队所取得的辉煌战绩是击沉美军 TF67 分舰队一艘重巡并重伤三艘，而这重伤三艘便都是第 15 驱逐队的杰作。在当时的情况下，第 15 驱逐队的官兵都已经看到被击中的数艘敌军巡洋舰整个舰身断裂，舰艏消失，显然不会想到都已经这副惨象了，美军居然还能将这些重伤军舰给拉回去，修个一年左右便完好如初地再被送回战场。不管怎么说，塔萨法隆加海战中田中运输队的大部分战果都是佐藤率领的第 15 驱逐队取得的，他率先发动攻击并且在一次攻击完成后迅即掉头发动二次攻击的战术堪称杰作，不愧是一个有几十年海上履历的老牌“水雷屋”。

在此对佐藤的战术做如下分析：泗水海战的战训表明，在鱼雷还未实现自动化制导的时代，远距离鱼雷战是不现实的。当时确实有一些国家已经在研制自导鱼雷，如德国人搞的声音导向鱼雷等等，但那还远远不是成熟的技术。驱逐舰等鱼雷战舰艇本来拥有的鱼雷数量就不多，齐射不过两次机会而已，要保证命中敌舰就必须冲刺并非常靠近敌舰队然后发射。然而日本海军又为什么要研制射程极远的氧气鱼雷并装备了当时服役的几乎所有军舰呢？因为日本海军所设想的大规模鱼雷突击战，并不是针对由少量巡洋舰率领驱逐队组成的分舰队的，而是要针对整个庞大的美国太平洋舰队主力集群，其规模就相当于后来美军进攻莱特岛或者冲绳岛时所动用的那种数百艘军舰大集群一样，只不过其主力舰应该是战列、巡洋舰而不是可以灭敌于数百海里之外的航空母舰。日军鱼雷突击部队进行鱼雷突击时，应该首先在远距离上进行第一次齐射，其目的其实不在于要命中多少盟军军舰，而是要使盟军舰队集群为了躲避四处横行的鱼雷而发生混乱。在美军几百艘战舰都在打着转转躲鱼雷（甚至可能发生不少自撞事故）的时候，自然防备力量也大为降低了，于是突击部队再冲到近距离去结结实实地干掉它们。在这种大规模突击战斗中，日本海军根本就不敢想象突击部队居然还能够在近距离突击后整个越过盟军舰队集群，然后掉过头来再度实施攻击——那是多大范围内的一个作战行动啊，要面临多么恐怖而密集的弹雨啊！确实，如果真发生这样的战斗，那远航程的氧气鱼雷就是很称心的武器。但是泗水海战的结果表明，日本海军战前的设想不现实，至少对于小规模的海战是完全不适用的。真正适用的战术，就是像佐藤在塔萨法隆加海战中那样，先冲到近距离去一通齐射，越过对方舰队的时候快速装填，回过头来再进行一次齐射。这当然不是日本海军高层那些一味做白日梦的参谋们想出来的战术，而是佐藤这样的“水雷屋”老手以自己的经验和智慧摸索出来的最有效的打法。正是因为海军中还有这样能够充分重视并利用“三现主义”（现场、现物、现实，这是日本企业在战后奉行的一切问题必须在现场而不是办公室里解决的经营理念）的人，才能在战局已经十分不堪的情况下取得这样辉煌的战术胜利，尽管随着美军实力和技术的进一步增强，这样的战术胜利以后也不会再有了。当然，善于学习的美国人不光生产武器和发展技术，同时也从塔萨法隆加海战中找到了适合他们自己的驱逐战队战术（美国人在进行学习的时候比日本人更好的一点是：从来不拿权威和教条当回事）。日后美军便有许多次凭借雷达等技术对日军舰队发起了驱逐舰鱼雷突袭战。1943 年 11 月，阿利·伯克上校指挥第 23 驱逐舰队斩获日本海军头号驱逐舰王牌小仓正身的战斗（布卡岛夜战），便是一个典型。伯克上校是将他手下的驱逐舰队分成前后两队，前队发射鱼雷完毕后越过日军舰队，后队随即跟上齐射，等它们射完后前队转过头来再次齐射，最后后队也转头来齐射。也就是说，进攻被分为四波，一波接一波连续不停，使日军根本没有喘息之机，且所有的攻击行动都是在高速、近敌的状态下完成。通过如此凶悍的战术，可以看出美军不但在航空兵、舰队防空火力、潜艇作战等方面遥遥领先于日军，就连开战之初远落后于日军的鱼雷战术也青出于蓝而胜于蓝，并最终在莱特大海战中上演了小小驱逐舰队重创日本海军多艘巨舰，活活吓退大和号的一幕。

瓜岛战役结束之后，佐藤晋升为海军大佐，其担当驱逐队司令也已经超过了 4 年，又立下了战功，一般来讲凭借这样的资历应该升级到驱逐队司令以上的职务了，如巡洋舰的舰长。果然，1943 年 2 月 12 日佐藤被任命为第 2 水雷战队旗舰神通号轻巡洋舰的舰长。神通号是有四根烟囱的川内型轻巡 2 号舰，于 1925 年建成服役，1927 年便在夜间训练事故中撞沉了蕨号驱逐舰，是为“美保关事件”，当时的神通舰长水城圭次因愧悔自责而自杀，莫名其妙的是他自杀以后日本海军还把他从大佐晋升为少将。有不少知名“水雷屋”战将曾经担任过神通号的舰长，包括岩下保太郎（曾出任海军中最牛的职位“军令部第一部［作战部］第一课［作战课］课长”、第一舰队参谋，和井上成美等一起反对巨型战列舰的建造）、阿部弘毅、田中赖三、伊崎俊二、木村昌福等人。神通号从 1932 年以来便一直担任第 2 水雷战队的旗舰，也曾经在田中赖三麾下参加爪哇泗水海战，并在第二次所罗门海海战（1942 年 8 月 24 日）中被命中炸弹一枚，回到日本维修，在佐藤被任命为新舰长之后返回前线，仍然担任第 2 水雷战队的旗舰。如前所述田中在塔萨法隆加角海战胜利后反而被打发去了舞鹤，此时第 2 水雷战队的新任司令官就是曾经担任神通号舰长的伊崎俊二少将，伊崎俊二也是水雷学校高等科毕业（海军兵学校 42 期），一步步从驱逐舰长、驱逐队司令走上来的，除了神通号之外也曾经担任川内号轻巡、最上号重巡洋舰、摩耶号重巡洋舰的舰长，也是一位资历很老的“水雷屋”。除了舰长和战队司令，神通号上还有一位副舰长近藤一声中佐，是木村昌福少将的亲弟弟（因为木村和山本五十六一样曾被过继给其他人家所以姓氏不同），和第 2 水雷战队各位舰长一样是海兵 50 期的同届生。这些沾亲带故、颇有渊源的“水雷屋”都聚集在神通号上，所要面临的任务是极为紧迫而危险的，瓜岛战役之后日本海军在所罗门群岛海域的海空力量已经非常薄弱，完全抵挡不住美军从所罗门海上和新几内亚陆上同时发起的凌厉钳形攻势，南洋日军中心据点新不列颠岛拉包尔危在旦夕。为了巩固防线，日军决定向科隆班加拉岛运送援军以加强前卫岛屿防御力，当然行动缓慢又数量严重不足的运输船是没法执行这个任务的，只能继续让水雷战队去搞“鼠输送”，这个任务就落到了第 2 水雷战队的肩上。伊崎司令决定以神通号为首，辅以清波号、雪风号、夕暮号等 9 艘驱逐舰执行这个任务。伊崎运输队于 7 月 12 日清晨从拉包尔出发，白天平安无事。22:30，行驶到克拉湾北部海域，在前方掩护的日军侦察机通过雷达波接收器（逆电探）发现有敌舰存在，向伊崎运输队发出警报。美军派来阻碍日军登陆的舰队是由瓦尔顿·安斯沃斯少将指挥的一支分舰队，以 3 艘轻巡洋舰为中心，前后共 10 艘驱逐舰护卫。双方在 23:08 遭遇，立即开始作战。神通号作为旗舰在运输队的最前面，仍然按照夜战的老规矩打开了探照灯。其实瓜岛战役中一系列的战斗已经表明，夜战中日军哪艘军舰胆敢首先打开探照灯，不论对友舰能不能带来什么有利影响，它自身肯定将立即成为美军的集中打击目标，在异常密集猛烈的火力打击中就算是战列舰也很难存活，更不用说一艘轻巡洋舰。因为神通号上有第 2 水雷战队司令部，所以打开探照灯的命令应该是伊崎司令下达的，但即使他和佐藤换一个位置，佐藤也不可能做出别的选择，因为主力旗舰应该走在整个队列的最前方，在夜战中最前方的战舰则应打开探照灯为后继舰只指明目标，这些都是日本海军明令规定的，除非伊崎愿意像前任田中那样被贬去当闲差，否则就必须要遵守这些死板的规矩。结果是不言而喻的，整支美军舰队的钢铁弹雨都扔到神通号上来了，几分钟之内包括锅炉舱等十余处场所都挨了炮弹，整艘军舰都被包围在了烈焰之中。这场狂暴的弹雨也把神通号整个舰桥砸了个稀巴烂，佐藤寅次郎、伊崎俊二以及整个第 2 水雷战队的司令部，在此时已经全部都上天照大神那去了。但是神通号的 1 号炮塔仍然在开火，于是美军向这艘已完全不能动弹的军舰发射鱼雷，一枚鱼雷命中了右舷后部，海水大量涌入。23:45，神通号折为两段，沉入了

▲ 佐藤寅次郎曾担任舰长的神通号轻巡洋舰，长期担任第 2 水雷战队旗舰。

海中。它的牺牲还是有价值的，后续的驱逐舰又发起了鱼雷突击，所采用的战术还是和佐藤以往采用的一样，突击到接近美军军舰的位置进行齐射，越过美军队列之后快速装填，返身后二次齐射，于是又取得了将美军巡洋舰三艘全部击成重伤并击沉一艘驱逐舰的佳绩。佐藤的战术、水雷战队的突击能力仍然保持着威力，只是这场科隆班加拉岛海战因为神通号的沉没、第2水雷战队司令部的全灭而只能算是双方打平罢了。此后日本海军想要一场战斗平局都将成为奢望。

佐藤寅次郎率领驱逐舰与美军两次进行夜战对垒，尽管都是处于条件大为不利的情况，但从战果上看取得了一胜一平的成绩，美军至少在这位“水雷屋”面前从来没讨到什么便宜。佐藤寅次郎是一个生性热情的人，和所有东北人一样操着一口浓重方言，既严肃也幽默。许多同僚都认为他很适合去海军兵学校担任教官，但他一直从事自己所擅长的海上工作，并最终战死在海上，死后晋升为海军少将。

▲ 在第二水雷战队司令任上战死的伊崎俊二。

日本海军水雷学校

在水雷学校诞生之前，日本明治政府创办海军教育已经有20多年的历史。最早是在1870年于东京筑地开办了海军操练所，1876年改名“海军兵学校”，后来为了防止渐渐繁华起来的首都时尚败坏年轻海军军官的严正学风，这个学校在1888年搬到了当时还荒无人烟的广岛县江田岛上去了。“海兵XX期卒业”在日本海军中论资排辈时的重要性，就好像中国古代的朝廷大员总要互相探讨是哪年进士及第一样。在江田岛海军兵学校开办的同一年，日本在东京筑地（利用兵学校搬迁后留下的学舍）又开办了更高一级的海军大学校，海军兵学校的毕业生要在海军中担任十年士官职务后才能被选拔进入海军大学深造，毕业之后自然也是前途无量。相比较而言，对于“水雷”的装备使用技术（这里提到的日文“水雷”包括中文意义上的水雷，也包括鱼雷、深水炸弹）则在很长一段时间内没有进入日本海军正式的教育体系中——打从一开始，日本海军教育的重点就是操舰术和炮术，特别是要将作战舰艇的舰炮射击技术提升到世界超一流水准。这一点果然是做到了，甲午战争与日俄战争中，尽管都有鱼雷艇、驱逐舰活跃并取得不错的战果，但最终决定胜败的是日军主力战舰高效的炮击术，用密集而准确的弹雨来夺取制海权。相比较而言，鱼雷等新出现的、并未在实战中有多少证明的新技术武器，自然还没有资格享受专门开办一所学校，培养对口专业学员的待遇。1874年9月20日，在海军兵学校（当时名为海军兵学寮）内开始传授水雷装备使用的理论技术。1878年为了大举扩展海军力量，日本向英国订购了扶桑、比叡、金刚号战舰。这些舰上都装备了拖曳式外装水雷，在航行到日本加入服役后，海军将其电气用具、水雷用具等转移到摄津丸号（从美国购入，参加过南北战争的三桅炮舰）上，并派遣33名海军少尉上舰，接受英国海军教官的现场指导，是为日本第一批“水雷屋”成员。

1879年8月23日，为了接收将在两年后到货的新式武器鱼雷艇，日本海军在横须贺创办了水雷术练习所，和海军兵学校其他科目一样，聘用英国教官，使用英语教材，学习如何使用英国生产的“”保式鱼雷”。这个练习所到1883年2月6日改名为“水雷局”，地址搬到了长浦，以便拥有更宽敞的场地培养更多的学员，接收从欧洲订购的更多更大的鱼雷艇。1886年1月29日，水雷局又被撤销，学员们统统被搬到了迅鲸号“水雷练

▲ 装饰豪华的迅鲸号水雷术练习舰。

▲1900年左右的一张日本明信片，左边写有“温故”的是海军本部、右边写有“知新”的是海军大学。

习舰”上去了。这艘二桅木制的练习舰可了不得，是明治海军中的看板御召舰，由法国人里昂·维尔尼设计，1873年在横须贺海军造船厂开始建造（该厂1871年才正式落成），也是该厂建造的第一艘大型舰只，工期足足花了7年零10个月，为迎接天皇临幸，其内部装潢极为奢华。但因为是艘木帆船，此舰在成为练习舰之后被认为不能用于主力战舰（在当时就是铁甲炮舰）的训练，因此海军高层以废物利用的态度将其甩给了水雷兵学员们。尽管在这艘前御召舰上的生活是挺舒适的，不过学员们除了利用加装在舰上的鱼雷发射管进行发射训练之外，此舰本身的航速和适航能力，也不过停留在“皇家豪华游艇”的程度（迅鲸号在西方军事刊物中就是被这么分类的），所以日后海军水雷战队引以为自豪的“一刀流疾风战法”是没有办法演练的。迅鲸号充作水雷练习舰使用10多年后，干脆拆除了所有动力装置，变成了一艘“系留练习舰”，继续担当固定式水雷术练习所的功能。也就是在这艘看似不伦不类的练习舰上，日本海军开始正式培养专业对口的鱼雷战士官，而非过去那样仅仅是对付一下军舰接收而进行的非系统培训。1887年11月16日，《水雷术练习工概则》颁布，由此首批“水雷术练习生”诞生了，他们将成为甲午战争和日俄战争中鱼雷夜袭战队中的主力干将。1891年，海军规定对海军军舰上的机关操作要进行水雷机械操作的教育。1893年，迅鲸号水雷练习舰正式改名为“水雷练习所”，当然这只是一个名称上的改变而已，学员们继续在停泊于长浦湾的迅鲸号上日复一日地进行着发射训练，需要进行理论学习时则到岸上去，在西洋式的红砖教室里上课。1904年，迅鲸号已经太过老朽必须退役了，水雷练习所这才又搬回到了陆地上，被安排在今天横须贺田浦町北面一带，新建的厅舍（办公室）和兵舍位于今关东自动车工业株式会社（丰田车生产基地）之内，另外还涵盖了今天海上自卫队第2术科学校的所在场地。搬到岸上没多久，日俄战争爆发，海军高层诸事繁忙无暇来关心水雷练习所，而练习所的前期毕业成员，很多都在日俄战争中扬了名，最广为人知的大概就是广濑武夫。此人也曾经在迅鲸号水雷练习舰上学习过，后来又去俄罗斯留学，在日俄战争中是朝日号战舰的水雷长（该舰装有450mm鱼雷发射管四座），于旅顺封锁作战中战死。死后不但从少佐升为中佐，连柔道等级也从四段升为六段。日本人对广濑武夫的兴趣一直延续到今天，连俄罗斯总理普京表演柔道技巧，都要把广濑武夫从故纸堆里找出来，说他是俄罗斯柔道运动的最初传授者。

1905年4月22日，已经落户田浦町的水雷练习所正式更名为“海军水雷学校”。在日本海军经过两场大战，确立在亚太海域最强海上霸主地位的同时，水雷学校的正式诞生宣告日本海军已将鱼雷突击部队的官兵培养提到了重要日程之上。当时鱼雷战在日本海军中的地位已经升到了何种高度，只要看一下这个事实就能明白了：与海军水雷学校同时期成立的还有海军炮术学校（其前身也是一艘停泊在横须贺的豪华训练舰：龙骧号木帆船，明治维新前由熊本藩从英国购买的老古董），两校结合在一起，对同期征召的学员进行初级综合培训。学员从江田岛海军兵学校毕业的初级士官（海军少尉）中选拔出来，进入这两校的普通科进行一年的必修培训，半年在炮术学校学习对舰、对地炮术等，半年在水雷学校学习鱼雷作战技巧。直到进入高等科之后，两校学员（对象变更为海军大尉、少佐）才开始术有专攻地学习，培养各自的炮术士官和水雷术士官。这种必修初级综合培训，表明日本海军已经认识到现代海战中鱼雷和火炮一样是极为重要的作战兵器，并且在绝大多数现代化作战舰艇上应该都有装备的，所以一名合格的水雷术士官也必须要了解基础的炮术知识，反之亦然。日本海军直到中途岛战役惨败前一直秉承大舰巨炮主义，炮术士官向来是军舰上最为风光的人物，炮术科班出身进阶高层将领者数不胜数，而水雷术士官的地位至少在基础教育阶段，是与他们平等的。这一点就算是太平洋战争中实际决定胜负的航空兵部队都未实现：众所周知，日本海军航空兵的“海鹫”们不过是从一个不起眼的名为“预科练”的初级飞行课程开始培养的，而且招收的学员根本没有军阶，最底层的四等水兵归霞浦及其他一些海军航空队管辖，连个正正经经的军校都没有建。相比而言，在田浦町占了这么大一块地方的水雷学校实在是风光太多了。

水雷学校的教学科目分为四大类：防御水雷、攻击水雷、电气器具、通信术。前两项，防御水雷是指以“机雷”为主的防御性水雷，而攻击水雷则就是一般意义上的鱼雷，前期也叫作“自动水雷”，后来又改称“鱼形水雷”，最后直截了当地定名为“鱼雷”，有关鱼雷攻击的技术当然是水雷学校学习的重点。后两项，则不仅仅是用于鱼雷艇、驱逐舰上的电气技术与通信技术，而是将整个日本海军的相关电气与通信技术士官，都放到在这个水雷学校进行培养。原因无他：在 20 世纪初，连电灯泡也不过是刚刚从大洋彼岸的美国传到日本。无线电报则是 1900 年由电气研究所的松代松之助先生参考了西方资料，制造出适用于军舰上的初级发报与接收机，进行试验时日本海军奠基者山本权兵卫（时任海军大臣）亲往参观。这种新奇的通信工具在海军高层看来，是和鱼雷、串装水雷等一样可以在未来的“高科技战争”中发挥奇效的兵器，因此便将电气技术和通信术一并都放入了水雷学校的教程之中。不过话又说回来，日本海军在进行“决定皇国兴废之舰队决战”时倒是出奇的保守，死抱着巨炮不放直到造出大和级的 460mm 骇人口径，还死抱着光学测距不放直到造出长 15 米的超级测距仪，总之就是全力拒绝电子设备之流的“旁门左道”来助力。总而言之，日本海军将通信技术作为水雷学校的一个分部（水雷学校电信部成立于 1918 年）教育到了昭和年间，1930 年 6 月 1 日才分离出去成为海军通信学校。除了无线通信技术之外，水雷学校中还有一些学部很少有志愿报名者，这些学部包括：对潜战术、机（水）雷敷设术，二者分别是学习研究如何防范潜艇和布置水雷的。之所以成为水雷学校中的冷门，当然是因为这两项技术都是防御性质的，远不如开炮的和打鱼雷的那么风光，就好像球场上的后卫球员永远没有前锋那么风光一样。问题是，作为“教练”的日本海军高层也是世界上头号进攻至上主义者，养了一大群“前锋”却对“后卫”缺乏重视，在太平洋战争后期使日本海军陷入无油困境，也使全体国民遭受美军潜艇、水雷封锁陷入于无食困境，这两项技术就这样以基本乏人问津的状态被放置于水雷学校中。直到什么时候才独立出去呢？居然是到太平洋开战前几个月的 1941 年 4 月，才在横须贺东部的久里滨（当年美国佩里“黑船”舰队登陆地）开设了海军机雷学校！到 1944 年时，美军潜艇已经把绝大部分日本运输船都送进了海底，把许多日本海军航母、战舰都化为了“海之藻”，这个基本没发挥多少作用的机雷学校大概是为了讨个好口碑，居然大言不惭地改名叫“海军对潜学校”！不过学员们倒是很有自知之明，自嘲母校是“受海军讨厌的学校”。

1917 年，为了扩大海军水雷学校的校区范围，沿着海岸线从池

▲ 海军兵学校学生馆，原为江田岛，现为海上自卫队第一术科学校。

▲ 早期的长崎造船厂2号船坞鸟瞰图，可能正在制造一艘邮轮。紧挨着船坞即可见带有日本古风的民居。长崎港内则是一片船来船往的繁忙景象。大力发展军用、民用的海运业，并且将国家资本与民间资本结合来作为发展之基础，是日本近代走向国力强盛的重要国策，同时也是国民骄傲所在。

之谷户到小田的几十户人家被搬走，一座叫作“丸山”的小山包被整个夷平，挖出来的土都用来围海造地了。在海军通信学校分离之后，昭和年代的水雷学校也开始与时俱进，于1934年5月23日颁布“航空鱼雷练习生”制度，开设培养航空鱼雷练习生。日本海军的第一种航空鱼雷（其实也是唯一的一种）九一式于1931年投入服役，但其早期型号结构脆弱、空中姿态不稳定。水雷学校一边培养航空鱼雷练习生，一边将实际使用经验反馈回海军空技厂，由成濑正二（最终军阶为技术少将）率领他的技术团队不断进行改进，于1936年给九一式航空鱼雷加装了尾部木制稳定板（称“改1型”），1938年又改进了头部结构强度（称“改2型”），1940年秋参加日本海军大演习时有完美表现，并最终在珍珠港一鸣惊人。不但航空鱼雷，作为日本海军大杀器的氧气鱼雷，也在水雷学校开展了重要的试验工作。如前所述，氧气鱼雷的存在是最高机密，其研制初始阶段的海上试验只在吴海军工厂内名为“鸟小岛”的鱼雷发射场（只容许最大射程20000米）中进行过。由于希望能在1934年夏季阶段进行30000米/40节试验，便由吴工厂水雷部制造出20枚试验鱼雷送至水雷学校，同时还有大八木静雄等为首的20名左右技术人员前来，与水雷学校的教官等约20人相互配合，开展试验工作。具体发射试验鱼雷的是当时隶属于水雷学校的巡洋舰鸟海号，发射海面在相模湾。一开始，水雷学校里面还没有制氧设备，要依靠“日本酸素株式会社”开一辆液氧运输车过来，现场予以气化，每次都要等相当长时间，直到相关制氧设备都安装完毕。发射试验进行至1935年春，虽然当时的试验资料没有留下来（战败后被销毁了）不过当事人回忆合格率在80%以上。最后的一次试验在出东京湾不远的西面海域上进行，8枚试验鱼雷以30000米/40节航速发射，最后全部在预定标的1000米范围内浮出水面。吴工厂的研制人员乘坐鸟海号赶到预定海域，看着试验鱼雷漂浮在海面上的场景，几乎都激动得要落泪。

1940年6月20日战争已经迫在眉睫之时，水雷学校颁布“雷爆员练习生”制度，也就说连爆击机飞行员也开始在水雷学校培养了。综上所述，水雷学校在战前尽管涉足海军航空兵中鱼雷、炸弹攻击机飞行员的培养，但这毕竟不是水雷学校的主业，“水雷屋”成员在开战后绝大多数还是在军舰上服役，特别是由轻巡洋舰与驱逐舰组成的各支水雷战队。随着战火渐渐逼近日本本土，水雷学校被迫开始为本土决战培养“神风战士”。1943年6月17日，水雷学校颁布“鱼雷艇训练规则”，开办临时鱼雷艇训练所，而这些所谓的鱼雷艇其实只是战争末期诸多粗制滥造的兵器中的一种，没有多少实战价值。1944年3月，在日本海军于菲律宾首次发起大规模特攻之前，临时鱼雷艇训练所就从田浦町搬到了九州岛长崎县的川棚町，改名为“海军水雷学校川棚鱼雷艇训练所”，不过人们一般直截了当称其为“川棚震洋特攻基地”，因为送到那里去的年轻人主要的任务就是学习怎么驾驶载有250千克炸药的震洋特攻快艇，然后分配到全国各地的海岸洞窟与江河入海口，妄想“一艇换一舰”重创美军。这些几乎都还未成年的炮灰，很多在运输途中就被美军战机和潜艇消灭掉了，偶尔发起的几次特攻也几乎没有战果（根据美国的资料只有4艘舰只曾被这种可笑的兵器击伤）。到战争结束时近150支震洋特攻队付出了2500多条性命，甚至在投降诏书已广播放送后的8月16日还在高知县的震洋基地发生爆炸事故，又多送走了111个炮灰。至于从水雷学校中走出的诸多水雷士官，大多数也殁于战争了。

1945年8月15日，随着日本的投降，海军水雷学校自动成为废校，此时整个学校已经是人去楼空，一片破败，两年后学校中的建筑基本都消失了。战争结束28年后，“水雷屋”的遗老遗少们在关东自动车株式会社的厂区内修了一块“海军水雷学校迹碑”。现在这个厂区内就只保留有当年的一幢建筑物“第四兵舍”，以及水雷神社（现在改称“关东神社”）。据说还有一些旧海军式样的窨井盖、消火栓仍然保存。1958年3月22日，海上自卫队第2术科学校在田浦开校，主要从事海军“机关、电机、工作”等方面的教学与研究，并在校内立有“海军通信教育发祥碑”，以纪念旧海军水雷学校在日本最先发展无线通信技术之功。至于震洋特攻艇，除了澳大利亚的博物馆里还有一艘之外，日本的“水雷屋”们倒是一艘都未想到要保存下来。

日本海军水雷学校的教育对象及内容

区分	名称	对象	教学内容	教学时间标准
学生（兵科准士官以上）	高等科学生	大尉或者中尉（末期只有大尉）	学习作为水雷长所需要的水雷技术	1年
	普通科学生	中尉或者少尉	学习作为初级兵科将校所需要的水雷技术	3～6个月
	特修科学生	佐尉官、特务士官、准士官中的特定人员	学习特别有需求的水雷技术	1年以内
	专攻科学生	高等科教程已完成者中的特定人员	对于水雷技术制定的研究项目进行专攻学习	1年以内
练习生（下士官兵）	普通科水雷术练习生	水兵长、上等水兵或者停止晋升的一等兵	学习作为掌水雷兵（即带标章者）所需要的水雷技术	6个月
	高等科水雷术练习生	一、二等兵曹及水兵长，学成普通科水雷术后经过一年以上历练的海上勤务人员	学习执行掌水雷要务所需要的水雷技术	9个月以内
	特修科水雷术练习生	上等兵曹及一等兵曹，学成高等科水雷术后经过一年以上历练的海上勤务人员	学习作为射手、纵舵机调整手所需要的技能	6个月以内

雷霆群发——日本海军对舰队决战中鱼雷攻击战术的构想

明治时代的日本海军使用鱼雷突击战术在甲午战争和日俄战争中取得了相当不错的战绩，在甲午战争中其使用的主要是鱼雷艇，在日俄战争中则主要使用驱逐舰和鱼雷艇配合作战。当然，在明治时代至大正时代早期，作为鱼雷战部队代表的水雷战队尽管已经出现，但日本海军对其定位仍然停留在“战场打扫者”的程度。如果敌军舰队前来攻击，就派遣水雷战队对其进行骚扰；如果敌军舰队被打败，就派遣水雷战队对其进行追击。打败敌军主力舰队这个任务，完全属于从金刚到长门的世界顶尖级巨型战舰的任务，没有水雷战队什么事。

《华盛顿海军条约》签署后，日本海军大量裁撤舰船和人员（同一时期日本陆军也在裁军），对美、英军舰吨位比例的硬性限制，使得日本海军加紧投入对“渐减邀击”作战的研究。他们设想美国海军如果前来攻击日本，其舰队将会以战列舰队为核心，其他大量的巡洋舰、驱逐舰在外围进行防卫，组成“圆形阵”，以舰队中轴线为准航向日本方向，在发现日军舰队后立即展开为战斗序列。而决战则将以发挥战列舰队的炮火威力为主要致胜点，因此如何有效、迅速地将敌军战列舰队消灭成了重中之重的问题。美国海军将以巡洋舰战队、驱逐舰战队等防御日本海军辅助部队的鱼雷攻击，使得本方战列舰队能够充分集中精力于舰炮炮战。

面对美国海军上述战术，日本海军自认本方战列舰队的舰炮数量不足，因此将弥补劣势的希望寄托在以下手段：

首先，提高舰炮发射的命中率，秉承“一门百发百中的炮胜过一百门百发一中的炮”的精神进行针对训练。其次，以装备有强力鱼雷武器的重巡洋舰战队、重雷装舰进行远距离隐秘发射，并以水雷战队、巡洋舰战队实施“肉迫攻击”，同时以特殊潜航艇（所谓“甲标的”微型潜艇）进行袭击，潜水艇战队亦将参加决战，日军集合以上鱼雷突击战力实施大规模攻击。也就是说，主力战列舰队的炮战力和鱼雷战部队的鱼雷突击力，是日本海军寄希望战胜美国海军的两条臂膀，缺一不可。如此境遇，显然是《华盛顿海军条约》签署前不可想象的。

在此先介绍白昼条件下实施舰队决战时日本海军试图执行的鱼雷战术。自从 1931 年利用飞机在海上为舰炮远距离射击进行观测开始，舰炮的炮战距离显著延长到了可视海平面以外的海域。1939 年，联合舰队旗舰长门号及陆奥战列舰开始进行远至 35000 米的射击训练，不过日本海军当时估计在决战的实战战场上，双方战列舰队开始互射的距离在 30000 米左右，真正决战距离在 20000 ~ 25000 米。双方舰队接近后，日军舰队首先将摆出接敌阵列，同时适时派遣飞机（水上观测机）与敌保持接触。接敌阵列为方便隐秘发射鱼雷和展开炮战，将分为前队与本队，前队的位置将在本队前方大约 20 千米处。前队将由 1 队高速战列舰队（经改造的金刚级高速战列舰）、3 ~ 4 队巡洋舰战队、2 队水雷战队（轻巡洋舰率领驱逐队）、2 艘重雷装舰组成，本队则由 2 队战列舰队、1 ~ 2 队巡洋舰战队、2 队水雷战队组成。

日本海军希望由前队大规模、远距离、隐秘发射的鱼雷群，在本队与敌开始炮战的初始阶段正好抵达敌军舰队所在位置。炮战开始距离假定为 30000 米，那么以双方舰队相向而行的态势来说，应该在双方主力距离为 60000 米左右时，由最高指挥官（联合舰队司令）向前队下令准备展开鱼雷攻击，而后继续保持相向而行，接近美军舰队主力。前队中的高速战列舰队，提升速度发挥机动优势，以炮战驱逐美军舰队先头的巡洋舰群，掩护本方远距离鱼雷发射部队占据有利发射阵位。发射部队在美军主力舰队的斜向前方，占据远距离隐秘发射的合适阵位。前卫指挥官（第 2 舰队司令）统领各巡洋舰战队及重雷装舰，在大约 35000 米的距离上对美军主力舰队进行第一次齐射，然后巡洋舰战队的各舰立即重新装填，迅速进行第二次齐射。两次齐射总共发射鱼雷 230 枚左右，为敌军舰队所在海域编织出死亡大网！

在远距离、隐秘发射鱼雷行动结束之后，由最高指挥官适时下令展开最终战斗阵列。主力战列舰队展开为纵列阵，高速战列舰队炮击敌先头巡洋舰群并将其压制之后占据主队先头位置。前队的巡洋舰战队、水雷战队占据主队的斜前方 10 千米左右位置，本队的巡洋舰战队、水雷战队占据本队斜后方位置（成为殿军）。而后本队计算刚才远距离、隐秘发射的鱼雷群抵达敌舰队所在位置的时间，慢慢缩小与敌主力舰队之间的距离。要控制好速度，正好在鱼雷发射 20 分钟以后使双方主力舰队接近至 30000 米的距离，这时双方最大口径的舰炮之间犹如旗鼓相当的大力士一般开始进行地动山摇的互相攻击。

一路被狡猾的日本拖入陷阱的美国大力士发现大事不妙！炮战没打几分钟，美国海军居然发现身边有 230 枚从那么遥远的距离飞过来的日本鱼雷在横冲直撞！日本海军估计其命中率为 10% 左右，即有大约 25 枚鱼雷能够命中目标。这样可能会造成美军 10 艘战列舰、巡洋舰沉没或者“大破”，炮战刚一开始美国海军的阵列就发生了混乱，美军官兵被吓得哭爹喊娘。美军顿时受挫！日军见状则士气大振！趁此机会，最高指挥官下令全军突击，亲率战列舰队向美军迫近，充分发挥舰炮威力。巡洋舰战队、水雷战队同样一起转舵加入突击：巡洋舰战队排除美军巡洋舰群的妨碍，为水雷战队的突击提供掩护，而其自身在距离美军主力 10000 米距离时发射完毕剩余鱼雷；水雷战队的轻巡与驱逐舰群依托掩护，一边猛烈炮击美军阻挡部队，一边奋勇突破，随后转入“强袭模式”，按照与敌舰相对 2° ~ 5° 角开进突击的要领，“肉迫”至与美军主力舰队 5000 米左右的位置齐射鱼雷。这个时候以 1 个驱逐队对付美军 1 艘主力战舰为标准。

水雷战队的突击要想成功，除了自身要发挥视死如归、舍身猛进的精神与精湛的操舰术、准确的射击术之外，掩护部队特别是其中作为高速战列舰队的 4 艘金刚级（金刚、比叡、榛名、雾岛）是特别重要的。尽管开战时金刚级舰龄已近 30 岁，然而经过数度大规模的改造（更换全新动力系统，变更舰体结构，更换武装，重塑舰桥等），金刚级最高航速可达 30 节！而美国海军旧式战列舰航速一律在 21 节左右，战前不久新服役的北卡罗来纳、华盛顿等新战舰才达 27 节。1940 年联合舰队的“极秘战策”指导性文件对于金刚级高速战舰在舰队决战中的任务期望如下：

“高速战列舰队，类似于对马海战时的上村舰队（装甲巡洋舰 6 艘），作为前方部队须发挥卓越的机动力，掠过敌主力部队之先头，将其一部吸引，从敌主力部队本队旁引开以便各个击破。另外，对于追击过来的敌主力部队，将其引到靠近我方主力部队所在海域，使其被周边展开的我方重巡部队鱼雷网捕捉入内。如此一来，在我方主力开始与敌进行炮战时，高速战列舰队将配合一起进行突击的我方驱逐舰部队之鱼雷战，将敌彻底歼灭！”

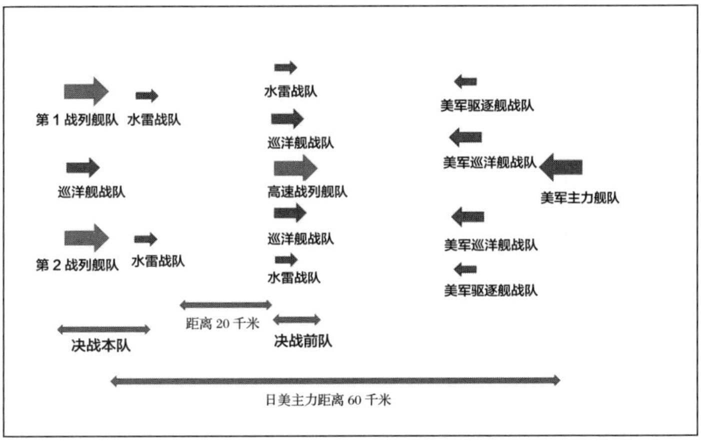

▲ 日军舰队与美军舰队接近并保持相向而行势态图。

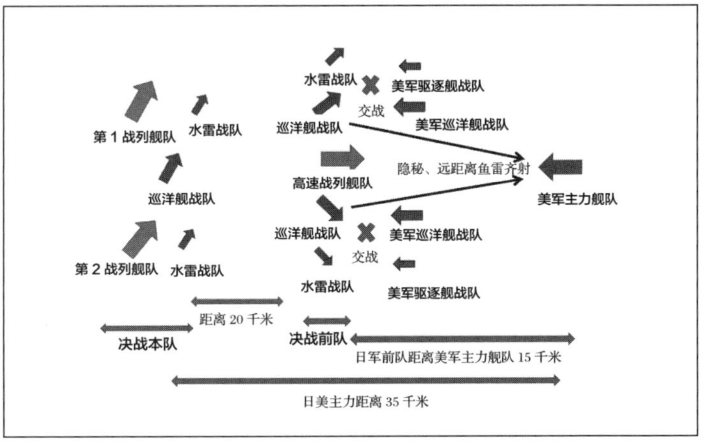

▲ 日军舰队与美军舰队主力接近至 35 千米距离，日军前队高速战列舰队冲破美军阻挡部队，巡洋舰战队趁机占领发射位置，快速实施两次远距离、隐秘性鱼雷群射，鱼雷总数在 230 枚左右。

由此可见，金刚级虽为巨炮战舰（其鱼雷装备已在改造时拆除），但其使用的战术却与鱼雷战军舰类似，依靠吸引、分裂敌舰队，来打开敌防御缺口，最后为奋勇突进的水雷战队提供掩护。

在整个作战过程中，“甲标的”特殊小型潜艇也将计划参与鱼雷攻击。总之，为了远距离、隐秘发射鱼雷战术能够出乎美军意料之外，一举重创并打乱敌军阵列的效果，必须由前队指挥官实施统一指挥，只有在万不得已的情况下才由战队自行判断、单独指挥，但也要尽力把握发射的时机与美军的航线，将美军主力舰队切实地包围进鱼雷交织的屠杀网中。

为此，平常要将日本海军拥有远程氧气鱼雷的相关事宜作为最高机密，保证不让美国人知晓一丝一毫，以防美军事先有所准备，转舵避开发射过来的鱼雷群。在交战海域，要让殿后部队拥有较强的实力，或者派遣潜水艇冒死逼近美军舰队实施挑衅，以防其转舵避开交战。只要美军主力舰队在一无所知的情况下试图与日军主力舰队接近进行炮击会战，远距离群射鱼雷战术必将取得辉煌战果！顺便提一下，日本海军对氧气鱼雷的保密工作做得非常成功（包括将日文中的氧气名称“酸素”改名叫“第二空气”），开战后很久美军才缴获到日军未爆炸的氧气鱼雷，经过拆解分析，他们大吃一惊：日本人竟然使用这么危险的鱼雷！这种鱼雷放在美国海军舰艇上，没上战场也能炸死好多自己人！其实日本海军保管氧气鱼雷主要靠认真执行严格的操作规范、加强保养和训练，来防止自爆事故。例如，所有搭载氧气鱼雷的巡洋舰、驱逐舰上专门有一种叫“鱼雷洗涤机”的设备，船员须将拆分的鱼雷主要机械部件反复清洗，去除一切油分（以防与氧气燃料发生反应），而且清洗还要在充满干燥空气的槽内进行。这一点体现出了日军官兵不怕麻烦、不怕累的精神，因此日本在战争期间从头到尾都没发生过搭载的氧气鱼雷在舰上自爆的事故……

然而另一方面，由于执迷于氧气鱼雷爆炸的巨大威力，日本海军格外强调其用于攻击敌军吃水深的主力军舰实现“必中必爆”，但战前所制定的氧气鱼雷起爆装置敏感度规范显然是脱离实际的。在开战后规模较大的南洋爪哇海战中，不但发生了最上号重巡洋舰一批九三式氧气鱼雷将己方运输登陆船队打得几乎全灭的无厘头事件，而且在双方进行对射的海战过程中，日方发射的氧气鱼雷至少有三分之一中途就自行爆炸了。海面上炸开的水柱很多，可实际却战果寥寥。原因在于战前按照吃水深的目标设定的起爆敏感度，变为浅度发射（爪哇海战中盟军舰队中没有战列舰）之后，氧气鱼雷被海面高度仅为 1 米（在海上这很平常）的浪头一打就自爆了！

于是日本海军“反省”之后采取的措施很简单：调整敏感度标准，令其浅度发射时不会自爆。1942 年第三次所罗门海战（11 月 14 日夜战）中，日军两艘重巡洋舰爱宕、高雄又使出了氧气鱼雷这一大杀器，并自信鱼雷自爆问题早就得到解决。爱宕、高雄瞄准着前方的一

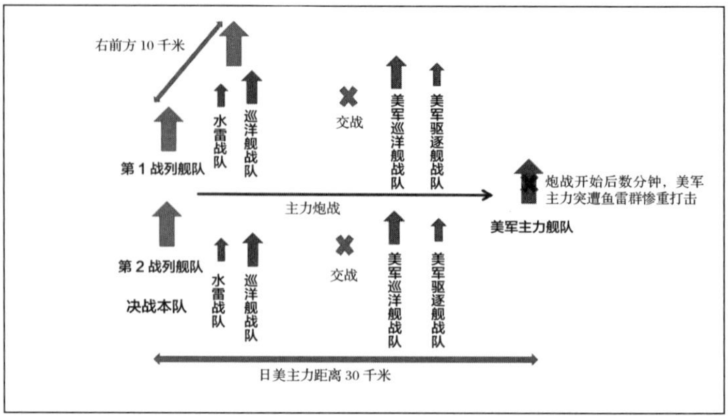

▲ 20 分钟左右以后，日美主力接近并开始进行炮击，前队在第 1 战列舰右前方 10 千米处占位，本队的巡洋舰、水雷战队转右后方占位，以防美军转舵逃跑。炮战数分钟后，美军主力突遭鱼雷群惨重打击，陷入混乱。

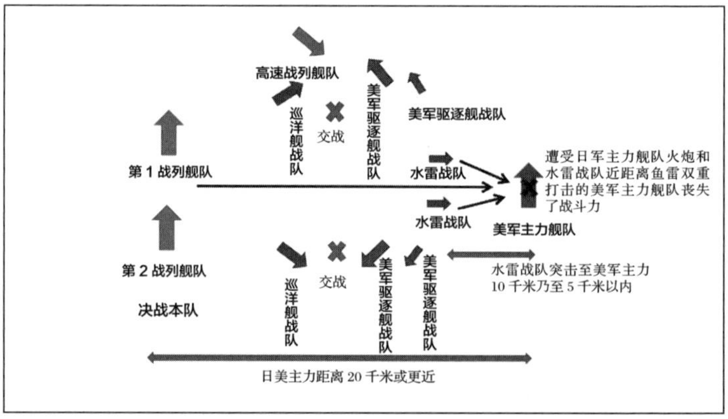

▲ 下达全军突击命令。战列舰队与美军主力舰队贴近至 20 千米以内实施凶猛炮战，高速战列舰队和巡洋舰队为水雷战队打开突破口，后者突击至距离美军主力舰队近距离内实施“肉迫”鱼雷攻击，美军主力舰队丧失战力。

艘美军主力战舰（对照美军资料那是南达科他号战列舰），各齐射 8 枚鱼雷，然后目测该舰近旁有 5 个爆炸水柱升起！欢呼声充斥着日本军舰，但事实上南达科他号一点事也没有。战后参加这场战斗的美军将领在访问日本时谈起此战，说那一夜南达科他号受了些炮伤，但肯定没有被鱼雷命中。奇怪的是在战斗过程中，“突然犹如尼亚加拉大瀑布一般”从头顶上浇下一场仅持续几秒钟的豪雨，南达科他号整舰都被泡在了水里，连部分锅炉都一时之间因水浸而熄火了。

此事真相九成可能是：改变了敏感度标准的日军氧气鱼雷，又没有考虑到主力战舰航行本身激起的浪涌问题。本来很可能命中南达科他号的 5 枚鱼雷（其他鱼雷失的），被其涌起的浪头一撞，全数自爆，水柱冲天，该舰就这样逃过一劫，只被浇湿而已。可以认为，日本海军军令部出于追求舰队决战中鱼雷的杀伤力，一味追求其爆炸的敏感度，导致负责兵器研发的舰政本部对鱼雷“除了命中敌舰以外任何情况都不会自爆”的保障研究，在战前被完全付之阙如，战时发生问题再进行调整也不过是应付了事而已。

前述日本海军假设在白昼环境下进行舰队决战，将由巡洋舰战队远距离、隐秘群射大约 230 枚氧

气鱼雷，并假定其命中率能够达到10%以上，是否能实现呢？在爪哇海战中，最上号鱼雷群射己方运输船队时命中率颇高：命中登陆舰1艘、运输舰2艘、医院船1艘、扫海艇1只。然而在瓜岛附近海战中，爱宕、高雄用鱼雷射击美军战舰时，却又得到一个鱼雷全数自爆的结果。所以笔者觉得这事真不好判断，干脆继续说夜间鱼雷战吧。

在对上述白昼条件下实施舰队决战时的鱼雷战术进行研究的同时，日本海军的参谋们也绝不忘记其真正强悍的本领所在：暗夜环境下的战斗。甲午战争和日俄战争中日军鱼雷战部队在暗夜中突击威海卫与旅顺港，对马海战中夜袭俄第二太平洋舰队的败军，都让日本海军拥有了当时世界上最丰富的夜战经验。因此日本海军认为，通过编组一支专门用于舰队决战的"夜战部队"，可将夜战本领发挥到极致，给美军来犯舰队以沉重打击。1928年，日本海军考虑以4个水雷战队组成的夜战部队，在美军大型巡洋舰不断出现后，难以突破美军舰队外围警戒防御圈，遂将1个单位的夜战部队，定为最少需要1队大型巡洋舰战队和1个水雷战队来进行编组。总体上，夜战部队至少需要4个单位。在大型巡洋舰如妙高、最上、古鹰、利根等型号纷纷诞生，以及九三式氧气远程鱼雷在1938年后逐次发放各鱼雷战舰艇装备、使用之后，日本海军对巡洋舰队与水雷战队配合作战信心倍增，于是夜战部队的单位搭配编制基本就在20世纪30年代完全固定下来。太平洋战争打响时，夜战部队已编成4个单位，具体如下：

第1夜战部队：第5巡洋舰战队（3艘妙高型）、第2水雷战队（旗舰轻巡神通，驱逐舰16艘），归属第二舰队。

第2夜战部队：第7巡洋舰战队（4艘最上型）、第4水雷战队（旗舰轻巡那珂，驱逐舰16艘），归属第二舰队。

第3夜战部队：第6巡洋舰战队（4艘古鹰型）、第1水雷战队（旗舰轻巡阿武隈，驱逐舰16艘），归属第一舰队。

第4夜战部队：第8巡洋舰战队（2艘利根型）、第3水雷战队（旗舰轻巡川内，驱逐舰16艘），归属第二舰队。

第1、第3夜战部队又编为第1夜战群，第2、第4夜战部队则编为第2夜战群，群内部队经常一同进行训练。虽然4个装备新锐重巡洋舰的巡洋舰战队任务是为水雷战队的推进提供掩护，不过为了保证成功突破美军舰队的防御圈，日本海军还为夜战部队另外提供了两支部队：第4巡洋舰战队和高速战列舰队。由第二舰队司令直辖的第4巡洋舰战队，并不归属夜战部队，而是与高速战列舰队一同为夜战部队提供更多掩护。高速战列舰队，由经过现代化改造的4艘金刚级战舰组成，正式番号是战列舰第3战队，归属于第一舰队。一旦预测夜战将要发生，4艘金刚战舰将被归入夜战部队指挥官麾下，与第4巡洋舰战队一同为夜战部队主力打开前进通道。

夜战部队的指挥官就是第二舰队司令长官。自1930年以后，第二舰队旗舰就指定为第4巡洋舰战队中的某一艘，夜战部队的旗舰也是这样。第二舰队司令是联合舰队中仅次于总司令的指挥官，主要任务就是研究第二舰队作为决战中的前卫部队如何进行训练以及制定相关战术，特别是有关夜战中掩护及突击的战术问题。联合舰队中，第一舰队与第二舰队任务各异，符合兵法中"以正合以奇胜"的原则。

夜战的一大特点，是极难在战斗过程中把握敌军所在的具体方位及动向，因此第一步要做的就是搜索敌军的位置。日军希望在太阳完全落下之前的黄昏时分，至少要以水上飞机等侦查手段与美军舰队保持接触，从而不至于在天黑之后两眼一抹黑。在黑暗到来前，日美双方舰队的距离至少要在60千米以内，即使之后美军舰队转身逃离，

▲ 1935年最上号重巡洋舰，该舰无论是鱼雷攻击本方运输舰还是撞击本方军舰，似乎都颇为在行。

▲ 因为中途岛战役中南云舰队只派遣侦察机实施单向搜索的失误，日本海军给世人留下了完全不重视侦查的印象。实际上从日本海军开发出如此多型号的高性能水上侦查飞机，以及为其配套的舰上弹射装置广泛装备各型军舰就可以看出，日军是非常重视海上侦查的。毕竟白昼条件下的决战要依靠侦查，夜晚条件下就更是如此了。中途岛战役中，南云舰队的失误是因为太过想当然，以为美军舰队不可能在附近，并且对自身侦查能力太过自信，以为派遣少数侦查飞机就行了，派遣过多也是浪费，这显然是滥用了"边际递减"理论。

也有可能在午夜时分追上美军并维持接触。考虑到美军将搜集到日军频繁进行夜间战斗训练的情报，并由此产生畏惧情绪，极力避免在夜间与日军血拼，夜战部队指挥官应在黄昏侦查、确定美舰队大致方位、距离，入夜后立即将夜战部队展开为搜索阵型。此时水上飞机继续进行侦查是非常有必要的，它们发现目标后可用投下照明弹的手段将美军舰队所在位置指示出来。

得到飞机或者其他侦查单位的报告后，夜战部队指挥官要不失时机地下令进行包围部署。如果美军舰队分为两队航行，那么是将夜战部队也分为两队分别予以攻击，还是集中兵力攻击其中一队，须由指挥官根据当时情况做出决断。得到

命令后，各夜战部队一边撤出搜索阵型，一边避开美军警戒部队的目视，向各自的包围部署位置前进，之后立即向指挥官报告。见包围网大体完成，指挥官向各夜战部队通报美军舰队航行线路及速度，下达远距离、隐秘群射鱼雷指令。保持接触的侦查飞机用投下照明弹、以长波无线电信号发送方位等手段对远距离发射的准确度给予全面支援。除作为夜战指挥官直辖的第4巡洋舰战队，其他各巡洋舰战队及重雷装舰，根据照明弹、长波无线电信号等提示在协定时刻一起发射鱼雷，并向指挥官报告。预计一次齐射大约130枚鱼雷。

随后第4巡洋舰战队也分为2个小队，向美军主力舰队两侧斜后方运动，保持接触并防备其进行大转弯。其余夜战部队、支援部队渐渐缩短与美军舰队的距离，打败其外围警戒部队，为水雷战队的突击打开道路。夜战部队指挥官预测出第一次齐射的鱼雷群抵达目标的时刻后，下令全军在同一时间转入突击。夜战中的鱼雷突击战主力是水雷战队，因为只有水雷战队的轻巡洋舰、驱逐舰才有可能充分发挥速度、机动优势，在暗夜中逼近到离美军主力舰极近的位置，依靠目视观测确定其方位、航速等，从而进行较为准确的鱼雷齐射。这就要求水雷战队必须锻炼出暗夜之中发现敌人、跟踪敌人并实施准确射击的本领，需要有非常厉害的“夜枭之眼”。毫无疑问，水雷战队的官兵们将一双双利眼都练了出来。得到突击命令后，第1、第2夜战部队的水雷战队（第2、第4）首先沿着美军舰队两侧斜前方突击，其后第3、第4夜战部队的水雷战队（第1、第3）跟上。各巡洋舰队以及高速战列舰队要以牺牲自我的觉悟，全力攻击美军并吸引其火力，确保水雷战队的突击成功。

在全军转入突击之后数分钟内，远距离发射的130枚鱼雷正好抵达，从包围位置的四个方向交叉射入美军主力舰队群中，令其无从躲避。预计命中率大约是15%，如此有10艘左右的美国军舰被击沉或“大破”，使其发生大混乱。夜战中水雷战队完全追求一击必中，因此白昼环境中以驱逐队为单位，而在夜战中则以1艘驱逐舰对应1艘美军战舰，即水雷战队基本被拆散，各自寻找歼灭目标。对目标的瞄准距离至少在2000米以内，突击过程中利用烟雾等极力摆脱阻挠，杀出一条血路来抵达必中的发射位置，最后使出大杀器。在将海洋烧成白昼的熊熊火光中，日军所有战舰一股脑儿全上，鱼雷已经打完的巡洋舰战队以及高速战列舰队打开探照灯搜索海面，或者就借着燃烧的火光进行观察，使用舰炮继续猛烈攻击美军舰队的残余力量。第二次“对马大捷”就这样达成了！遭受惨重打击的美军舰队要么落荒而逃，要么不要命地继续挺近，其结果将是在第二天的白昼作战中，被赶来的第一舰队彻底歼灭。

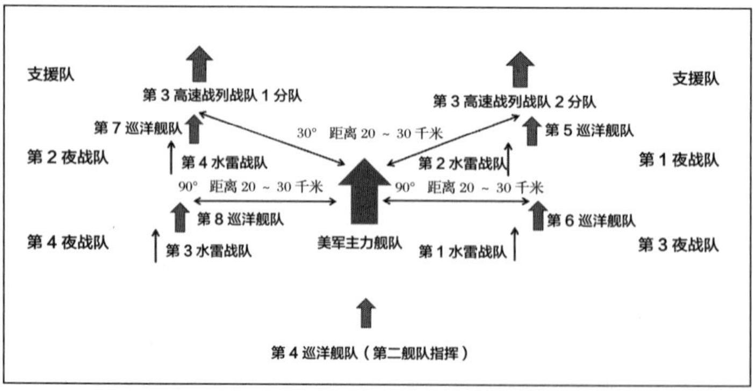

▲ 夜战环境下，日本海军以第4巡洋舰战队（第二舰队指挥）为首，派遣4个单位的夜战部队向美军主力舰队两侧20～30千米位置展开，完成包围。同时以侦察飞机保持接触，在用照明弹等手段发出信号的同一时刻发起鱼雷群射。随即全军投入突击，高速战列舰队、巡洋舰队掩护水雷战队突入美军舰队极近距离，以“1驱逐舰换1军舰”之精神展开“肉迫”鱼雷攻击，将美军彻底击破。

在日本海军的夜战环境下鱼雷攻击战术构想中，可以很明显地看出日军完全不认为美军舰队会如同白昼环境下一样保持相向而行，主动与日军舰队接触并展开决战。战前美国流行一种奇怪的说法，即日本人小时候被背在背上，长大后又不停鞠躬，所以脊柱发育都有问题，培养不出合格的飞行员。在日本也流行着极为类似的说法，即美国人过惯了光怪陆离、纸醉金迷的生活，不借助灯光照射，在黑暗中的视力就等于零，那么美国海军一定是畏惧进行夜间战斗的。（雷达？那是什么？）如前所述，远程氧气鱼雷可以尽力保密，但是日本海军编成规模如此庞大的夜战部队，每年都实施大规模演习，是不可能逃脱美国情报机构的监视目光的。既然美国海军对日军夜战部队已有所认知，那么出于畏惧心理，必定会采取避免夜战的规避行动。所以日本海军主要演练的夜间战术就是主动追击、包围乃至最后歼灭美军主力舰队。万一美国海军采取了相反行动，与日军舰队夜间相向而行，那也不过是自投罗网而已，更有利于夜战部队实施包围、歼灭。这好比一个杂技演员练就了熟练的走钢丝技巧，走独木桥就变得根本不是问题了一样。

日本海军战前所设想的白昼环境、暗夜环境下的舰队决战鱼雷战术，大体便如以上描述。

第五章
战后岁月

战后岁月的开启

日本战败投降后，整个国家被美军占领，麦克阿瑟大帅成为“太上皇”，裕仁天皇也得在他面前点头哈腰。旧日本帝国的陆军、海军全部都被解散，幸存军人复员。1947 年，随着海外复员军人、侵占亚洲大陆土地的移民纷纷被运回日本国内，旧海军残存的舰艇被美、英、苏、中四个国家抽签瓜分完毕。旧海军省在战后便改称为“复员厅第二复员局”（第一复员局是前陆军省），在完成复员工作、被最终解散前，它将 28 艘不值得被盟国瓜分的沿海巡视艇（战时是反潜特务艇）移交给新政府的运输省（现国土交通省）。这就是战后日本政府所拥有的海上武装力量的开端。

复员工作虽然完成了，但美军战时为封锁日本而投下的大量水雷，以及日军自身为防备美军登陆而布下的水雷，仍有许多在日本沿海漂浮游荡，而美国人显然不愿意去从事既不起眼又很危险的扫雷工作。1948 年 5 月 1 日，日本海上保安厅成立，由运输省管辖，规定其人员不得超过 10000 人，船舶总数不得超过 125 艘，船只最大排水量不得超过 1500 吨，其保安人员只能使用轻武器，在日本沿岸活动，主要从事扫雷和打击走私活动。由宣告解散的第二复员局移交给运输省的 28 艘沿海巡视艇中的大多数几乎是立马就报废了，于是 1949 年起海上保安厅开始订购新的巡视船。日本沿岸的扫雷工作很顺利地完成了。

1950 年突然爆发的朝鲜战争成了日本战后地位转变的一大契机。美军在朝鲜东海岸的元山实施登陆时，发现朝鲜人民军布下了大量水雷，便想利用日本保安厅的扫雷经验。然而日本已经在 1947 年 5 月 3 日颁布了《日本国宪法》，这部新宪法因其第九条规定——放弃发动战争权力、放弃以武力威胁和行使作为

▲ 楠级警备艇中的椴号。

解决国际争端的手段、不保持陆海空军、不承认国家交战权等内容闻名，号称《和平宪法》。日本右翼势力对这部宪法的以下评价其实并没有错：这部宪法是由麦克阿瑟所主导的联合国总司令部强加于日本政府的（虽说战后很长时间内日本从高层至社会底层都普遍不反对该宪法以便集中精力搞经济建设），并且美国人本身对待《和平宪法》的态度就很虚伪。日本海上保安厅在其成立之初，便顺从美军的要求，派遣 46 艘扫雷艇和 1200 名人员秘密前往朝鲜元山扫雷，将《和

横须贺港边的这些建筑物看上去毫不起眼，但却是日本新时代的“联合舰队”即自卫舰队司令部所在。

平宪法》各个条款都打破了。所幸成果不错，只死亡 1 人、损失 1 条扫雷艇，由此奠定了日本海上扫雷专业户的名声。今日这些史实早已公布天下，无论是日本国民还是别国人民，恐怕都只能感叹美国人实在是“玩得溜”，对于如今美国或明或暗鼓动日本政府将《和平宪法》架空乃至向废除方向前进的举动，恐怕也实在不会感到有什么值得惊异的。

看到美国占领军的态度开始松动，旧日本海军人员自然也活络起来。1951 年 1 月，所谓的“新海军研究会”宣布成立，因其总代表是前海军大将、开战时的驻美大使野村吉三郎，因此也称“野村会”。当年年底，野村将名为《新海军计划书》和《关于日本安全保障之洞见》的文件交给了美国海军将领阿利·伯克。如前所述，阿利·伯克在太平洋战争中率领第 23 驱逐队创下鱼雷战光辉战绩，第三次所罗门海战中指挥夕立号勇往直前的日本海军著名驱逐舰舰长吉川浩，就是被阿利·伯克的第 23 驱逐队一顿劈头盖脸的鱼雷攻击干掉的。阿利·伯克后于 1955 ~ 1961 年连任海军作战部部长，对美国海军的导弹化、核动力化做出了卓越贡献，因此才有今日美国海军主力之一的导弹驱逐舰以“阿利·伯克”级为名的殊荣。阿利·伯克看到野村的报告后大加赞赏，立即提交给了美国最高层，终于使得日本海上警备厅于 1952 年 4 月 26 日宣告成立，但此时它仍然是海上保安厅的一个下属部门。警备厅管辖的海上警备队，其初始装备值得一提的只有从美国租借的 4 艘护卫舰。同样在 1952 年 4 月，前年 9 月美国与日本签定的《旧金山和约》、《日美安保条约》正式生效，日本从这个时刻开始名义上又成为独立的国家了。

海上警备队的人员在名义上当然不是军人（至今日本海上自卫队的官兵也不是名义上的军人），但实际上他们大多都是旧日本海军的退役军人，时隔多年后再次服役。1954 年 7 月 1 日，《防卫厅设置法》与《自卫队法》通过，保安厅警备队改名为“防卫厅海上自卫队”，“海自”由此宣告成立，第一任海上幕僚长是前海上警备队总监山崎小五郎，此人在战前是递信省的一名官僚。旧海军的旭日海军旗、军歌、编制体系（仅仅改了名称）和教育体系（江田岛兵校也改名为“海上自卫队干部候补生学校”）等都立即在海自身上获得了重生。不但如此，在海自初期拥有的军舰中有一艘若叶号护卫舰（DE-261），它实际上就是旧日本海军在战争中建造的橘型（改丁型）驱逐舰之一的梨号，于 1945 年 7 月被美军的 F6F 战斗机用火箭弹给击沉了，这个事实也可以证明在战争末期日本所造的驱逐舰是多么低劣。1954 年它被打捞出水之后，海自将其修修补补改装一番，还起了个新名字——若叶号，令其重新服役了。除了那些吨位很小的反潜特务艇之外，旧日本海军所有的战斗舰艇中只有这么一艘驱逐舰在新海军中得到了新生。自然，由于在海水中泡了近 10 年，据说这艘若叶号只要航行时间一长各种设备就会发出极其响亮的噪音，从实用性角度来说压根不应该将它从海底捞回来。海自之所以坚持这么做，无非是为了拥有一个旧日本海军的血统传承证明物罢了，甚至还在若叶号上还安插了原梨号的海军军官服役。战后日本海军与其说有花心思反思侵略战争，不如说把脑子的一大部分用在了如何复兴海军实力上，一小部分脑子用在了将过去

▲ 前海军大将、开战时的驻美大使野村吉三郎。

的历史进行奇怪的演化。比如说这艘起死回生的若叶号，就传出了幽灵事件：当年被美机击沉时死去的梨号 60 条亡魂仍在这条军舰上游荡……

当然，从海底捞回来的幽灵舰对于海自壮大实力是没有帮助的，成立之初海自主要武装力量——自卫舰队的主力是前一年从美国租借的 10 艘 1450 吨塔科马级（PF 级）巡逻舰，日本将之改称为“楠级（くす）警备艇”，前美国海军 PF-70 巡逻舰就成了自卫舰队兼第一护卫队群的首任旗舰——榉号（けやき PF-295）警备艇。无论是在美国还是在日本，该型号都称不上是真正的驱逐舰，因此无法列为本书的正式介绍对象。最初的战后“护卫舰”（日本海自所称的“护卫舰”与全世界海军通用的护卫舰种完全不是一个概念，涵盖范围要大得多），即新的日本驱逐舰得从 1955 年从美国租借来到日本的朝风型 DD、1956 年由日本自行建造的春风型 DD 开始算起。

关于日本海上自卫队的指挥编成体系，在这里做一下简要介绍。海自实际上的最高指挥机构

是与防卫厅同时成立的海上幕僚监部（相当于旧海军军令部），海自幕僚长即相当于旧军令部长，他是整个海自中唯一的四星海将。海上幕僚监部除下辖总务部、指挥统计情报部等以外，还统领占据主力武装地位的自卫舰队，它相当于旧海军联合舰队，原则上海自组织的阅舰式都以自卫舰队司令官作为总指挥。自卫舰队下辖机动运用部队、地方配属部队和护卫队群直属部队，机动运用部队自然又是其中的主力，目前其下辖 4 个护卫队群。海自刚成立时只有 2 个护卫队群，第 3 护卫队群成立于 1960 年，第 4 护卫队群成立于 1971 年。4 个护卫队群的总基地分别位于横须贺港（对应太平洋方向）、佐世保港（对应东中国海方向）、舞鹤港（对应日本海方向）、吴港（濑户内海的战略预备队）。5 个地方护卫队除了分布在这四个港口以外，还在北方的大凑港进行了部署（也就等于继承战前日本海军的“镇守府”）。每个护卫队群下辖 2 个护卫队，再加上 5 个地方护卫队，共有 13 个护卫队。日本战后“护卫舰”即本书中纳入介绍范围的新驱逐舰，随着技术提升，不断升级为导弹驱逐舰 DDG 乃至直升机驱逐舰 DDH，它们都配属于这 13 个护卫队，随时准备以新“联合舰队”之阵出战。

日本对战争的反思只停留在极其表面的程度上，其中重要的表现之一就是旧海军因重攻轻守而导致失败，以至于战后新海军过分注重防守。在太平洋战争末期，美军通过潜水艇攻击日本运输船队，以轰炸机在重要航道上布设水雷，将日本的对外交通完全隔断，使其工业生产能力大幅度下降，无法将抵抗坚持下去。战后海上自卫队重点发展反潜战与反水雷战能力，后又通过引进美国的宙斯盾相控阵雷达系统、垂直发射防空导弹系统，发展卓越的舰队区域防空与战略性高空反导能力。进入 21 世纪后，新日本海军通过几十年不动声色的发展，已经无可置疑地获得了世界第二强海军的地位，尽管其多少有些过于偏重防御力的弱点，但是因为日本在东亚范围内的对手在舰艇制造技术水准及装备研制能力上均与其有较大差距，再加上其背后又有美国在西太平洋基地的兵力和航母特混舰队的支持，海上自卫队不但自保有余，而且其进攻能力的未来扩展也越来越引起世人的关注，它将成为一支在越发显得动荡的东亚地区起到改变战略平衡作用的重要海上力量。

▲ 允许日本普通民众上舰感受的海上自卫队阅舰式。

DD 朝风（あさかぜ）型

根据美日舰艇租借协定，1954年10月有2艘参加过第二次世界大战的美国格里夫斯级驱逐舰被转交给了日本防卫厅，成为刚刚诞生的海上自卫队当时最强大的武备。两舰原本的名称分别是“艾丽森”（DD-454 Ellyson）与“马科姆”（DD-458 Macomb），加入海自后分别改名为“朝风”与“旗风”，构成了海自战后第一代驱逐舰朝风型。朝风型仍然保持着二战军舰的特色：其最高航速达到37节，而这样的高航速对于战后的通用军舰来说是不必要的，因此朝风型也就一直保持战后日本驱逐舰最高航速纪录直至今日。1959年实施了改造工程，加装对空、对海面搜索雷达。两舰都在1969年除籍，被卖给台湾地区海军，分别使用到1971和1974年退役。

朝风型性能参数

排水量： 1600吨
舰长： 106米
舰宽： 11米
主机： 蒸汽轮机2座2轴，总功率为50000马力
最大航速： 37节
武器：
MK12 127mm/38倍径单管炮4座
20mm双联装机炮2座
博福斯40mm四联装机炮2座
乘员： 270名

▼刚刚引入时的朝风型驱逐舰线图。

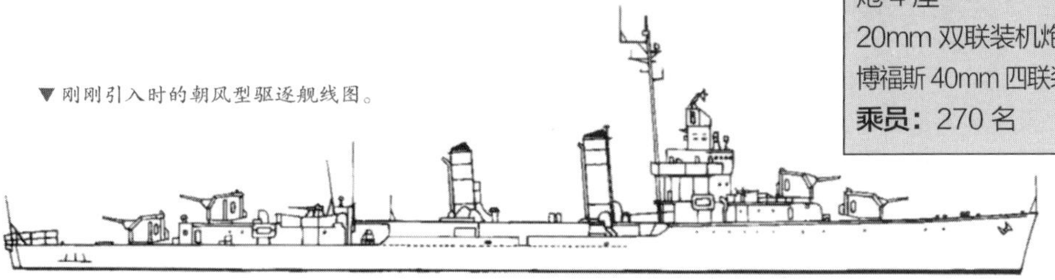

刚刚拆除第二座127mm舰炮的朝风号，摄于1955年。美方在将两舰移交给日方之前，已经将鱼雷装备全部撤去。

美国格里夫斯级驱逐舰马科姆号（USS Macomb DD-458），日本接收后改名为“旗风”，后又辗转卖给台湾海军，改名“咸阳”，大约服役到1974年。

DD 春风（はるかぜ）型

海上警备队成立后，立即提出了第一期自造军舰计划，相关预算在 1952 年的 12 月末由大藏省编制（被解散的海军省有不少人员都进入了战后的大藏省），总价 130 亿日元，不过此预算因为众院解散进行选举等原因，推迟到 1953 年 8 月才成立，并最终削减至 115 亿日元，用来建造 16 艘大小军舰。这其中最引人注目的，就是 2 艘排水量 1600 吨的“甲型警备船”，其设计由新成立的财团法人“船舶设计协会”负责，此财团法人实际上就是旧海军的技术人员重新集结组成的。甲型警备船以旧海军的白露型与美国海军的阿伦·萨姆纳型驱逐舰（Allen M. Sumner，美国在二战中继弗莱彻级之后所建造的大型驱逐舰，其数量达到 58 艘）的技术为基础，不再强调鱼雷战，而充分重视长期性的反潜战。另外模仿美国海军采用了综合情报处理系统，即在日本国产军舰上第一次出现了 CIC 指挥室。总体而言，春风型在日本战后军舰设计史上开创了新面貌，它一直服役到了 1956 年。此前的 1954 年防卫厅和海自已经成立，因此“甲型警备船”也就改称为“甲型警备舰”，直到 1961 年才正式称为“护卫舰”。

春风型性能参数

排水量： 1700 吨
舰长： 106 米
舰宽： 10.5 米
主机： 蒸汽轮机 2 座 2 轴，总功率为 30000 马力
最大航速： 30 节
武器：
MK30 127mm/38 倍径单管炮 3 座
40mm 四联装机炮 2 座
24 管反潜迫击炮 1 座
电子装备：
AN/SPS-6 对空搜索雷达
AN/SPS-5 对海搜索雷达
乘员： 240 名

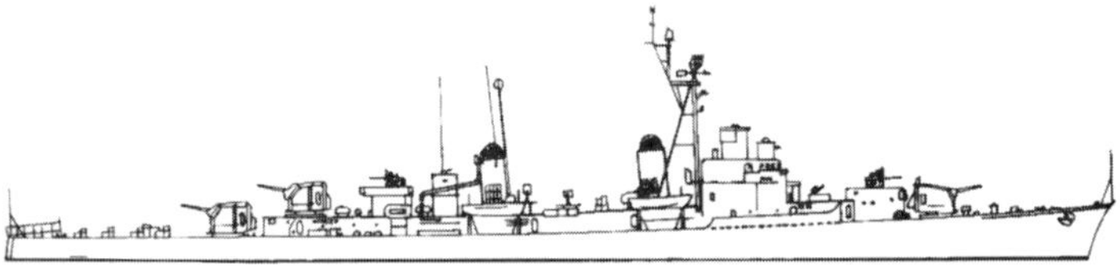

◀ 春风型驱逐舰线图。

春风型的技术原型，美国海军二战期间量产型驱逐舰阿伦·萨姆纳型。图为库珀号（USS Cooper DD-695）。

(1)
春风
（はるかぜ）

1953年列入计划，由三菱重工长崎造船厂制造，于1956年4月26日竣工，舷号DD-101。1985年3月5日除籍。

▲日本海上警备队第一代驱逐舰春风号，其排水量和火力远不如二战时期的日本海军驱逐舰，但更加注重防空与反潜。

▲退役之后保存在自卫队第一术科学校的DD-101春风号。

▲ DD-101 春风号的另一张照片。

(2)
雪风
（ゆきかぜ）

1953年列入计划，由新三菱重工神户造船厂制造，于1956年7月31日竣工，舷号DD-102。1985年3月27日除籍。

▲ 新建成时正在进行海试的雪风号甲型警备舰。

DE曙（あけぼの）型、DE雷（いかづち）型

在日本第一期自行制造的军舰计划中，除列入2艘“甲型警备船”之外，还有3艘排水量较小的“乙型警备船”（警备船后来都改称警备舰，进一步改称护卫舰），这实际上是旧日本海军以大小两种驱逐舰同时建造服役、高低搭配执行任务之思想沿用至战后，并延续至今。乙型警备船以旧海军的松型与美国海军的巴克利（Buckley）型柴油机护航驱逐舰的技术为基础，将蒸汽轮机与柴油机分别安装在3舰上进行比较试验。安装了蒸汽轮机的首舰被称为“曙”，而安装了柴油机的后续2舰则被称为“雷”、“电”，这3舰也因为动力装置的不同而被分成了2种型号。1960年6月4日曙号和雷号在津轻海峡进行反潜训练时相撞，雷号2人死亡2人负伤，倒霉的雷号在次日进入函馆港船坞修理时，又发生汽油爆炸事故，又炸死了3名船员。在动力装置实际使用的比较中，海上自卫队最后得出的结论是雷型的柴油引擎系统在续航距离、重量、容积、省油各方面都是较为有利的，因此在以后的DE护卫舰上继续推广使用柴油引擎。

雷型性能参数

排水量： 1070吨
舰长： 88米
舰宽： 8.7米
吃水： 3.08米
主机： 柴油发动机2座，功率12000马力
最大航速： 26节
武器：
54式76mm/50倍径单管炮2座
40mm双联装机炮2座
反潜迫击炮1座
电子装备：
OPS-2对空搜索雷达
OPS-3对海搜索雷达
乘员： 160名

曙型性能参数

排水量： 1060吨
舰长： 89.5米
舰宽： 8.7米
吃水： 3.15米
主机： 石川岛舰本改良式三缸蒸汽轮机2座，功率为18000马力
最大航速： 28节
武器：
54式76mm/50口径单管炮2座（1959年拆除，换装MK34 76mm/50口径单管炮2座）
40mm双联装机炮2座
反潜迫击炮1座
电子装备：
OPS-2对空搜索雷达
OPS-3对海搜索雷达
1959年起装备MK63炮击指挥装置
乘员： 193名

乙型警备船的技术原型，美国海军护航驱逐舰巴克利级，图为其中的吉莱特号（USS Gillette DE-681）。

(1)
曙
（あけぼの）

1953年列入计划，由石川岛重工东京造船厂制造，于1956年3月20日竣工，舷号DE-201。1981年3月30日除籍。

▲曙号乙型警备舰线图。

▲曙号乙型警备舰。

(2)
雷
（いかづち）

1953年列入计划，由川崎重工神户造船厂制造，于1956年5月29日竣工，舷号DE-202。1983年除籍。

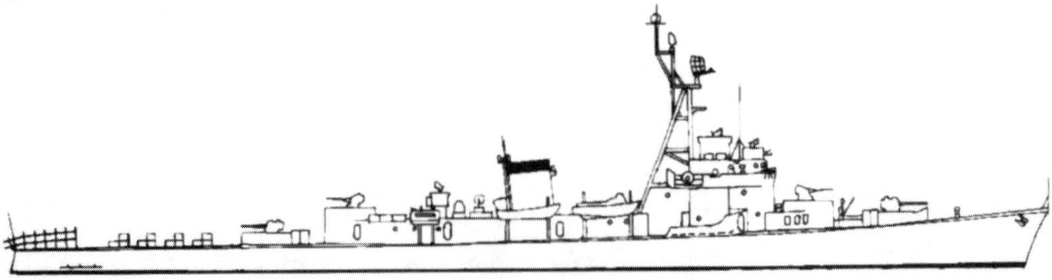

▲雷号乙型警备舰线图。

▲1956 年，正在神户外海进行雷达测试的雷号，由于采用柴油发动机，舰上只有一个烟囱。

(3) 电（いなづま）

1953 年列入计划，由三井神户造船厂制造，于 1956 年 5 月 29 日竣工，舷号 DE-202。1983 年除籍。

▲电号驱逐舰，图为该舰 1974 年 9 月 20 日在濑户拍摄的照片。该舰当时与雷号一起编成第七护卫队，隶属吴地方队。

DDK 绫波（あやなみ）型

1954 年日本防卫厅（现防卫省）成立，随后日本国防基本方针得到确定（预先防止直接或间接侵略、万一被侵略时实施击退、以民主主义为本保卫日本的独立与和平），1957 年 7 月第一次防卫力整备计划获得通过，要求海上自卫队装备舰艇目标 124000 吨。由此海自又开始建造潜水艇等强力军备（战后首艘潜水艇为第一代“亲潮”SS-511，1955 年 6 月服役）。同时要求新造甲型警备舰 8 艘，而实际在 1956 ~ 1959 年间新造了 7 艘 1700 吨级舰，由于设计时特别突出了其反潜能力，因此新型舰被称为是“对潜护卫舰”DDK（K 代表“Hunter Killer”的意思），被称为“绫波型”。配合自卫队从美国引进并开始进行国产化的第一代反潜巡逻机 P2V-7，日本的反潜力量得到了大幅度的提升。其设计工作由海自技术研究本部负责，以战后吸取西方国家设计经验而成长起来的“技术开发官”们为设计主力。为了提高绫波型船内容积（船员平均居住面积首次提高到 2 平方米以上）和增强复原性，采用了长船艏楼型，为增强船体中部连接的强度而设置了倾斜甲板，尽管船员在通行时稍有不便，但仍被认为是一种成功的设计。航速提高到 32 节，以便可以高速追击潜水艇。装备了当时世界上比较先进的各型反潜装备，后又加装了 VDS 可变深度声呐等设备，一直服役到 80 年代末期。

绫波型性能参数

排水量： 1700 吨
舰长： 109 米
舰宽： 10.7 米
吃水： 3.6 米
主机： 蒸汽轮机 2 座 2 轴，总功率为 35000 马力
最大航速： 32 节
武器：
76mm/50 倍径双联装炮 3 座
533mm 四联装鱼雷发射管 1 座
反潜迫击炮 1 座
MK2 短鱼雷投射机 2 座
深弹投放轨道 2 条
电子装备：
AN/SPS-12 对空搜索雷达
OPS-5 对海搜索雷达
AN/SQS-11 搜索声呐
AN/SQR-4 攻击用声呐
部分舰加装 OQA-1A 可变深度式声呐
乘员： 220 名

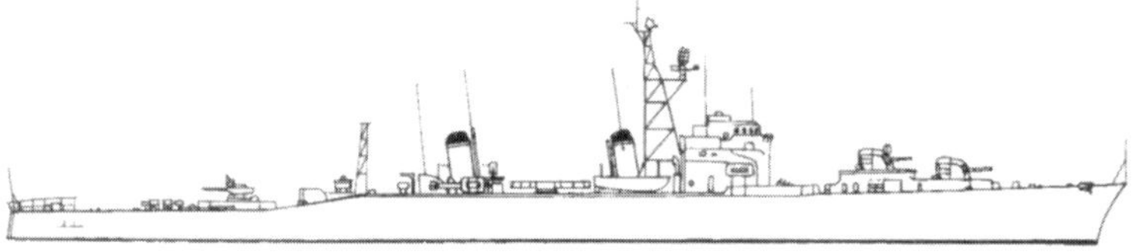

▲ 绫波型驱逐舰线图。

(1)
绫波
（あやなみ）

1955 年列入计划，由三菱重工长崎造船厂制造，于 1958 年 2 月 12 日竣工，舷号 DD-103。1986 年 12 月 25 日除籍。

1958 年，刚刚竣工的 DD-103 绫波号驱逐舰。

(2)
矶波
（いそなみ）

1955 年列入计划，由新三菱重工神户造船厂制造，于 1958 年 3 月 14 日竣工，舷号 DD-104。1987 年 7 月 1 日除籍。

▲ 更改为训练舰（TV-3502）之后在船坞内保养的矶波号。

(3)
浦波
（うらなみ）

1955 年列入计划，由川崎重工神户造船厂制造，于 1958 年 2 月 27 日竣工，舷号 DD-105。1986 年 12 月 25 日除籍。

(4)
敷波
（しきなみ）

1955 年列入计划，由三井造船玉野造船厂制造，于 1958 年 3 月 15 日竣工，舷号 DD-106。1987 年 7 月 1 日除籍。

(5)
高波
（たかなみ）

1957 年列入计划，由三井造船玉野造船厂制造，于 1960 年 1 月 30 日竣工，舷号 DD-110。1988 年 3 月 24 日除籍。

(6)
大波
（おおなみ）

1958 年列入计划，由石川岛重工东京造船厂制造，于 1960 年 8 月 29 日竣工，舷号 DD-111。1990 年 3 月 23 日除籍。

(7)
卷波
（まきなみ）

1958 年列入计划，由饭野重工舞鹤造船厂制造，于 1960 年 10 月 28 日竣工，舷号 DD-112。1990 年 3 月 23 日除籍。

▲ 更改为训练支援舰（ASU-7005）的浦波号。

▲ 刚刚建成的 DD-111 大波号驱逐舰。

DDA 村雨（むらさめ）型

海上自卫队在吸取二战教训，建造绫波型反潜舰的同时，对防空型战舰也很重视，由此诞生的就是所谓的 DDA 村雨型，不过这个名称并不单指防空，因为这种驱逐舰在强化防空能力的同时兼有反舰、反潜能力，因此这个 A 是 All purpose（多功能）的意思。在装备 127mm 主炮之外，还为 DDA 配备了 76mm 连装速射舰炮，充分满足了海上自卫队近海巡航的需求。为防止武备重量增加导致复原性出现问题（复原性是战后日本军舰设计时吸取旧海军教训而特别重视的问题），127mm 主炮的防盾改用较薄的 HT 钢，船型与绫波型基本一致。其 3 号舰春雨服役后半进行了多项改造，装备了日本国产的 68 式射击指挥仪。3 艘战后第一代村雨型建成后共同组成了海自第 10 护卫队（该护卫队号称“日本海之虎”），在舞鹤驻扎到退役为止。

村雨型性能参数

排水量： 1800 吨
舰长： 108 米
舰宽： 11 米
吃水： 3.7 米
主机： 蒸汽轮机 2 座 2 轴，总功率为 30000 马力
最大航速： 30 节
武器：
127mm/54 倍径单管炮 3 座
76mm/50 倍径双联装速射炮 2 座
反潜迫击炮 1 座
短鱼雷投射机 2 座
深弹投放轨道 2 条
电子装备：
OPS-1 对空搜索雷达
OPS-3 对海搜索雷达
AN/SQS-11 搜索声呐
AN/SQR-4 攻击用声呐
乘员： 250 名

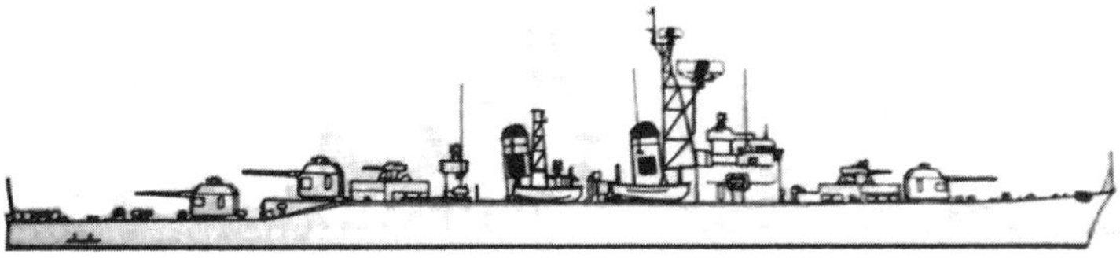

▲ 村雨型驱逐舰线图。

▲ 村雨号和夕立号正在实施整备作业，舰炮有的呈最大仰角有的则偏转 90 度。其采用的 MK39 型 127mm 舰炮最大仰角能够达到 80 度。

▲ 村雨型的舰桥特写，顶端安装有 MK57 和 MK63 射击指挥仪。为了减轻重量，舰体上层结构基本使用铝合金建造。

▲ 1960 年 2 月 19 日，夕立号正在三宅岛附近海上进行服役测试。造船所武器科的技术人员将 MK33 型 76mm50 倍径双联装速射炮的仰角放到最大，并测试其性能参数。日本海军一向对军舰制造的每一个细节都精益求精，并且强调要进行“现场”测试。

◀ 春雨号上装备的 MK57 舰炮射击指挥仪，指挥 127mm 舰炮。该舰另装备有 MK63 射击指挥仪，以指挥 76mm 速射炮。类似如此射击指挥装置各不相同、难以形成系统战力的问题，将在今后的军舰上得到改善。

(1) 村雨（むらさめ）

1956 年列入计划，由三菱重工长崎造船厂制造，于 1959 年 2 月 28 日竣工，舷号 DD-107。1988 年 3 月 23 日除籍。

▲ 可以看到村雨号 2 号烟囱后面的 MK57 指挥仪旁有多名舰员正在实施调整作业，与之相对的 2 号 127mm 舰炮炮管呈高仰角状态。

(2) 夕立（ゆうだち）

1956年列入计划，由石川岛重工东京造船厂制造，于1959年3月25日竣工，舷号DD-108。1987年3月24日除籍。

▲1960年2月27日，在馆山附近海面进行公试航行的夕立号。在正式服役前该舰共进行了22次公试航行，充分测试了各项性能。注意舰艏良好的防波造型。

(3) 春雨（はるさめ）

1957年列入计划，由浦贺船渠制造，于1959年12月15日竣工，舷号DD-109。1989年5月31日除籍。

▲1972年5月28日海上自卫队展示演习中的春雨号，其舰尾已经装备了拖曳声呐。

DD 秋月（あきづき）型

美国为扶持日本海上自卫队发展而提出 OSP（Off Shore Procurement）计划，具体来说就是改良二战优秀驱逐舰弗莱彻级的设计，提供援助资金给日本，由日本在本国进行制造。但是日本从春风型以来已经积累了相当多的军舰自主设计经验，因此只接受了美国的援助资金，设计与建造全部在日本独立完成（其单舰成本被压缩至 1868 万美元），由此而来诞生的就是通用型驱逐舰秋月型（战后第一代）。为了在对空、对潜、对舰作战能力上取得均衡，将绫波型和村雨型的兵装混合采用，又加强反潜能力，还要赋予其舰队旗舰的功能，由此使秋月型的排水量增加到了 2350 吨。海上自卫队在战后首次拥有排水量超过 2000 吨的国产作战舰艇，这标志着日本的军用船舶制造水准已经恢复亚洲最高水准。其船型构造仍然沿袭绫波、村雨，而舰内可使用面积更大，一部分居住区首次安装了空调设备（在战前这是大型战列舰或补给船上才有的奢侈品），并且为了应对可能的核威胁，安装了清洗核灰尘的喷水装置。秋月型服役后加装了 MK108 反潜火箭发射装置，并一直服役到平成年代。顺便说，美国政府的 OSP 援助计划，在国内被批判为用美国纳税人的钱培养外国的造船工业，因此 OSP 的实施仅此一回。

秋月型性能参数

排水量： 2350 吨
舰长： 118 米
舰宽： 12 米
吃水： 8.5 米
主机： 蒸汽轮机 2 座 2 轴，总功率为 45000 马力
最大航速： 32 节
武器：
MK39 127mm/54 倍径单管炮 3 座
57 式 76mm 双联装速射炮 2 座
MK108 反潜火箭发射装置 1 座（后换装 71 式反潜火箭）
55 式反潜迫击炮 1 座
MK2 短鱼雷投射机 2 座
深弹投放轨道 2 条
电子装备：
OPS-1 对空搜索雷达
OPS-5 对海搜索雷达
AN/SQS-4 搜索声呐
AN/SQR-8 攻击用声呐
乘员： 330 名

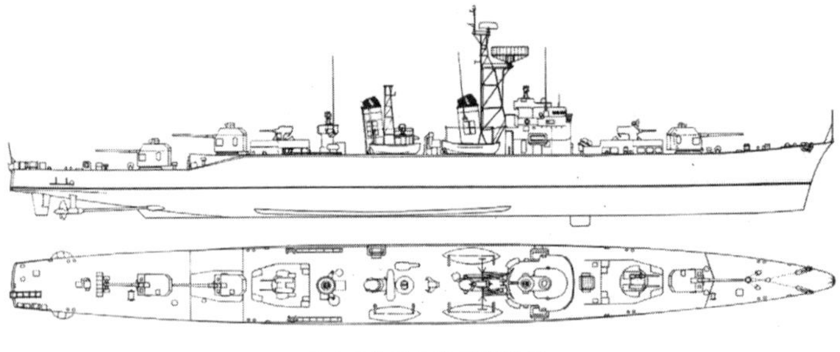

▲ 建造完成时的秋月型线图。

▲ 并排停靠在江田岛的秋月和照月号，可以清晰看出其甲板的倾斜角度，这个设计是为了尽可能减轻舰体重量。在倾斜甲板上铺设了防滑材料。

▲1960年4月9日，服役不久的秋月与照月号在东京港芝浦公开展示，留下对其76mm双联装速射炮的特写。它的前方是127mm舰炮。

▲ 秋月号上的MK108反潜火箭发射器特写。该火箭射程750m，最高射速每分钟12枚，备用火箭垂直储存在发射器下方。MK108是60年代最先进的反潜武器之一。

▲ 照月号的两个烟囱之间安装了一座六五式533mm四联装鱼雷发射管，发射三菱重工的54式三型鱼雷。舰上还有4枚备用鱼雷。与太平洋战争中的日本大型驱逐舰一样，备用鱼雷被装在次发装填装置中，可迅速再装填。

▲ 照月号上的三菱71式火箭发射器，这是三菱重工从博福斯公司专利权生产的。其发射的火箭直径375mm，射程在820～2200米之间，射速为1发／秒。

(1) 秋月（あきづき）

1957年列入计划，由三菱重工长崎造船厂制造，于1960年2月13日竣工，舷号DD-161。1993年12月7日除籍。

正在做海上补给作业准备的秋月号。海上补给是以两舰间距30米、10节航速并排航行，两根平行钢索互相联系运送物资的。日本海上自卫队的海上补给技术一直保持着很高的水准，近些年在印度洋上的补给行动也深受盟军好评。

▲ 首代秋月型DD的服役对战后日本来说意味重大，尽管仍然不能摆脱使用美军所提供的武器限制（这种限制直到今天仍然存在），但日本毕竟又开始自己设计、建造真正的军舰了。

▲ 准备进行内海巡航的秋月号离开江田岛码头。在舰上列队的是当年海上自卫队干部候补学校毕业的军官实习生。

(2) 照月（てるづき）

1957年列入计划，由新三菱重工神户造船厂制造，于1960年2月29日竣工，舷号DD-162。1993年9月27日除籍。

▲ 1968年的照月号，已经装备有拖曳声呐。拖曳声呐加装工程是在1967年5月实施的，和以前的做法一样，日本先从美国引进装备，随后国产化。

DE 五十铃（いすず）型

海上自卫队刚诞生时所使用的乙型警备舰，后来逐渐成为所谓“地方队用护卫舰”，从事一些近海巡逻、反潜、反水雷之类的工作。到 50 年代末期，无论是第一代 DE 还是从美国引进的轻型护卫舰都已不堪使用，于是建造了新型 DE 五十铃型。首次采用了有遮浪甲板的舰型，主机继续使用柴油引擎，全舰都安装了空调设备，武备方面则强调反潜战力。五十铃型在地方舰队一直服役到平成年间。

五十铃型性能参数

排水量：1490 吨
舰长：94 米
舰宽：10.2 米
吃水：3.5 米
主机：柴油发动机 4 座（最上号只有 2 座，但总输出功率不变）2 轴，功率 16000 马力
最大航速：25 节
武器：
57 式 76mm 双联装速射炮 2 座
533mm 四联装鱼雷发射管 1 座
MK108 反潜火箭 1 座（北上、大井装备 71 式反潜火箭）
MK2 短鱼雷投射机 2 座（北上、大井装备 68 式三联装短鱼雷发射管）
深弹投放轨道 1 条
电子装备：
OPS-2 对空搜索雷达
OPS-16 对海搜索雷达
AN/SQS-11/12 搜索声呐
OQY-2 攻击用声呐
乘员：180 名

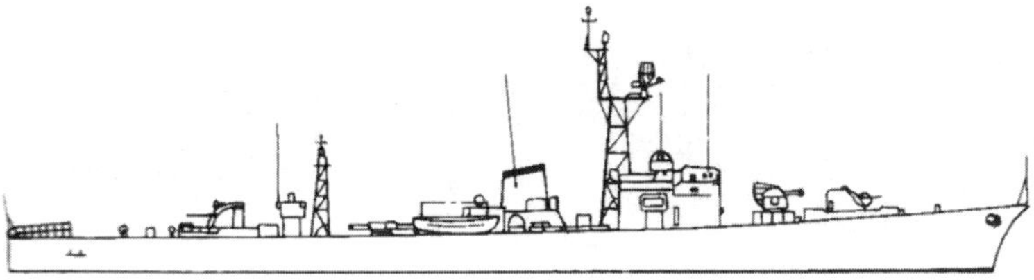

▲ 五十铃型驱逐舰线图。

(1) 五十铃（いすず）

1959 年列入计划，由三井造船玉野造船厂制造，于 1961 年 7 月 29 日竣工，舷号 DE-211。1992 年 3 月 25 日除籍。

(2) 最上（もがみ）

1959年列入计划，由三菱重工长崎造船厂制造，于1961年10月28日竣工，舷号DE-212。1991年6月20日除籍。

▲停泊在东京湾的DE212最上号。

(3) 北上（きたかみ）

1961年列入计划，由石川岛播磨东京造船厂制造，于1964年2月27日竣工，舷号DE-213。1993年11月16日除籍。

(4)
大井
（おおい）

1961 年列入计划，由饭野重工舞鹤造船厂制造，于 1964 年 1 月 22 日竣工，舷号 DE-214。1993 年 2 月 15 日除籍。

▲ DE214 大井号，停泊于东京湾内。

DDG 天津风（あまつかぜ）型

1958 年美国研制成功 SAM 塔塔（Tartar，也叫作“鞑靼人”，导弹制式名称 RIM-24）防空导弹系统，其体积与重量已可搭载于驱逐舰上（RIM-24 导弹甚至能够兼用于反舰，在捕鲸叉反舰导弹装备之前美国海军就靠这个凑合反舰），于是查尔斯·亚当斯级导弹驱逐舰应运而生，这使得世界海军舰艇的防空技术进入了导弹时代。同样在战后异常重视防空能力的海上自卫队紧跟潮流，向美国派出调查团，经研究后决心模仿美国的导弹驱逐舰，将秋月型后续舰的排水量从 2600 吨放大至 3000 吨以上（查尔斯·亚当斯级的标准排水量为 3370 吨），引进完全美国制造的防空导弹系统安装在新舰甲板上（采用遮浪甲板船型）。为了节省经费，将原先准备采用的 MK42 127mm/54 倍径舰炮改为不那么先进的 68 式 76mm 速射舰炮（即美军的 MK33 型、其技术水准还停留在战后初期）。由此诞生了日本海军第一艘安装导弹的军舰：天津风号。同时它也是海自第一艘突破 3000 吨排水量的军舰，迫于当时日本国力条件（一门心思发展经济，且美日安保条约的改定在国内引发大规模骚乱使吉田茂内阁焦头烂额），因此只建造了一艘。在此后的 11 年间天津风号是日本唯一一艘装备导弹的军舰，是海自的“虎之子”。由于其 MK13 防空导弹单臂发射器（GMLS）的技术保养工作要求极高，几乎是当成宝贝疙瘩一样伺候，天津风号的舰员不无讽刺地将其称为“塔大人”。天津风号于 70 年代进行了升级改进，使其能够发射更先进的标准 SM-

天津风型性能参数

排水量： 3050 吨
舰长： 131 米
舰宽： 13.4 米
吃水： 4.1 米
主机： 蒸汽轮机 2 轴，总功率为 45000 马力
主锅炉： 石川岛 FWD 两缸水管型锅炉 2 座
最大航速： 33 节
武器：
68 式 76mm/50 倍径双联装速射炮 2 座
MK13 单臂对空导弹发射器 1 座（改装后可发射标准 SM-1MR）
MK16 阿斯洛克 8 联装反潜火箭发射器
MK2 短鱼雷投射机 2 座（后换装三联装短鱼雷发射管）
电子装备：
SPS-39A 三坐标搜索雷达（后换装 SPS-52）
SPS-29A 对空雷达
SPG-51 导弹发射指挥雷达
SQS-4A 声呐（后换装 SQS-23）
WDEMk4 战术情报综合处理系统
Mk74 导弹火控系统
乘员： 290 名

天津风型的技术原型，美国查尔斯·亚当斯级导弹驱逐舰。其首舰编号为“DDG-2”，其末舰瓦德尔号按序排至“DDG-24”。但日本海自并没有从导弹驱逐舰开始重新编号，只是在前加上 DDG 而已。

1MR 导弹，还装备了 8 联装阿斯洛克反潜火箭、电子化指挥控制装置、卫星通信器等。值得一提的是，天津风还首次在日本军舰上实现了全舰安装空调设备，居住舒适度相比过去可谓云壤之别了。总之天津风号是海上自卫队迈向现代化的先锋舰。

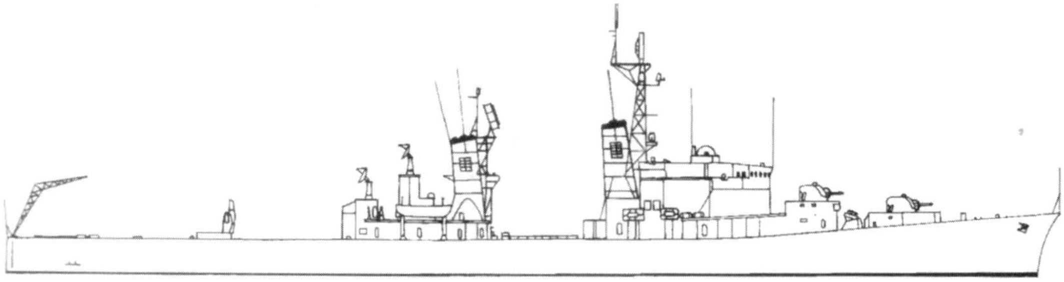

▲ 天津风号驱逐舰线图。

(1)
天津风
（あまつかぜ）

1960 年列入计划，由三菱重工长崎造船厂制造，于 1965 年 2 月 15 日竣工，舷号 DDG-163，加入第 1 护卫队群。1986 年配属第 3 护卫队群。1995 年 11 月 29 日除籍，在若狭湾作为反舰导弹靶舰被击沉。

▲ 正在进行海试的 DDG-163 天津风号驱逐舰。

DDK 山云（やまぐも）型

1961年7月，为今后五年时间内日本军力发展而制定的第二次防卫力整备计划（二次防）获得国防会议通过，提交议会审议。此计划的目的是在已得到确立的日美安保体制下，应对使用未来型兵器的局部型侵略战争，因此海上自卫队的舰艇要扩充到140000吨规模。2次防的军费总额达到一兆一千六百亿日元之巨，是当时日本年度国民收入的1.4%。计划要建造2000吨级甲型警备舰7艘，3000吨级甲Ⅱ型警备舰4艘。不过在1962年度的预算审议中，甲Ⅱ型警备舰仅仅被调拨了调查费，投入制造的只有1艘甲型警备舰，这就是海上自卫队计划用来增强反潜实力的新一代DDK山云型。其兵装仍基本停留在第二次世界大战后时代的水平，但其反潜武备可说已经达到了世界准一流水准，包括阿斯洛克反潜火箭、短鱼雷发射管、SQS-35（IVDS）可变深度声呐等等。在舰底安装了低波段大功率的SQS-23声呐，进一步提升了其反潜力量，为此在服役后对其船体也进行了一些改进，加强其凌波性与复原性。山云型的建造拖延时日极长，预算从2次防一直延伸到4次防，最终也只造了6艘，而首舰与末舰的竣工竟相隔12年之久，可以说已经不是一个时代的东西了。

山云型性能参数

排水量： 2050吨
舰长： 114米
舰宽： 11.8米
吃水： 3.9米
主机： 三菱12UEV40E柴油发动机6座2轴，总功率为26500马力
最大航速： 27节
武器：
76mm/50倍径双联装速射炮2座
74式阿斯洛克八联装反潜火箭发射器1座
71式博福斯反潜火箭发射器1座
68式三联装短鱼雷发射管2座
电子装备：
OPS-11对空搜索雷达
OPS-17对海搜索雷达
AN/SQS-23舰首搜索声呐（后期型换装OQS-3声呐），部分舰安装SQS-35可变深度声呐
乘员： 210名

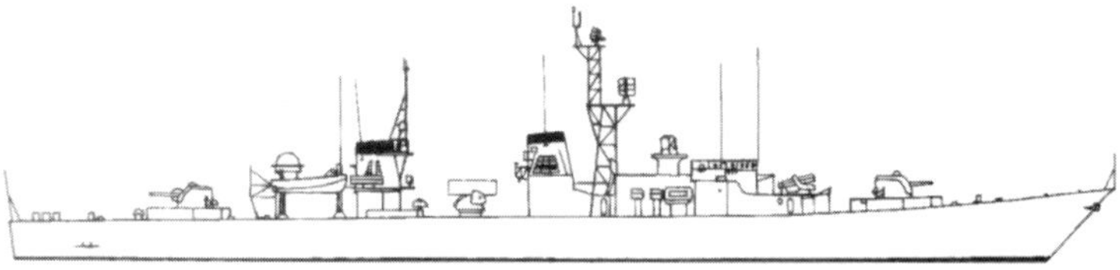

▲ 山云型驱逐舰线图。

▲ 山云型列装的76mm 50倍径双联装速射炮。

▲ 山云型列装的 71 式博福斯反潜火箭发射器。

(1)
山云
（やまぐも）

1962 年列入计划，由三井造船玉野造船厂制造，于 1966 年 1 月 29 日竣工，舷号 DD-113。1995 年除籍。

(2)
卷云
（まきぐも）

1963 年列入计划，由浦贺重工造船厂（原浦贺船渠）制造，于 1966 年 3 月 19 日竣工，舷号 DD-114。1995 年除籍。

▲ 卷云号舰桥相当简陋，难以容纳现代化电子设备。

(3)
朝云
（あさぐも）

1964年列入计划，由舞鹤重工造船厂制造，于1967年8月29日竣工，舷号DD-115。1998年除籍。

▲ 正在参加日美协同训练的DD-115朝云号。

(4)
苍云
（あおくも）

1969年列入计划，由住友重工浦贺造船厂（住友与浦贺兼并组成）制造，于1972年11月25日竣工，舷号DD-119。2003年除籍。

▲ 改为练习舰（TV-3512）的苍云号，与前期山云型相比改动很多，因此从苍云开始也被非正式称呼为“苍云型”。

(5)
秋云
（あきぐも）

1971 年列入计划，由住友重工浦贺造船厂制造，于 1974 年 7 月 24 日竣工，舷号 DD-120。2005 年除籍。

▲改为练习舰（TV-3514）的秋云号。

(6)
夕云
（ゆうぐも）

1974 年列入计划，由住友重工浦贺造船厂制造，于 1978 年 3 月 24 日竣工，舷号 DD-121。2005 年除籍。

▲DD-121 夕云号。该舰 1978 年才服役，已显过时。日本随后便开始重振军备，海上自卫队实力开始快速上升。

DDA 高月（たかつき）型

就如同一次防卫计划的村雨型一样，高月型是作为二次防卫计划的通用型驱逐舰（甲Ⅱ型警备舰）列入计划，将山云型及峰云型的远、中、近程反潜装备都一股脑搬过来使用，使其排水量也达到了 3000 吨以上，在其服役之初实际上是作为高性能反潜舰使用。战前日本海军军舰的火力看似强大，但火力系统之间统一指挥互相配合的能力却很低，纯粹依靠炮术和水雷军官的个人技能发挥战力，战后随着日本电子工业的兴起，电子化指挥也得到了海自的高度重视。高月型首舰便采用了 NYYA-1 综合情报处理系统，尽管性能还不完善，但却成为日后海自广泛采用的 OYQ 综合指挥系统之发端。其前期两舰在 1985~86 年间实施近代化改装，其主要内容是撤去早已不符合潮流的 127mm 主炮而加装防空导弹、反舰导弹，由此跨入了现代化军舰的门坎，但是鉴于改造成效比考虑对后期两舰并没有实施改造。高月型 DDA 堪称日本海自组建战后“八六舰队”及后来更高级的“八八舰队”之重要基础。

高月型性能参数

排水量： 3050 吨
舰长： 136 米
舰宽： 13.4 米
吃水： 4.4 米
主机： 蒸汽轮机 2 轴 2 座，总功率为 60000 马力
最大航速： 32 节
武器：
127mm/54 口径单管速射炮 2 座（高月、菊月改造后撤掉 1 座）
74 式阿斯洛克 8 联装反潜火箭发射器 1 座
71 式博福斯反潜火箭发射器 1 座
68 式三联装短鱼雷发射管 2 座
QH-50 反潜无人直升机 2 架
MK137 干扰弹发射器
电子装备：
OPS-11 对空雷达
OPS-17 对海搜索雷达
SQS-23 舰艏声呐（高月、菊月改造后为 OQS-3 改声呐）
SQS-35 可变深度声呐
NYYA-1 综合情报处理系统
乘员： 270 名

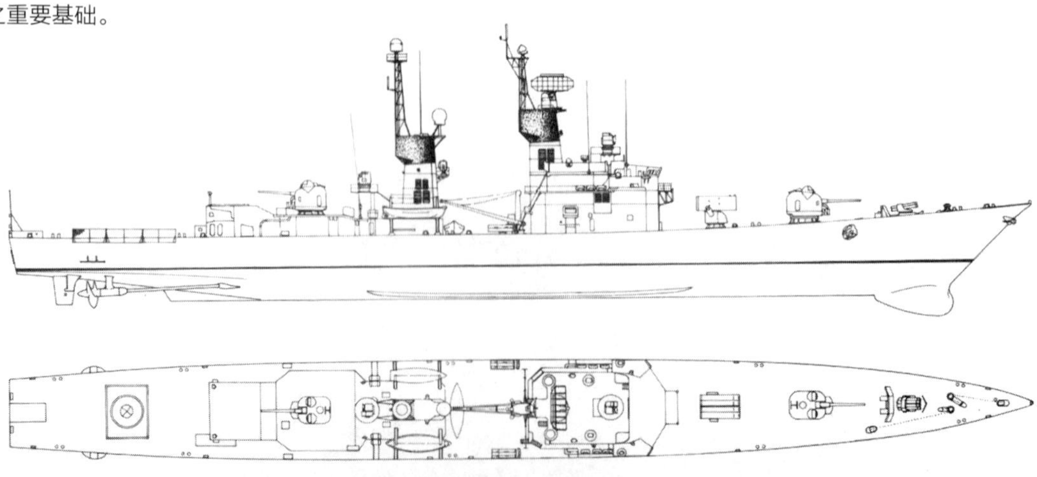

▲20 世纪 90 年代的高月型驱逐舰线图。

▲ 望月号的舰艏武备特写，127mm 单管速射炮和 8 联装反潜火箭发射器。炮塔左右两端各有一个观瞄口，右侧的对空左侧的对水面瞄准用。这是在电子观瞄装置不起作用的情况下备用的。

(1)
高月
（たかつき）

1963 年列入计划，由石川岛播磨东京造船厂制造，于 1967 年 3 月 15 日竣工，舷号 DD-164。2002 年 8 月 16 日除籍。

▲正在进行公试航行的高月号。由于装备有反潜导弹、反潜鱼雷、反潜无人直升机等武器，其反潜作战力相当高。

(2)
菊月
（きくづき）

1964 年列入计划，由三菱重工长崎造船厂制造，于 1968 年 3 月 27 日竣工，舷号 DD-165。2003 年 11 月 6 日除籍。

▲1968 年 3 月 27 日，竣工当日的菊月号，甲板上安装有数据测量装置。

(3) 望月（もちづき）

1965年列入计划，由石川岛播磨东京造船厂制造，于1969年3月19日竣工，舷号DD-166。1999年3月19日除籍。

▲ 1975年，正在参加日美海军军校学员交换实习的望月号，每年美日双方都让学员乘坐对方的军舰航海实习。图片摄于从吴港到横须贺的途中。

(4) 长月（ながつき）

1966年列入计划，由三菱重工长崎造船厂制造，于1970年2月12日竣工，舷号DD-167。1999年4月1日除籍。

▶ 1976年正在进行远距离航行的长月号，该舰从5月到10月行遍南北美洲，途中在14个国家靠港，总航程33470海里。在美国还参加了独立战争200周年的阅舰式。

DDK 峰云（みねぐも）型

峰云型是作为山云型的改良而诞生的反潜战舰，其主要改进就是将主要反潜武器从阿斯洛克反潜火箭改为 QH-50 反潜无人直升机，试图以此高科技装备大大扩大对潜艇的搜索范围。但是 QH-50 本身在美国海军中使用效果也不佳，主要不利因素是其造价高昂又容易损失，在越南战争中的实践证明其费效比很低，因此其量产计划在 1969 年被取消了。峰云型原本打算用 SH-2F 直升机（UH-2 的海军型号）来替换无人直升机，但最终无法实现此设想，不得不于 1979 年及 1982 年将 QH-50 及其着发平台撤去，重新装上了阿斯洛克反潜火箭发射器。其他兵装及船体、动力等方面基本沿用山云型的设置，另外为加强船体强度在船舷两侧上部各加装了两枚细长钢板。3 号舰丛云号在竣工后进行了不少新武器的实用性试验，例如将后部的一座 76mm/50 倍径舰炮换装为意大利奥托·梅莱拉公司生产的 76mm /62 倍径紧凑型舰炮（美军通用的 MK75 型即仿造于此型舰炮），前后部射击指挥仪不统一的问题则通过国产装置的换装得到解决。

峰云型性能参数

排水量： 2100 吨
舰长： 114 米
舰宽： 11.8 米
吃水： 3.9 米
主机： 三菱 1628VBU38V 柴油发动机 6 座 2 轴，总功率为 26500 马力
最大航速：28 节
武器：
76mm/50 倍径双联装速射炮 2 座（丛云号使用 76/mm62 倍径紧凑型单管舰炮）
QH-50 反潜无人直升机 2 架（后换装 74 式阿斯洛克 8 联装反潜火箭发射器 1 座）
71 式博福斯反潜火箭发射器 1 座
68 式三联装短鱼雷发射管 2 座
电子装备：
OPS-11 对空雷达
SQS-35 可变深度声呐
乘员： 220 名

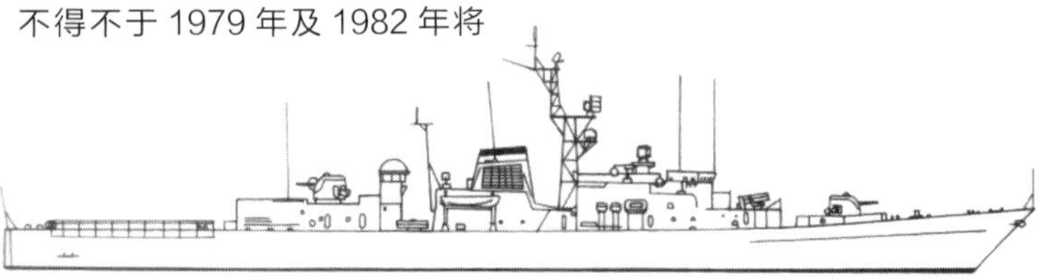

▲ 峰云型驱逐舰线图。

(1)
峰云
（みねぐも）

1965 年列入计划，由三井造船玉野造船厂制造，于 1968 年 8 月 31 日竣工，舷号 DD-116。1999 年除籍。

刚刚建成时的DD-116峰云号驱逐舰。

(2)
夏云
（なつぐも）

1966 年列入计划，由住友重工浦贺造船厂制造，于 1969 年 4 月 25 日竣工，舷号 DD-117。1999 年除籍。

▲ 改为训练舰（TV-3509）的夏云号。

(3)
丛云
（むらぐも）

1967 年列入计划，由舞鹤重工造船厂制造，于 1970 年 8 月 21 日竣工，舷号 DD-118。2000 年除籍。

▲ 新建成时的 DD-118 丛云号驱逐舰。

DE 筑后（ちくご）型

1966 年的日本正处于东京奥运会召开（1964）与新干线建成后的兴奋之中，这个国家又再次成为了世界大国（GDP 跃居世界第二）。66 年末提出的第 3 次防卫力整备计划，明确要求海上自卫队加强“周边海域”防卫能力及确保海上交通线的安全，这是日本不安分于战后纯国土防卫体制，而试图将军事触角伸向海外之开端。作为 3 次防预计划中的“乙型警备舰”，最终建成了 11 艘筑后型 DE 舰，用于补充地方护卫舰队实力。筑后型在船体与动力系统方面多继承五十铃型北上号，将其船幅适度放宽，以增强航海稳定性。根据制造船厂的不同，由三井玉野造船厂制造的各舰搭载三井制柴油发动机，而在日立造船厂制造的则搭载三菱制柴油发动机。兵装方面，将后部主炮从五十铃的 76mm 双联装改为小巧的 40mm 双联装速射炮，但加装各种反潜探测器、武器。筑后型原计划要制造 14 艘，但由于石油危机、物价高涨的影响（末舰的造价是首舰的 3 倍），最后三舰的制造计划取消。

筑后型性能参数

排水量： 1500 吨
舰长： 93 米
舰宽： 10.8 米
吃水： 3.5 米
主 机： 三菱 128UEV30/40 柴油发动机 4 座（或三井 1228V3BU 柴油发动机 4 座）2 轴，总功率为 16000 马力
最大航速： 25 节
武器：
68 式 76mm 双联装速射炮 1 座
MK.1 式 40mm 双联装机炮 1 座
74 式阿斯洛克 8 联装反潜火箭发射器 1 座
68 式三联装短鱼雷发射管 2 座
电子装备：
OPS-14 对空雷达
OQS-3A 舰艏声呐
SQS-35J 可变深度声呐
乘员： 166 名

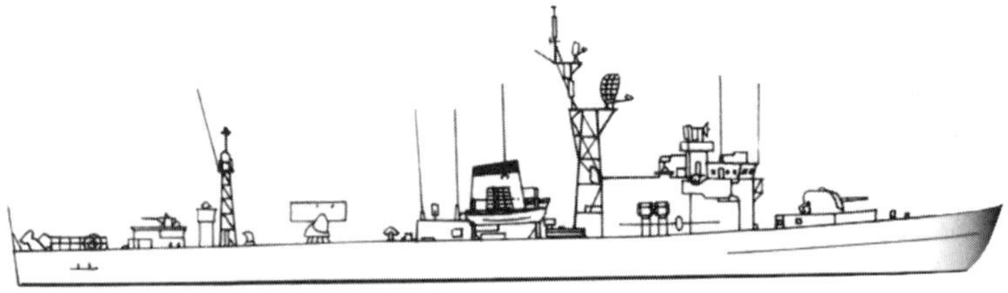
▲ 筑后型驱逐舰线图。

(1)
筑后（ちくご）

1967 年列入计划，由三井造船玉野造船厂制造，于 1971 年 7 月 31 日竣工，舷号 DE-215。1996 年 4 月 15 日除籍。

▲ 正在佐世保港内航行的 DE-215 筑后号驱逐舰。

(2)
绫濑
(あやせ)

1968年列入计划，由石川岛播磨东京造船厂制造，于1971年5月20日竣工，舷号DE-216。1996年8月1日除籍。

(3)
三隈
(みくま)

1968年列入计划，由三井造船玉野造船厂制造，于1971年8月26日竣工，舷号DE-217。1997年7月8日除籍。

(4)
十胜
(とかち)

1969年列入计划，由三井造船玉野造船厂制造，于1972年5月17日竣工，舷号DE-218。1998年4月15日除籍。

(5)
岩濑
(いわせ)

1970年列入计划，由三井造船玉野造船厂制造，于1972年12月12日竣工，舷号DE-219。1998年10月16日除籍。

(6)
千岁
(ちとせ)

1970年列入计划，由日立造船舞鹤造船厂制造，于1973年8月31日竣工，舷号DE-220。1999年4月13日除籍。

(7)
仁淀
(によど)

1971年列入计划，由三井造船玉野造船厂制造，于1974年2月8日竣工，舷号DE-221。1999年6月24日除籍。

▲ 正在干船坞中修理的DE-221仁淀号。

(8)
天塩
（てしお）

1972年列入计划，由日立造船舞鹤造船厂制造，于1975年1月10日竣工，舷号DE-222。2000年6月27日除籍。

(9)
吉野
（よしの）

1972年列入计划，由三井造船玉野造船厂制造，于1975年2月6日竣工，舷号DE-223。2001年5月15日除籍。

(10)
熊野
（くまの）

1972年列入计划，由日立造船舞鹤造船厂制造，于1975年11月19日竣工，舷号DE-224。2001年5月18日除籍。

▲ 正在舞鹤湾口航行的DE-224熊野号驱逐舰。

(11)
能代
（のしろ）

1972年列入计划，由三井造船玉野造船厂制造，于1977年6月30日竣工，舷号DE-225。2003年3月13日除籍。

▶ DE-225能代。

DDH 榛名（はるな）型

日本第3次防卫力整备计划中最野心勃勃的海军装备，就是要发展海自史上首型“直升机护卫舰”，以其搭载的直升机大幅提升侦察与反潜范围，同时还要装备最先进的防空导弹。毫无疑问，这将是一款大型、符合现代化水准的驱逐舰，可以为整支舰队提供空中与水下全面防护。三次防规定建设“八六舰队”体制，即要求作为主要战力的护卫队群（1971年最终建成4个队群）各拥有8艘军舰和6架直升机。8艘军舰是2艘DDH、1艘DDG、1艘DDA、4艘DDK，而6架直升机就搭载在2艘DDH上。与之对应，美国新一代大型导弹驱逐舰斯普鲁恩斯级（Spruance Class）在1970年确定设计方案，首舰到1975年才下水（当然也是受到财政危机的影响），即在进入70年代初时，尽管海自仍在大量照搬美国的武器装备与电子指挥系统使用，但从建造的军舰性能本身来说，日本已开始有与美国最先进军舰并驾齐驱之势。这就是3次防中最大的2艘甲Ⅲ型警备舰，正式名称为“榛名型”。在海上自卫队对战后“护卫舰”进行命名时，这是第一次将曾参加战争的“战列舰名”（原榛名、比叡是金刚级高速战列舰）拿来使用，这也算是一项突破，同时也映衬了其猛然膨胀的大排水量舰体。最大特点是从舰中央直到后部由直升机库和着发机台连成一片，为战后海上自卫队航空兵直升机的上舰打下物质基础。榛名型在服役初期搭载美国西科斯基公司的HSS-2反潜直升机，后期搭载三菱许可证生产的海上黑鹰SH-60J，后者以9.7吨满载起飞重量、584千米续航距离，使日本海自拥有了亚太地区首屈一指的空中反潜、侦察、搜救平台。榛名型还安装了美国最新的防空导弹系统海麻雀（RIM-7Sea Sparrow），又在80年代末进行了现代化改装，着重加强了电子战能力，吨位增加了250~350吨左右。2009年榛名型首舰退役，2号舰比叡号则于2011年退役，取代它们的分别是日向型DDH的一号舰日向（2009年3月服役）和二号舰伊势（2011年3月服役）。

榛名型性能参数

排水量： 4700吨
舰长： 153米
舰宽： 17.5米
吃水： 5.2米
主机： 蒸汽轮机2座2轴，总功率为70000马力
最大航速： 31节
武器：
73式127mm/54倍径单管速射炮2座
20mm密集阵近防炮2座
RIM-7海麻雀8管防空导弹发射器1座
74式阿斯洛克8联装反潜火箭发射器1座
HOS-301三联装短鱼雷发射管2座
HSS-2B警戒反潜直升机3架（后换装SH-60J）
电子装备：
OPS-11对空雷达
OPS-17/28对海雷达
乘员： 370名

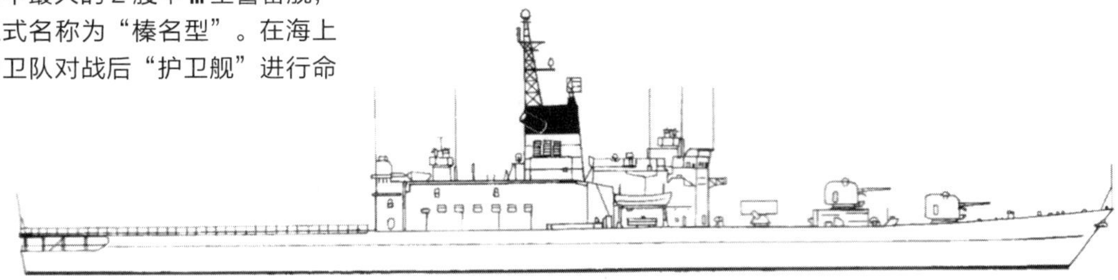

▲ 现代化改装前的榛名号驱逐舰线图。

▼ 现代化改装后的榛名号驱逐舰线图。

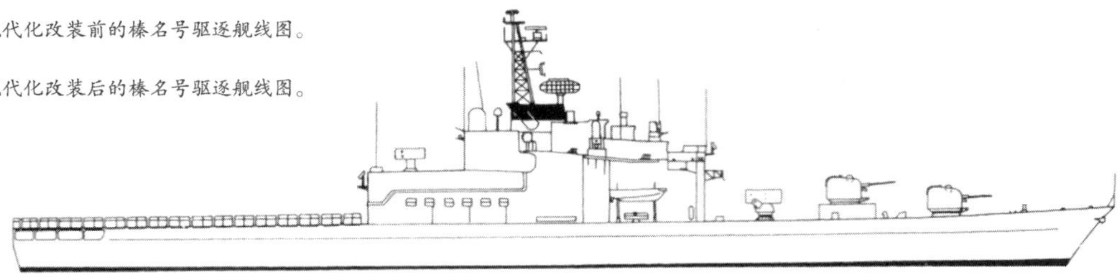

(1) 榛名（はるな）

1968 年列入计划，由三菱重工长崎造船厂制造，于 1973 年 2 月 22 日竣工，舷号 DDH-141。2009 年 3 月 18 日除籍。

▲ DDH141 榛名号，超长的直升机甲板令人印象深刻。

(2) 比叡（ひえい）

1968 年列入计划，由石川岛播磨东京造船厂制造，于 1973 年 2 月 22 日竣工，舷号 DDH-142。2009 年 3 月 18 日除籍。

DDH142 比叡号正接受市民参观。日本自卫队频繁与国民互动，普及国防教育。

DDG 太刀风（たちかぜ）型

日本海上自卫队第一艘导弹驱逐舰天津风号服役已有多年，3 次防中也列入了第二代的导弹驱逐舰制造计划，这就是甲Ⅳ型警备舰，正式名称为“太刀风型”。设计思路就是将 DDA 高月型的船体放大一些，加装防空导弹。而防空导弹也从过去的 RIM-24“鞑靼人”进化为 70 年代初最为先进的标准 1 中程导弹（SM-1Middle Range），其射程约有 40 千米，以后还有 A、B、E 等各种改进版出现，仍可利用老式的 Mk13 发射器。3 号舰泽风号经改进后，也可以用 Mk13 发射鱼叉反舰导弹，不过这么一来就等于是减少了标准系列防空导弹的搭载量，因此后来取消了这种配置。主炮是较为先进的 MK42 127mm/54 倍径舰炮（命名为“73 式”），这是当年天津风想用但未能用上的装备，太刀风拥有充足的排水量，所以用此装备已不成问题。太刀风还着重加强了战术情报处理系统，首舰采用 OYQ-1B 系统，到了 2 号舰就采用 OYQ-2B，3 号舰又采用更先进的 OYQ-4。太刀风也是海自 DDG 中最后一款采用蒸汽轮机作为动力装置。33 艘太刀风型服役后成为“八六舰队”时代护卫队群防空的中流砥柱，直到近年被更先进的宙斯盾系统 DDG 舰取代而退役。

太刀风型性能参数

排水量： 3850 吨
舰长： 143 米
舰宽： 14.3 米
吃水： 4.65 米
主机： 三菱船用蒸汽轮机 2 座 2 轴，总功率为 60000 马力
最大航速： 32 节
武器：
73 式 127mm/54 倍径单管速射炮 2 座
20mm 密集阵近防炮 2 座
Mk13 单臂防空导弹发射架 1 座（发射标准 1 系列导弹）
74 式阿斯洛克 8 联装反潜火箭发射器 1 座
HOS-301 三联装短鱼雷发射管 2 座
电子装备：
SPS52B/C 三坐标雷达
OPS-11B 对空雷达
OPS-17/28 对海雷达
OQS-3A/4 舰艏声呐
NOLQ-1 综合电子战系统
乘员： 277 名

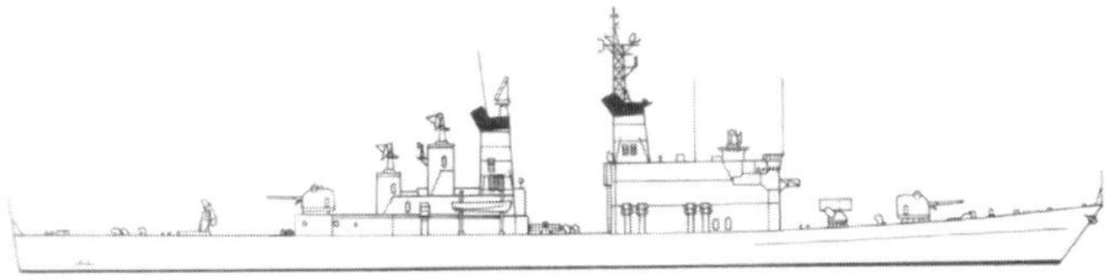

▲ 太刀风型驱逐舰线图。

(1)
太刀风
（たちかぜ）

1971 年列入计划，由三菱重工长崎造船厂制造，于 1976 年 3 月 26 日竣工，舷号 DDG-168。2007 年 1 月 15 日除籍。

2003 年 7 月航行于东京湾内的 DDG168 太刀风号。

(2) 朝风（あさかぜ）

1973 年列入计划，由三菱重工长崎造船厂制造，于 1979 年 3 月 27 日竣工，舷号 DDG-169。2008 年 3 月 12 日除籍。

▲ DDG169 朝风号，其解体工作到 2010 年 3 月完毕。

(3) 泽风（さわかぜ）

1978 年列入计划，由三菱重工长崎造船厂制造，于 1983 年 3 月 30 日竣工，舷号 DDG-170。2010 年 6 月 25 日除籍。

▲ DDG170 泽风号。在其服役期间总航行距离达 69 万海里，这是近邻海军远远比不上的。

DDH 白根(しらね)型

1970 年就任日本防卫厅长官的中曾根康弘(他在 80 年代三次出任日本首相，与中国领导人交往甚多，并积极引入中国留学生，但也是他将一向隐晦的靖国神社问题摆上了争论台面)，提出了要在宪法允许范围内尽可能摆脱对美国的防卫政策的依赖，走自主防卫的道路。按此精神，1971 年所谓的“新防卫力整备计划”提出，至 1972 年 2 月决定了第 4 次防卫力整备 5 年计划大纲。4 次防中计划建造比榛名型更庞大、战斗力更强的直升机反潜机(甲Ⅲ型警备舰)，而此时榛名型还在建造过程当中——此时的海上自卫队新舰之后更有新舰追的狂热劲，已经颇有些战前军备扩张的影子了。新 DDH 被命名为“白根型”，原本设计基准排水量竟达 8300 吨，后因为石油危机的财政困难影响改为 5200 吨，船体是榛名型的放大版。同样搭载 3 架 SH-60J 反潜巡逻直升机，也安装了海麻雀防空导弹，这是海自在 DDG 以外的军舰上第一次搭载导弹。首舰白根号在 2007 年发生火灾，战斗指挥室及指挥通信系统全部烧毁，后将 2009 年退役的榛名的指挥控制系统设备拆装到白根号上，使其能够继续服役。这次事故以后全部海上自卫队舰艇都增设了火灾报警装置。2 号舰鞍马号则在 2009 年 10 月与一艘韩国集装箱船发生碰撞事故。白根型两舰同时也是海上自卫队现役护卫队中最后使用蒸汽轮机作为动力的。更为先进的 DDH 自不必说，其他 DDG、DD 也都采用了燃气轮机。

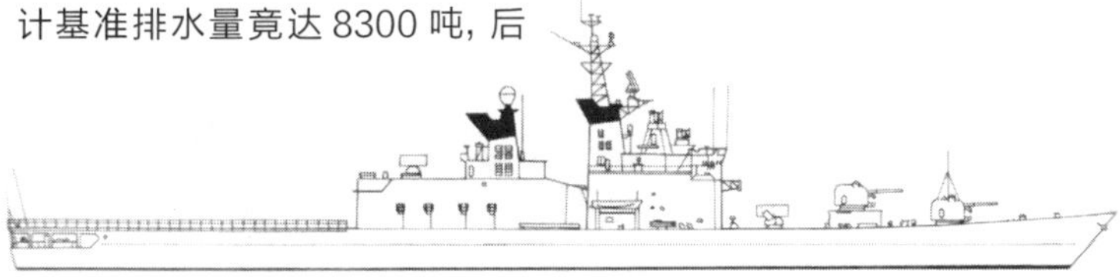

▲ 白根型驱逐舰线图。

白根型性能参数

排水量： 5200 吨
舰长： 159 米
舰宽： 17.5 米
吃水： 5.3 米
主机： 蒸汽轮机 2 座 2 轴，总功率为 70000 马力
最大航速： 32 节
武器：
73 式 127mm/54 倍径单管速射炮 2 座
20mm 密集阵近防炮 2 座
RIM-7 海麻雀 8 管防空导弹发射器 1 座
74 式阿斯洛克 8 联装反潜火箭发射器 1 座
HOS-301 三联装短鱼雷发射管 2 座
SH-60J 警戒反潜直升机 3 架
电子装备：
OPS-12 三坐标雷达
OPS-28 对海雷达
OQS-101 舰艏声呐
SQR-18 拖曳声呐(鞍马号装备)
乘员： 350 名

(1) 白根(しらね)

1975 年列入计划，由石川岛播磨东京造船厂制造，于 1980 年 3 月 17 日竣工，舷号 DDH-143。2015 年 3 月 25 日除籍。

DDH143 白根号。白根型只是榛名型的有限放大版，技术上的改进点不多。

▶ 正在进行接近航行的DDH-143白根号驱逐舰。

(2) 鞍马（くらま）

1975年列入计划，由石川岛播磨东京造船厂制造，于1981年3月27日竣工。2017年3月22日，在海上自卫队加贺号DDH正式服役的同一天，鞍马号退役。

DDH144鞍马号。以驱逐舰的舰体追求大量搭载反潜直升机的做法终有极限。舰艏的2门主炮则显得多余，似乎只是为了舰体前后平衡考虑。.

DD 初雪（はつゆき）型

初雪型性能参数

排水量： 2950 吨
舰长： 130 米
舰宽： 13.6 米
吃水： 4.2 米
主机： 川崎 RM1C 燃气轮机 2 座（巡航用）、奥林帕斯 TM3B 燃气轮机 2 座 2 轴（高速用），总功率为 45000 马力
最大航速： 30 节
武器：
62 式 76mm 单管速射炮 1 座
20mm 密集阵近防炮 2 座
RIM-7 海麻雀 8 管防空导弹发射器 1 座
鱼叉 SSM4 管反舰导弹发射器 2 座
74 式阿斯洛克 8 联装反潜火箭发射器 1 座
HOS-301 三联装短鱼雷发射管 2 座
SH-60J 警戒反潜直升机 1 架
电子装备：
OYQ-5TDPS C4I 系统
OPS-14B 对空雷达
OPS-18 对海雷达
OQS-4 舰底声呐
OQR-1 拖曳声呐
NOLQ-6CESM 电子战系统
乘员： 195 名

4 次防卫计划建造的通用型护卫舰达到了世界先进标准：要装备鱼叉反舰导弹、海麻雀防空导弹及搭载直升机，并采用最先进的 C4I 综合战术情报处理指挥系统，大大增加了计算机设备的作用，使整艘军舰各个系统模块都能够在电子终端上进行指挥控制，而舰员的人数也被控制在了 200 名以下。这恐怕是旧海军“水雷屋”做梦都想不到的新时代军舰吧。动力系统方面，初雪型终于淘汰蒸汽轮机，采用航空引擎技术发展而来的燃气轮机。在技术水准上使海上自卫队跨入一流海军行列的初雪型，其数量达到了 12 艘之多，目前该型舰已经陆续退役或转为训练舰。

▲ 初雪型驱逐舰线图。

▼ 搭载在初雪型驱逐舰等舰上的奥林帕斯 TM3B 燃气轮机。

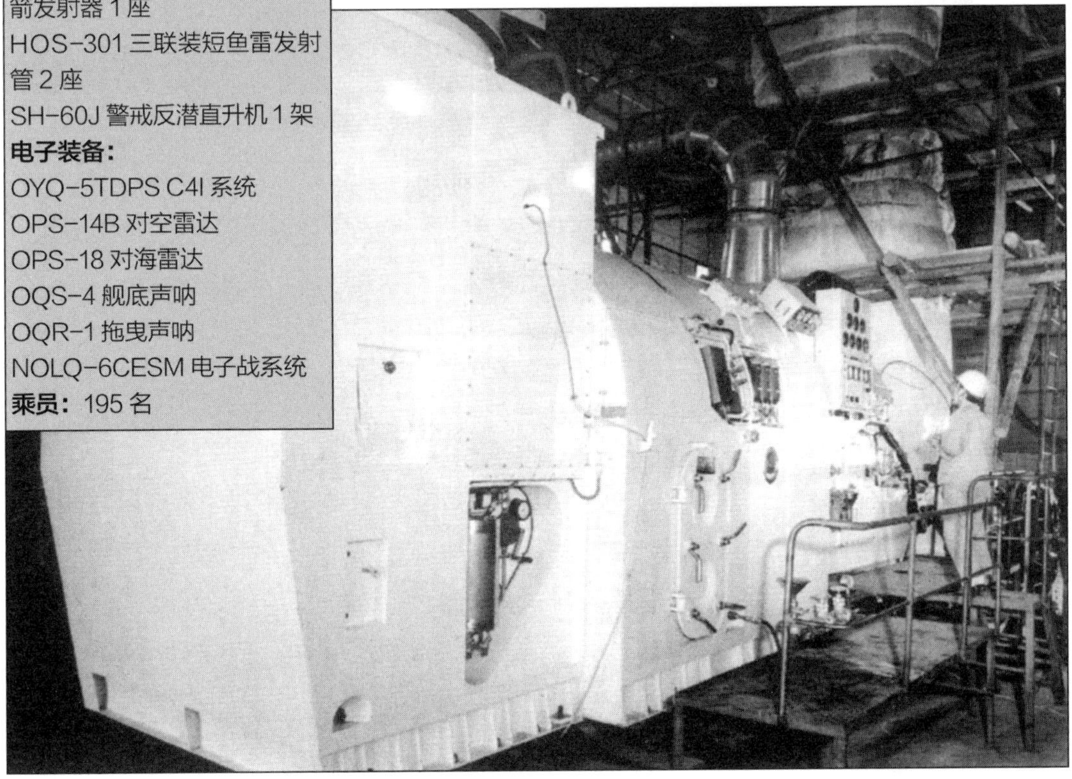

(1)
初雪（はつゆき）

1977年列入计划，由住友重工浦贺造船厂制造，于1982年3月23日竣工，舷号DD-122。2010年6月25日除籍。

(2)
白雪（しらゆき）

1978年列入计划，由日立造船舞鹤造船厂制造，于1983年2月8日竣工，舷号DD-123。2016年4月27日除籍。

▲DD123白雪号。其20mm密集阵近防炮是后来加装上去的。

▲DD123 白雪号停靠在横须贺基地。这又是一个市民参观日。

(3)
峰雪
（みねゆき）

1979年列入计划，由三菱重工长崎造船厂制造，于1984年1月26日竣工，舷号DD-124。2013年3月7日除籍。

(4)
泽雪
（さわゆき）

1979年列入计划，由石川岛播磨东京造船厂制造，于1984年2月15日竣工，舷号DD-125。2013年4月1日除籍。

(5) 浜雪（はまゆき）

1979年列入计划，由三井造船玉野造船厂制造，于1983年11月18日竣工，舷号DD-126。2012年3月14日除籍。

▲海军开放日时的DD-126浜雪号。

(6) 矶雪（いそゆき）

1980年列入计划，由石川岛播磨东京造船厂制造，于1985年1月23日竣工，舷号DD-127。2014年3月13日除籍。

▲DD127矶雪号。初雪型强调的是反潜能力，其反舰导弹只能很局促地安装在烟囱外侧。

(7) 春雪（はるゆき）

1980 年列入计划，由住友重工浦贺造船厂制造，于 1985 年 3 月 14 日竣工，舷号 DD-128。2014 年 3 月 13 日除籍。

▲ DD128 春雪号。

(8) 山雪（やまゆき）

1981 年列入计划，由日立造船舞鹤造船厂制造，于 1985 年 12 月 3 日竣工，舷号 DD-129。现属于海自练习舰队第 1 练习队，驻扎吴港，舷号 TV-3519。

海军开放日时的 DD-129 山雪号。

(9)
松雪（まつゆき）

1981 年列入计划，由石川岛播磨东京造船厂制造，于 1986 年 3 月 19 日竣工，舷号 DD-130。现在舞鹤第 14 护卫队服役。

海军开放日时的 DD-130 松雪号。

(10)
濑户雪（せとゆき）

1982 年列入计划，由三井造船玉野造船厂制造，于 1986 年 12 月 11 日竣工，舷号 DD-131。现属于海自练习舰队第 1 练习队，驻扎吴港，舷号 TV-3518。

▲ DD131 濑户雪号。在直升机平台后下方安装反潜导弹发射器的做法别具一格。

(11)
朝雪
（あさゆき）

1982年列入计划，由住友重工浦贺造船厂制造，于1987年2月20日竣工，舷号DD-132。现在佐世保第13护卫队服役。

DD132朝雪号停靠在佐世保基地。2010年4月此舰曾监视穿过第一岛链的中国人民海军舰艇编队，并因中国海军舰载直升机所谓“危险接近”朝雪号而提出抗议。

(12)
缟雪
（しまゆき）

1982年列入计划，由三菱重工长崎造船厂制造，于1987年2月7日竣工，舷号DD-133。现属于海自练习舰队第1练习队，驻扎吴港，舷号TV-3513。

变更为练习舰的（TV-3513）的缟雪号。

DE 石狩（いしかり）型

与初雪型DD同时建造的石狩型，基准排水量原本只有1000吨，是以沿岸警备艇的名义研制的，但是由于要求在其上搭载反舰导弹等现代化装备，不得不将排水量放大至1300吨左右而成为DE。也采用了比较先进的燃气轮机与柴油机混搭作为动力（这是海自军舰上的首创），但是在日本海中的公试航行表明其面对恶劣海况时的凌波性不佳，这显然是因为舰体设计余裕过小导致的，因此在首舰完成后后续舰的制造计划全部取消。

石狩型性能参数

排水量： 1290吨
舰长： 85米
舰宽： 10.6米
吃水： 3.5米
主机： 三菱6DRV柴油发动机1座（巡航用），功率为5000马力；川崎TM3B燃气轮机1座2轴（高速用），功率为28900马力
最大航速： 25.2节
武器：
62式76mm单管速射炮1座
鱼叉SSM4管反舰导弹发射器2座
71式博福斯反潜火箭发射器1座
68式三联装短鱼雷发射管2座
电子装备：
OYQ-5TDPS C4I系统
OPS-28低空警戒雷达
SQS-36D声呐
NOLQ-6BESM电子战系统
乘员： 94名

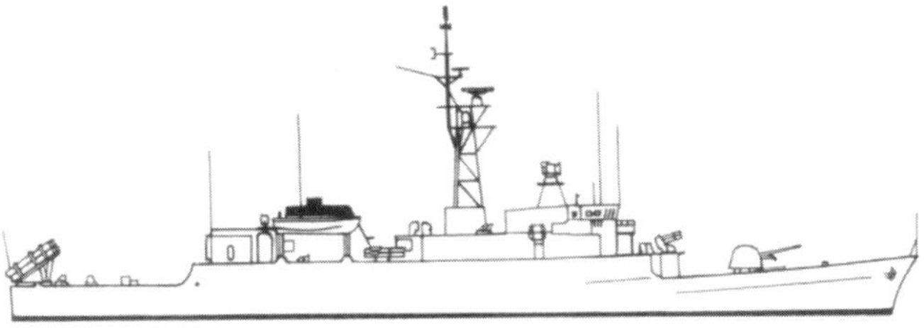

▲ 石狩型驱逐舰线图。

(1)
石狩
（いしかり）

1977年列入计划，由三井造船玉野造船厂制造，于1981年3月28日竣工，舷号DE-226。2007年10月17日除籍。

DE226石狩号。其在舰型设计方面并非一无是处，但对于一心想和旧海军一样进军远洋的海自来说，显然不适用。

DE 夕张(ゆうばり)型

由于石狩号不堪使用，日本海上自卫队很快研制装备了夕张型 DE，其基准排水量增加了 180 吨左右。在石狩号上无法安装的 20mm 密集阵近防炮试图在夕张型上进行安装，但最终没能成功。夕张型在建造 2 艘之后，海自在使用中仍然发现其因排水量不足而造成困扰，因此不再建造其后续舰。

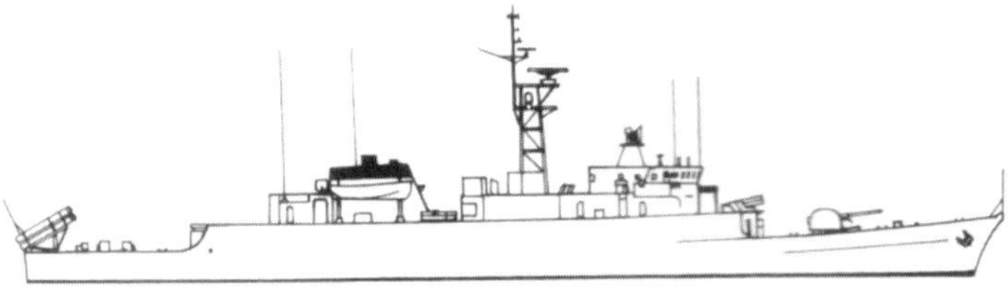

▲ 夕张型驱逐舰线图。

夕张型性能参数

排水量： 1470 吨
舰长： 91 米
舰宽： 10.8 米
吃水： 3.6 米
主机： 三菱 6DRV 柴油发动机 1 座（巡航用），功率为 4650 马力；川崎 TM3B 燃气轮机 1 座 2 轴（高速用），功率为 22500 马力
最大航速： 25 节
武器： 62 式 76mm 单管速射炮 1 座
鱼叉 SSM4 管反舰导弹发射器 2 座
71 式反潜火箭发射器 1 座
HOS-302 三联装短鱼雷发射管 2 座
电子装备：
OYQ-5TDPS C4I 系统
OPS-28 低空警戒雷达
SQS-36D 声呐
NOLQ-6BESM 电子战系统
乘员： 95 名

(1) 夕张（ゆうばり）

1979 年列入计划，由住友重工浦贺造船厂制造，于 1983 年 3 月 18 日竣工，舷号 DE-227。2010 年 6 月 25 日除籍。

▲ 停泊中的 DE-227 夕张号驱逐舰。

(2)
涌别（ゆうべつ）

1980 年列入计划，由日立造船舞鹤造船厂制造，于 1984 年 2 月 14 日竣工，舷号 DE-228。2010 年 6 月 25 日除籍。

▲ DE228 涌别号，其舰侧外舷形状独特。

DDG 旗风(はたかぜ)型

70 年代末，美国数量庞大的斯普鲁恩斯级驱逐舰的建造已经接近尾声，原本为伊朗建造（伊斯兰革命与德黑兰人质危机发生后未交付）的大型防空驱逐舰被美国海军自行采用，这就是基德级（KIDD）。日本当然紧跟美国潮流，在 1978 年提出了昭和 53 年中期预算计划，对海自的军舰进行更新换代，从而将护卫舰队编制向更高级的八八舰队方向推进。由此诞生了第三代导弹驱逐舰旗风型，兼具优秀的防空及反舰导弹作战能力，动力装置采用巡航用及高速用燃气轮机交替推进配置，排水量也比第二代太刀风型有所增加，并装备了更先进的电子设备。为了加强应对舰队前方空中威胁的能力，发射标准导弹的 Mk13 单臂防空导弹发射装置被装在了最靠近舰艏端处，而火炮则被放在了导弹后面，为此还在舰艏加装了防浪板。舰体中部也装备了鱼叉反舰导弹发射器，这是首次在 DDG 上装备反舰导弹。舰尾有一段直升机甲板，可供直升机临时起降，但因没有机库，无法长时间载机。旗风型的问题在于其火控雷达仍然不够先进，同时搜索并锁定的目标数量有限，也很难发现从低空突入的导弹，而马岛战争的经验表明现代化空军搭配掠海反舰导弹对庞大的军舰都能构成致命威胁。因此原计划制造 5 艘的旗风型只造了 2 艘，海自随后将注意力转向了美国正在研制的划时代海上防空系统——宙斯盾。

旗风型性能参数

排水量： 4600 吨
舰长： 150 米
舰宽： 16.4 米
吃水： 4.8 米
主机： SM1A 燃气轮机 2 座、TM3B 燃气轮机 2 座 2 轴，总功率为 72000 马力
最大航速： 30 节
武器：
73 式 127mm/54 倍径单管速射炮 2 座
鱼叉 SSM4 管反舰导弹发射器 2 座
Mk13 单臂防空导弹发射架 1 座(发射标准 1 系列导弹)
74 式阿斯洛克 8 联装反潜火箭发射器 1 座
68 式三联装短鱼雷发射管 2 座
电子装备：
OYQ-4-1、C4I 系统
SPS-52C 三坐标雷达
OPS-11C 对空雷达
OQS-4 舰艏声呐
NOLQ-1-3 ESM 电子战系统
乘员： 95 名

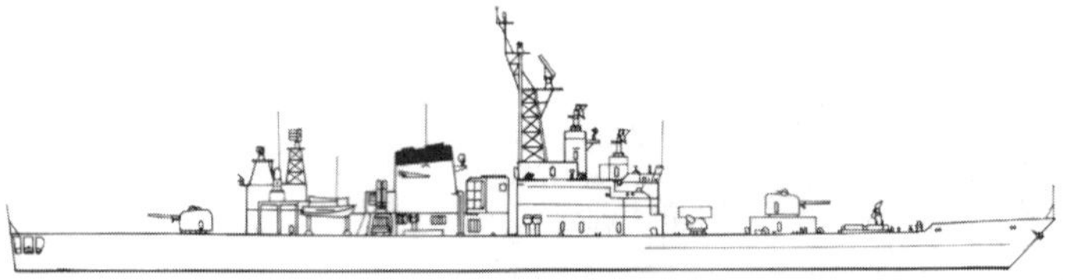

▲ 旗风型驱逐舰线图。

岛风号舰桥，桅楼顶端硕大的黑色雷达天线属于在美国和欧洲海军中也很普及的 SPS-52C 型三坐标雷达。其初始型号 1960 年就服役了，到 90 年代已经落伍。

(1)
旗风
（はたかぜ）

1981年列入计划，由三菱重工长崎造船厂制造，于1986年3月27日竣工，舷号DDG-171。现在第1护卫队群服役。

▲ DDG171 旗风号，其硕大的三坐标雷达也产自美国休斯公司。

(2)
岛风
（しまかぜ）

1983年列入计划，由三菱重工长崎造船厂制造，于1988年3月23日竣工，舷号DDG-172。现在第4护卫队群服役。

▲ 正在驶过峡湾的 DDG-172 岛风号驱逐舰。

DD 朝雾(あさぎり)型

海上自卫队在建成12艘初雪型后，还需要装备更多的DD通用护卫舰（合计20艘），才能以1艘DDH、2艘DDG、5艘DD的阵容，组成一个由8艘军舰和8架反潜巡逻直升机组成的完整八八舰队序列。由此诞生的初雪型放大版，就是8艘朝雾型。当初初雪型为减轻上部结构重量而大量采用了铝合金，不过根据马岛战争的教训（谢菲尔德号被击沉很大程度上并不是因为飞鱼导弹有多么厉害，而是其铝合金结构在高温中坍塌了），朝雾型重新使用强度较高的特种合金钢材。其防空与反舰能力与初雪型大致相当，而反潜能力则因装备更先进的声呐而得到提高。尽管平时只搭载一架SH-60J直升机，但初雪型上无法拥有的直升机库，在朝雾型上得以实现，它在战时还可以多搭载1架。不过大型直升机库从外观上一望便给人以“外板已经飘在舷外”的不稳感觉，而且确实增加了雷达反射面。朝雾型还在主桅后与机库前设有两个烟囱，而从后烟囱排出的烟被海自官兵抱怨影响了海麻雀导弹的对空指挥装置工作，甚至发生过导致指挥仪过热烧毁的事故。随着5000吨级的朝雾型（2代）DD已有4舰陆续建成服役，设计上不是很成功的朝雾型纷纷转往地方护卫队中服役。

朝雾型性能参数

排水量： 3500吨
舰长： 137米
舰宽： 14.6米
吃水： 4.4米
主机： SM1A燃气轮机4座2轴，总功率为54000马力
最大航速： 30节
武器： 62式76mm单管速射炮1座
20mm密集阵近防炮2座
RIM-7海麻雀8管防空导弹发射器1座
鱼叉SSM4管反舰导弹发射器2座
74式阿斯洛克8联装反潜火箭发射器1座
HOS-301三联装短鱼雷发射管2座
SH-60J警戒反潜直升机1架
电子装备：
OYQ-6/7CDS C4I系统
OPS-14C对空雷达
OPS-28C对海雷达
OQS-4A舰底声呐
OQR-1拖曳声呐
NOLQ-8 ESM电子战系统
乘员： 220名

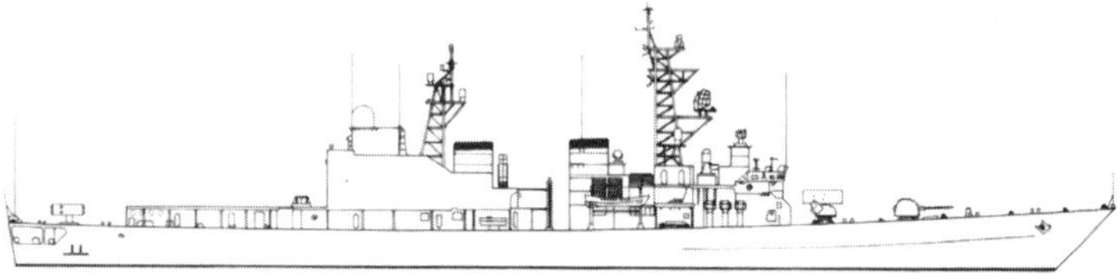

▲ 朝雾型驱逐舰线图。

▲ 朝雾型驱逐舰搭载的SH-60J警戒反潜直升机。

(1)
朝雾
（あさぎり）

1983年列入计划，由石川岛播磨东京造船厂制造，于1988年3月17日竣工，舷号DD-151。现在护卫舰队第14护卫队（舞鹤基地）服役。

▲ 正在海试中的DD-151朝雾号。

(2)
山雾
（やまぎり）

1984年列入计划，由三井造船玉野造船厂制造，于1989年1月25日竣工，舷号DD-152。现在护卫舰队第11护卫队（横须贺基地）服役。

正在海试中的DD-152山雾号。

(3)
夕雾
（ゆうぎり）

1984年列入计划，由住友重工浦贺造船厂制造，于1989年2月28日竣工，舷号DD-153。现在护卫舰队第11护卫队（横须贺基地）服役。

DD153夕雾号正在驶入珍珠港。

(4)
天雾
（あまぎり）

1984年列入计划，由石川岛播磨东京造船厂制造，于1989年3月17日竣工，舷号DD-154。现在第2护卫队群服役。

▶ DD154天雾号，目前此舰也即将退役。

(5)
浜雾 （はまぎり）

1985年列入计划，由日立造船舞鹤造船厂制造，于1990年1月31日竣工，舷号DD-155。现在护卫舰队第15护卫队（大凑基地）服役。

正在实施战术机动训练的DD-155浜雾号，后面是DD-158海雾号。

(6)
濑户雾 （せとぎり）

1985年列入计划，由住友重工浦贺造船厂制造，于1990年2月14日竣工，舷号DD-156。现在第3护卫队群服役。

▲ DD156濑户雾号。此舰是最早参加海上自卫队印度洋派遣活动的军舰，2010年又在亚丁湾执行反海盗巡逻任务。

(7)
泽雾（さわぎり）

1985年列入计划，由三菱重工长崎造船厂制造，于1990年3月16日竣工，舷号DD-157。现在护卫舰队第13护卫队（佐世保基地）服役。

DD157泽雾号，从这张照片可以看出其明显过大的机库，以及将雷达罩整个笼罩的高温废气。朝雾型的设计明显失败。

(8)
海雾（うみぎり）

1986年列入计划，由石川岛播磨东京造船厂制造，于1991年3月12日竣工，舷号DD-158。现在护卫舰队第12护卫队（吴基地）服役。

DD-158海雾号，背后尾随航行的是村雨型驱逐舰曙号。

DE 阿武隈（あぶくま）型

由于石狩与夕张型 DE 舰的性能都不能令海上自卫队感到满意，80 年代中期地方配备舰队的中坚仍然得由十多年前制造的筑后型充当，因此在 1986 年出笼的昭和 61 预算业务计划中列入了新型 DE，将其排水量放大到 2000 吨，并采用已在 DD 和 DDG 上得到实用验证的现代化武备，这就是阿武隈型 DE。原计划制造 11 艘，但因为冷战的结束只制造了 6 艘。阿武隈型与转退而来的初雪型 DD 一同编组为地方护卫队主力，并且阿武隈型至今仍全部活跃在第一线，其退役预计需等到海自新研发中的全新多功能护卫舰（DEX）诞生之后。阿武隈型也是海自最后一型 DE 舰，由于宙斯盾的引进和高性能 DD 服役，海自已经不屑将 DE 舰作为低端配置军舰来使用。

阿武隈型性能参数

排水量： 2000 吨
舰长： 109 米
舰宽： 13.4 米
吃水： 3.8 米
主机： 三菱 S12U 柴油发动机 2 座（巡航用），单机功率为 5000 马力；川崎 SM1A 燃气轮机 2 座 2 轴，单机功率为 13500 马力
最大航速： 27 节
武器：
76mm/62 倍径单管速射炮 1 座
20mm 密集阵近防炮 1 座
鱼叉 SSM4 管反舰导弹发射器 1 座
74 式阿斯洛克 8 联装反潜火箭发射器 1 座
HOS-301 三联装短鱼雷发射管 2 座
电子装备：
OYQ-7 C4I 系统
OPS-14 对空雷达
OPS-28 对海雷达
OQS-8 中波声呐
NOLQ-6C ESM 电子战系统
乘员： 94 名

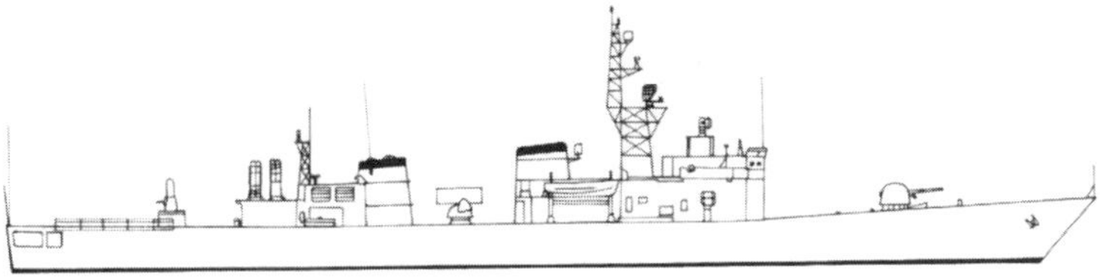

▲ 阿武隈型驱逐舰线图。

▼ 阿武隈型驱逐舰装备的 20mm 密集阵近防炮和鱼叉 SSM4 管反舰导弹发射器。

▲ 同属于 16 护卫队的 3 艘阿武隈型 DE。护卫队本身的战力已足够应对海上小规模冲突事件，但是近年来亚太各国海军均大为膨胀的情况下，海上自卫队还是得仰仗美国海军的第七舰队来维护战略优势。

(1) 阿武隈（あぶくま）

1986 年列入计划，由三井造船玉野造船厂制造，于 1989 年 12 月 21 日竣工，舷号 DE-229。现在第 12 护卫队服役。

▲ DD-157 泽雾号与 DE-229 阿武隈号停靠在一起。可以明显看出阿武隈的舰体尺寸只比沢雾稍许小些。

(2)
神通
（じんつう）

1986 年列入计划，由日立造船舞鹤造船厂制造，于 1990 年 2 月 28 日竣工，舷号 DE-230。现在第 13 护卫队服役。

▲ 停泊在港内的 DE-230 神通号。

(3)
大淀
（おおよど）

1987 年列入计划，由三井造船玉野造船厂制造，于 1991 年 1 月 23 日竣工，舷号 DE-231。现在第 15 护卫队服役。

(3) 川内（せんだい）

1987 年列入计划，由住友重工浦贺造船厂制造，于 1991 年 3 月 15 日竣工，舷号 DE-232。现在第 14 护卫队服役。

▲ 停泊中的 DE-232 川内号。

(4) 筑摩（ちくま）

1989 年列入计划，由日立造船舞鹤造船厂制造，于 1993 年 2 月 24 日竣工，舷号 DE-233。现在第 15 护卫队服役。

▲ DE233 筑摩号停靠在吴港。《男人们的大和号》中的那艘大和舰是用数字模型制作的，而其航行轨迹则是拍摄自筑摩号，然后进行后期合成。

(5)
利根
（とね）

1989年列入计划，由住友重工浦贺造船厂制造，于1993年2月8日竣工，舷号DE-234。现在第12护卫队服役。

▲停泊在港内的DE-234利根号。

DDG 金刚(こんごう)型

昭和61预算业务计划中，海自装备更新的重中之重是日本首级宙斯盾导弹驱逐舰——金刚型。此舰的原型即为1991年开始服役的美国伯克级宙斯盾导弹驱逐舰，而金刚型首舰在1993年即宣告服役，也即是说海自从平成时代初始便拥有了世界上最先进强大的驱逐舰，其基准排水量升至7250吨(超过伯克级)，满载排水量达到惊人的9485吨，采用世界上最通用的燃气轮机LM2500，宙斯盾系统与VLS导弹垂直发射井也同时装备，其区域防空能力之强大，在亚太地区绝对已成为魁首。当然，好东西都是昂贵的，为其1号和2号舰编制的预算分别达到了惊人的1222亿和1292亿日元，因此在服役后(此时正值一贯提倡“饱和火力攻击”的苏联海军因国家解体而崩溃之际)立即招来了“如此高性能的军舰是否有必要”的批评，但随着北朝鲜的弹道导弹威胁逐渐显著(当然也是为了遏制中国)，金刚型还是顺利地生产了4艘，给每个护卫队群配备1艘作为对空防御指挥的中枢。

金刚型的舰型基本模仿伯克级，光滑的上层建筑外弦向内倾斜，这与伯克级一样是出于减少雷达反射面积的考虑。为了容纳宙斯盾系统而设置体积庞大的舰桥，使简式防务周刊发出了“日本又在建造高雄级(重巡洋舰)！”的惊呼。主机采用获得许可证生产的LM2500燃气轮机(由石川岛播磨重工生产)，武器安装部位以高碳钢板加强防御。在舰桥四周安装的四面高性能相控阵雷达最大探测距离为500千米，可同时追踪200个目标，在进行导弹防御作战时，可集中雷达射线从而实现1000千米以上的探测距离。VLS垂发与伯克级相同，前甲板29个发射单元，后甲板61个发射单元，相比之下我国目前最先进的052D的VLS只有64个发射单元，且金刚型中有3艘在进行改造后已经可以发射标准-3海基防御导弹，并在2007～2009年间陆续进行了拦截弹道导弹试验，成为东亚战区弹道导弹防御(TBMD)的主要平台。总而言之，金刚型导弹驱逐舰是日本海上自卫队重新成为亚太地区最强大海军的有力证明，而远航印度洋使日本专属自卫的防卫政策彻底宣告名存实亡。如果说金刚号还有弱点的话，就是其还没有直升机库，因此不能长时间搭载直升机，其作战功能过于集中于防空反导。金刚型也成为新时代日本家喻户晓的军舰，出现在近年的许多小说、电影、动画片之中(比如宫崎骏的那部很和平很天真的《悬崖上的金鱼姬》中就出现过)。

金刚型性能参数

排水量： 7250吨
舰长： 161米
舰宽： 21米
吃水： 6.2米
主机： LM2500燃气轮机4座2轴，总功率为100000马力
最大航速： 30节
武器：
127mm/54倍径单管速射炮1座
20mm密集阵近防炮2座
Mk41mod2VLS发射单元29(前)+61(后)，可发射标准3防空导弹和阿斯洛克反潜导弹
鱼叉SSM4管反舰导弹发射器2座
68式三联装短鱼雷发射管2座
有直升机着发台
电子装备：
MOF C4I系统
AN/SPY-1D相控阵雷达(4面)
OPS-28D对海雷达
OQS-102舰首声呐
NOLQ-2综合电子战系统
乘员： 300名

▲金刚型驱逐舰线图。

(1)
金刚
（こんごう）

1988年列入计划，由三菱重工长崎造船厂制造，于1993年3月25日竣工，舷号DDG-173。现在第1护卫队群服役。

▲ 对美国珍珠港进行访问的DDG173金刚号正在停靠，这里距离当年美国太平洋舰队被日军战机屠杀之处仅咫尺之遥。美国贯彻的原则就是：战时要冷酷无情，战后却要尽施仁慈。

(2)
雾岛
（きりしま）

1990年列入计划，由三菱重工长崎造船厂制造，于1995年3月16日竣工，舷号DDG-174。现在第2护卫队群服役。

▲2004年发生南亚大海啸时，日本趁机派DDG174雾岛号前往泰国实施救援行动。

(3) 妙高（みょうこう）

1991 年列入计划，由三菱重工长崎造船厂制造，于 1996 年 3 月 14 日竣工，舷号 DDG-175。现在第 3 护卫队群服役。

DDG175 妙高号正率领第 3 护卫队群实施海上训练。从舰型上看金刚型与同时期的美国伯克级就是一个模子里刻出来的。

(4)
鸟海
（ちょうかい）

1993 年列入计划，由石川岛播磨东京造船厂制造，于 1998 年 3 月 20 日竣工，舷号 DDG-176。现在第 4 护卫队群服役。

▲ 访问美国的 DD176 鸟海号在导航船的带领下驶入珍珠港。

DD 村雨型(2 代)

村雨型(2 代)性能参数

排水量:4550 吨
舰长:151 米
舰宽:17.4 米
吃水:5.2 米
主机:LM2500 燃气轮机 2 座,单机功率为 16500 马力;SM1C 燃气轮机 2 座 2 轴,单机功率为 13500 马力
最大航速:30 节
武器:
76mm/62 倍径单管速射炮 1 座
20mm 密集阵近防炮 2 座
Mk48mod0VLS 发射单元 16 个
鱼叉 SSM4 管反舰导弹发射器 2 座
68 式三联装短鱼雷发射管 2 座
SH60J/K 警戒反潜直升机 1 或 2 架
电子装备:
OYQ-9CDS C4I 系统
OPS-24B 三坐标雷达
OPS-28D 对海雷达
OQS-5 舰艏声呐
OQR-2 拖曳声呐
NOLQ-3 综合电子战系统
乘员:165 名

1991 年,《平成 03 中期防案》作为冷战后时代日本的第一份防卫扩军案出炉,因为越来越复杂的世界政治与军事态势,为实现日本在经济强大的同时争做世界大国的意图,日本政府决心进一步更新自卫队的主力装备,并着力开发新技术兵器。这份防案决定建造替代已进入预备退役阶段的朝雾型,这就是 9 艘第二代村雨型 DD,从质和量方面来说,第二代村雨型都是目前海上自卫队通用型护卫舰的主力。其船体更加大型化,动力装置、武器装备、雷达、声呐等各方面性能都得到了全面提升。由于电子自动化设备的大量使用,舰员人数比朝雾型减少 55 人之多,居住舱内的铺位也从一直以来的 3 层减少到 2 层。4 台燃气轮机中的 2 台用于巡航,2 台用于高速航行(4 台全开状态)。朝雾型大得不成比例的直升机库问题,也在村雨型上得到了解决,其容积足可容纳 2 架 SH-60,不过在实际运用中通常只搭载 1 架。村雨型在两个烟囱之间装有 16 个单元 MK48 垂发装置用于发射防空海麻雀改型导弹,而在舰桥前装有 16 个单元 MK41 垂发装置用于发射阿斯洛克反潜火箭(取代原先的甲板上发射装置)。虽然还有前后垂发装置不通用的问题,但防空、反潜效率毕竟是比过往的 DD 有了质的飞跃。村雨型还与金刚型一样采用减少雷达反射面积的设计。总之村雨型的技术水准相当高。

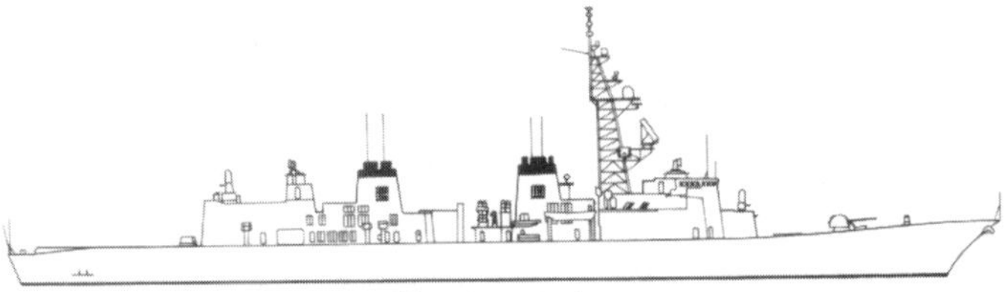
▲ 村雨型驱逐舰线图。

村雨型舰艉的直升机平台和机库,可以容纳两架直升机。

(1) 村雨（2 代）（むらさめ）

1991 年列入计划，由石川岛播磨东京造船厂制造，于 1996 年 3 月 12 日竣工，舷号 DD-101。现在第 1 护卫队群服役。

▲ DD101 村雨号。村雨型驱逐舰于世纪之交填补了设计不太成功的朝雾型所造成的战力缺损。.

(2) 春雨（2 代）（はるさめ）

1992 年列入计划，由三井造船玉野造船厂制造，于 1997 年 3 月 24 日竣工，舷号 DD-102。现在第 2 护卫队群服役。

▲ DD102 春雨号停靠在横须贺基地。如果算上旧日本海军的话，以春雨为名的驱逐舰这是第四艘了。

(3) 夕立(2代) (ゆうだち)

1994年列入计划，由住友重工浦贺造船厂制造，于1999年3月4日竣工，舷号DD-103。现在第3护卫队群服役。

2007年9月，美日海军实施协同海上演习时，夕立号为美军舰队领航。

(4)
雾雨(2代)
(きりさめ)

1994年列入计划，由三菱重工长崎造船厂制造，于1999年3月18日竣工，舷号DD-104。现在第4护卫队群服役。

▲2008年11月，从两栖攻击舰上起飞的美军海鹰直升机飞越雾雨号。

(5)
电(2代)
(いなづま)

1995年列入计划，由三菱重工长崎造船厂制造，于2000年3月15日竣工，舷号DD-105。现在第4护卫队群服役。

▲DD105电号（2代）。

(6)
五月雨
(さみだれ)

1995年列入计划，由石川岛播磨东京造船厂制造，于2000年3月21日竣工，舷号DD-106。现在第4护卫队群服役。

▲DD106五月雨号。村雨型DD的舰型紧随世界海军潮流，开始考虑一定程度上的隐身设计。

(7)
雷(2代)
(いかづち)

1996年列入计划，由日立造船舞鹤造船厂制造，于2001年3月14日竣工，舷号DD-107。现在第1护卫队群服役。

▲雷号在2005～2009年间多次前往印度洋，为多国部队在阿富汗的反恐战争提供后勤支援。

(8)
曙(2代)
(あけぼの)

1997年列入计划，由石川岛播磨东京造船厂制造，于2002年3月19日竣工，舷号DD-108。现在第1护卫队群服役。

DD-108曙号锅炉冒烟，徐徐出港。其身后是庞大的日向号直升机护卫舰。

(9)
有明(2代)
(ありあけ)

1997年列入计划，由三菱重工长崎造船厂制造，于2002年3月12日竣工，舷号DD-109。现在第1护卫队群服役。

对美国进行访问的DD109有明号驶入珍珠港。

DD高波(たかなみ)型

1995年，二战结束后半个世纪，日本国内风风火火地展开了“反省”讨论，讨论的重点是要清除“自虐史观”，妄想颠覆二战法西斯罪行，重建“正常国家”，争取成为联合国常任理事国等等。同时举行的“防卫问题恳谈会”一直谈到12月底，拿出了一份要为世界上的“安全保障环境构筑做出贡献”的新防卫计划大纲，同时美国也开始将所谓美日共同应对“周边事态”的防卫责任分担事宜提上了议事日程。这一切导致日本海上自卫队的装备更上一层楼，东亚地区的军事竞赛在世纪之交开始呈现白热化趋势。在此扩军浪潮中首先诞生的是高波型DD（与太平洋战争中塔萨法隆加海战的“功勋”驱逐舰同名），在各个方面都比村雨型（2代）更强悍。船体更大（这种“通用护卫舰”已接近二战时轻巡的排水量），主炮从76mm换成127mm，VLS有32个发射单元，村雨型（2代）前后VLS装置不同的问题得到了纠正。尽管性能优异，但因为朝雾、村雨（2代）都还有相当长的服役期，海上自卫队拥有的DD舰数量足够，所以高波型仅仅建造了5艘便不再续建。目前日本海自最先进的DD秋月型（2代），很大程度上得益于高波型的技术试验。

高波型性能参数

排水量： 4650吨
舰长： 151米
舰宽： 17.4米
吃水： 5.3米
主机： LM2500燃气轮机2座，功率为16500马力；SM1C燃气轮机2座2轴，功率为13500马力
最大航速： 30节
武器：
127mm/54倍径单管速射炮1座
20mm密集阵近防炮2座
Mk41VLS发射单元32个
90式鱼叉SSM4管反舰导弹发射器2座
68式三联装短鱼雷发射管2座
SH60J/K警戒反潜直升机1或2架
电子装备：
OYQ-9CDS C4I系统
OPS-24B三坐标雷达
OPS-28D对海雷达
OQS-5舰艏声呐
OQR-2拖曳声呐
NOLQ-3综合电子战系统
乘员： 175名

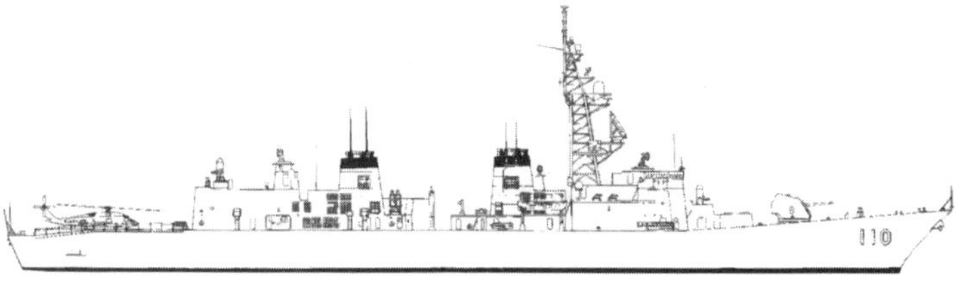

▲ 高波型驱逐舰线图。

DD110高波号上的127mm主炮，引进著名的奥托梅莱拉公司技术生产。这是全自动的无人舰炮，射速达到40发/分。

(1)
高波(2代) (たかなみ)

1998年列入计划，由IHI浦贺造船厂制造，于2003年3月12日竣工，舷号DD-110。现在第2护卫队群服役。

▲ DD110 高波号。

(2)
大波(2代) (おおなみ)

1998年列入计划，由三菱重工长崎造船厂制造，于2003年3月13日竣工，舷号DD-111。现在第2护卫队群服役。

▲ 与小鹰号航母伴随行动的DD111大波号。美日海军这对曾经你死我活的对手如今亲密无间。

(3) 卷波(2代)（まきなみ）

1999年列入计划，由IHI横滨造船厂制造，于2004年3月18日竣工，舷号DD-112。现在第3护卫队群服役。

▲DD112卷波号，一架海上黑鹰正在着舰。

(4) 涟（さざなみ）

2000年列入计划，由三菱重工长崎造船厂制造，于2005年2月16日竣工，舷号DD-113。现在第4护卫队群服役。

▶DD113涟号。

(5)
凉波
（すずなみ）

2001年列入计划，由IHI横滨造船厂制造，于2006年2月16日竣工，舷号DD-114。现在第3护卫队群服役。

▲ 中国舰载直升机拍到的日本凉波号驱逐舰。

▲ 从后方看凉波号的直升机机库。高波级从设计之初便专门为搭载SH-60直升机而扩大了机库的面积。在搭载SH-60K直升机的情况下，高波级还能获得从直升机上发射反舰导弹的能力，进一步强化了自身战力，因此笔者认为某些小视海自反舰能力的观点是不可取的。

DDG 爱宕（あたご）型

2001 年的平成 13 中期防扩军案决定引入更强大的第二代宙斯盾舰，以应对日本周边越来越严重的导弹威胁，这就是爱宕型导弹驱逐舰，其替代的目标是接近退役的太刀风型 DDG。其宙斯盾系统的版本从金刚型的 4、5 型升级到了最新的 7.1J 型，不过竣工时并没有安装防御弹道导弹的宙斯盾系统 BMD 模块。目前的消息是，海自为爱宕型购买 BMD5.0 模块的预算已经安排好，相关改造工程即将展开。因为增设了直升机库，VLS 垂发系统的设置与金刚前少后多的方式恰好相反，前多后少。爱宕型的建造费自然也是不菲，1 号舰和 2 号舰的预算分别达到 1453 亿、1389 亿日元，其中向美国购买的新型宙斯盾系统的费用就达到了 509 亿，几乎是在拿黄金做等重交换。即使是经济强国日本面对如此高昂的费用也不得不仔细考量，因此 3 号舰的制造与否至今仍未有定论。不过即使只凭借这 2 艘爱宕舰，日本海自也可傲然声称其先进防空战舰的战力之强，只有美国海军最新的伯克 IIA 级堪称伯仲——当然前提是不要去相信某国所谓“世宗大王”导弹驱逐舰世界最强之言论。

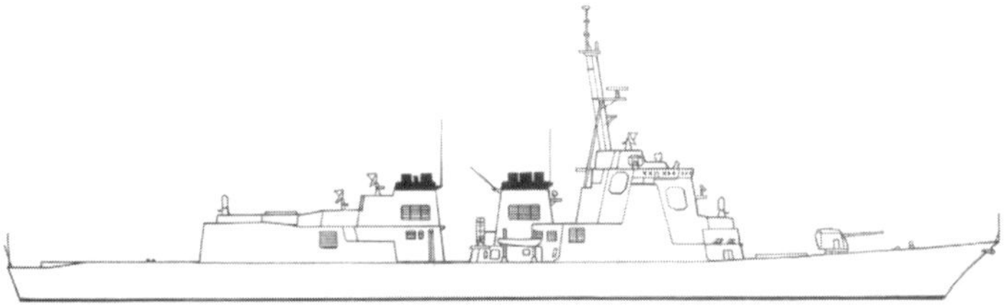
▲ 爱宕型驱逐舰线图。

爱宕型性能参数

排水量： 7700 吨
舰长： 165 米
舰宽： 21 米
吃水： 6.2 米
主机： LM2500 燃气轮机 4 座 2 轴，总功率为 100000 马力
最大航速： 30 节
武器：
Mk45 127mm 口径单管速射炮 1 座
20mm 密集阵近防炮 2 座
Mk41mod20VLS 发射单元 64（前）+32（后），可发射标准 3 防空导弹和阿斯洛克反潜导弹
90 式鱼叉 SSM4 管反舰导弹发射器 2 座
68 式三联装短鱼雷发射管 2 座
SH60J/K 警戒反潜直升机 1 或 2 架（但目前并无固定直升机及其机组的编制）
电子装备：
OYQ-31-6 MOF C4I 系统
AN/SPY-1D（V）相控阵雷达（4 面）
OPS-28E 对海雷达
AN/SQS-53C 舰首声呐
OQR-2D-1 拖曳阵列声呐
NOLQ-2B 综合电子战系统
乘员： 300 名

停泊在横须贺基地的 DDG177 爱宕号、DDG171 旗风号、DDG174 雾岛号、DD111 大波号。

(1) 爱宕（あたご）

2002 年列入计划，由三菱重工长崎造船厂制造，于 2007 年 3 月 15 日竣工，舷号 DDG-177。现在第 3 护卫队群服役。

▲ DDG-177 爱宕号宙斯盾舰。

(2) 足柄（あしがら）

2003 年列入计划，由三菱重工长崎造船厂制造，于 2008 年 3 月 13 日竣工，舷号 DDG-178。现在第 2 护卫队群服役。

DDG-178 足柄号驱逐舰。

DD 秋月型（2 代）

在介绍日本最新型的通用型护卫舰之前，简略说一说海自所装备的“直升机护卫舰”，即准航母。首先是 2 艘日向型 DDH 分别于 2009 年和 2011 年服役，其宽阔的直通甲板、舷侧舰岛这些特征显然证明其事实上至少应属于“两栖攻击航母”的范畴，而其技术根源当然并不是过往的 DD、DDG 舰，而是世纪之交诞生的 3 艘已经拥有直通甲板和大型坞舱的大隅级两栖运输舰。海自继续将 DDH 超大型化，2015 年 3 月出云号 DDH 服役，其基准排水量竟达到 19500 吨！此外，它试图搭载从美国引进的 F-35B 战机而一跃成为正式航空母舰的企图，几乎已是不加掩盖了。2015 年 8 月，DDH 二号舰加贺号已经下水，预计 2017 年服役，这样未来多年内海自四个护卫队群的中心指挥舰将由这 4 艘庞大的准航母担当，以宙斯盾舰为主的 DDG 则发展能够迎击高空弹道导弹的区域防空能力。

如此一来，舰队本身针对反舰导弹的防空空缺将由新诞生的通用 DD 负责填补。名义上来说，新型通用 DD 是为了取代 20 世纪 80 年代末服役的朝雾型 DD 而于 2007 年列入预算计划的，单舰成本达 700 亿日元以上。因基准排水量达到 5000 吨（满载排水量为 6800 吨），通用 DD 除了被称为“19DD”以外，也被称为“5000 吨护卫舰”。最终，它又获得了“秋月”这个二战中“超大型防空驱逐舰”之留名，被称为“秋月型（2 代）”。

秋月型（2 代）最一目了然的特征，是安装在舰桥上部的 4 组一大一小组合的相控阵雷达阵面，也无怪乎外界称其为独具自身特色的日版宙斯盾舰。众所周知，采用类似宙斯盾的相控阵雷达，尽管不得不提高造舰成本，但其迅速跟踪多个目标并高效率迎击的能力，非过去的雷达侦测系统可比。很早便在金刚型宙斯盾 DDG 上得到切身体会的海上自卫队，早就开始了国产化相控阵雷达系统的研发，如今便将此相控阵雷达普及到了 DD 舰上面。

秋月型（2 代）所采用的是配备多功能相控阵雷达的 FCS3A 对空防御指挥系统，它是在 FCS3 系统的基础上改进而

秋月型（2 代）性能参数

排水量： 5000 吨
舰长： 150.5 米
舰宽： 18.3 米
吃水： 5.4 米
主机： 罗尔斯罗伊斯 SM1C 燃气轮机功率加强型 4 座 2 轴，总功率为 64000 马力
最大航速： 30 节
武器：
127mm/62 倍口径单管速射炮 1 座
20mm 密集阵近防炮 2 座
MK41VLS 发射单元 32 个（可发射海麻雀改进型防空导弹和 07 式反潜导弹）
90 式鱼叉 SSM4 管反舰导弹发射器 2 座
68 式三联装短鱼雷发射管 2 座
SH60J/K 警戒反潜直升机 1 或 2 架
电子装备：
OYQ-11 C4I 系统
FCS-3A 多功能相控阵雷达
OQQ-22 综合声呐系统
NOLQ-3D 综合电子战系统
乘员： 约 200 名

(1)
秋月（2 代）（あきづき）

2007 年列入计划，由三菱重工长崎造船厂制造，于 2012 年 3 月 14 日竣工，舷号 DD-115。现在第 1 护卫队群服役。

来的。具体来说，20 世纪 90 年日本国产化的 FCS3 系统开始研制，当时只有 C 波段雷达阵面，其特点是对低高度目标的探测性能优异，并且阵面本身的体积和重量都较小，但缺点是探测距离以及在恶劣气象条件下的性能都显得不足。该系统首先在飞鸟号试验舰上进行试验，足足用了 5 年才于 2000 年制式化，但因为其缺点相当显著而一直无法实际装舰，直到 2009 年日向号 DDH 服役才第一次装上了 FCS3 系统。此时的 FCS3 系统在 C 波段雷达面板旁边多加了一块稍小的 X 波段雷达面板，以便为海麻雀改型防御导弹（Evolved Sea Sparrow Missile）提供制导。这也就是在日向型 DDH 及秋月型（2 代）DD 的舰桥上出现一大一小组合雷达阵面的原因（最新的出云型 DDH 则未用该系统）。

而秋月型（2 代）的 FCS3A 大大强化了雷达波强，增强了对大量目标及飞向僚舰目标的处理能力，性能比日向型 DDH 的 FCS3 更强。可以说一艘秋月型（2 代）理论上就能为一支舰队提供防御盾牌，特别是拦截低空来袭的反舰导弹，这样海自 DD 便在相当大的程度上拥有过去金刚型 DDG 才拥有的舰队防御能力，而海自的 DDG 本身就专注于战略反导能力的扩展，可以更加大型化。秋月型（2 代）所采用的 C4I 综合情报系统核心也是最先进的 OYQ-11 型。

日本进入新世纪以后的武备扩张，重点放在了现代战争中最为重要的空军与海军上，即遵从美军近年来提倡的“海空一体战”战略。但是相对于日本空中自卫队只能自研运输机等不太重要的机种，而战斗机等必须要仰仗美国鼻息的状况，日本海上自卫队却已经走出了不受制于人的道路，战力强悍且完全按照日本的扩军思路、周边的竞争环境而诞生的新秋月型即为明证。这一款 DD 如果说有弱点，便在于其价格实在太高了，日本只能在 3 年之内建成 4 艘而已，且后续建造计划不明。对于日本的邻国来说，可谓不幸之中的万幸。

(2) 照月（2 代）（てるづき）

2007 年列入计划，由三菱重工长崎造船厂制造，于 2013 年 3 月 7 日竣工，舷号 DD-116。现在第 2 护卫队群服役。

(3)
凉月(2代)
(すずつき)

2009年列入计划。由三菱重工长崎造船厂制造，于2014年3月12日竣工，舷号DD-117。现在第4护卫队群服役。

(4)
冬月(2代)
(ふゆづき)

2009年列入计划。由三井造船玉野造船厂制造，于2014年3月13日竣工，舷号DD-118。现在第4护卫队群服役。

参考文献

书籍：

日文：

1.福井静夫：日本駆逐艦物語，东京：光人社，1992年

2.福井静夫：日本海軍艦艇写真集　駆逐艦—呉市海事歴史科学館図録，东京：钻石社，2005年

3.上田毅八郎：上田毅八郎艦船画集—ウォーターライン.ボックスアートの世界，东京：光荣社，2011年

4.柚木武士：柚木武士日本軍艦画集，东京：海人社，1999年

5.雑誌「丸」編集部：図解　日本の駆逐艦，东京：光人社，1999年

6.雑誌「丸」編集部：駆逐艦　初春型·白露型·朝潮型·陽炎型·夕雲型·島風（ハンディ判　日本海軍艦艇写真集），东京：光人社，1997年

7.雑誌「丸」編集部：駆逐艦　秋月型·松型·橘型·睦月型·神風型·峯風型（ハンディ判　日本海軍艦艇写真集），东京：光人社，1997年

8.雑誌「丸」編集部：駆逐艦　吹雪型「特型」（ハンディ判　日本海軍艦艇写真集），东京：光人社，1997年

9.歴史群像編集部：特型駆逐艦—米英を震撼させたスーパー·デストロイヤーの全貌（<歴史群像>太平洋戦史シリーズ—水雷戦隊（18）），东京：学研社，1998年

10.歴史群像編集部：陽炎型駆逐艦—究極の艦隊型駆逐艦が辿った栄光と悲劇の航跡（<歴史群像>太平洋戦史シリーズ—水雷戦隊（19）），东京：学研社，1998年

11.歴史群像編集部：秋月型駆逐艦—対空戦に威力を発揮した空母直衛艦の勇姿（<歴史群像>太平洋戦史シリーズ（23）），东京：学研社，1999年

12.歴史群像編集部：松型駆逐艦—簡易設計ながら生存性に秀でた戦時急造艦の奮戦（<歴史群像>太平洋戦史シリーズ（43）），东京：学研社，2003年

13.歴史群像編集部：睦月型駆逐艦—真実の艦艇史4　謎多き艦隊型駆逐艦の実相（<歴史群像>太平洋戦史シリーズVol.64），东京：学研社，2008年

14.歴史群像編集部：特型駆逐艦 完全版—真実の艦艇史5吹雪型3タイプ23隻全軌跡（<歴史群像>太平洋戦史シリーズVol.70），东京：学研社，2010年

15.歴史群像編集部：日本の水雷戦隊　決定版（<歴史群像>　太平洋戦史スペシャル Vol.4），东京：学研社，2010年

16.歴史群像編集部：超精密模型で見る帝国海軍艦艇集（歴史群像シリーズ），东京：学研社，2008年

17.海军水雷史刊行会：海军水雷史，东京：水交会内，1979年

英文：

1.千早正隆、阿部康男：Warship Profile 22: IJN Yukikaze Destroyer 1939—1970

2.Antony Preston: Warship Special 2: Super Destroyers，Greenwich: Conway Maritime Press，1978

3.Hansgeorg Jentschua，Dieter Jung，Peter Mickel:Warships of the Imperial Japanese Navy 1869—1945，Annapolis: Naval Institue Press,1986

其他文字：

1.Profile Morskie 24:Japonski niszczyciel YUKIKAZE,华沙:Firma Wydawniczo—Handlowa,2000年

2.Grzegorz Barciszewski, Okrety Lotnicze Japonii, 华沙:Wydawniczo Militaria,2000年

3.Piotr Wisniewski, Niszczyciele Japonski 1920—45, 华沙:AJ Press,1996年

杂志：

艦船模型スペシャル　2005年09月号第17集，日本海军 駆逐艦の系譜　1

艦船模型スペシャル　2007年09月号第25集，日本海军 駆逐艦の系譜　2

艦船模型スペシャル　2008年12月号第30集，日本海军 駆逐艦の系譜　3

艦船模型スペシャル　2010年09月号第37集，日本海军 駆逐艦の系譜　4

アーマーモデリング別冊　NAVY YARD（ネイビーヤード）Vol.11 2009年07月号

世界の艦船増刊1992年07月号，日本駆逐艦史

世界の艦船増刊2010年07月号，海上自衛隊2010—2011

雑誌「丸」増刊1973年7月第13集，日本の駆逐艦

雑誌「丸」増刊1974年1月第15集，日本の駆逐艦<続>

雑誌「丸」増刊1978年3月第17集，特型駆逐艦Ⅱ

雑誌「丸」増刊1978年7月第19集，駆逐艦朝潮型秋月型

雑誌「丸」増刊1978年11月第21集，特型駆逐艦Ⅲ

网站：

维基百科，www.wikipedia.org

附录一 日本驱逐舰绘图欣赏

朝潮号驱逐舰，此图为长谷川出品的 1 ∶ 700 模型绘图。

峰云号驱逐舰，此图为长谷川出品的 1 ∶ 700 模型绘图。

荒潮号驱逐舰，此图为长谷川出品的 1 ∶ 700 模型绘图。

满潮号驱逐舰，此图为 Pit Road 出品的 1 ∶ 700 模型封绘。

霞号驱逐舰，此图为 Pit Road 出品的 1 ∶ 700 模型封绘。

日本著名插图画家上田毅八郎创作的初春号驱逐舰画作，青岛社一款 1 ∶ 700 模型以此为封绘。

白云号驱逐舰，此图为 Pit Road 出品的 1 ∶ 700 模型封绘。

初雪号驱逐舰，此图为田宫出品的 1 ∶ 700 模型绘图。

吹雪型驱逐舰队，柚木武士创作。

敷波号驱逐舰，此图为 Pit Road 出品的 1 ∶ 700 模型封绘。

绫波号驱逐舰，此图为 Pit Road 出品的 1 ： 350 模型封绘。

日本知名插图画家上田毅八郎创作的响号驱逐舰画作。

日本知名插图画家柚木武士创作的夕雾和狭雾号驱逐舰油画。

枞号驱逐舰，此图为长谷川出品的 1 ： 700 模型封绘。

改装为第 31 号哨戒艇的原菊号驱逐舰（前方）。

停泊在上海黄浦江上的日本军舰群，中央的为枞型驱逐舰莲号，柚木武士创作。

岛风号驱逐舰和第 46 号驱潜艇。

日本插图画家上田毅八郎创作的岛风号驱逐舰，田宫出品的一款 1 ： 700 模型以此为封绘。

橘号驱逐舰，此图为 Pit Road 出品的 1 ： 700 模型封绘。

日本著名插图画家吉田干也创作的初樱号驱逐舰画作。

长月号驱逐舰，此图为 Pit Road 出品的 1 ∶ 700 模型封绘。

从一艘睦月级驱逐舰上观望一艘扫海舰，柚木武士创作。

睦月号驱逐舰，此图为 Pit Road 出品的 1 ∶ 700 模型封绘。

水无月号驱逐舰，此图为 Pit Road 出品的 1 ∶ 700 模型封绘。

睦月号驱逐舰，此图为长谷川出品的 1 ∶ 700 模型封绘。

三日月号驱逐舰，此图为长谷川出品的 1 ∶ 700 模型绘图。

秋月号和桑号驱逐舰为大和号战列舰护航，柚木武士创作。

宵月号驱逐舰，此图为 Pit Road 出品的 1 ∶ 700 模型封绘。

日本知名插图画家上田毅八郎创作的凉月号驱逐舰画作。

秋月号驱逐舰，此图为 Pit Road 出品的 1 ∶ 700 模型封绘。

文月号驱逐舰和名取号轻巡洋舰，柚木武士创作。

夕月号驱逐舰，水野行雄创作。

冬月号驱逐舰，此图为 Pit Road 出品的 1 ∶ 700 模型封绘。

花月号驱逐舰，柚木武士创作。

霜月号驱逐舰，日本富士美公司出品的 1 ∶ 700 模型封绘。

照月号驱逐舰，此图为 Pit Road 出品的 1 ∶ 700 模型封绘。

日本知名插图画家上田毅八郎创作的若竹号驱逐舰画作。

日本知名插图画家上田毅八郎创作的松号驱逐舰画作。

樱号驱逐舰，此图为田宫出品的 1 ∶ 700 模型封绘。

滨波号驱逐舰，上田毅八郎创作。

朝霜号驱逐舰，此图为长谷川出品的 1 ： 700 模型绘图。

早波号驱逐舰，此图为长谷川出品的 1 ： 700 模型绘图。

滨风号驱逐舰，此图为 Pit Road 出品的 1 ： 700 模型封绘。

夕云号驱逐舰，Pit Road 出品 1 ： 350 模型封绘。

1945 年时的雪风号驱逐舰，富士美生产的 1 ： 350 模型封绘。

阳炎号驱逐舰，青岛社出品的另一款 1 ： 700 模型封绘。

护送信浓号航空母舰的雪风号驱逐舰。

矶风号驱逐舰（前景）和若月号驱逐舰为大凤号航母护航。

秋云号驱逐舰，此图为青岛社出品的 1 ： 700 模型封绘。

停泊在吴港的日本海军舰队，左方远处为阳炎型早潮号驱逐舰。柚木武士创作。

舞风号驱逐舰，此图为 Pit Road 出品的 1 ： 700 模型封绘。

阳炎号驱逐舰，此图为日本模型厂商长谷川生产的 1 ： 350 模型封绘。

阳炎型驱逐舰（无法确定舰名）与熊野号重巡洋舰，柚木武士创作。

早潮号驱逐舰，此图为青岛社出品的 1 ： 700 模型封绘。

阿武隈号和神通号驱逐舰，此图为日本模型厂商长谷川出品的 1 ： 700 模型绘图。

大淀号和川内号驱逐舰，此图为日本模型厂商长谷川出品的 1 ： 700 模型绘图。

筑摩号和利根号驱逐舰，此图为日本模型厂商长谷川出品的 1 ： 700 模型绘图。

爱宕号驱逐舰，此图为 Pit Road 出品的 1 ：700 模型封绘。

爱宕号驱逐舰，此图为小号手出品的 1 ：350 模型封绘。

白根号驱逐舰，此图为 Pit Road 出品的 1 ：700 模型封绘。

峰雪号驱逐舰，此图为 Pit Road 出品的 1 ：700 模型绘图。

春雨号驱逐舰，此图为 Pit Road 出品的 1 ：700 模型绘图。

春雨号驱逐舰，此图为青岛社出品的 1 ：700 模型绘图。

朝雾号驱逐舰，此图为 Pit Road 出品的 1 ：700 模型封绘。

海雾号驱逐舰，此图为 Pit Road 出品的 1 ：700 模型绘图。

战后日本海上自卫队第一代驱逐舰朝风号。

日本插画家吉田干也创作的滨雾号驱逐舰与补给舰十和田丸号。

峰云号驱逐舰，此图为 Pit Road 出品的 1 ： 700 模型封绘。

金刚号导弹驱逐舰，此图为 Pit Road 出品的 1 ： 700 模型绘图。

妙高号导弹驱逐舰，此图为 Pit Road 出品的 1 ： 700 模型绘图。

金刚号导弹驱逐舰，此图为 Pit Road 出品的 1 ： 700 模型绘图。

鸟海号导弹驱逐舰，此图为长谷川出品的 1 ： 700 模型绘图。

雾岛号导弹驱逐舰，此图为长谷川出品的 1 ： 700 模型绘图。

岛风号驱逐舰，此图为 Pit Road 出品的 1 ： 700 模型封绘。

旗风号驱逐舰，此图为 Pit Road 出品的 1 ： 700 模型封绘。

比叡号驱逐舰，此图为 Pit Road 出品的 1 ： 700 模型封绘。

吉田干也创作的榛名号驱逐舰画作。

白露号驱逐舰，此图为田宫出品的 1 ： 700 模型绘图。

春雨号驱逐舰，此图为田宫出品的 1 ： 700 模型绘图。

朝云号驱逐舰，此图为 Pit Road 出品的 1 ： 700 模型封绘。

山云号驱逐舰，此图为 Pit Road 出品的 1 ： 700 模型封绘。

夕云号驱逐舰，此图为 Pit Road 出品的 1 ： 700 模型封绘。

太刀风号驱逐舰，此图为 Pit Road 出品的 1 ： 700 模型封绘。

泽风号驱逐舰，此图为 Pit Road 出品的 1 ： 700 模型封绘。

吉野号驱逐舰，此图为 Pit Road 出品的 1 ： 700 模型封绘。

筑后号驱逐舰，此图为 Pit Road 出品的 1 ： 700 模型封绘，水野行雄创作。

附录二 日本驱逐舰照片欣赏

▲与岛风号发生相撞事故后，同样进入横须贺实施修理的夕风号。可见其舰艏顶端破损，工程人员正在查看情况。

▲ 第 2 水雷战队与第 2 舰队的重巡洋舰进行海上演练。从左前方开始是驱逐舰胧号、重巡洋舰摩耶号、轻巡洋舰那珂号（当时是 2 水雷战队旗舰）、重巡洋舰鸟海号。在胧号背后可见重巡洋舰最上号，那珂号背后可见扶桑号战列舰。

▲ 1936 年 9 月 5 日在一个太平洋岛礁上进行停靠作业的夕凤号。当时此舰与神威号水上飞机母舰、朝凤号驱逐舰一起组成第 3 航空战队，正在将来可能成为作战海域的太平洋群岛间执行水文调查任务。舰尾满载水兵的联络艇属于神威号。

1939 年 4 月 29 日，在宿毛湾停泊的驱逐舰初雪号（在驱逐舰曙号乘员拍摄了照片）。可见曙号主炮炮塔的两扇舱门，整个炮塔用薄钢板铆接而成。

1927 年 2 月的弥生号。需要解释一下，睦月型都是以月份来命名的，而弥生是旧历三月。现在人们提起弥生则多半是指公元 5 世纪开始登陆九州北部的弥生文明。

战前停泊在港口中的绫波号。注意其舰体中部有另一台 2 米测距仪。

1929 年 11 月 13 日，在宫津湾进行最终公试航行的敷波号。作战所需的各种武备、装备均已搭载舰上，在此吃水状态下可见波涛汹涌中舰身在剧烈摇晃。

1931 年 9 月 11 日，从横滨进入横须贺港停泊的浦波号。在其左舷航行的则是吹雪号。

在波涛汹涌的大海上航行的朝雾号。注意其 2 号烟囱前的防空台上装备的仅是 2 门单管机炮。如此孱弱的防空火力显然是不足以应对残酷战争的。

海上低速航行的吹雪号。吹雪型驱逐舰在设计时因为复原性缺失而遭遇了重大事故损失，惨痛教训也促使日本驱逐舰向更加大型化发展。

1930 年 11 月的天雾号。从其 B 型炮塔左侧的观察口中可以看到内部有观瞄设备。

在海上航行的山风号。在这艘军舰上DS钢（其特性为高韧度耐冲击）的运用已很广泛。当然这也带来了成本的上涨，在战时将成为一大缺点。

竣工不久的岚号，在海上航行时可看到其烟囱排烟很少。

1916年停泊在横须贺军港的不知火号驱逐舰。“不知火”这个名称来自于九州岛萨摩藩附近海域中的一种海上蜃楼现象。

1918年的江风号。这艘江风号容易与出售给意大利的一代江风号混淆。

1917年2月正在舞鹤湾进行全速试验航行的桧号。因为使用的煤油混烧锅炉，所以烟雾特别浓重。日本海军试图将驱逐舰用于夜间大规模鱼雷突袭战，大量放烟，很容易在海平面上暴露形迹，因此对于驱逐舰动力装置的先进化向来竭尽全力。

1920年在舞鹤湾进行公试航行的峰风号。维持如此高速航行对动力系统要求很高。

1920年在横须贺外海公试的峰风号，舰上搭载有不少试验装备。其单薄的舰身使其适航性不能够令人满意。

1925年横须贺附近的冲风号。在舰尾主炮旁是后方射击指挥所，一根传声管从此指挥所向舰桥方向延伸而去。

1923 年 8 月在馆山湾的岛风号，当时是第 2 水雷战队的一块金字招牌。空舰状态，吃水很浅。

1925 年在馆山湾全力进行公试航行的疾风号。它是太平洋战争中最早沉没的日本驱逐舰之一。

竣工不久的朝凤号，当时的名称是“第 15 号驱逐舰”。极为规整的舰体，反映当时日本的造舰水平已相当高。

1936 年 5 月 25 日在丰后水道中航行的睦月号。此时其已不再从属于水雷突击战队，但其作战能力仍处于同等级战舰的中上等水平。

1941 年秋天，正在紧张训练的第 20 驱逐队，靠前的是三艘特二型驱逐舰，分别是狭雾、天雾、朝雾号。

1926 年 7 月的文月号。服役时间还不长，舰身很整洁。

1932 年 10 月的菊月号。菊月是对旧历九月的称呼，不用说这是因为菊花盛开季节的缘故。顺便说一句，长月也是指旧历九月。

1933 年 3 月 8 日的三日月号。注意其舰尾加装的深弹投射机，其连体水雷投放轨道已撤去。

1928 年 7 月 5 日的夕月号。最后沉没于日本海军水雷战队的大坟场——奥尔默克湾。

1928 年夏天在宫津湾进行公试航行的吹雪号，最强力的驱逐舰就此诞生。

1931 年 9 月 5 日停泊于横滨港的白雪号，有舰员站在全封闭的炮塔上。

可能是 1930 年左右停泊在佐伯湾的丛云号。舰员很休闲，从吃水状态看也没有装载多少物资。

1928 年 6 月在馆山湾进行公试航行的薄云号，当时的名称仍然是第 41 号驱逐舰，写在舰体中部。

1931 年 9 月 5 日的白云号，在水雷发射管上可以看到安装有防护板，犹如一个保护外壳。

1932 年 8 月 30 日，停泊于横须贺附近的夕雾号。日后它也成为“第 4 舰队事件”的受害者。

1936 年 8 月 10 日的狭雾号。前樯桅采取三角桅结构，是其能够加装电子设备的前提条件。

1936年7月22日的胧号。这是在战前呈现最佳状态的日本驱逐舰姿态。此时的水雷战队可谓信心满满。

1934年停泊于宿毛湾的胧号。远方停泊着重巡洋舰熊野、三隈号。

1936年7月29日的曙号。注意其附着在1号烟囱上的厨房排气管，避开紧靠一旁的悬挂内火艇而进行设置。

在战争中实施了改造工程后的潮号。2号炮塔被撤去，从前到后增设了许多防空炮与机枪。

1941年秋天，正在紧张训练的第20驱逐队，靠前的是3艘特二型驱逐舰，分别是狭雾号、天雾号、朝雾号。

1941年秋天，正在紧张训练的第20驱逐队狭雾号。后方是已经完成大改装（1934-36）工程的长门级战列舰。

1941年秋天，正在紧张训练的第20驱逐队狭雾号。后方是庞大的长门级战列舰。

刚下水的雷号，安装有临时水箱，且传声管仍未撤去。

1937年1月18日的晓号。与前期特型主要的区别处在于其更为规整的舰桥。

1941年12月11日的响号。相对于其自身幸存至战后的好运，与其协同作战过的军舰都沉没了，因此响号也被视为瘟神。这当然不能责怪响号，毕竟这场必败的战争不是驱逐舰队发动的。

1936年4月11日，全力公试中的雷号。可见其舰桥外观圆滑且规整，而不是如特型那样上大下小。

1936年3月24日，全力公试中的电号。从这个角度看，2号烟囱的直径比1号烟囱大一倍都不止。

1933年10月初刚刚竣工的初春号，停泊于佐世保港。

1934年7月12日至13日间，在佐世保海军工厂完成复原性改造之后，在进行测试航行的初春号。虽说军舰重心已经降低，但大量武备仍然很不协调地堆砌在细长的舰体上部。

1933年10月的子日号，与另一艘初春型驱逐舰停靠在一起。因为是在实施复原性改造之前，两舰的舰身看上去都过于高大。

1939年3月28日，正在青岛港外实施扫水雷巡逻作业的初霜号。1938年初青岛被日军占领后，即成为侵华日本海军在中国北方活动的主要根据地。